管道完整性管理技术丛书
管道完整性技术指定教材

管道完整性与适用性评价技术

《管道完整性管理技术丛书》编委会　组织编写

本书主编　董绍华

副 主 编　帅　健　李　强　孙伟栋　邢琳琳　张河苇

U0264194

中国石化出版社

内 容 提 要

本书基于 GB 32167《油气输送管道完整性管理规范》的要求，分析了国内外管道安全事故典型案例，全面系统地建立了管道完整性与适用性评价技术体系，构建了企业级管道完整性与适用性技术标准表，阐述了管材焊接制管、管道建造探伤等技术，详细介绍了管道完整性与适用性评价核心技术及应用过程，提出了管道完整性与适用性系列配套技术，阐述了管道腐蚀评价机理、涂层评价等内容，形成了系统的管道完整性评价、适用性评价、腐蚀评价技术，并进一步详细介绍了管道完整性与安全评价配套软件及应用过程。本书案例全部来源于生产实践，是多年应用的实践积累，具有很强的实用性和可操作性。本书适用于长输油气管道、油气田集输管网、城镇燃气管网以及各类工业管道。

本书可作为各级管道管理与技术人员研究与学习用书，也可作为油气管道管理、运行、维护人员的培训教材，还可作为高等院校油气储运等专业本科生、研究生教学用书和广大石油科技工作者的参考书。

图书在版编目（CIP）数据

管道完整性与适用性评价技术 /《管道完整性管理技术丛书》编委会组织编写；董绍华主编. —北京：中国石化出版社，2019.10
（管理完整性管理技术丛书）
ISBN 978-7-5114-5321-1

Ⅰ.①管… Ⅱ.①管… ②董… Ⅲ.①石油管理-管道工程-完整性-评价 Ⅳ.①TE973

中国版本图书馆 CIP 数据核字（2019）第 183324 号

中国石化出版社出版发行
地址:北京市东城区安定门外大街 58 号
邮编:100011 电话:(010)57512500
发行部电话:(010)57512575
http://www.sinopec-press.com
E-mail:press@ sinopec.com
北京科信印刷有限公司印刷
全国各地新华书店经销
*
787×1092 毫米 16 开本 19.75 印张 459 千字
2020 年 1 月第 1 版 2020 年 1 月第 1 次印刷
定价:128.00 元

《管道完整性管理技术丛书》
编审指导委员会

主　任：黄维和

副主任：李鹤林　张来斌　凌　霄　姚　伟　姜昌亮

委　员：（以姓氏拼音为序）

陈胜森	陈　涛	陈向新	崔红升	崔　涛	丁建林
董红军	董绍华	杜卫东	冯耀荣	高顺利	宫　敬
郭　臣	郭文明	韩金丽	何仁洋	贺胜锁	黄　辉
霍春勇	江　枫	焦建瑛	赖少川	李　波	李　锴
李伟林	李文东	李玉星	李育中	李振林	刘保余
刘海春	刘景凯	刘　锴	刘奎荣	刘　胜	刘卫华
刘亚旭	刘志刚	吕亳龙	闵希华	钱建华	邱少林
沈功田	帅　健	孙兆强	滕卫民	田中山	王富才
王建丰	王立昕	王小龙	王振声	魏东吼	吴　海
吴锦强	吴　明	吴培葵	吴世勤	吴运逸	吴志平
伍志明	肖　连	许少新	闫伦江	颜丹平	杨　光
袁　兵	张　宏	张劲军	张　鹏	张　平	张仁晟
张文伟	张文新	赵丑民	赵赏鑫	赵新伟	钟太贤
朱行之	祝宝利	邹永胜			

《管道完整性管理技术丛书》
编写委员会

主　编：董绍华
副主编：姚　伟　丁建林　闵希华　田中山
编　委：（以姓氏拼音为序）

毕彩霞	毕武喜	蔡永军	常景龙	陈朋超	陈严飞
陈一诺	段礼祥	费　凡	冯　伟	冯文兴	付立武
高　策	高建章	葛艾天	耿丽媛	谷思雨	谷志宇
顾清林	郭诗雯	韩　嵩	胡瑾秋	黄文尧	季寿宏
贾建敏	贾绍辉	江　枫	姜红涛	姜永涛	金　剑
李海川	李　江	李　军	李开鸿	李　锴	李　平
李　强	李夏喜	李兴涛	李永威	李玉斌	李长俊
梁　强	梁　伟	林武斌	凌嘉瞳	刘　刚	刘　慧
刘冀宁	刘建平	刘　剑	刘　军	刘新凌	罗金恒
马剑林	马卫峰	么子云	慕庆波	庞　平	彭东华
齐晓琳	孙伟栋	孙兆强	孙　玄	谭春波	王　晨
王东营	王富祥	王立昕	王联伟	王良军	王嵩梅
王　婷	王同德	王卫东	王振声	王志方	魏东吼
魏昊天	毋　勇	吴世勤	吴志平	武　刚	谢　成
谢书懿	邢琳琳	徐春燕	徐晴晴	徐孝轩	燕冰川
杨大慎	杨　光	杨　文	尧宗伟	叶建军	叶迎春
余东亮	张　行	张河苇	张华兵	张　嵘	张瑞志
张振武	章卫文	赵赏鑫	郑洪龙	郑文培	周永涛
周　勇	朱喜平	宗照峰	邹　斌	邹永胜	左丽丽

序
PREFACE

油气管道是国家能源的"命脉"，我国油气管道当前总里程已达到13.6万公里。油气管道输送介质具有易燃易爆的特点，随着管线运行时间的增加，由于管道材质问题或施工期间造成的损伤，以及管道运行期间第三方破坏、腐蚀损伤或穿孔、自然灾害、误操作等因素造成的管道泄漏、穿孔、爆炸等事故时有发生，直接威胁人身安全，破坏生态环境，并给管道工业造成巨大的经济损失。半个世纪以来，世界各国都在探索如何避免管道事故，2001年美国国会批准了关于增进管道安全性的法案，核心内容是在高后果区实施完整性管理，管道完整性管理逐渐成为全球管道行业预防事故发生、实现事前预控的重要手段，是以管道安全为目标并持续改进的系统管理体系，其内容涉及管道设计、施工、运行、监控、维修、更换、质量控制和通信系统等管理全过程，并贯穿管道整个全生命周期内。

自2001年以来，我国管道行业始终保持与美国管道完整性管理的发展同步。在管材方面，X80等管线钢、低温钢的研发与应用，标志着工业化技术水平又上一个新台阶；在装备方面，燃气轮机、发动机、电驱压缩机组的国产化工业化应用，以及重大装备如阀门、泵、高精度流量计等国产化；在完整性管理方面，逐步引领国际，2012年开始牵头制定国际标准化组织标准ISO 19345《陆上/海上全生命周期管道完整性管理规范》，2015年发布了国家标准 GB 32167—2015《油气输送管道完整性管理规范》，2016年10月15日国家发改委、能源局、国资委、质检总局、安监总局联合发文，要求管道企业依据国家标准 GB 32167—2015 的要求，全面推进管道完整性管理，广大企业扎实推进管道完整性管理技术和方法，形成了管道安全管理工作的新局面。近年来随着大数据、物联网、云计算、人工智能新技术方法的出现，信息化、工业化两化融合加速，我国管道目前已经由数字化进入了智能化阶段，完整性技术方法得到提升，完整性管理被赋予了新的内涵。以上种种，标志着我国管道管理具备规范性、科学性以及安全性的全部特点。

虽然我国管道完整性管理领域取得了一些成绩，但伴随着我国管道建设的高速发展，近年来发生了多起重特大事故，事故教训极为深刻，油气输送管道面临的技术问题逐步显现，表明我国完整性管理工作仍然存在盲区和不足。一方面，我国早期建设的油气输送管道，受建设时期技术的局限性，存在一定程度的制造质量问题，再加上接近服役后期，各类制造缺陷、腐蚀缺陷的发展使管道处于接近失效的临界状态，进入"浴盆曲线"末端的事故多发期；另一方面，新建管道普遍采用高钢级、高压力、大口径，建设相对比较集中，失效模式、机理等存在认知不足，高钢级焊缝力学行为引起的失效未得到有效控制，缺乏高钢级完整性核心技术，管道环向漏磁及裂纹检测、高钢级完整性评价、灾害监测预警特别是当今社会对人的生命安全、环境保护越来越重视，油气输送管道所面临的形势依然严峻。

《管道完整性管理技术丛书》针对我国企业管道完整性管理的需求，按照 GB 32167—2015《油气输送管道完整性管理规范》的要求编写而成，旨在解决管道完整性管理过程的关键性难题。本套丛书由中国石油大学(北京)牵头组织，联合国家能源局、中国石油和化学工业联合会、中国石油学会、NACE 国际完整性技术委员会以及相关油气企业共同编写。丛书共计 10 个分册，包括《管道完整性管理体系建设》《管道建设期完整性管理》《管道风险评价技术》《管道地质灾害风险管理技术》《管道检测与监测诊断技术》《管道完整性与适用性评价技术》《管道修复技术》《管道完整性管理系统平台技术》《管道完整性效能评价技术》《管道完整性安全保障技术与应用》。本套丛书全面、系统地总结了油气管道完整性管理技术的发展，既体现基础知识和理论，又重视技术和方法的应用，同时书中的案例来源于生产实践，理论与实践结合紧密。

本套丛书反映了油气管道行业的需求，总结了油气管道行业发展以及在实践中的新理论、新技术和新方法，分析了管道完整性领域面临的新技术、新情况、新问题，并在此基础上进行了完善提升，具有很强的实践性、实用性和较高的理论性、思想性。这套丛书的出版，对推动油气管道完整性技术进步和行业发展意义重大。

"九层之台，始于垒土"，管道完整性管理重在基础，中国石油大学(北京)领衔之团队历经二十余载，专注管道安全与人才培养，感受之深，诚邀作序，难以推却，以序共勉。

中国工程院院士

前 言
FOREWORD

截至 2018 年年底，我国油气管道总里程已达到 13.6 万公里，管道运输对国民经济发展起着非常重要的作用，被誉为国民经济的能源动脉。国家能源局《中长期油气管网规划》中明确，到 2020 年中国油气管网规模将达 16.9 万公里，到 2025 年全国油气管网规模将达 24 万公里，基本实现全国骨干线及支线联网。

油气介质的易燃、易爆等性质决定了其固有危险性，油气储运的工艺特殊性也决定了油气管道行业是高风险的产业。近年来国内外发生多起油气管道重特大事故，造成重大人员伤亡、财产损失和环境破坏，社会影响巨大，公共安全受到严重威胁，管道的安全问题已经是社会公众、政府和企业关注的焦点，因此对管道的运营者来说，管道运行管理的核心是"安全和经济"。

《管道完整性管理技术丛书》主要面向油气管道完整性，以油气管道危害因素识别、数据管理、高后果区识别、风险识别、完整性评价、高精度检测、地质灾害防控、腐蚀与控制等技术为主要研究对象，综合运用完整性技术和管理科学等知识，辨识和预测存在的风险因素，采取完整性评价及风险减缓措施，防止油气管道事故发生或最大限度地减少事故损失。本套丛书共计 10 个分册，由中国石油大学（北京）牵头组织，联合国家能源局、中国石油和化学工业联合会、中国石油学会、NACE 国际完整性技术委员会、中石油管道有限公司、中国石油管道公司、中国石油西部管道公司、中国石化销售有限公司华南分公司、中国石化销售有限公司华东分公司、中国石油西南管道公司、中国石油西气东输管道公司、中石油北京天然气管道公司、中油国际管道有限公司、广东大鹏液化天然气有限公司、广东省天然气管网有限公司等单位共同编写而成。

《管道完整性管理技术丛书》以满足管道企业完整性技术与管理的实际需求为目标，兼顾油气管道技术人员培训和自我学习的需求，是国家能源局、中国石油和化学工业联合会、中国石油学会培训指定教材，也是高校学科建设指定教材，主要内容包括管道完整性管理体系建设、管道建设期完整性管理、管道风险评价、管道地质灾害风险管理、管道检测与监测诊断、管道完整性与适用性评价、管道修复、管道完整性管理系统平台、管道完整性效能评价、管道完整性安全保障技术与应用，力求覆盖整个全生命周期管道完整性领域的数据、风险、检测、评价、审核等各个环节。本套丛书亦面向国家油气管网公司及所属管道企业，主要目标是通过夯实管道完整性管理基础，提高国家管网油气资源配置效率和安全管控水平，保障油气安全稳定供应。

《管道完整性与适用性评价技术》紧紧围绕油气管道生产实际，分析了国内外管道安全事故典型案例，阐述了建设期管材焊接制管、管道建造探伤等技术，全面分析了管材制造、焊接过程中的风险，针对管线钢射线探伤、超声探伤的基本要求，提出了管材制造、管线施工过程中的风险控制措施；全面系统地建立了管道完整性与适用性评价技术体系，构建了企业级管道完整性与适用性技术标准表，集成了国内外先进的管道完整性评估技术、方法和标准；深入阐述了管道内检测评价、直接评价、试压评价等完整性评价技术，研究了国内外技术进展，集内检测的数据分析与管理、大数据分析等技术，并通过案例分析了内检测评价、直接评价、试压评价技术应用过程，更具有针对性和实践性。

《管道完整性与适用性评价技术》提出了管道体积型缺陷、裂纹型缺陷、几何缺陷的评价模型，阐述了管道缺陷适用性评价技术，如裂纹、腐蚀坑、几何变形、椭圆度、焊缝缺陷等特征的评价方法，以及缺陷断裂疲劳、应力集中、氢致开裂等的评价技术方法等；介绍了管道完整性与安全评价系统(超级版)，并给出了管道完整性评价的应用案例；介绍了管道腐蚀评价技术，阐述了管道腐蚀机理、在役管道涂层评价以及阴极保护电位测量关键技术，并给出了腐蚀评价的应用案例。

《管道完整性与适用性评价技术》由董绍华主编，帅健、李强、孙伟栋、邢琳琳、张河苇为副主编，可作为各级管道管理与技术人员研究与学习用书，也可作为油气管道管理、运行、维护人员的培训教材，还可作为高等院校油气储运等专业本科生、研究生教学用书和广大石油科技工作者的参考书。

由于作者水平有限，错误和不足之处在所难免，恳请广大读者批评指正。

目 录
CONTENTS

第1章 概　述

1.1　管道发展现状

20 世纪初至今，世界石油工业取得了引人瞩目的进展，石油工业的发展给管道工业注入了活力，使管道运输成为包括铁路、公路、水运、航空运输在内的五大运输体系之一。使用管道不仅可以完成石油、天然气、成品油、化工产品和水等液态物质的运输，还可以运送如煤浆、面粉、水泥等固体物质。

油气介质具有易燃、易爆的特性，随着输送管线埋地时间的增长，由于管道材质问题或施工期间造成的损伤，以及管道运行期间第三方破坏、腐蚀穿孔、自然灾害、误操作等因素造成的管道泄漏、穿孔、爆炸等事故时有发生，直接威胁人身安全，破坏生态环境，并给管道工业造成巨大的经济损失。据统计，在所有干线输气管道事故中，按管道事故的严重程度，泄漏占 40%～80%，穿孔占 10%～40%，破裂占 1%～5%，各国天然气管道的火灾、爆炸事故曾给人民生命财产造成了重大损失。

截至 2018 年底，我国油气长输管道总里程累计达到 13.6 万公里，其中天然气管道约7.9 万公里，原油管道约 2.9 万公里，成品油管道约 2.8 万公里。而且，随着经济的发展，我国长输管道的数量还将大幅度地增加。目前，我国已建成 6 个大的区域性管网：东北三省管网、京津冀鲁晋管网、苏浙沪豫皖两湖及江西管网、西北的新青陕甘宁管网、西南的川黔渝管网和珠三角东南沿海管网。

国家发改委、能源局发布的中长期油气管网规划指出，2020 年全国管网将达到 16.9 万公里，其中原油、成品油管道总里程分别达到 3.2 万公里和 3.3 万公里，天然气管道总里程达到 10.4 万公里，天然气管道干线年输气能力超过 4000 亿立方米，原油、成品油管道干线年输油能力分别达到 6.5 亿吨和 3 亿吨；"十三五"期间，新建天然气主干及配套管道4 万公里，2020 年地下储气库将累计形成工作气量 148 亿立方米。

目前国内管道普遍采用完整性管理的模式，2016 年 10 月，国家发改委、能源局、国资委、质检总局、安监总局五部委联合发文，要求在管道企业全面推进管道完整性管理工作，国家能源局、中国石油化学工业联合会全面启动完整性管理企业推先审核工作，促进企业管理科学化、规范化和标准化，其中重要的环节是推进管道完整性评价，并且着重于落实情况。

管道的完整性评价始于 20 世纪 70 年代的美国，当时称为管道安全评价，安全评价范围更广，侧重于管理因素、风险等多方面引起的影响，包括第三方、外界干扰、风险隐患、风险评价等。发展到 90 年代初期，全球很多管道发生了事故并引起泄漏或损伤，管道运营公司建立了更侧重于预测、预防管道本体损伤和失效的评价方法，即管道承压能力、剩余强度和剩余寿命评估，以及材料性能变化、风险削减和措施等，发展成为更为专业化的评价技术。美国的许多油气管道都已应用了完整性评价技术来指导管道的维护工作，随后加拿大、墨西哥等国家也先后于90年代加入了管道风险管理技术的开发和应用行列，至今为止均已取得了丰硕的成果。

世界各大管道公司采取的完整性评价技术内容包括：管道失效评价技术，管道风险评价技术，地质灾害与风险评价技术，管道安全运行的状态监测技术（腐蚀探头监测、管道气体泄漏监测、超声探伤监测、气体成分监测、壁厚测量监测、粉尘组分监测、腐蚀性监测等），管道状况检测技术（智能内检测、防腐层检测、土壤腐蚀性检测等），结构损伤评价技术，土工与结构评价技术，腐蚀缺陷分析和评定技术，以及其他先进的管道维护技术等。

管道系统完整性评价是针对管道完整性，采用先进、适用的技术方法，最大限度地获取管道完整性的信息，通过物理建模和仿真，对管道运行安全状态、管道系统可靠性、含缺陷管道的安全性等进行评价，突出目前管道安全性的判断和未来状态的预测。

对于管道管理者而言，如何有效地发现管道和管道设施存在的缺陷和风险，并进行合理的分类，同时对这些缺陷进行适用性评价，包括定量评价管道中所检测到的几何、金属损失缺陷，依据严格的理论分析判定缺陷对安全可靠性的影响，对缺陷的形成、扩展及管道的失效过程、后果等作出判断，作出科学合理的维修结论，节约不必要维修的费用，并将需要及时修复的缺陷点及时处理，预防事故的发生。因此，如何采取有效的评价手段，对检测出的缺陷进行评价分析和处理，这是管道管理者面临的重要问题。

1.2　管道事故案例分析

油气管道是国家能源的"命脉"，随着国民经济的快速发展，国家对长输管道的依赖性逐渐提高，而管道对经济、环境和社会稳定的敏感度也越来越高，油气管道的安全问题已经是社会公众、政府和企业关注的焦点，政府对管道的监管力度也逐渐加大，因此对管道的运营者来说，管道的运行管理的核心是"安全和经济"。

当前我国管道的现状不容乐观，我国油气管道多为20世纪70年代建设的和近年来新建的，其中老管道随着运行时间延长，管道事故时有发生。其中最突出的是东北输油管网和西南油气田天然气管网，如四川地区12条输气管每1000km的管道事故发生率平均为4.3次/年。表1-1为四川输气管道1969~2003年的事故统计。由于四川地区大部分输气管道已接近或超出服役期，加之早年管道制管、施工焊接技术水平及管材材料等问题，使得管道的腐蚀问题日益凸现。

表1-1　1969~2003年四川输气管道事故统计

事故原因		所占比例/%
腐蚀	内腐蚀（H_2S影响）	39.5
	外腐蚀	
施工缺陷		22.7
材料缺陷		10.9

续表

事故原因	所占比例/%
山体滑坡、崩塌、洪水等	5.6
人为破坏	15.8
其他原因	5.5
合计	100

东北和华北、华东地区输油管道泄漏事故每年发生率都在 20 次左右。2010 年 5 月 2 日 18 时 12 分，山东东营至黄岛原油管道复线胶州市九龙镇 223 号桩处的管线发生破裂，东黄复线紧急停输。在随后的调查中发现是由地方违章施工所致，事故共造成了 240t 原油的外泄。2012 年 4 月，秦京输油管道在北京通州地区发生原油管道泄漏，是管道遭受腐蚀、管壁减薄穿孔所致。上述事故的发生主要体现在老旧管道的建设存在的问题，由于当时建设水平较低，螺旋焊缝泄漏、破裂问题比较突出，人员技术水平差距大，随着管道运行时间增加、社会环境复杂、高后果区成倍增加，管理难度逐渐加大。

新建投产的高钢级管道也存在较大的风险隐患。2017 年 7 月 2 日，中石油中缅天然气输气管道黔西南州晴隆县沙子镇段，因持续强降雨引发边坡下陷侧滑，挤断输气管道，引发泄漏燃爆，造成 8 人死亡、35 人受伤。2018 年 6 月 10 日，几乎在同一地点，中石油中缅天然气输气管道黔西南州晴隆县沙子镇段 K0975－100m 处发生泄漏燃爆事故，造成 1 人死亡、23 人受伤，直接经济损失 2145 万元，此次事故是由于管道建设施工质量缺陷造成的。

2013 年以来，国内发生多次特大事故，教训极其深刻，主要原因是管道安全意识淡漠、先进的管理模式仍然没有推广，完整性管理、完整性评价等先进技术方法没有全面应用，这引起了党中央的高度重视，国务院安委会制定的油气输送管道隐患三年攻坚计划，要求企业开展三年隐患整治，管道安全问题上升到公共安全管理的范畴。

1.2.1　青岛 11·22 输油管道爆炸事故

2013 年 11 月 22 日 10 时 25 分，位于山东省青岛经济技术开发区的东黄输油管道泄漏原油进入市政排水暗渠，在形成密闭空间的暗渠内油气积聚遇火花发生爆炸，造成 62 人死亡、136 人受伤，直接经济损失达 75172 万元。

11 月 22 日凌晨 2 时 40 分，输油管线破裂造成原油泄漏，流经地下雨水涵道后入海。22 日 10 时 30 分左右，雨水涵道和输油管线抢修作业现场相继发生爆燃(两处爆燃点间距约 700m)，沿线道路路面严重受损，并引起流入海湾原油燃烧。

国务院成立事故调查组，组织了国内管道设计和运行、市政工程、消防、爆炸、金属材料、防腐、环保等方面的专家参加。事故调查组通过现场勘验、调查取证、检测鉴定和专家论证，查明了事故发生的经过、原因、人员伤亡和直接经济损失情况，认定了事故性质和责任，提出了对有关责任人和责任单位的处理建议，并提出了事故防范措施建议。

1. 直接原因

通过现场勘验、物证检测、调查询问、查阅资料，并经综合分析认定：由于与排水暗渠交叉段的输油管道所处区域土壤盐碱和地下水氯化物含量高，同时排水暗渠内随着潮汐变化海水倒灌，输油管道长期处于干湿交替的海水及盐雾腐蚀环境，加之管道受到道路承重和振动等因素影响，导致管道加速腐蚀减薄、破裂，造成原油泄漏。泄漏点位于秦皇岛路桥涵东侧墙体外15cm，处于管道正下方位置。经计算、认定，原油泄漏量约为2000t，泄漏原油除部分反冲出路面外，大部分从穿越处直接进入排水暗渠。泄漏原油挥发的油气与排水暗渠空间内的空气形成易燃易爆的混合气体，并在相对密闭的排水暗渠内积聚。由于原油从泄漏到发生爆炸达8个多小时，受海水倒灌影响，泄漏原油及其混合气体在排水暗渠内蔓延、扩散、积聚，最终造成大范围连续爆炸。

2. 间接原因

1）企业安全生产主体责任不落实，隐患排查治理不彻底，现场应急处置措施不当

（1）集团公司安全生产责任落实不到位。安全生产责任体系不健全，相关部门的管道保护和安全生产职责划分不清、责任不明；对下属企业隐患排查治理和应急预案执行工作督促指导不力，对管道安全运行跟踪分析不到位；安全生产大检查存在死角、盲区，特别是在全国集中开展的安全生产大检查中，隐患排查工作不深入、不细致，未发现事故段管道安全隐患，也未对事故段管道采取任何保护措施。

（2）管道分公司对潍坊输油处、青岛站安全生产工作疏于管理。组织东黄输油管道隐患排查治理不到位，未对事故段管道防腐层大修等问题及时跟进，也未采取其他措施及时消除安全隐患；对一线员工安全和应急教育不够，培训针对性不强；对应急救援处置工作重视不够，未督促指导潍坊输油处、青岛站按照预案要求开展应急处置工作。

（3）潍坊输油处对管道隐患排查整治不彻底，未能及时消除重大安全隐患。2009年、2011年、2013年先后3次对东黄输油管道外防腐层及局部管体进行检测，均未能发现事故段管道严重腐蚀等重大隐患，导致隐患得不到及时、彻底整改；从2011年起安排实施东黄管道外防腐层大修，截至2013年10月仍未对包括事故泄漏点所在的15km管道进行大修；对管道泄漏突发事件的应急预案缺乏演练，应急救援人员对自己的职责和应对措施不熟悉。

（4）青岛站对管道疏于管理，管道保护工作不力。制定的管道抢维修制度、安全操作规程针对性、操作性不强，部分员工缺乏安全操作技能培训；管道巡护制度不健全，巡线人员专业知识不够；没有对开发区在事故段管道先后进行明渠和桥涵排水、明渠加盖板、道路拓宽和翻修等工程提出管道保护的要求，没有根据管道所处环境变化提出保护措施。

（5）事故应急救援不力，现场处置措施不当。青岛站、潍坊输油处、管道分公司对泄漏原油数量未按应急预案要求进行研判，对事故风险评价出现严重错误，没有及时下达启动应急预案的指令；未按要求及时全面报告泄漏量、泄漏油品等信息，存在漏报问题；现场处置人员没有对泄漏区域实施有效警戒和围挡；抢修现场未进行可燃气体检测，盲目动用非防爆设备进行作业，严重违规违章。

2）青岛市人民政府及开发区管委会贯彻落实国家安全生产法律法规不力

（1）督促指导青岛市、开发区两级管道保护工作主管部门和安全监管部门履行管道保护职责和安全生产监管职责不到位，对长期存在的重大安全隐患排查整改不力。

（2）组织开展安全生产大检查不彻底，没有把输油管道作为监督检查的重点，没有按照"全覆盖、零容忍、严执法、重实效"的要求对事故涉及企业深入检查。

（3）黄岛街道办事处对青岛丽东化工有限公司长期在厂区内排水暗渠上违章搭建临时

工棚问题失察，导致事故伤亡扩大。

3）管道保护工作主管部门履行职责不力，安全隐患排查治理不深入

（1）山东省油区工作办公室已经认识到东黄输油管道存在安全隐患，但督促企业治理不力，督促落实应急预案不到位；组织安全生产大检查不到位，督促青岛市油区工作办公室开展监督检查工作不力。

（2）青岛市经济和信息化委员会、油区工作办公室对管道保护的监督检查不彻底、有盲区，2013 年开展了 6 次管道保护的专项整治检查，但都没有发现秦皇岛路道路施工对管道安全的影响；对管道改建计划跟踪督促不力，督促企业落实应急预案不到位。

（3）开发区安全监管局作为管道保护工作的牵头部门，组织有关部门开展管道保护工作不力，督促企业整治东黄输油管道安全隐患不力；安全生产大检查走过场，未发现秦皇岛路道路施工对管道安全的影响。

4）开发区规划、市政部门履行职责不到位，事故发生地段规划建设混乱

（1）开发区控制性规划不合理，规划审批工作把关不严。开发区规划分局对青岛信泰物流有限公司项目规划方案审批把关不严，未对市政排水设施纳入该项目规划建设及明渠改为暗渠等问题进行认真核实，导致市政排水设施划入厂区规划，明渠改暗渠工程未能作为单独市政工程进行报批。事故发生区域危险化学品企业、油气管道与居民区、学校等近距离或交叉布置，造成严重安全隐患。

（2）管道与排水暗渠交叉工程设计不合理。管道在排水暗渠内悬空架设，存在原油泄漏进入排水暗渠的风险，且不利于日常维护和抢维修；管道处于海水倒灌能够到达的区域，腐蚀加剧。

（3）开发区行政执法局（市政公用局）对青岛信泰物流有限公司厂区明渠改暗渠审批把关不严，以"绿化方案审批"形式违规同意设置盖板，将明渠改为暗渠；实施的秦皇岛路综合整治工程，未与管道企业沟通协商，未按要求计算对管道安全的影响，未对管道采取保护措施，加剧了管体腐蚀、损坏；未发现青岛丽东化工有限公司长期在厂区内排水暗渠上违章搭建临时工棚的问题。

5）青岛市及开发区管委会相关部门对事故风险研判失误，导致应急响应不力

（1）青岛市经济和信息化委员会、油区工作办公室对原油泄漏事故发展趋势研判不足，指挥协调现场应急救援不力。

（2）开发区管委会未能充分认识原油泄漏的严重程度，根据企业报告情况将事故级别定为一般突发事件，导致现场指挥协调和应急救援不力，对原油泄漏的发展趋势研判不足；未及时提升应急预案响应级别，未及时采取警戒和封路措施，未及时通知和疏散群众，也未能发现和制止企业现场应急处置人员违规违章操作等问题。

（3）开发区应急办未严格执行生产安全事故报告制度，压制、拖延事故信息报告，谎报开发区分管领导参与事故现场救援指挥等信息。

（4）开发区安全监管局未及时将青岛丽东化工有限公司报告的厂区内明渠发现原油等情况向政府和有关部门通报，也未采取有效措施。

1.2.2　台湾高雄 7·31 管道丙烯管道泄漏燃爆事故

2014 年 7 月 31 日 20 时许，高雄市前镇区居民嗅到疑似瓦斯臭味，随即报案。20 时 46

分高雄市政府消防局接获报告,于 20 时 50 分赶到现场,发现高雄市凯旋三路和二圣一路口的水沟冒白烟,有疑似瓦斯味,但未能发现泄漏点。消防员研判可燃气体外泄,便封锁现场,管制交通,以水雾稀释气体,但没有疏散当地民众。当地因有轻轨工程,一度以为是施工挖断瓦斯管线,经调查后发现当晚并未施工。现场人员不知当时已有大量液态丙烯汽化,随着排水箱涵流动向外不断扩散,先往三多商圈方向流进凯旋三路箱涵,并沿着凯旋三路箱涵往北、往南扩散至三多一路、一心一路地下。

7 月 31 日 21 时 30 分,高雄市环保局稽查人员会同消防局抵达二圣、凯旋路口进行采样,并于 21 时 46 分请求环保署南区毒灾应变中心支援。高雄市工务局及消防局则于 21 时 50 分通知台湾中油、中石化、台电、台铁等管线所有人到场。采样查漏期间,影响范围逐渐扩大,消防局又陆续出动人员至前镇、苓雅区各点进行抢救,自 21 时 16 分起至 22 时 15 分止,共有六处派驻消防人员。22 时 22 分,前镇区岗山西街 301 巷 9 号,发生水沟盖气爆。22 时 23 分,高雄市环保署南区毒灾应变中心人员到达现场。22 时 40 分,高雄市消防局长电联要求中油、中石化切断管线输送。23 时 20 分(另一说为 23 时 55 分),环保署确认气体为丙烯,其中在 22 时 19 分对二圣路、凯旋路口之钢瓶进行采样,验出丙烯浓度为 13520ppm,超出人体承受范围近 200 倍。

2014 年 7 月 31 日约 23 时 56 分以后,高雄市凯旋三路、二圣路、三多一路一带发生连环气爆,井盖炸飞,三条路数百米柏油路被炸毁,据目击者指出,爆炸火焰冲上十五楼高,火球直径约 15m,当时已到达现场的约 20 多名警消、义消受伤,被紧急送医治疗。有消防车坠入炸毁塌陷的路面,有老百姓在爆炸中从三多一路路面被抛至四楼楼顶,也有汽车被炸飞到三楼楼顶。

事故造成 32 人死亡、800 多人受伤、29789 户停电、23642 户停气、13500 户停水、2680 户停电话、69 座基地台损毁、1 处中油加油站停业、98 所学校停课,共影响 32968 户、83819 人。

高雄有关部门于 8 月 1 日查扣拥有管线的台湾荣化、中油、中石化、欣高瓦斯、欣雄瓦斯等五家公司电脑记录及气爆现场的施工单位资料。隔日于二圣一路、凯旋路口炸开的下水道箱涵内发现荣化的 4in 管线有长约 7cm、宽约 4cm 的长方形孔洞,缺口处只剩厚度约为 0.2cm 的铁片,疑由内往外翻,但未脱落,推测为可能漏气点,于 5 日会同工研院和金属工业中心将该管线锯下送交化验。该处经查有三条管线,分别为台湾荣化 4in 丙烯管、台湾中石化 6in 丙烯管及中油 8in 乙烯管。其中有孔洞的荣化管线为 1991 年底由台湾中油兴建完工,产权转由台湾福聚拥有、管理,在台湾荣化于 2006 年并购福聚后随之接手。台湾华运则受荣化委托输送丙烯,丙烯的输送或停止都由荣化决定。管线路由出台湾华运厂区后,也由台湾荣化负责,但台湾荣化并未自行对该管线进行维护检修,而泄漏孔洞旁另两支管线则由台湾中油、中石化进行维护。台湾中油、中石化管线经吹驱、顶水测压作业,确认均无泄漏,而台湾荣化管线于二圣和凯旋路口的泄漏孔洞则为该管唯一漏气处。

因管线穿透下水道三四米,判断为水汽加速腐蚀,经高雄市政府等单位调阅管线图,却找不到该箱涵位置,因此无法确认该箱涵的建造单位及建造时间。高雄市政府官员表示,高雄市政府综合所有收集的资料,判定气爆箱涵应属 1991~1992 年间的岗山仔二之二号道路排水干线工程。水利局则称该局不知有此箱涵,因此未列入巡查范围。台湾中油发言人表示，当年管线施工时曾因发现下水道箱涵而更改设计，推测是后来施工的下水道工程，将管线包覆进去。检方认为台湾荣化管线泄漏非单一因素造成，包括输送丙烯造成压力、管线被埋在箱涵、未定期维修、管线被腐蚀等都是可能原因。检方已决定安排开挖、勘验箱涵附近的管线铺设方式，厘清管线悬挂在箱涵内的原因，并调查爆炸当天市府单位处置是否失当。

1.2.3　事故的启示

针对这两起事故，突出表现为其规划布置不合理、安全生产责任不落实、市政管网排查力度不全面、存在应急短板以及警戒疏散不及时等问题。对于存在安全隐患的企业，应该加大排查和管理力度，同时宣传一些安全防护意识，定时做好应对危险的培训，做好应急处置的响应力度。坚持把人的生命放在首位，以对党和人民高度负责的精神，制定和落实加强安全生产工作的硬措施。要深刻汲取事故血的教训，严格执行《石油天然气管道保护法》等法律法规，对于全国范围内的油气管道、城市管网等开展生产安全和公共安全专项整治。

分析事故的原因和前后处置过程，得到以下几点启示：

一是市政规划与公共安全管理问题，主要是应统筹考虑城市、市政规划与管道的公共安全问题，保证管道运行的合理、合规。主要应采取科学规划合理调整布局，提升城市安全保障能力。随着经济高速发展及城市快速扩张，危险化学品企业与居民区毗邻、交错，功能布局不合理，对区域的安全和环境造成一定影响，也不利于城市的长远发展。对其安全、环境状况进行整体评价，通过科学论证，对产业结构和功能进行合理规划、调整，对不符合安全生产和环境保护要求的，要立即制定整治方案，尽快组织实施。要加强行政区域油气管道规划建设工作的领导，油气管道规划建设必须符合油气管道保护要求，并与土地利用整体规划、城乡规划相协调，与城市地下管网、地下轨道交通等各类地下空间和设施相衔接，不符合相关要求的不得开工建设。

二是高后果区管理问题，主要是处理人口与管道和谐发展的问题。如何采取安全措施保障人口稠密区的管道安全，不危及公共安全，这个难题是国内储运行业乃至国外所面临的一个关键问题，解决起来非常棘手，它涉及历史问题和现实问题。应从管道风险出发，对涉及的管道地区等级升级问题进行系统研究，借鉴国外管道公司升级管理的标准和法规经验，得出我国管道升级的必要条件。

三是密闭空间的管理问题，主要是市政设施与管道交叉、并行管道泄漏油气积聚带来的安全隐患问题。针对该区域，应深入开展隐患排查治理。管道运营企业需履行安全生产主体责任，加大人力物力投入，加强油气管道日常巡护，确保安全稳定运行。要建立健全隐患排查治理制度，按照《国务院安委会关于开展油气输送管线等安全专项排查整治的紧急通知》要求，认真开展在役油气管道，特别是老旧油气管道检测检验与隐患治理，对与居民区、工厂、学校等人员密集区和铁路、公路、隧道、市政地下管网及设施安全距离不足，或穿(跨)越安全防护措施不符合国家法律法规、标准规范要求的管道，要落实整改措施、责任、资金、时限和预案，限期更新、改造或者停止使用。

四是管道完整性管理推广应用问题，目前针对管道完整性管理的推广应用极不平衡，部分石化、石油企业尚未推广应用，存在管理盲区。应提高应急决策水平，使用完整性管理的手段为应急管理提供技术数据和决策方法，全面提高应急处置水平。要高度重视油气管道应急管理工作，领导干部应带头熟悉、掌握应急预案内容和现场救援指挥的必备知识，提高应急指挥能力。油气管道企业要根据输送介质的危险特性及管道状况，制定有针对性的专项应急预案和现场处置方案，并定期组织演练，检验预案的实用性、可操作性，不能"一定了之""一发了之"。要加强应急队伍建设，提高人员专业素质，配套完善安全检测及管道泄漏封堵、油品回收等应急装备，对于原油泄漏要提高应急响应级别，在事故处置中要对现场油气浓度进行检测，对危害和风险进行辨识和评价，做到准确研判，杜绝盲目处置，防止油气爆炸。

五是提高管道安全科技应用水平和设防标准问题，重点在于开发管道泄漏监测的技术，加快安全保障技术研究，健全完善安全标准规范。要组织力量加快开展油气管道普查工作，摸清底数，建立管道信息系统和事故数据库，深入研究油气管道可能发生事故的成因机理，尽快解决油气管道规划、设计、建设、运行面临的安全技术和管理难题。要吸取国外好的经验和做法，开展油气管道安全法规标准、监管体制机制对比研究，完善油气管道安全法规，制定油气管道穿跨越城区安全布局规划设计、检测频次、风险评价、环境应急等标准规范。要开展油气管道长周期运行、泄漏检测报警、泄漏处置和应急技术研究，提高油气管道安全保障能力。

1.3 我国管道技术进展和存在的问题

随着高钢级、大口径、高压力管道的应用，我国管道技术发展呈现出新的特点，取得的成就主要表现在以下几个方面：

（1）X80 钢级管线钢应用取得重要进展 天然气管道总的发展趋势是持续提高钢管的强度水平，以期最大限度地降低管道建设成本和输送成本。X80 是日本、欧洲、北美批量生产并正式投入使用的管线钢的最高钢级。X100 和 X120 管线钢也正相继研制成功，正在进行工业性试验。西气东输二线工程采用 X80 钢级管线钢建设，总长度为 8800km，西三线东段、西段均采用 X80 管材。

（2）管道设施国产化取得进展 国产高压大口径管道全焊接球阀成功研制并得到应用，比进口产品节约资金 1/3 以上；首台 20MW 级电驱压缩机组研制成功，并在西二线高陵压气站顺利投运，30MW 级燃驱压缩机组也已研制成功，将按计划进行工厂台架测试，西三线工程配置的压缩机组国产化率可达 70% 以上；自主研发的 SCADA 系统完成 1.0 版，技术指标达到国际先进水平；国产化 X90、X100 钢级钢管成功实现小批量生产和单炉试制。这些重大装备及高钢级管材的国产化，对带动我国冶金、钢铁、制管、装备、机械、电子等行业转型升级和降低管道投资，以及保障国家能源安全、提高国家综合实力具有重要意义。

（3）管道运营管理及信息化取得进展 我国石油管道自 2001 年开始引进管道完整性管理，建立了管道完整性管理体系，围绕管道数据、高后果区管理、风险评价、完整性评价、修复、效能分析六大步骤开展完整性管理。完整性管理系统是基于管道完整性管理这一世界先进管理方法而开发的，是中国石油在经历多年引进、消化、吸收和再创新后，为管道企业量身打造的具有独立知识产权的信息系统，填补了国内管道完整性信息化管理的空白。该系统以管道完整性管理理念和中国石油管道业务为基础，实现了管道数据集中管理存储和完整性管理业务流程信息化，为保证管道始终处于可控状态提供了技术支撑。

（4）管道运行仿真技术取得重要进展　仿真技术在长输管道上的应用不仅优化了管道的设计、运行及控制管理，而且为管输企业带来了经济效益。长输管道仿真系统主要有3种功能：一是用于油气管道的优化设计、方案优选；二是用于运行操作人员的培训；三是用于管道的在线运营管理。仿真技术的研究与应用是管道运输的关键技术之一。

（5）管道内检测技术取得重要进展　近年来国际上在管道检测技术领域发展较快，已开发研制出第三代智能检测器，可检测变形、腐蚀、裂纹等缺陷，具有很高的精度，这些技术被少数技术服务公司所垄断。国内管道检测主要以外检测、变形检测和基于漏磁的腐蚀检测为主，在高清晰度漏磁检测器研制方面取得了很好的成果，但管道裂纹智能检测设备基本仍处于研究阶段。

随着管道技术的发展以及应用的深入，逐渐发现了一些制约发展的难题，主要表现在以下几个方面：

（1）大管径、高压、高钢级管道运行可靠性问题　为解决大管径、高压管道的壁厚限制问题，并提高输送效益，国内外开展了高钢级（如X100）钢管的应用研究以及提高设计系数（如一级地区由0.72提高到0.8）的相关研究等，由此开展的新材料及新方法的应用都需要解决管道的可靠性问题。根据国外的研究结论，管道的事故后果与压力和管径3次方的乘积成正比。因此，随着压力和管径的增大，对管道的可靠度要求更高，即允许发生的事故概率更低。而目前国内尚缺乏对大管径、高压天然气管道可靠性的系统研究，制约进一步提高天然气管输效率的因素客观存在，需开展材料制造、设计方法、施工、运行等方面的研究。

（2）高钢级管材焊缝运行安全评价问题　随着X80级以上高钢级管道的应用，以及在役老旧管道越来越接近失效的高发期，管道环焊缝开裂成为失效的主要因素。贵州晴隆"6·10"管道事故证实高钢级管道运行存在一定风险，需要研究复杂应力状态下高钢级焊缝容许的应力、应变极限状态以及焊接的金相组织结构、焊接工艺热处理、焊缝的最大失效抗力等多因素耦合的问题，尽快建立焊缝内检测数据与无损检测射线图像的表征关系，找出存在的缺陷。

（3）第三方防范技术问题　对打孔盗油和施工挖掘损坏仍以人防为主，One Call系统尚未建立，社会参与度低。预警预报技术没有实质性突破，北斗卫星、遥感技术、无人机巡线技术仍然处于局部应用和适用发展阶段，不能完全代替人工巡线。光纤第三方入侵技术仍然存在误报率高、灵敏度低、光纤振动信号微弱等情况。基于大数据的第三方防范技术、基于视频的第三方影像识别技术还处于研究阶段。

（4）老旧管道检测问题　目前我国油气长输管道已突破13.6万公里，约60%的管道服役时间超过20年，进入事故多发期。老旧管线存在不同程度的腐蚀、裂纹、应力集中等缺陷。应力状态长期处于交变载荷环境，有的处于河谷地带、大江大河穿跨越等地段。目前高清内检测技术难以有效量化焊缝的体积型和裂纹型缺陷，并且清管受到诸多条件限制。

（5）天然气管道泄漏监测问题　天然气管道泄漏监测方法较多，各有利弊。数据分析法主要依据 SCADA 采集的数据，以及流量计温度、压力、流量等数据找出泄漏的位置，其缺点是定位精度低、反应慢。次声原理法属于微弱信号范畴，加之环境噪声的影响，加大了对泄漏信号提取的难度，影响了泄漏监测与定位，小泄漏的判断定位难度较大。负压波法要求较大的压力降，适用于大泄漏或突发泄漏。音波(声波)法因其波长短、频率高等自身特点，衰减速度比较快，长距离很有可能检测不到信号。天然气泄漏监测技术亟待完善提高。

(6)地区等级风险评价和管控问题 多年前建设的管道处于人口稀少地区，随着经济发展，现已变成人口稠密的市区中心地带，管道沿线地区等级升级的情况越来越多，对在役管道的安全管理提出了挑战，必须采取风险控制措施应对地区升级带来的一系列问题。我国目前缺乏地区等级升级的风险评价标准和管控措施，政府和企业对地区升级管控均有顾虑，一旦标准出台，对企业风险管控目标的落实是一个挑战。

(7)智慧管道成果尚不能满足需求 智慧管道的突出特点是管道数据深度挖掘与智能化决策支持。目前国内智慧管道建设均处于数据采集和存储阶段，缺乏深度分析和决策支持应用，基于大数据的管道泄漏监测和预警、灾害预警、腐蚀控制管理仍然属于空白，基于大数据的决策支持平台尚未建立，制约着智能管网的应用需求，管道大数据的应用案例相对较少，仅限于在管道风险分析、内检测等方面的初步探索，还没有实质性应用。管道系统大数据的形成仍处于起步阶段。如何提升模型的适用性和针对性，有效应用于管道运行管理及评估，把各环节产生的数据、信息系统等集成于一体，是管道管理者面临的难题，还有待进一步攻关。

1.4 完整性评价可解决老旧管道继续使用问题

当前全世界在用管道中，其中 30 年以上的老旧管道数量占 55%以上，如何评价这些管道的状况，是老旧油气管道安全运行的首要问题；同时每年新建管道数量大幅增加，由于设计高压、高钢级大口径，一旦发生事故后果影响严重，如何保证管道在投入运行前期的事故多发期的运行安全以及降低成本，也是当前新建管道所面临的主要问题。

世界各国都在探索管道安全管理的模式，最终得出一致结论：管道完整性管理是最好的方式。近几年来，管道完整性评价逐渐成为世界各大管道公司普遍采取的一项重要管理内容，管道企业通过对管道运营中面临的安全风险因素的识别和评价，制定相应的安全风险控制对策，不断改善识别到的不利影响因素，从而将管道运营的安全风险水平控制在合理的、可接受的范围内，达到减少管道事故发生、经济合理地保证管道安全运行的目的。

管道完整性评价已经成为全球管道技术发展的重要内容，我国在这方面起步较晚，虽然目前已经全面推广，但只是从日常业务管理的角度出发，还未真正深入地开展管道完整性评价，特别是对老旧管道需要进行系统的评价，这是完整性评价需要解决的主要问题，如内检测还是以 5~8 年为一个检测周期，尚未形成经完整性评价后根据评价结果开展下一个周期检测的机制。其次，我国管道企业还没有形成一套完整的完全适用于油气管道的完整性评价的技术体系，缺乏系统开展管道完整性评价的经验。另外，我国管道企业自主创新的力度还不够，虽然目前管道的完整性和适用性评价已形成了一些标准、规范以及推荐作法，但需要结合管道运行的实际情况进行进一步修改和完善。

第2章 管道完整性评价技术进展

2.1 线路完整性评价技术进展

2.1.1 管道地区等级升级评价技术进展

1. 地区等级升级评价的重要性

随着我国社会、经济高速发展，许多在役管道沿线由人口稀少的地区，逐渐发展成为人口密集地区，甚至成为城市中心区域，如东北"八三"管道。按照管道沿线地区分级，人口稀少的地区为一级地区，市区中心地带为四级地区，属于高风险区域。同时由于占压等情况也使管道地区级别发生变化。根据中国石油、中国石化、中国海油所属 22 个管道分公司的初步调查，油气管道沿线路由 5m 内共有 23045 栋建筑物，其中直接在管道上方有近1.2 万处，管道两侧 5m 以内的建筑物超过 1.1 万处。四川油气田管线占压隐患多达 4000 多处，其中以厂房、住宅、道路占压最为突出。以上情况说明，管道沿线地区等级升级的情况越来越多，对在役管道的安全管理提出了挑战，必须采取风险控制措施应对地区升级带来的一系列的问题。

2013 年 11 月 22 日，青岛经济技术开发区发生的东黄输油管道泄漏爆炸重特大事故，之所以能够造成 62 人死亡和重大财产损失，与管道周边形成了密集的居民区和商业区，造成地区等级升级有直接的关系。

事故促使我们应尽快采取以下措施：一是提高市政规划与公共安全管理的结合度，统筹考虑城市建设与管道的安全运行，保证管道运行的合理、合规；二是重视高后果区管理问题，主要是处理人口与管道和谐发展的关系，否则一旦发生事故可能会造成群死群伤；三是加强密闭空间的管理，重点解决市政设施与管道交叉、并行，管道泄漏油气积聚可能带来的安全隐患问题；四是全面推行管道完整性管理，解决部分石化、石油企业存在的管理盲区；五是制定管道地区等级升级管控标准，明确政府和企业对管道地区等级升级各自应负的责任。

2. 国内外管道地区升级管理的要求

1）CSA Z662—2007《加拿大管道输送系统》的规定

（1）地区等级变化

由于人口密度的增加或地区发展而要改变管道地区等级时，这些地区的管道应当满足更高等级要求或进行工程评价以确定。具体包括如下：

① 考虑工程的设计、建设和试压程序应与标准的相应要求进行比较；

② 考虑现场检测、操作维护、检查或其他适合的技术方法检查管道状况；

③ 考虑管道地区等级变化的类型、邻近区域的发展扩大，重点考虑人口聚集，如管道附近的学校、医院、小型单位和娱乐场所。

工程评价表明，满足地区变等级化后的管道，应当要求不改变最大操作压力；不满足地区等级变化的管道，应当尽快更换管道或者根据最大运行压力对地区等级变化的要求计算修正操作压力。为了确定等级更改引起的变化，管道运营企业应当每年检查地区等级变化的管道，且应当保存这些检查和采取任何纠正措施的记录。

（2）穿越区域管道

管道穿越已有公路或铁路时，该区域的管道应按照升级段设计，以满足相应要求：

① 按上述（1）内容对地区等级变化的相应要求规定进行工程评价；

② 进行详细工程分析，分析穿越施工建设和操作时管道所遇到的各种载荷，以及管道承受的二次应力。

工程评价表明，管道满足条件时，应当考虑进行穿越设计校核（如套管、管道规范更改、防护层厚度或载荷分布结构变化等），设计的管道二次应力应符合挠性和应力分析要求。应选择适用方法进行详细的工程分析。

2）ASME B31.8—2016《输气管道系统》的规定

该标准对地区等级升级问题进行了详细的阐述，其中部分章节要求的管理规定如下所述。

（1）跟踪监测措施（854.1）

如果地区等级发生变化，则必须对泄漏监测和巡护方式迅速采取调整措施，根据新的地区等级降低 MAOP（最大允许操作压力）不超过设计压力，同时满足 18 个月期限的要求。要考虑以下措施：

① 地区等级升级地区的风险，不仅要从第三方活动损伤考虑，还要从巡线频率、阴极保护状态及人口增加等方面考虑；

② 现行设计标准和原有设计标准进行比较；

③ 当人口密度增加时，首先考虑最大允许操作压力和环向应力，压力变化应考虑管道周边建筑物的影响范围；

④ 管道操作和维护的历史资料；

⑤ 与政府进行沟通，采取有关政策、物理隔断等措施限制人口密度的进一步扩张；

⑥ 对于超过 40%SYMS（最小屈服强度）的管道应重点监测管道周边人口变化情况。

（2）最大允许操作压力的确定或修改（854.2）

如果 854.1 中描述的研究表明制定的管道或总管道的最大允许操作压力与现行的 2、3、4 级地区等级要求不相符，若该段管道处于良好的物理条件下，则该管道的最大允许操作压力需在 18 个月内根据下列①、②、③、④的研究进行确定。

① 如果管道以前的试压时间不少于 2h，应当确定或减小最大允许操作压力使其不超过表 2-1 中所规定的最大允许操作压力。

② 如果以前的测试压力不足以使管道保持与以上①的地区等级相应的最大允许操作压力或可接受的较低的最大允许操作压力，按照本标准的条款，如果使用不低于 2h 的高压力试压，管道既可保持当前的 MAOP，也可以使用可接受的较低 MAOP 运行。如果地区等级变化后的 18 个月内没有进行新的强度测试，或 18 个月后才进行测试，则必须降低目前最

大允许操作压力，按照相应地区等级的压力运行。如果在 18 个月内进行测试，最大允许操作压力可以增加到可以达到的允许等级。

③ 根据①或②确定或修改的最大允许操作压力不应超过本标准或以前的适用的 ASME B31.8 标准所作的规定。

④ 在运行工况要求维持现有的最大允许操作压力的区域，管道不按①、②或③的规定，应将地区等级改变区域中的管道更换，并符合相应等级地区的设计系数。

表 2-1　地区等级变化压力适用范围

以前的（设计建造时）		现在的		最大允许操作压力（MAOP）
地区等级	建筑物数量	地区等级	建筑物数量	
1（1 类）	0~10	1	11~25	以前的 $MAOP$ 但不大于 80%$SYMS$
1（2 类）	0~10	1	11~25	以前的 $MAOP$ 但不大于 72%$SYMS$
1	0~10	2	26~45	0.800 测试压力但不大于 72%$SYMS$
1	0~10	2	46~65	0.667 测试压力但不大于 60%$SYMS$
1	0~10	3	66+	0.667 测试压力但不大于 60%$SYMS$
1	0~10	4	多层建筑	0.555 测试压力但不大于 50%$SYMS$
2	11~45	2	46~65	以前的 $MAOP$ 但不大于 60%$SYMS$
2	11~45	3	66+	0.667 测试压力但不大于 60%$SYMS$
2	11~45	4	多层建筑	0.555 测试压力但不大于 50%$SYMS$
3	46+	4	多层建筑	0.555 测试压力但不大于 50%$SYMS$

3）美国联邦法规(49 CFR 192 部分《天然气或其他气体管道：最低联邦安全标准》)的规定

（1）许可证管理制度

美国采取许可证制度，由 PHMSA 负责，当收到天然气管道运营商完整的申请后，PHMSA 会审查该申请是否符合管道安全，若符合，则可在不满足 49 CFR 192.611 要求的情况下授予其可以升级使用的特别许可证。为了弥补未满足的相关要求，PHMSA 指定了运营商在特别许可证有效期内必须遵守的附加要求。附加要求将根据每个申请相关的具体情况和条件来确定。

PHMSA 授出的特别许可证，从授出之日起，有效期不超过 5 年。如果管道企业需要对此特别许可证进行延期，则管道企业必须至少在 5 年期限结束前的 180 天，向 PHMSA 副行政官提交续期申请，并将副本上交给 PHMSA 地区主管、PHMSA 标准与规则制定主管以及 PHMSA 工程与研究部主管。PHMSA 将考虑是否批准该特别许可证超过 5 年的延期申请。特别许可证的延期申请须包括所要求的总结报告，并且必须证明该特别许可仍符合管道安全的要求。PHMSA 在批准该特别许可证的延期申请前可搜索企业的其他信息。

（2）法规 192.611：关于地区等级改变最大操作压力确认规定

随着地区等级的改变，最大允许操作压力需要重新确定或修改。

条款 2.3.2.1　若管道最大允许操作压力相应的环向应力与当前地区等级不相符，且该段管道处于良好的物理条件下，则该段管道最大允许操作压力须依据以下①、②、③规定之一进行确定或修改。

① 若该段管道先前已试压不少于 8h，则最大允许操作压力的确定或修改为：

a. 2 级地区的最大允许操作压力为试压的 0.8 倍，3 级地区的最大允许操作压力为试压的 0.667 倍，4 级地区的最大允许操作压力为试压的 0.555 倍；2 级地区最大允许操作压力相应的环向应力不应超过最小屈服强度的 72%，3 级地区最大允许操作压力相应的环向应力不应超过最小屈服强度的 60%，4 级地区最大允许操作压力相应的环向应力不应超过最小屈服强度的 50%。

b. 2 级地区选择的最大允许操作压力为试压的 0.8 倍，3 级地区选择的最大允许操作压力为试压的 0.667 倍。依照法规 192.620 的规定，对于按照最大允许操作压力运行的管道，2 级地区相应的环向应力不应超过最小屈服强度的 80%，3 级地区相应的环向应力不应超过最小屈服强度的 67%。

② 必要时需减小该段管道的最大允许操作压力，使相应的环向应力不超过本法规规定的对于当前地区等级下新管道的允许值。

③ 该管道应根据规定的技术要求进行试压，且须根据下列标准制定最大允许操作压力：

a. 经重新试压，2 级地区的最大允许操作压力为试压的 0.8 倍，3 级地区的最大允许操作压力为试压的 0.667 倍，4 级地区的最大允许操作压力为试压的 0.555 倍。

b. 2 级地区相应的环向应力不得超过最小屈服强度的 72%，3 级地区相应的环向应力不得超过最小屈服强度的 60%，4 级地区相应的环向应力不得超过最小屈服强度的 50%。

c. 依照法规 192.620 的规定，对于选择最大允许操作压力操作的管道，所选择的最大允许操作压力按照重新试压的压力确定，即 2 级地区为 0.8 倍的试压压力，3 级地区为 0.667 倍的试压压力；相应的环向应力，2 级地区不应超过最小屈服强度的 80%，3 级地区不应超过最小屈服强度的 67%。

条款 2.3.2.2　依照规定，确定或修改后的最大允许操作压力不应超过确定或修改前制定的最大允许操作压力。

条款 2.3.2.3　依照规定，管道最大允许操作压力的确定或修改不可与 192.553 和 192.555 的规定冲突。

条款 2.3.2.4　依照法规 192.609 的规定，最大允许操作压力的确定或修改必须在地区等级变化后 24 个月内完成。符合条款 2.3.2.1 中①或②中规定的 24 个月内降压操作规定，并不可与条款 2.3.2.1 中③规定制定的最大允许操作压力产生矛盾。

4）国内标准

GB 32167—2015《油气输送管道完整性管理规范》针对地区等级升级地区管理提出新的规定和要求，由于管道沿线地区经济的发展，原有的设计参数已不满足新的人口密度等级变化要求。

该标准 6.3.4 规定要求，地区发展规划足以改变该地区现有等级时，管道设计应根据地区发展规划划分地区等级。对处于因人口密度增加或地区发展导致地区等级变化的输气管段，应评价该管段并采取相应措施，满足变化后的更高等级区域管理要求。当评价表明该变化区域内的管道能够满足地区等级的变化时，最大操作压力不需要变化；当评价表明该变化区域内的管道不能满足地区等级的变化时，应立即换管或调整该管段最大操作压力。具体采取的措施和评价方法需要另行制定行业或企业标准。

3. 国内标准编制情况

1）标准编制

2011 年中国石油天然气股份公司下达了科技研究项目，2014 年项目验收，在役管道地区等级升级风险评价与控制方面，提出了四级地区管道的目标失效概率（见表 2-2），并将其按照低、中、高人口密度优化修正；基于应力-强度干涉理论，提出了管道应力与强度的概率分布规律模型，量化了不确定性对管道失效概率的影响，证明了降低应力或强度的方差可以提高管道的可靠性和安全水平；建立了地区等级升级管道失效概率的半定量风险评价模型和软件，提出了相应指标体系和控制措施。该评价标准已在中石油管道的隐患治理中全面应用，形成了行业标准 1 项，软件著作权 1 项。

2）确定了目标失效概率

目标失效概率见表 2-2。

表 2-2　目标失效概率

管道地区等级	目标失效概率/km·a	管道地区等级	目标失效概率/km·a
1 级	5×10^{-3}	3 级	1×10^{-4}
2 级	5×10^{-4}	4 级	5×10^{-5}

3）确定了管道地区等级不允许升级的条件

标准通过对国内外标准规范和失效风险的研究，地区等级升级管段中如果出现以下任意一种情况，该管段在排除隐患之前，地区等级不允许升级，必须采取换管或降压运行的措施。

（1）地区等级上升为 4 级；

（2）管道发现有皱褶；

（3）管段在 3 级地区，并且运行时的应力超过管材最小屈服强度的 72%；

（4）管段强度试验压力低于 125% 最大允许操作压力；

（5）升级地区管段存在未按规定修复的管体缺陷或防腐层漏点与破损；

（6）升级地区管段的管道环焊缝未达到 100% 探伤或探伤记录不全；

（7）升级地区管段的水压试验记录不全。

4）允许地区升级管段的完整性管理措施

（1）确定最大允许操作压力（*MAOP*），允许地区等级升级的管段可按照当前运行压力或设计压力运行，不得超过现有 *MAOP*；

（2）实施完整性管理计划，将高后果区（HCA）中的地区等级升级管段纳入完整性管理方案（PIM）中；

（3）开展密间隔电位测量（CIPS），在管段允许升级后的 1 年内，需要对该管段进行密间隔电位测量（CIPS），公司可根据需要，以适当的检测周期定期对地区等级升级管段进行密间隔电位测量，该检测周期最大不超过 7 年；

（4）开展涂层状况检测，在管段允许升级后的 1 年内，对每段特别许可管段进行直流电压梯度测试（DCVG），以确定管道防腐层状况，并对发现的问题进行修复；

（5）开展应力腐蚀开裂直接评估，在管段允许升级后的 1 年内，应对该管段进行应力腐蚀开裂直接评估（SCCDA）或使用适用于 SCC 的评估方法，如裂纹检测评价等；

（6）定期开展内检测及确定检测周期，须按照管道完整性管理的要求开展在线内检测，检测周期不超过 8 年，使用具有±0.5%精度的变形检测器；

（7）编制管道及涂层修复报告，在管段允许升级后的 1 年内，须向公司提交 DCVG、CIPS、ILI 以及 SCCDA 评估结果的书面报告（包括整改措施）；

（8）加强第三方活动及交叉作业的管理，管理人员须至少提前 14 天上报公司作业计划；有关地区升级段现场交叉施工及开挖情况，须在发现紧急情况后的 2 个工作日内上报公司；开展高后果区评估，根据管道完整性管理的相关要求，管理人员应定期开展评估，周期和评估内容保持不变；

（9）加强巡线管理，应将地区升级管段作为日常巡线管理的重点，增加 GPS 巡检点，密切关注该管段的有关作业活动和异常情况并及时上报。

4. 国内外标准差异性分析

从以上国内外的标准和法规的分析表明，美国、加拿大均对地区等级变化后的措施进行了详细的规定。如美国法规规定了地区等级升级的许可证制度，提出了许可证制度的各个环节和提供的必要材料，同时确定了地区等级升级后的最大操作压力，给出了允许升级的条件，提出了允许升级管段的完整性管理措施。

目前国内输气管道地区等级升级与风险管控的标准正在制定中，由于涉及深层次问题，需要在一定范围内应用后，再加以逐步完善。但国内标准提出的硬性要求较少，弹性要求较多，这也是国内外企业标准的主要差异。

2.1.2　管道内涂层评价研究进展

1. 国外油气管道内涂层技术研究及应用现状

管道的内涂层始于美国，其初始是作为防止管道的内壁腐蚀而提出来的。1940 年，美国西德克萨斯州最早使用酚醛树脂对酸性原油油井套管进行了内涂作业。1947～1948 年，内涂技术第一次应用于含硫原油管道和含硫天然气管道。1953 年 3 月，内涂层首次在美国一条直径为 20in（508mm）的天然气管道上投入使用。1954 年，美国 Manufacturers light & Heat 公司对 Tennessee 天然气管道公司所属长约 70km 的（管径分别为 406mm 和 508mm）天然气管道涂敷了内涂层。1955 年美国休斯敦的 TransCantinental 管道公司第一次对长距离（325km）、大口径（762mm、914mm）天然气管道进行了内涂敷，用的是一种胺固化环氧树脂涂层材。对于这些早期的用户，内涂层主要用于防止在存放及静水测试过程中管线的内壁腐蚀，同时可减少压降，从而提高管道的效率。1959 年首次发表了分析内涂层对大口径气管道改善流动增加输量的理论和效果的现场试验报告。此后，加拿大于 1962 年、意大利于 1965 年、英国于 1966 年、苏联于 1967 年相继应用了大口径气管道的内涂层技术。

目前世界范围内应用内涂层的干线输气管道典型例子不胜枚举。例如，1973～1983 年间修建的阿尔及利亚–意大利穿越地中海管，其陆上管道口径为 1220mm，穿越西西里海峡（160km）和墨西拿海峡（15km），选用三条管径 509mm、壁厚 20mm 的 X65 钢管并行，所有管子都用用环氧树脂进行了内涂敷；1984～1990 年，英国 British Gas 公司所辖北海天然气管道采用内涂层的达1746km；1990年美国《管道工业》杂志报道，挪威至比利时的Zeepipe天然气管道，全长810km，管径996mm，输气压力高达16MPa，为了降低摩阻，采用了内涂层厚为40~60μm的环氧树脂；从非洲马格利布经直布罗陀到欧洲的一条输气管道，全长1352km，管径1219mm，穿越海峡48km（双线管径529mm），也采用内涂敷厚度为50μm的环氧树脂；加拿大最大的天然气公司NOVA公司，到1995年为止，其所辖输气管道的76%（全长约7200km）都采用了内涂层。

同样是1995年，发表在天然气管道腐蚀防护会议上的一篇文献总结说："回顾高固体分环氧树脂作为管道内涂层已有近40年的历史，这些年来在大约70000km已涂敷的管道实践经验基础上，逐渐认可了它的效益。"据统计，目前在国外管径508mm及以上的输气管道基本上均应用了内涂层。有些国家甚至规定：不采用内涂层的新输气管道不准投产（特殊情况除外）。表2-3列出了近些年国外采用内减阻涂层的长输天然气管道的技术参数。

表2-3　国外采用内涂层的长输天然气管道的技术参数

管道名称	施工或投产期/年	长度/km	管径/mm	压力/MPa
马格里布州际管道	1994~1996	1392	559/914/1220	7~8
Alliance管道	1998~2000	2988	914/1067	<12
邓比尔-佩恩输气管道	1981~1984	1420	508/660	8.5
西班牙东北输气管	1982~1990	765	610/660/762	7.2
Zeepipe海底管道	1991~1993	814	1016	15.7
Statepipe海底管道	1985	800	711/762/914	13.4

目前，内涂层技术处于领先地位的国家包括美国、德国、英国、意大利等欧美国家。在进入20世纪80年代以后，国外大口径长输天然气管道已普遍采用内涂层技术来提高输气压力，增加输气量。在管线建设中，内壁涂层的费用只占钢管费用的2%~3%，而只要输气量能提高1%，就能很快回收其投资。并且经过多年生产和实际应用，对内涂层的材料、施工和质量都作了严格的规定，国外内涂层已经实现标准化，许多国家和企业都制定了自己的管道内涂层标准。采用的标准主要有：

（1）API RP 5L2　非腐蚀性气体输送管道内涂层推荐准则

（2）GBE/CM1　钢质干线用管和管件的内覆盖层施工规范

（3）GBE/CM2　钢质干线用管和管件的内覆盖层材料技术规范

（4）Q/SY XQ 11　西气东输管道内壁（减阻）覆盖层补充技术条件

（5）ISO 2815（GB 9275）　色漆和清漆——巴克霍尔兹压痕试验

（6）ISO 8502-2　已处理表面上氯化物的实验室测定

（7）ASTM D 117　盐雾试验方法

（8）ASTM D 185　颜料、色浆和色漆中粗颗粒的标准试验方法

（9）ASTM D 522　附着有机覆盖层心轴弯曲试验用标准试验方法

（10）ASTM D 523　关于镜面光泽的标准试验方法

（11）ASTM D 869　色漆沉淀度评定的标准试验方法

（12）ASTM D 968　用磨料下落测定覆盖层耐磨性

（13）ASTM D 1200　用福特黏度杯测定黏度的标准试验方法

（14）ASTM D 1210　颜料-漆料体系分散细度测定的标准试验方法

（15）ASTM D 1309（1998）　路标漆储存时沉降性能的标准试验方法

（16）ASTM D 1475　测定液体涂料、油墨和相关产品密度的标准试验方法

（17）ASTM D 1644　测定清漆不挥发物含量的标准试验方法

（18）ASTM D 2697　色漆和清漆中不挥发物体积的测定

（19）英国气体理事会（Gas Council）制定的 GIS/CMI 和 GICP/CNI 标准

（20）荷兰制定的 CS 1 N 标准

（21）法国制定的 R03 和 20S50 标准

（22）加拿大阿尔伯达干管道公司制定的 C1 标准

另外，针对内涂层涂料研究，1957 年，美国天然气协会（AGA）的管道研究委员会曾进行了一个名为 NB14 的研究项目，即"天然气行业的管道内表面覆盖层的研究"。研究人员对 38 种不同类型的可用于天然气管道内覆盖层的涂料进行了研究和筛选，最终得出结论认为：环氧树脂型涂料是最适合于天然气管道行业的内涂层材料。国外目前常用的天然气管道减阻类涂料均采用环氧树脂作为成膜基料，包括横跨欧洲的马格里布管道、世界上最长的海底管道 Zeepipe 和新近建成的联盟（Alliance）管道等 8 条长距离输气管线。

在内涂层领域，国外有一批专业化施工公司，设备精良，自动化程度高，如 Bredero Price 公司，在北美从事天然气管道内涂层作业已有 40 年历史。英国的 E. WOOD 涂料公司生产的内涂层涂料在工程上应用已超过 40 年，其内涂的管道达 100000km 以上。

2. 国内油气管道内涂层技术研究及应用现状

在国内，内涂层技术已开发多年，主要应用于油气田腐蚀性介质的集输管道和注水管道上，用于防腐蚀的目的。国内的航油管道，由于对介质的纯度要求，也采用了内涂层技术，取得了显著的经济效益。

但是，自 20 世纪 60 年代中期到西气东输工程之前，我国天然气管道建设虽有了较大的发展，已建成各种管径和输送压力的主干线几千公里，但没有进行过内涂层。由于进入管网的气体净化程度参差不齐，一般采用添加缓蚀剂的方法减缓内部腐蚀的产生。2000 年初，西气东输工程正式确定建设后，西气东输项目部围绕这一工程组织了有关研究单位和设计部门先后完成了一大批科研项目，而管道内涂层技术就是其中之一。项目经理部委托中国石油天然气管道工程有限公司，对天然气管道内涂层技术进行系统的研究和开发。经过近两年的努力，管道工程有限公司完成了天然气管道减阻耐磨涂料的配方研制、性能测试、减阻效果评价、中试生产和工程化应用等方面的工作，目前已经研制开发出 AW-01 天然气管道减阻耐磨涂料，并已开始在西气东输工程中得到应用，这是国产涂料的首次工业化应用。

此外，中科院金属研究所国家金属腐蚀控制工程技术研究中心也研制开发出 SLF-21 管道内减阻涂料。陕西合阳源源化工有限责任公司研发成功的 EB2885 长效型环氧玻璃鳞片防腐涂料，经检测和使用，性能接近国际先进水平。2005 年，大港油田研究和开发了 100%固体含量的刚性环氧树脂-聚氨酯防腐涂料。大庆高新区北油创业科技有限公司和中国化工建设总公司常州涂料化工研究院共同研制开发了合金化纳米复合涂镀油管技术。这些涂料在

性能上已经达到国外同类产品的水平，通过这些努力，国内外减阻涂料技术的差距正在逐步缩小。

目前，国内也已经形成了内涂层技术的一些标准。具体如下：

（1）SY/T 0442—2010《钢质管道熔结环氧粉末内防腐层技术标准》和 SY/T 0457—2010《钢质管道液体环氧涂料内防腐层技术标准》。

（2）西气东输管道公司的两部企业标准，Q/SY XQ 10《非腐蚀性气体输送管道内覆盖层推荐做法》和 Q/SY XQ 11《西气东输管道内壁（减阻）覆盖层补充技术条件》。其中前者已经被石油企业设计专标委审查通过，上升为石油企业标准，标准号为 Q/CNPC 37—2002，不仅可以应用于西气东输管道工程，而且还可以为其他大口径输气管道服务。

（3）SY/T 6530—2010《非腐蚀性气体输送用管线管内涂层》。

目前，内涂层技术处于领先地位的国家包括美国、德国、英国、意大利等欧美国家，我国与国外相比，在涂料生产、涂覆工艺、施工工具、施工标准规范和涂层质量检验等方面还存在一定的差距，需要加快相关技术的研究工作，以满足我国长输天然气管道建设的需要。

2.1.3　管道缺陷适用性评价技术进展

1. 含平面型缺陷管道的安全评价技术

英国 CEGB 于 1986 年修改了 R6 标准，一般称为新 R6 标准，并在以下两个方面进行了分析和评定：①考虑了材料应变硬化效应，以 J 积分理论为基础，建立了失效评定曲线的三种选择方法，比 EPRI 方法更为简便；②裂纹延性稳定扩展的处理方法有了重大的改革，提出了缺陷评定的三种类型的分析方法。

R6 标准对结构完整性的评定是通过失效评定图实施的，失效评定曲线的建立则是失效评定图技术的关键技术之一，新 R6 标准失效评定曲线的一般形式如图 2-1 所示，是以一条连续的曲线和一个截断线所描绘，定义失效评定曲线为 $K_r = f(L_r)$。图 2-1 中截断线 L_{rmax} 表示缺陷尺寸很小时，结构塑性失稳荷载与屈服荷载之比，在 $L_r > L_{rmax}$ 时，$K_r = f(L_r) = 0$。为建立失效评定图，新 R6 标准提出了难易程度不同的制作失效评定曲线的三种选择方法：①采用通用失效评定曲线；②绘制的失效评定曲线需要材料的详细应力-应变数据；③使用特定材料和特定几何形状的曲线。

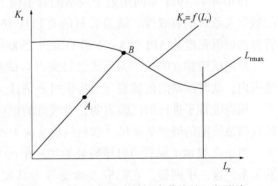

图 2-1　新 R6 标准失效评定曲线的一般形式

2. 含体积型缺陷管道安全评价方法

体积型缺陷主要通过理论与实验的方法进行评价，一般都是采用实验手段获得的经验公式。体积型缺陷的评价标准很多，例如 ASME B31G、BS 7910、RESTRENG、API 579 等，满足工业评价需求。

1）ASME B31G 方法

（1）限制条件

① 本方法限于可焊接的管线钢材，如碳钢或高强度低合金钢的腐蚀。ASTM A53、A106 和 A381，以及 API 5L（现行的 API 5L 包括原先 API 5LX 和 API 5LS 的所有等级）中所叙述的是这些钢材的典型代表。

② 本方法只适用于外形平滑、应力集中低的管线用管本体上的缺陷（如电解或电化学腐蚀及磨蚀引起的壁厚损失）。

③ 此方法不宜用于评定被腐蚀的环向或纵向焊缝及其热影响区、机械损害引起的缺陷（如凹陷和沟槽）以及在管子或钢板制造过程中产生的缺陷（如裂纹、折皱、轧头、疤痕、夹层等）的剩余强度。

④ 本方法中提出的腐蚀管子留用准则只以管子在承受内压时保持结构完整性的能力为根据，当管子承受二次应力（如弯曲应力），尤其是对腐蚀有举足轻重的横向应力时，它不宜作为唯一准则。

⑤ 本方法不能预测泄漏和破裂事故。

（2）方法与研究程序

该方法采用普通的旧管道进行试验，或把真实的腐蚀管子加压爆破后进行试验。因为采用用过的且确具腐蚀危险的管子就地或在大的原型试验坑内做试验，比用机械加工的缺陷进行的纯实验室试验显得更为合理。

针对全部缺陷类型安排了数百次旧管子试验以确定普遍的缺陷特征。计算腐蚀管材承压强度的数学关系式就是在试验积累的基础上形成的。这些属半经验性的数学关系式，都基于断裂力学原理。

1970 年和 1971 年间用数个规格的管子做了 47 次压力试验，来评价确定腐蚀区域强度的数学关系式的有效性。试验管材的直径从 16in 到 30in，管壁厚度从 0.312in 到 0.375in。管材的屈服强度从 API 5LA-25 级的大约 25000psi 到 5LX X-52 级的大约 52000psi。

早期试验建立的数学关系式已根据以后试验的成果作了修正，在本标准研究过的材料范围内，就腐蚀缺陷的破裂压力提供可靠估计。

用腐蚀管子进行的试验表明，管线管的钢材都有足够韧性，而韧性不是一个主要因素。钝性腐蚀缺陷的破裂受其尺寸和材料流变应力或屈服应力的控制。

图 2-2 显示了原管道打压破裂的实际情况与判定管线管腐蚀坑穴能否接受的准则之间的关系。这一准则是，它们应能承受等于其规定最小屈服强度（SMYS）100%的应力水平。此图以一个保守的腐蚀区域的抛物线剖面假设为基础，以最大腐蚀深度与管子壁厚的比值为纵坐标，以腐蚀长度除以管子半径与壁厚乘积的平方根为横坐标。每个数据点代表腐蚀管子的一次旧管道试验，数据点旁的数字是以 SMYS 百分数表示的破裂压力下的应力。只有 3 个数据点（3 次试验）是在低于 100%SMYS 的压力水平上破裂的，这表明，腐蚀缺陷的严重性不大（应当看到，这 3 点均被准则排除）。图中实线是低于 100%SMYS 的破裂压力的区分线。有许多点处于此线以下，它们无一例外都代表高于 100%SMYS 的破裂情况。这些高于 100%SMYS 的事实充分说明，这一准则是相当保守的。

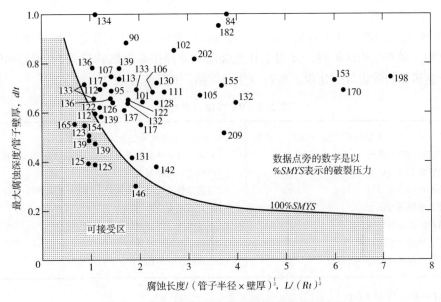

图 2-2　预测破裂应力与腐蚀缺陷的抛物线准则

图 2-2 中的可接受区是曲线下方左侧的阴影部分。由缺陷深度和长度决定，落在曲线上方的腐蚀坑穴，按提出的准则衡量是不可接受的，需要降低管道的工作压力和将腐蚀坑穴去除或修理。

2）腐蚀管道 DNV 评价方法

该方法由挪威船级社于 1999 年正式提出，是用于对含缺陷腐蚀管道进行安全评定的方法。它与以往的安全评定方法不同之处在于，它是对腐蚀缺陷(体积型缺陷)进行评定。到目前为止，在油气管道的检测方面，得到的数据大多是用来描述腐蚀缺陷的。DNV 方法主要是研究在荷载作用下的管道腐蚀缺陷的安全评定，给出了两种方法：分安全系数法和许用应力法。作用的荷载包括两种：只有内压作用和内压与轴向压应力共同作用。腐蚀缺陷包括三种：单个缺陷、相互作用的缺陷和复杂形状缺陷。此方法适用于含有腐蚀缺陷的碳钢管道。

3）RSTRENG 方法

RSTRENG 方法是 ASME B31G 标准的改进，它减少了原标准的保守性。其特点见表 2-4。

表 2-4　RSTRENG 评价特点

(1)RSTRENG 已经过 86 根实际腐蚀的管道爆破实验验证	(8)确定腐蚀形貌必须沿着管道长度方向进行大量的深度测量，以确定缺陷底部的形貌，缺陷可以是单个缺陷，也可是相互作用缺陷
(2)最大允许深度为壁厚的 80%	
(3)流动应力等于 $SMYS+10$ kpsi(68.94MPa)	
(4)包含三项傅立叶参数，算法准确	
(5)假设一任意面积近似考虑系数为 0.85	(9)在大多数情况下，RSTRENG 预测最小的失效压力，要比使用按照整个缺陷面积、整个长度方法的值要小
(6)RSTRENG 按腐蚀底部的形貌实施评价，比 B31G 更具有准确性	
(7)该程序考虑将整个缺陷分成若干部分，来预测相应的失效压力	(10)RSTRENG 基于有效的腐蚀面积、有效的缺陷腐蚀长度，任意腐蚀缺陷均能被评价

4）BS 7910 标准

BS 7910 是英国燃气开发的金属结构可接受性的评价标准，主要是为碳钢和铝合金焊接结构开发的。随着应用的扩展，又用于其他金属和非焊接金属结构缺陷的分析评价。该标准适合于金属结构的设计、建设、运行全生命周期。其特点见表 2-5。

表 2-5　BS 7910 评价特点

（1）裂纹在Ⅰ、Ⅱ、Ⅲ型和剪切载荷作用下的评价	（9）确定管道韧性冲击功及应用方法
（2）海洋结构管接头评价	（10）确定可靠性、分安全系数、实验次数和安全裕度系数
（3）压力容器和管道断裂评价	（11）确定焊缝断裂韧性
（4）结构不对中应力分析	（12）确定管道可接受缺陷的 LEVEL-1 简化程序
（5）爆破之前泄漏评价	（13）计算残余应力
（6）管道和压力容器腐蚀评价	（14）提出疲劳寿命估计数值方法
（7）断裂、疲劳、蠕变评价	（15）高温断裂扩展评价
（8）焊接接头焊接强度不匹配评价	（16）高温失效评价

5）API 579 评价标准

该标准的适用性（FFS）评价规范已发展成评价构件单一或多重损害机理导致的缺陷。构件的定义为按照国家标准或规范设计的承压部件。设备被定义成构件的组合。因此，该标准覆盖的压力设备包括构件压力容器、管道和储存罐罐壳层等压力容器。对于固定和浮动的顶部结构以及罐底板的适用性（FFS）也包含在标准中，评价分三级：

（1）第一级　这一级别包含的评价规范提供保守的筛选准则。保守的筛选准则是利用最小数量的检测或构件信息。通过现场检测或工程人员可以进行第一级评价。

（2）第二级　这一级别包含的评价规范提供一个更细致的评价。这种评价产生的结果比第一级评价的结果更精确。在第二级评价中，需要和第一级评价要求相似的检测信息。然而，更多的详细计算用于评价中。在进行适用性（FFS）评价时，第二级评价一般能够典型地由现场工程师或有经验和渊博知识的工程专家进行。

（3）第三级　这一级别包含的评价规范提供一个最细致的评价。这种评价产生的结果比第二级评价的结果更精确。在等三级评价中，要求有最详细的检测和构件信息，以及在数学技术基础上的推荐分析（如有限元方法）。第三级分析主要由有经验和渊博知识的工程专家进行。

3. 含缺陷管道寿命预测评价

1）疲劳寿命预测

（1）管道在工作中由于管内压力的变动以及环境载荷的周期性变化，造成管壁应力的循环变化。

（2）含初始裂纹或缺陷的管道在循环加载情况下，即使最大载荷产生的应力强度因子远小于材料的断裂韧性，但在多次循环载荷的作用下，裂纹仍旧会慢慢地扩展，也就是裂纹的疲劳扩展。

（3）具有初始裂纹或缺陷的管道，在交变应力的作用下，初始裂纹逐渐扩展，一旦达到临界尺寸 a_c 时，立即失稳扩展，突然断裂。

（4）裂纹在交变应力作用下，由初始值扩展至临界值的过程称为疲劳裂纹的亚临界扩展。对疲劳裂纹的亚临界扩展规律的研究，为正确预测裂纹扩展和管道的剩余寿命提供了依据。

2）管道裂纹扩展的寿命预测

管道超声波裂纹检测为管道疲劳寿命预测提供了评价数据，主要按照 PAIRS 公式实施评价，参考的标准为 BS 7910 标准。

3）管道腐蚀寿命评估

腐蚀剩余寿命预测研究的意义，就是要在保证必要的安全可靠性前提下，最大限度地延长管道的使用寿命。通过对含有腐蚀缺陷的管线进行无损检测，利用适当的数值分析方法建立起相应的腐蚀速率模型，来预测管线的剩余寿命，并在此基础上确定管道合理的检测和维修周期，避免过早地更换还可以继续运行的管道，减少不必要的经济损失。

管道的寿命预测，国内外没有准确的标准，现根据多年来的工作经验和实践，得出管道寿命评估的一般性推荐作法。

（1）基于 2 次检测数据的天然气管道腐蚀速度和剩余寿命

在役输气管道由于输送的介质、周围环境以及各种载荷的不同，管道在诸多腐蚀因素下工作，输气管道的腐蚀是一个很复杂的过程，因此最终腐蚀的结果也是各种腐蚀因素综合作用的结果。测定腐蚀速度及腐蚀寿命的计算是一个很复杂的问题。

下面提出的腐蚀速度计算和剩余寿命预测，是指输气管道的各种腐蚀因素对管道的综合腐蚀作用下的一种工程计算方法。

从管壁的腐蚀深度考虑，可以得到一个简单的公式来计算腐蚀速度，从而确定管道腐蚀的剩余寿命。这里用管道剩余壁厚与腐蚀时间成线形关系为基础作出图形（见图 2-3），从而得出如下计算管道的腐蚀速度和腐蚀剩余寿命预测的工程计算公式。

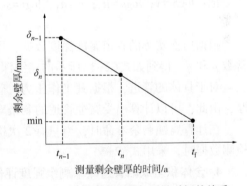

图 2-3　管壁剩余壁厚与测量时间的关系

若最近一次的测量时间为 t_n，测得腐蚀处的管壁厚度为 δ_n，上次检测时间为 t_{n-1}，管壁腐蚀处厚度为 δ_{n-1}，则得到这两次测量时间之内管壁的腐蚀速度为：

$$V=\frac{\delta_{n-1}-\delta_n}{t_n-t_{n-1}} \tag{2-1}$$

式中　V——管壁的腐蚀速度，mm/a；

δ_{n-1}——钢管上次测量的壁厚，mm；

δ_n——钢管最近测量的壁厚，mm；

t_{n-1}——上次测量的时间，a；

t_n——最近测量的时间，a。

以上 δ_{n-1}、δ_n、t_{n-1} 及 t_n 均可由现场检测数据得到。

下面式子用来估算该腐蚀处管道的剩余寿命。若根据强度等诸条件考虑，管壁允许的最小壁厚为 δ_{min} ，管壁的腐蚀速度 V 从式(2-1)得到，则可以计算出从最近一次测量到管道剩余壁厚减小到最小壁厚 δ_{min} 所需要的时间，也就是管道的剩余寿命 t ：

$$t = t_f - t_n = \frac{\delta_n - \delta_{min}}{V} = \frac{\delta_n - \delta_{min}}{\delta_{n-1} - \delta_n}(t_n - t_{n-1}) \tag{2-2}$$

式中 δ_{min} ——管壁允许的最小壁厚度，mm；

t_f ——管壁腐蚀到允许的最小壁厚 δ_{min} 的时间，a；

t ——管道的剩余腐蚀寿命，a。

（2）基于多次内检测数据的腐蚀速度和剩余寿命

以上的方法都是假定腐蚀速率是均匀的，实际管道的腐蚀速率并不一定是均匀的，而是比较复杂的，一般腐蚀速率会随着时间有所增加。根据腐蚀深度与使用年限的关系，可以使用工程上的经验公式，类似于腐蚀时金属损失量与腐蚀时间的关系，利用一个指数函数来近似腐蚀深度变化与管道使用年限的关系：

$$S = pt^q \tag{2-3}$$

式中 S ——管道壁被腐蚀深度，mm；

t ——使用年数，a；

p ， q ——待定常数。

可以用以下方法确定常数 p 、 q ：对式(2-3)两边取对数，有

$$\log S = \log p + q \cdot \log t$$

记： $\log S = y$ ； $\log p = a_0$ ； $q = a_1$ ； $\log t = x$ 。则(2-3)式变为：

$$y = a_0 + a_1 x \tag{2-4}$$

根据历次实测的管道腐蚀深度数据，用最小二乘法求得待定系数 a_0 和 a_1 。则可计算出常数 p 和 q ，得到如式(2-3)所示的腐蚀深度与使用年限的关系。

对于具体的管道，根据其工作压力、管道材料及使用环境等可以确定它的最小许用壁厚，由此，可以计算出受腐蚀管道的剩余寿命。

在计算腐蚀剩余寿命时，当只有 2 次检测数据时，采用式(2-2)；当有 3 次或 3 次以上检测数据时，采用式(2-3)。

4. 含体积型缺陷管道概率剩余强度评价方法

概率剩余强度评价方法以能够反映管道的真实情况为原则，考虑评价参数的不确定性，将评价参数看作服从一定统计分布的随机变量，以概率性数值输入评价过程，然后通过计算含缺陷结构的失效概率和可靠性水平来评价结构的安全性。通过概率剩余强度评价，不仅能反映评价中参数的不确定性，而且能够给出含缺陷管道失效概率的定量计算结果，能够更真实地反映含缺陷结构的安全状态。

1）局部腐蚀管道的极限承压能力计算

$$P_L = \frac{2m_f \sigma_s t}{D}\left(\frac{1 - \dfrac{d}{t}}{1 - \dfrac{d}{tM_t}}\right) \tag{2-5}$$

式中 m_f——无量纲系数，取 1.1；

        σ_s——管道材料屈服强度，MPa；

        t——管道名义壁厚，mm；

        D——管道外径，mm；

        d——缺陷深度，mm；

        M_t——Folias 因子(或称鼓胀因子)。

M_t 用下式计算：

$$M_t = (1 + 0.48\lambda^2)^{0.5}, \quad \lambda = \frac{1.285L}{\sqrt{Dt}}$$

式中 L——缺陷长度，mm。

2）基于式(2-5)建立局部腐蚀管道状态

$$Z = \frac{2m_f\sigma_s t}{D}\left(\frac{1 - \dfrac{d}{t}}{1 - \dfrac{d}{tM_t}}\right) - P \tag{2-6}$$

式中 P——管道设计压力或工作压力，MPa。

3）失效概率和可靠度计算方法

局部腐蚀管道的失效概率计算模型为：

$$P_f = \int\cdots\int f(d,\ L,\ t,\ D,\ m_f,\ \sigma_s,\ p)\ \mathrm{d}d\mathrm{d}L\mathrm{d}D\mathrm{d}m_f\mathrm{d}\sigma_s\mathrm{d}p \qquad (\text{积分范围：} Z<0)$$

式中：$f(d,\ L,\ t,\ D,\ m_f,\ \sigma_s,\ p)$ 为变量 d、L、t、D、m_f、σ_s、p 的联合概率密度函数。在工程实际中，通过求解上述积分来获得管道的失效概率是非常困难的，采用蒙特卡洛模拟方法可以有效地解决这个复杂的概率问题。

蒙特卡洛模拟计算腐蚀管道失效概率和可靠度的具体方法和步骤如下：

（1）构造腐蚀管道的状态函数，见式(2-6)。

（2）确定 L、σ_s、d、p 等随机变量的概率密度函数 $f(x_i)$ 和概率分布函数 $F(x_i)$。

（3）对每个随机变量，在 $[0,1]$ 之间生成许多均匀分布的随机数 $F(x_{ij})$：

$$F(x_{ij}) = \int_0^{x_{ij}} f(x_i)\ \mathrm{d}\,x_i \tag{2-7}$$

式中 i——变量个数，$i = 1,\ 2,\ \cdots,\ n$；

        j——模拟次数，$j = 1,\ 2,\ 3,\ \cdots,\ N$。

对于给定的 $F(x_{ij})$，可由上式解出相应的 x_{ij}。所以对于每个变量 x_i，每模拟一次可以得到一组随机数 $(x_{1j},\ x_{2j},\ x_{3j},\ \cdots,\ x_{nj})$。

（4）将每次模拟得到的随机数代入式(2-6)中，计算 Z 值。

（5）若 Z 值小于 0，计失效一次。

（6）重复上述步骤(3)、(4)、(5)，进行 N 次模拟，共计失效 M 次，则失效概率为：

$$P_f = M/N \tag{2-8}$$

可靠度为：

$$R = 1 - M/N \tag{2-9}$$

将所求的失效概率 P_f 与中、低、高风险性地区各自对应的可接受失效概率 P_A 进行对比，若 $P_f \leqslant P_A$，则安全；若 $P_f \geqslant P_A$，则不安全。

4）评价参数的失效概率敏感性分析方法

采用敏感性系数方法来分析腐蚀管道各变量对失效概率的敏感性。随机变量 x_i 的敏感性系数定义如下：

$$\alpha_i = \frac{\partial P}{\partial C_{xi}} \bigg| (C_{x1}, \ C_{x2}, \ C_{x3}, \ \cdots, \ C_{xn})$$

$$\alpha_i \approx \frac{P(C_{x1}, \ C_{x2}, \ \cdots, \ C_{xi} + \Delta C_{xi}, \ \cdots, \ C_{xn}) - P(C_{x1}, \ C_{x2}, \ \cdots, \ C_{xi}, \ \cdots, \ C_{xn})}{\Delta C_{xi}}$$

$$(2-10)$$

式中　α_i——变量 x_i 的敏感性系数；

C_{xi}——随机变量的变异系数。

从物理意义上讲，α_i 反映了变量 x_i 的变异系数 C_{xi} 的改变对失效概率变化的相对贡献。利用公式(2-10)计算每个变量的敏感性系数，就可以确定出对腐蚀管道可靠性影响的关键变量。

5. 含裂纹型缺陷管道失效概率和可靠度计算方法

对含裂纹型缺陷结构的管道的剩余强度评价，目前普遍采用失效评估图(FAD)技术(见图 2-4)，该技术考虑了结构从塑性失稳到脆性断裂所有可能的破坏行为。

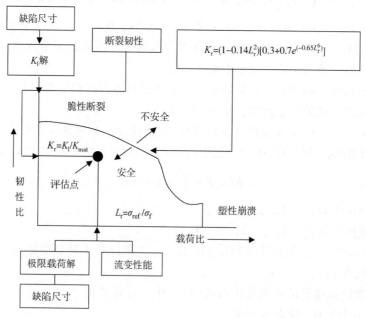

图 2-4　失效评估图(FAD)

为处理含裂纹管道评价参数的不确定性，提出基于 FAD 图的管道失效概率和可靠度计算方法，其步骤如下：

（1）构造含缺陷管道的极限状态函数如下：

$$g(L_r, K_r) = (1 - 0.14L_r^2)[0.3 + 0.7\exp(-0.65L_r^6)] - K_r = 0 \qquad (2-11)$$

（2）确定断裂韧性、材料强度、缺陷尺寸、载荷等随机变量的概率密度函数 $f(x_i)$ 和概率分布函数 $F(x_i)$。

（3）对每个随机变量，在[0，1]之间生成许多均匀分布的随机数 $F(x_{ij})$：

$$F(x_{ij}) = \int_0^{x_{ij}} f(x_i) \, dx_i \qquad (2-12)$$

式中　i——变量个数，$i = 1, 2, \cdots, n$；

　　　j——模拟次数，$j = 1, 2, 3, \cdots, N$。

对于给定的 $F(x_{ij})$，可由式(2-12)解出相应的 x_{ij}。所以对于每个变量 x_i，每模拟一次可以得到一组随机数 $(x_{1j}, x_{2j}, x_{3j}, \cdots, x_{nj})$。

（4）将每次模拟得到的随机数代入式(2-11)中，计算 $g(L_r, K_r)$ 值。

（5）若 $g(L_r, K_r)$ 值小于0，计失效一次。

（6）重复上述步骤，进行 N 次模拟，共计失效 M 次，则失效概率为：

$$P_f = M/N \qquad (2-13)$$

可靠度为：

$$R = 1 - M/N \qquad (2-14)$$

6. 评价方法选择

根据不同评价方法的局限性描述，按下列原则选择评价方法：

（1）对裂纹、焊接裂纹、应力腐蚀裂纹以及其他损害机理产生的缺陷(如氢致开裂、离散型损伤、氢鼓泡、凹坑、凸起、焊缝、撅嘴、错边、咬边、几何缺陷)进行评价，适合选择 API 579 方法。

（2）对裂纹、高温、蠕变、焊接接头的焊接性能、不对中以及其他金属结构的缺陷进行评价，适合选择 BS 7910 方法。

（3）对于大面积腐蚀缺陷、坑蚀缺陷，且材料为 API 5L、16Mn、20# 等低碳钢和低强度钢种，适合选择 ASME B31G 方法，由于该种方法较保守，建议进一步使用 RESTRENG 方法来精确验证计算。

（4）对于 X60、X70、X80 钢材料的腐蚀缺陷，适合选择 DNV RP-F101 评价标准，同时考虑内压和弯曲载荷的影响，以及考虑管道缺陷的相互影响和作用关系。

（5）不同材料的复杂缺陷的验证，使用有限元方法，有限元方法使用 ABQUS 软件，建模计算。

2.2　站场完整性评价技术进展

1. 低温管道评价重要性

近年来，由于石油天然气工业的迅猛发展，低温压力设备越来越多地被广泛应用。通常将设计温度低于或等于-20℃的钢制压力容器称之为低温容器。除工作过程中介质的影响，由于环境温度的影响导致容器壳体的金属温度低于或等于-20℃时也属于低温容器范围。研究表明，温度对钢铁材料的性能有明显影响。随着温度降低，屈服强度提高，而塑性、韧性下降，当温度降低到某一临界值时，材料由塑性状态转变为脆性状态。当机械部件在低温下处于脆性状态时就容易发生脆性断裂。有资料介绍，一般脆性断裂多数发生在冬天，其数量是夏天发生类似破坏事故的 3~10 倍。因此，对于低温压力容器，从选材、制造到检验各个环节的要求与常温容器相比都有不同程度的提高。但是，我国低温容器的质量与国外还有一定的差距，限制了低温设备的应用和推广。同时，正在服役的低温设备事故频繁发生，压力设备低温安全运行成为了当前一个迫切需要解决的问题。因此，开展低温评价技术研究，不仅有利于提高低温设备安全管理水平，保障设备长期可靠运行，而且能够推动低温设备的应用，满足石油天然气工业发展的需求。

2. 国内外研究现状分析

石油天然气压力设备种类较多，操作中往往还承受动载荷，且大都露天作业，直接受环境温度的影响，特别是在冬季，温度可达-40℃以下。这些因素都容易使机械结构发生脆性断裂，造成灾难性事故。因此，国外为防止压力设备在低温发生脆性断裂已开展了大量研究，并形成了相应标准。API Spec 4E《钻井和修井井架、底座规范》中明确指出：对于正在制造用于极端温度条件下的结构，可考虑采用适应于这种结构的特殊材料，并提出了低温作业的预防措施和方法，以防止脆性事故发生。俄罗斯的低温设备制造业是世界上居领先地位的产业之一，可完全保证国内市场和出口的需要。日本低温压力容器的设计，一般把重点放在选材上，并相应地在制造、结构上加以某些限制。其中对低温钢的低温韧性评定指标尤为关注，并在有关标准中作了明确规定，如 WES 3003、JIS B8243 和 JIS B8250 等。在设计压力容器时，日本根据材料脆性断裂过程的特点，规定了两种选材原则：其一，要求选用的材料应有足够的韧性，以防止开裂；其二，要求选用的材料应具有更高的韧性，以阻止裂纹开裂后的扩展。根据这两种原则，分别在有关标准中规定了相应材料的低温韧性指标，并确定了容器最低使用温度的方法。

我国幅员广阔，油田分布面广。西部克拉玛依油田地处新疆准噶尔盆地，最低月(一月)平均气温在-20℃以下，盆地边沿的富蕴、青河一带极端最低温度可达-52℃；我国东北最北部漠河县极端最低温度曾低到-52.3℃。因此，我国石油机械存在低温使用问题，也存在低温脆断的危险。但是，目前我国大多数石油机械专业标准与国外标准相比，显然存在一定的差距。为了确保石油设备在低温下安全使用，应加强环境低温对石油设备安全使用影响的研究。

3. 需要解决的关键技术问题

目前，低温压力设备的选材依据比较模糊，有时压力容器处于环境低温下，但又按常温设计选材，则往往会有发生冷脆的危险。同时低温压力设备焊缝的焊接工艺有待优化。另外，适用于低温压力容器焊缝的失效评价技术与疲劳剩余寿命预测技术还没有成熟的技术规范。以上问题严重限制了低温压力设备的应用和推广。

（1）低温压力设备选材依据　低温压力容器的选材应考虑设计温度、材料的低温冲击韧性、壁厚、使用时的拉应力水平、焊接及焊后热处理等问题。还必须要根据具体用途、具体使用条件、特定的安全重要性提出必要的补充要求。因此研究出一套针对低温压力容器的选材方法具有重要的现实意义。

（2）低温压力设备焊接工艺优化技术　合理的焊接工艺是保证产品焊接质量的关键，但是焊接过程比较复杂，影响因素多，所采用的焊接工艺规范参数和焊接材料也大不相同。因此低温压力设备焊接应比常温设备焊接有更高要求。需详细研究适用于低温设备的焊接方法、焊接材料、接头及坡口、预热及焊后热处理和工艺规范等，确保焊接的质量和性能。

（3）低温压力设备焊缝安全评价技术　对于管道焊缝缺陷的安全评价，国际上普遍采用 BS 7910《金属结构缺陷验收评定方法导则》和 API 579《适用性评价》规范，但是对于低温压力设备焊缝缺陷的安全评价，现有的评价方法还不太适用，需要针对低温压力设备焊缝特有的失效类型和服役温度，研究其安全评价技术。

（4）低温压力设备焊缝疲劳扩展模型　受停输再启用和运行压力波动的影响，压力设备的疲劳问题特别突出。频繁的压力波动会严重影响压力设备的疲劳寿命。通过此关键技术的研究，将建立低温压力设备焊缝的疲劳扩展门槛值与疲劳扩展速率，为低温压力设备焊缝疲劳寿命的预测提供基础。

4. 关键技术

下面以国内某天然气管道站场为例进行介绍。

1）天然气场站低温运行压力设备失效因素识别及机理分析

对天然气场站低温运行压力设备的基本资料、材质选择、壁厚范围、服役环境、失效案例等情况进行了调研，分析了国内外压力设备设计制造标准和安全评价标准，识别了压力设备主要失效模式和失效因素。

（1）主要材质调研结果见表 2-6，该管道场站绝大多数露天管道、设施材质为 16Mn、20#、16MnR（新牌号为 Q345R）、SA516-70N（相当于中国 20#）、20R（新牌号为 Q245R）、15MnNbR（新牌号为 Q370R）和 L245。其中，16MnR、20R 和 15MnNbR 为绝大多数管道和设备用材质。

表 2-6　管道场站设备主要材质调研结果

地区及站点	主要材质
河北处	Q345R、16Mn、16Mn III
陕西处	20R、Q345R、16MnR、SA516-70N、Q235A
山西处	16MnR、20R、20#、Q345R、15MnNbR、SA516-70N、Q370、X70、Q235A、SUS304
京 58 储气库	Q345R、Q245R、16Mn
大港储气库	16MnR、16MnDR、16MnR、20R、Q235B、20#

（2）管道及设备壁厚调研结果见表 2-7，结果表明壁厚分布较宽，为 6~76mm，但绝大多数管道和设备壁厚分布于 24~32mm。

表 2-7　管道场站设备壁厚调研结果

主要材质	壁厚/mm
20R（Q245R）	24、26
16MnR（Q345R）	6、8、10、12、14、16、18、20、23、24、28、32、40、42、46、50、52、54、74、76
15MnNbR（Q370R）	32、36、38、40、42、48
X60	12.7、16
X70	16、21、26.2

（3）目前该管道主要存在两种低温工况：一是场站内部工艺管道由于调压温降较大，出现结冰和结霜现象；二是在冬季高寒地区场站停输保压阶段，管壁和设备壁温接近于外界环境低温。该管道各个场站冬季最低环境温度如图2-5所示。结果表明，该管道一线、二线场站大多位于我国北方冬季寒冷地区，场站压力设备低温环境下运行受到影响。

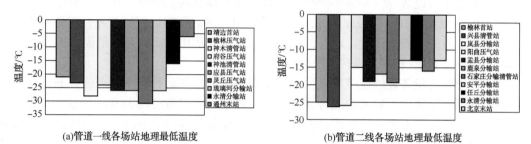

(a)管道一线各场站地理最低温度　　　　　　(b)管道二线各场站地理最低温度

图2-5　管道一线、二线各场站冬季最低环境温度

2）天然气场站低温运行压力设备定量无损检测技术

开展了低温环境下压力设备专用无损检测技术适用性研究，包括检测方法适用性分析、专用预制缺陷试块、探头和制作以及检测信号识别和缺陷试块和探头的实验室验证研究。

3）天然气场站低温运行压力设备安全评价技术

低温设备安全评价研究包括：压力设备常用材料理化性能检测、低温韧性厚度效应研究、低温失效评估图建立和疲劳特性试验研究，建立低温运行压力设备安全评价准则。

（1）根据调研站场容器材质结果，对压力容器用钢板（20R、16MnR 和 15MnNbR）进行检测，并验证了钢板的理化性能。

（2）依据 GB/T 21143—2014《金属材料 准静态断裂韧度的统一试验方法》，研究压力容器常用材料低温韧性壁厚效应，壁厚范围为 7~28mm，低温温度为 0℃、-20℃、-40℃。

（3）依据 GB/T 13239—2006《金属材料低温拉伸试验方法》和 GB/T 21143《金属材料 准静态断裂韧度的统一试验方法》，建立压力容器常用材料低温失效评估图。

（4）依据 GB/T 6398—2000《金属材料疲劳裂纹扩展速率试验方法》，开展压力容器常用材料疲劳特性研究。

（5）开展低温运行压力设备安全评价准则研究，包括体积型缺陷评价准则和裂纹型缺陷评价准则。

4）天然气压力设备低温脆断失效分析技术

总结分析国内在用压力设备失效模式和失效原因。开展在用压力容器低温脆断分析研究，并针对性地提出防止低温脆断的防护措施。开展了压力容器失效分析技术研究，提出失效分析思路，针对压力容器 5 种失效模式分别进行故障树分析，提出预防处理措施。

（1）开展国内在用压力设备失效模式和失效原因统计分析，如图2-6所示。

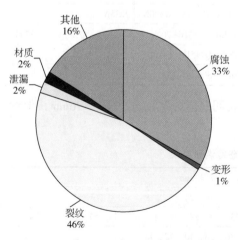

图2-6　固定式压力容器常见缺陷类型分析

（2）系统地开展压力容器失效分析技术研究，提出失效分析思路，针对压力容器 5 种失效模式分别进行了故障树分析，提出预防处理措施，如图 2-7 和图 2-8 所示。

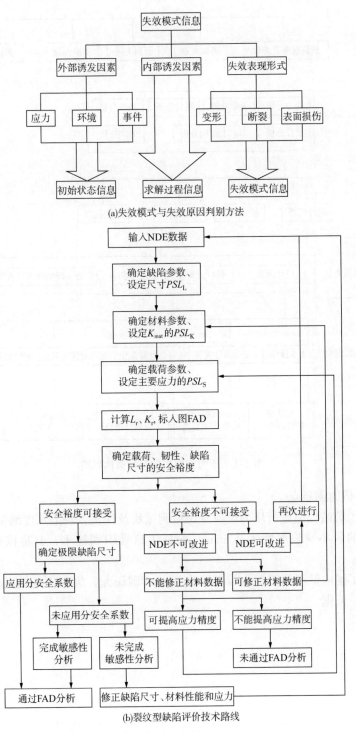

(a)失效模式与失效原因判别方法

(b)裂纹型缺陷评价技术路线

图 2-7 低温运行压力设备安全评价准则

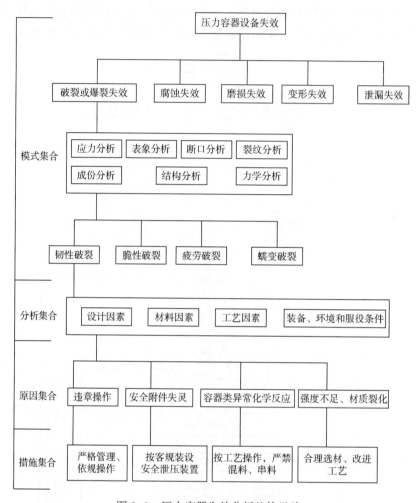

图 2-8 压力容器失效分析整体思路

5）低温评估的创新点

（1）研制了场站低温运行压力设备专用检测试块及探头，缺陷深度测量误差小于 1mm，可检测和分辨的最小缺陷深度为 0.5mm，验证了信号识别技术，并将该成果进行了现场应用；

（2）开展了国内低温运行压力设备安全评价准则研究，为国内场站露天压力设备安全运行提供了理论依据。

第3章　管道适用性评价标准对比

3.1　体积型缺陷评估

腐蚀是油气管道中最常见的现象，由于埋设的长输管道穿越地域广、地形复杂、土壤性质千差万别、管道结构形式多种多样、输送介质性质各异，因而造成长输管线大量地出现内、外壁腐蚀缺陷。腐蚀是威胁油气管道安全运行的主要因素，腐蚀造成的直接后果是长输管道的壁厚减薄。当腐蚀造成的壁厚减薄发展一定程度时，就会造成管道局部破裂，从而发生大面积泄漏。因此，对于已发生腐蚀的管道，即含体积型缺陷的管道，必须对其剩余强度进行评定，才能作出正确决策——继续服役、维修或更换，这样既可以避免事故的发生又能节约维护费用。

下面对 SY/T 6477《含缺陷油气管道剩余强度评价方法》和 API 579-1/ASME FFS-1《适用性评价》进行对比。

1. 规范属性

SY/T 6477 标准：国家石油与化学工业局颁布的体积型缺陷管道评估标准。

API 579-1/ASME FFS-1 标准：美国石油学会颁布的压力设备标准，非强制性标准。

2. 适用的容器范围

SY/T 6477 标准：适用于油气长输管道、油田集输管道、城市天然气管网含缺陷管道的剩余强度评价，其他油气管道可参考使用。

API 579-1/ASME FFS-1 标准：适用于炼油厂和化学工业的压力设备(压力容器、管道、储罐等)。

可见，API 579-1/ASME FFS-1 标准适用范围远远大于 SY/T 6477 标准。

3. 评价缺陷范围

SY/T 6477 标准：评价范围为体积型缺陷、裂纹型缺陷、弥散损伤型缺陷、分层、错边、凹陷及沟槽缺陷。

API 579-1/ASME FFS-1 标准：评价缺陷范围为脆断、均匀和局部金属损失、点蚀、鼓泡、夹层、裂纹类等。

相对来说，后者几乎涵盖了所有常见缺陷，适用缺陷范围相当广泛。

4. 缺陷评价等级

SY/T 6477 标准：分两级评价。

API 579-1/ASME FFS-1 标准：分为三级评价，其中第三级评价主要用来评价第一、二级评价会产生保守结果的那些结构：①壳体上主要的中断结构，如壳-顶连接、加强环、结构附件、支撑单元；②靠近底板连接的储罐的底壳(有无重大的基础下沉)；③一、二级评定方法不包括的承受附加载荷的元件；④带有基于验证试验设计的元件；⑤在蠕变范围内运行的元件；⑥循环服役元件。

5. 缺陷类型辨别

SY/T 6477 标准：选定缺陷区域的长度和宽度，其范围应能够充分表征金属损失的情况，在缺陷区域内至少选取 15 个测试数据点，若测试数据的变异系数 COV(标准偏差与平均值之比)小于 20%，定为均匀腐蚀缺陷，否则定为局部金属损失缺陷。

API 579-1/ASME FFS-1 标准：未明确说明。

6. 一、二级均匀腐蚀评价的适用性

SY/T 6477 标准：①管道材料是延性的，且在运行中不会因为温度或其他工艺环境发生脆断；②管道不含裂纹缺陷；③可以评价直管段和弯头。

API 579-1/ASME FFS-1 标准：①元件不能在蠕变范围运行；②腐蚀区域应相对平滑，无凹槽(可不计的应力集中)；③元件不是循环服役；④元件不含裂纹缺陷；⑤可评价直管、弯头、锥形筒节、球形、椭球形、准球形顶盖等。

从适用范围来看：API 标准范围远远大于 SY/T 6477 标准。从适用性要求来看：由于 API 标准范围决定了其条件要求多于 SY/T 6477 标准。

7. 金属损失的定量方法选择

SY/T 6477 标准：如果局部金属损失缺陷不可接受，可应用相应评价程序建立新的最大允许操作压力；当存在附加载荷时，如弯曲、错边斜接引起的二次应力，则管体或焊缝局部金属损失缺陷可作为裂纹型缺陷进行评价。

API 579-1/ASME FFS-1 标准：如果从测量区域获得数值中没有很大的差别，选取点测厚法；如果剩余壁厚记录值起伏变化较大，金属损失可能是局部的情况，用厚度截面法来表示剩余厚度和金属损失区域尺寸。

SY/T 6477 很明显的一个优点就是把方法选择的标准定量化，这样能更好地指导检测、评估人员。API 579-1/ASME FFS-1 对此表示不够清晰。

8. 推荐的检测截面间距 L_s

测量过程中测量点间距应根据缺陷的具体情况随时调整，以保证获得准确的剩余厚度截面。下面为推荐的检测截面间距。

SY/T 6477 标准：

$$L_s = \max \left[0.18\sqrt{D_i t_{min}}, \ 12.7\text{mm} \right] \tag{3-1}$$

式中：D_i 为管子内径，mm；t_{min} 为最小要求壁厚，mm。

API 579-1/ASME FFS-1 标准：

$$L_s = \min \left[0.36\sqrt{D t_{min}}, \ 2t_{nom} \right] \tag{3-2}$$

式中：t_{nom} 为管道的名义厚度，m；D 同式(3-1)中 D_i；其余字母符号意义同式(3-1)。

从国家标准中可知，公称直径为 100~550mm 的管道，最小管壁厚度为 2.5~6.0mm，公称直径为 600~1600mm 的管道，最小管壁厚度为 6.5~13.0mm。对于公称直径为 100~

550mm 的管道，SY/T 6477 的检测截面间距至少为 12.7mm，而 API 579-1/ASME FFS-1 检测截面间距最多为 5~12mm。推荐的检测截面间距，SY/T 6477 标准选取值肯定大于 API 579-1/ASME FFS-1 标准，可能会影响确定最小测量壁厚的精确性。仅从这一点可说明 SY/T 6477标准没有考虑管道公称直径这个参数不太合理，而 API 579-1/ASME FFS-1 标准更趋于合理。

9. 推荐的检测技术

SY/T 6477 标准：用超声法(UT)和射线法(RT)来测量管子剩余壁厚，超声法的准确性高于射线法，射线法在许多方面应用有限制。管道智能检测器有超声波检测器和漏磁检测器两种，可以不开挖取管就能对管线腐蚀情况进行全面检测。

API 579-1/ASME FFS-1 标准：超声法可以用来进行厚度测定和获得厚度截面，不适用于粗糙的表面和入口。为获取高温元件厚度，需要温度补偿和专门的超声法耦合。在元件厚度和温度范围适当标定后，所有的超声法厚度记录均将得到。射线法也可确定金属损失，只适用于移动的有金属损失的元件或移动发射源围绕元件，进而来获得准确数据。可以联合超声法确定元件的金属损失属于均匀还是局部的损失。

API 579-1/ASME FFS-1 标准相对于 SY/T 6477 标准，未提及管道智能检测器；但是它优于SY/T 6477标准的是，它说明了超声法和射线法的优缺点，从对检测人员进行方法选取的指导上更胜一筹。

10. 均匀腐蚀未通过一级评估的备选方案

API 579-1/ASME FFS-1 标准提供的其他方案：通过(标准中 4.6 段)提供的补救技术来调整未来腐蚀裕度(FCA)；通过进行附加的检查和重复评估来调整焊缝影响因数(E)。

SY/T 6477 标准提供的方案：基于最小测试壁厚，利用附录 A 中 $MAWP$ 计算公式重新确定 $MAWP$。

11. 最小实测壁厚 t_{mm}

均匀腐蚀缺陷能否通过一级评价必须满足下面判据：

SY/T 6477 标准：

$$t_{mm} - FCA \geqslant \max[0.5t_{min}, \ 3.0mm] \tag{3-3}$$

式中：FCA 为未来腐蚀裕量，mm；t_{min} 为最小要求壁厚，mm。

API 579-1/ASME FFS-1 标准：将式(3-3)中的 3.0mm 改为 2.5mm，其余相同。

可以看出，SY/T 6477 标准较 API 579-1/ASME FFS-1 标准要保守一些，使含缺陷管道更难通过一级评价，而另需采取其他方案，偏于安全的同时会付出腐蚀管段的提前更换或降低 $MAWP$(最大允许工作压力)，另外还会付出执行二级评价的代价。

12. 检查极限缺陷尺寸判据

局部金属损失能否通过一级评价必须满足下面判据：

SY/T 6477 标准：

$$t_{mm} - FCA \geqslant 2mm \tag{3-4}$$

式中：FCA 为未来腐蚀裕量，mm；t_{mm} 为最小测量壁厚，mm。

API 579-1/ASME FFS-1 标准：将式(3-4)中的 2mm 改为 2.5mm，其余相同。

可以看出，API 579-1/ASME FFS-1 标准较 SY/T 6477 标准要保守一些，使含缺陷管道更难通过一级评价，而另需采取其他方案，偏于安全的同时会付出腐蚀管段的提前更换或降低 *MAWP*(最大允许工作压力)，另外还会付出执行二级评价的代价。

13. 局部金属损失轴向尺寸 *s* 的可接受判据

局部金属损失轴向尺寸 *s* 是否能够接受取决于 (λ, R_t) 位置。从图 3-1 可看出，其位于曲线上方或左边，可以接受；位于下方或右边，不可接受。

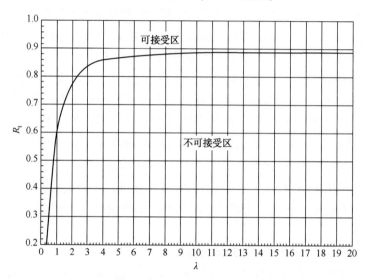

图 3-1　局部金属损失轴向尺寸 *s* 的可接受判据

SY/T 6477 标准：

$$\begin{cases} R_t = \left[RSF_\alpha - \dfrac{RSF_\alpha}{(1+0.48\lambda^2)^{0.5}} \right] \left[1.0 - \dfrac{RSF_\alpha}{(1+0.48\lambda^2)^{0.5}} \right]^{-1} & (\lambda \leqslant 20) \\ R_t = 0.9 & (\lambda > 20) \end{cases} \quad (3-5)$$

式中：R_t 为由 t_{mm} 和 t_{min} 计算出的剩余厚度比；λ 为壳体参数；RSF_α 为许用剩余强度因子，本标准规定取 0.9。

API 579-1/ASME FFS-1 标准：

$$\begin{cases} R_t = 0.2 & (\lambda \leqslant 0.3475) \\ R_t = \left[RSF_\alpha - \dfrac{RSF_\alpha}{(1+0.48\lambda^2)^{0.5}} \right] \left[1.0 - \dfrac{RSF_\alpha}{(1+0.48\lambda^2)^{0.5}} \right]^{-1} & (0.3475 < \lambda < 10.0) \\ R_t = 0.885 & (\lambda \geqslant 10.0) \end{cases}$$

$$(3-6)$$

式中字母符号含义同式(3-5)中对应字母符号。

对比两个标准可知，API 579-1/ASME FFS-1 标准判据分段得更为精确。由图 3-1 可知，当 $\lambda \leqslant 0.3475$ 时，R_t 为定值 0.2。由图示和公式计算表明，在 $\lambda \geqslant 10.0$ 时，R_t 的取值基本恒定为 0.885。API 579-1/ASME FFS-1 标准如此分段取值，在毫不影响评定精度的情况下，比起 SY/T 6477 标准来说，大大减小了计算量，便于评估。

14. 局部金属损失环向尺寸 c 的可接受判据

1) SY/T 6477 标准(见图 3-2)

(1) 曲线 A 的方程：

$$\begin{cases} \dfrac{c}{D_i} = \left(\dfrac{0.78521 - 1.6286R_t}{1.0 - 2.7812R_t + 1.388R_t^2} \right)^{0.5} & (0 \leqslant R_t \leqslant 0.45) \\[3mm] \dfrac{c}{D_i} = 3.14159 & (R_t > 0.45) \end{cases} \tag{3-7}$$

式中：R_t 为由 t_{mm} 和 t_{min} 计算出的剩余厚度比；c 为金属损失区域的环向长度，mm；D_i 为管子内径，mm。

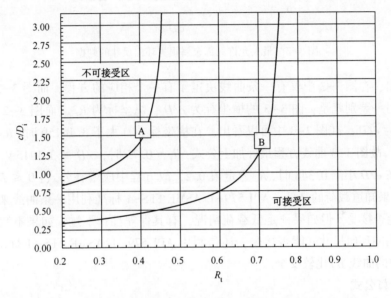

图 3-2 局部金属损失环向尺寸 c 的可接受判据

(2) 曲线 B 的方程：

$$\begin{cases} \dfrac{c}{D_i} = \left(\dfrac{0.069006 + 0.098930R_t}{1.0 - 1.3141R_t} \right)^{0.5} & (0 \leqslant R_t \leqslant 0.75) \\[3mm] \dfrac{c}{D_i} = 3.14159 & (R_t > 0.75) \end{cases} \tag{3-8}$$

式中字母符号含义同式(3-7)中对应字母符号。

2) API 579-1/ASME FFS-1 标准(见图 3-3)

$$\begin{cases} R_t = 0.2 & (\frac{c}{D} \leqslant 0.348) \\[3mm] R_t = \dfrac{-0.73589 + 10.511(c/D)^2}{1.0 + 13.838(c/D)^2} & (\frac{c}{D} > 0.348) \end{cases} \tag{3-9}$$

式中字母符号含义同式(3-7)中对应字母符号。

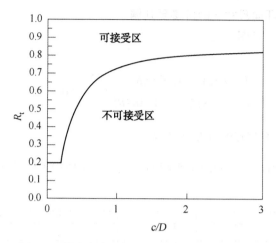

图3-3 最大允许局部金属损失环向尺寸的判据

可以看出，在图3-3中仅有一条曲线决定了有一个相应的方程，而图3-2中有A、B两条曲线。另一差别就是：图3-3的横坐标为c/D，纵坐标为R_t，而图3-2的横坐标为R_t，纵坐标为c/D。在图3-3中可以看出，在横坐标c/D大于3.14159时，R_t值基本上趋向定值0.75，故图3-3曲线方程最好加上公式：$R_t = 0.75$时，$c/D \geqslant 3.14159$。而从图3-2可以看出，在c/D小于0.348时，R_t为定值0.2，故方程中应增补公式：$0 \leqslant R_t \leqslant 0.2$时，$c/D_i = 0$。如果知道载荷的高低，API 579-1/ASME FFS-1标准利用一条曲线来评价缺陷的环向尺寸c能否接受，但如果评定低载荷情况，有其保守性；不过，如果不知道载荷的高低，评价缺陷的环向尺寸c能否接受，还是利用API 579-1/ASME FFS-1标准中曲线（或SY/T 6477中的曲线B）比较安全。

15. λ_c 计算公式

SY/T 6477标准：

$$\lambda = \frac{L_u}{\pi r_g}\left(\frac{F_{xa}FS}{E_y}\right)^{0.5} \tag{3-10}$$

API 579-1/ASME FFS-1标准：

$$\lambda_c = \frac{KL_u}{\pi r_g}\left(\frac{F_{xa}FS}{E_y}\right)^{0.5} \tag{3-11}$$

API 579-1/ASME FFS-1标准中计算公式中K是根据端部条件确定的：$K=2.1$，构件是一端自由另一端固定；$K=1.0$，构件是两端销连接；$K=0.8$，构件是一端销连接另一端固定；$K=0.66$，构件是两端都固定。

SY/T 6477标准中，仅提供K取1的情况。

16. 傅立叶因子（鼓胀因子）M_t^i 计算公式

SY/T 6477标准：

$$M_t^i = \left[\frac{1.02 + 0.4411\,(\lambda^i)^2 + 0.32409\,(\lambda^i)^4}{1.0 + 0.02642\,(\lambda^i)^2 + 1.533(10^{-6})\,(\lambda^i)^4}\right] \tag{3-12}$$

式中：M_t^i 为基于 λ^i 计算的因子；λ^i 为基于 s^i 计算的壳体参数。

API 579-1/ASME FFS-1 标准：

$$M_t^i = \left[\frac{1.02 + 0.4411\,(\lambda^i)^2 + 0.32409\,(\lambda^i)^4}{1.0 + 0.02642\,(\lambda^i)^2 + 1.533(10^{-6})\,(\lambda^i)^4}\right]^{0.5} \tag{3-13}$$

式中字母符号含义同式(3-12)中对应字母符号。

从 SY/T 6477 标准和 API 579-1/ASME FFS-1 标准中可以看出，式(3-12)、式(3-13)大括号内所有的分子分母完全相同，唯一不同的是大括号幂次分别为 1 和 0.5。编者经过查找 API 579-1/ASME FFS-1 标准参考文献及与 SY/T 6477 标准主要起草人联系，进而确定是在编写 SY/T 6477 排版、校对时疏忽所导致漏掉了 0.5 次方。

17. 剪变系数 K_S 计算公式

SY/T 6477 标准：

$$K_s = 1.0 - \frac{\tau_v}{\tau_{va}} \tag{3-14}$$

API 579-1/ASME FFS-1 标准：

$$K_s = 1.0 - \left(\frac{f_v}{F_{va}}\right)^2 \tag{3-15}$$

式(3-14)和式(3-15)中：τ_v、f_v 表示剪应力，MPa；τ_{va}、F_{va} 表示许用剪应力，MPa。

理应相同的两个公式中，而公式(3-14)中分式是一次方，公式(3-15)中分式是二次方。SY/T 6477 是通过非等效采用 API 579-1/ASME FFS-1 而编写的标准。编者经过与 SY/T 6477 标准主要起草人联系，证实是 SY/T 6477 标准在排印、校对时疏忽所致。

18. r_g 计算公式

SY/T 6477 标准：

$$r_g = 0.25\sqrt{D_o^2 - D_i^2} \tag{3-16}$$

式中：D_o 管子外径，mm；D_i 管子内径，mm。

API 579-1/ASME FFS-1 标准：

$$r_g = 0.25\sqrt{D_o^2 + D_i^2} \tag{3-17}$$

式中字母符号含义同式(3-16)中对应字母符号。

编者经过与 SY/T 6477 标准主要起草人联系，证实是由于 SY/T 6477 标准排版时，错把式(3-14)中的"+"写为"-"。

19. C_x 计算公式

SY/T 6477 标准：

$$C_x = \max\left[\frac{409\bar{c}}{\left(389 + \dfrac{D_o}{t_c}\right)},\ 0.9\right] \tag{3-18}$$

API 579-1/ASME FFS-1 标准：

$$
\begin{cases}
C_x = \min\left[\dfrac{409\bar{c}}{\left(389 + \dfrac{D_o}{t_c}\right)}, \ 0.9\right] & \left(\dfrac{D_o}{t_c} < 1247\right) \\[4mm]
C_x = 0.25\bar{c} & \left(\dfrac{D_o}{t_c} \geqslant 1247\right)
\end{cases}
\tag{3-19}
$$

20. $\bar{c}$ 计算公式

SY/T 6477 标准:

对非悬空管段:
$$
\bar{c} = 2.64 \tag{3-20}
$$

对悬空管段:
$$
\begin{cases}
\bar{c} = 2.64 & (M_x \leqslant 1.5) \\[2mm]
\bar{c} = \dfrac{3.13}{M_x^{0.42}} & (1.5 < M_x < 15) \\[2mm]
\bar{c} = 1.0 & (M_x > 15)
\end{cases}
\tag{3-21}
$$

API 579-1/ASME FFS-1 标准:
$$
\begin{cases}
\bar{c} = 2.64 & (M_x \leqslant 1.5) \\[2mm]
\bar{c} = \dfrac{3.13}{M_x^{0.42}} & (1.5 < M_x < 15) \\[2mm]
\bar{c} = 1.0 & (M_x \geqslant 15)
\end{cases}
\tag{3-22}
$$

SY/T 6477 标准对管段进行悬空和非悬空分类,进而分情况确定 $\bar{c}$,体现了其合理性。不过编者发现 SY/T 6477 标准中,对于悬空管段漏掉了 $M_x = 15$ 的情况。

21. 整体膨胀的临界压缩应力 $\sigma_{ca}(F_{ca})$

SY/T 6477 标准:

对于非悬空管段:
$$
\sigma_{ca} = \sigma_{xa} \tag{3-23}
$$

对于悬空管段:
$$
\begin{cases}
\sigma_{ca} = \sigma_{xa} & (\lambda \leqslant 0.15) \\[2mm]
\sigma_{ca} = \sigma_{xa}\left[1 - 0.74(\lambda - 0.15)\right]^{0.3} & (0.15 < \lambda \leqslant \sqrt{2}) \\[2mm]
\sigma_{ca} = \dfrac{0.88\sigma_{xa}}{\lambda^2} & (\lambda > \sqrt{2})
\end{cases}
\tag{3-24}
$$

API 579-1/ASME FFS-1 标准:
$$
\begin{cases}
F_{ca} = F_{xa} & (\lambda_c \leqslant 0.15) \\[2mm]
F_{ca} = F_{xa}\left[1 - 0.74(\lambda_c - 0.15)\right]^{0.3} & (0.15 < \lambda_c < 1.147) \\[2mm]
F_{ca} = \dfrac{0.88F_{xa}}{\lambda^2} & (\lambda_c \geqslant 1.147)
\end{cases}
\tag{3-25}
$$

SY/T 6477 标准对管段进行悬空和非悬空分类,进而分情况确定整体膨胀的临界压缩应力,体现了其合理性。

22. η_v 计算公式

SY/T 6477 标准:

在计算承受内压和剪切力作用的管道许用压缩应力时，在式(B28)中直接选取 $\eta_v = 0.3$。

API 579-1/ASME FFS-1 标准：

$$\begin{cases} \eta_v = 1.0 & \left(\dfrac{F_{ve}}{\sigma_{ys}} \leqslant 0.48\right) \\ \eta_v = 0.43\left(\dfrac{\sigma_{ys}}{F_{ve}}\right) + 0.1 & \left(0.48 < \dfrac{F_{ve}}{\sigma_{ys}} < 1.7\right) \\ \eta_v = 0.6\left(\dfrac{\sigma_{ys}}{F_{ve}}\right) & \left(\dfrac{F_{ve}}{\sigma_{ys}} \geqslant 1.7\right) \end{cases} \tag{3-26}$$

ASME B31G《腐蚀管道的剩余强度手册》基于大量试验数据的经验公式，试验及实际应用表明，B31G 准则可以用于评估带有轴向腐蚀缺陷的管道，但结果也存在一定的保守性，尤其对于环向尺寸很大的腐蚀缺陷、螺旋腐蚀和焊缝腐蚀等，所得到的评估结果偏于保守，同时还没有考虑到腐蚀间相互作用影响。

SY/T 6151《钢质管道管体腐蚀损失评价方法》对管道剩余强度的评价比较复杂，但评价结果比较准确，能反映含缺陷管道的状态，但也存在过于保守的缺点。

3.2　裂纹型缺陷评估

裂纹在管道中的存在是一个不能回避的客观事实，其来源有：①在管道制造过程中产生的缺陷，如焊缝和母材的分层、夹渣、未焊透等；②在管道现场安装过程中，管道在运输、装卸、组装、下沟等过程中造成的表面机械损伤，如划痕、压坑等，管道的现场焊接也可能在焊缝中产生分层、夹渣、未焊透等缺陷；③在管道的服役过程中，管内介质和土壤外部环境使金属管道表面滋生应力腐蚀裂纹。

管道上的裂纹在荷载和外部环境的作用下，有一个十分缓慢的扩展，这种扩展称为裂纹的稳定扩展。当稳定扩展发展到某一程度，即达到起裂条件时，则稳定扩展突变成失稳扩展，失稳扩展速度取决于材料的性质和当时所处的温度，扩展的速度非常快，破坏性大。

1. 适用评定范围

GB/T 19624《在用含缺陷压力容器安全评定》：该标准适用于钢制含超标缺陷压力容器的安全评定，也适用于锅炉、管道以及其他金属材料制容器的承压元件的安全评定，标准不适用于下列压力容器和结构(详见该标准第1页，此处略)。

BS 7910《金属结构裂纹验收评定方法指南》：该标准的平面缺陷断裂评定方法分为三个级别，对实际的金属结构评定具有重要意义。标准虽然将重点放在了铁素体、奥氏体钢以及铝合金构件的焊接结构上，但是该评定方法还是可以扩展使用到其他的金属材料以及非焊接结构和构件上的。

GB/T 19624 标准的适用范围较小，BS 7910 标准没有规定不适用范围。

2. 适用缺陷范围

GB/T 19624 标准：平面缺陷(主要针对裂纹)和体积缺陷(包括凹坑、气孔和夹渣等)。

BS 7910 标准：①平面缺陷：裂纹，未熔合或者穿透缺陷，咬边、根切、中陷及重叠；

②非平面型缺陷：孔，固体夹渣，局部减薄(因为腐蚀等)；③形状缺陷：焊接未对准，不良外形。

两者主要差别：①GB/T 19624 标准没有对缺陷类型进行具体描述，但后面章节对缺陷表征进行了阐述；②相对于 GB/T 19624 标准，BS 7910 标准对缺陷类型描述得更具体，所涉及的缺陷类型也更广泛、更详细；③GB/T 19624 标准中没有针对形状缺陷的评定。

3. 失效模式

GB/T 19624 标准考虑了以下失效模式：断裂失效；塑性失效；疲劳失效。

BS 7910 标准：主要针对缺陷的以下失效模式进行评价：断裂和塑性坍塌失效；疲劳损伤；蠕变和蠕变疲劳损伤失效；容器泄漏失效；腐蚀或磨损损伤；环境辅助开裂损伤；失稳。

两者主要差别：对于失效模式的规定，BS 7910 标准要比 GB/T 19624 标准更详细、更广泛；除这些失效模式外，BS 7910 标准还增加了 GB/T 19624 标准所没有的对材料破坏机制的描述。

4. 评定所需资料和数据

GB/T 19624 标准：安全评定所需参考资料见标准的 4.3.4.1 节；安全评定所需基础数据见标准的 4.3.4.2 节。

BS 7910 标准：评定所需基本数据见标准的 6.2 节。

除这些数据和信息外，BS 7910 标准中还列举了一些获得数据的无损检测方法，并对这些检测方法作了简要评述。除此之外，BS 7910 标准中还对评定中所需考虑的应力(初始应力、二次应力以及由于各种原因引起的应力集中等)进行了详细的描述。

5. 材料性能的确定

GB/T 19624 标准：①对于基本的材料拉伸数据可按 GB/T 228 测定；在未能实测被评定材料拉伸性能的情况下，可以参照 GB 150 和相应钢号的材料标准选取材料的有关拉伸性能指标；未能实测而又不能从有关标准中查到相应数据时，可以通过可靠的方法利用硬度测定值估算材料强度的参考值。②材料的断裂韧度可以按 GB/T 21143 规定的方法测得；在未能获得实测断裂韧度数据的情况下，对于有经验使用的钢材，容许从规范性应用文件有关标准或资料中选用数据，但个别数据的选取应作出有足够依据的说明。

BS 7910 标准：①可按 BS EN 10002-1 和 BS 3688-1 确定材料拉伸数据；②按 BS 7448 确定材料断裂韧度。

6. 平面缺陷的简化评定方法

GB/T 19624 标准：简化失效评定图如该标准中图 6-10 所示，由纵坐标 $\sqrt{\delta_r}$、横坐标 S_r 以及 $\sqrt{\delta_r}$ 等于 0.7 的水平线和 S_r 等于 0.8 的垂直线围成矩形安全区，该安全区之外为非安全区。若确定的评定点位于安全区内，则安全或可以接受；否则应为不能保证安全或不可接受。

BS 7910 标准：简化评定对应于 BS 7910 标准中的等级 1A 和等级 1B 两种评定。等级 1A 失效评定图中，坐标轴和评定曲线所围是一个矩形，当 K_r 或者 δ_r 小于 $1/\sqrt{2}$ (即 0.707)并且 S_r 小于 0.8 时缺陷可以接受；等级 1B 不包含失效评定图，见 BS 7910 标准附录 N。

两者主要差别：BS 7910 标准简化评定，不但可以使用失效评定图，还可通过计算极限裂纹尺寸来评定缺陷(等级 1B)；在简化失效评定图中，GB/T 19624 中失效评定图的纵坐标 $\sqrt{\delta_r}$ 范围比 BS 7910 标准的要小一点，显得比其保守一点。

7. 平面缺陷的常规评定方法

GB/T 19624 标准：

使用的常规评定方法中的评定曲线方程为：

$$K_r = (1 - 0.14L_r^2)(0.3 + 0.7e^{-0.65L_r^6}) \tag{3-27}$$

垂直线方程为：

$$L_r = L_r^{max} \tag{3-28}$$

标准中列出了多种钢材的 L_r^{max} 值。

若不能由钢材类别确定 L_r^{max} 的材料，则按下式计算：

$$L_r^{max} = 0.5(\sigma_b + \sigma_s)/\sigma_s \tag{3-29}$$

BS 7910 标准：

常规评定分 A、B 两级。

等级 2A 评定曲线方程：

$$\begin{cases} \sqrt{\delta_r} \ \text{或} \ K_r = (1 - 0.14L_r^2)(0.3 + 0.7e^{-0.65L_r^6}) & (L_r \leqslant L_r^{max}) \\ \sqrt{\delta_r} \ \text{或} \ K_r = 0 & (L_r > L_r^{max}) \end{cases} \tag{3-30}$$

对于存在屈服平台的材料当 $L_r \geqslant L_r^{max}$ 时有：

$$\sqrt{\delta_r}(L_r = 1) \ \text{或} \ K_r(L_r = 1) = \{1 + E\varepsilon_L/\sigma_Y^u + 1/[E\varepsilon_L/\sigma_Y^u]\}^{-0.5} \tag{3-31}$$

此处

$$\varepsilon_L = 0.0375(1 - \sigma_Y^u/1000) \tag{3-32}$$

而

$$\sqrt{\delta_r}(L_r > 1) = \sqrt{\delta_r}(L_r = 1)L_r^{(N-1)/2N}$$
$$\text{或} \ K_r(L_r > 1) = K_r(L_r = 1)L_r^{(N-1)/2N}$$
$$N = 0.3(1 - \sigma_Y/\sigma_u) \tag{3-33}$$

等级 2B 评定为与材料相关的评定，曲线方程为：

$$\begin{cases} \sqrt{\delta_r} \ \text{或} \ K_r = \left(\dfrac{E\varepsilon_{ref}}{L_r\sigma_Y} + \dfrac{L_r^3\sigma_Y}{2E\varepsilon_{ref}}\right)^{-0.5} & (L_r \leqslant L_r^{max}) \\ \sqrt{\delta_r} \ \text{或} \ k_r = 0 & (L_r > L_r^{max}) \end{cases} \tag{3-34}$$

两者主要差别：

(1) 在通用失效评定曲线方面，BS 7910 标准分别给出了连续屈服材料和具有屈服平台材料的截止线。

(2) BS 7910 标准的常规评定除给出通用评定曲线外，还给出了等级 2B 与材料相关的评定曲线。

(3) BS 7910 标准同时给出了以裂纹尖端位移和断裂韧度两参数为基础的评定方法。

由失效评定曲线方程的定义不难看出，BS 7910 标准评定级别划分要比 GB/T 19624 标准详细得多。由于 BS 79110 标准针对连续屈服材料和具有屈服平台材料分别给出了评定曲线的截止线，因此同一级别的评定 BS 7910 标准也要比 GB/T19624 标准精确一些。同时在 BS 7910 标准中还给出了等级 2B 的与材料相关的评定曲线，因此使得评定可以更加精确。

除此之外，BS 7910 标准还给出了更高的评定等级：等级 3A、等级 3B、等级 3C 的延性撕裂评定。等级 3A、等级 3B 评定曲线分别与等级 2A、等级 2B 相同，而等级 3C 则使用了更加精确的 J 积分评定。随着评定级别的升高，对数据的需求也随着提高，评定精度相应地也会大大提高。因此可以说使用 BS 7910 标准可以给出比使用 GB/T 19624 标准更高的评定精度。

8. 缺陷表征

GB/T 19624 标准、BS 7910 标准均有描述。

9. 评定中应考虑的载荷、应力及其分类

GB/T 19624 标准、BS 7910 标准均有描述。

10. 等效裂纹尺寸的确定

GB/T 19624 标准：

（1）对于长为 $2a$ 的穿透裂纹：$\bar{a} = a$

（2）对于长 $2c$、高 $2a$ 的埋藏裂纹：$\bar{a} = \Omega a$

式中：$\Omega = \dfrac{\left(1.01 - 0.37\dfrac{a}{c}\right)^2}{\left\{1 - \left(\dfrac{2a/B}{1 - 2e/B}\right)^{1.8}\left[1 - 0.4\dfrac{a}{c} - \left(\dfrac{e}{B}\right)^2\right]\right\}^{1.08}}$，$e = \dfrac{B}{2} - (a + p_1)$

上式适用范围为：$a/B \leqslant 0.45$，$a/c \leqslant 1.0$。

$\bar{a}$ 值还可以从 GB/T 19624 标准中的表 6-4 中选取。

（3）对于长 $2c$、深 a 的表面裂纹：$\bar{a} = \left(\dfrac{F_1}{\varphi}\right)^2 a$

式中 F_1 与 φ 的定义见标准，$\bar{a}$ 值还可以从 GB/T 19624 标准中的表 6-6 中选取。

BS 7910 标准：见 BS 7910 附录 N 中的图 N.1 和图 N.2。

相对来说，GB/T 19624 标准中的 $\bar{a}$ 容易确定。

11. 总当量应力（最大应力）的确定

GB/T 19624 标准：

简化评定所需总当量应力可按下式计算：

$$\sigma_{\Sigma} = \sigma_{\Sigma 1} + \sigma_{\Sigma 2} + \sigma_{\Sigma 3} \qquad (3-35)$$

式中：$\sigma_{\Sigma 1} = K_t P_m$，$\sigma_{\Sigma 2} = X_b P_b$，$\sigma_{\Sigma 3} = X_r Q$。

BS 7910 标准：所使用的应力为最大拉伸应力 $\sigma_{\max}$，它等于所有应力值的总和。如果只知道名义薄膜应力 S_{nom}，则 $\sigma_{\max} = k_t S_{\text{nom}} + (k_m - 1)S_{\text{nom}} + Q$。如果同时知道薄膜应力和弯曲应力，那么，$\sigma_{\max} = k_m P_m + k_{tb}[P_b + (k_m - 1)P_m] + Q$。

两者主要差别：BS 7910 标准在其附录 A 中还考虑了剪应力的影响；两个标准都未考虑应力分量在截面上的变化情况，这有可能会导致一些保守性的出现，但不会对评定结果产生太大的影响。

12. δ 及 $\sqrt{\delta_r}$ 的计算

GB/T 19624 标准:

$$\delta = \begin{cases} \pi\bar{a}\sigma_s(\sigma_\Sigma/\sigma_s)^2 M_g^2/E & (\sigma_\Sigma < \sigma_s) \\ 0.5\pi\bar{a}\sigma_s(\sigma_\Sigma/\sigma_s)M_g^2/E & [\sigma_\Sigma \geqslant \sigma_s \geqslant (\sigma_{\Sigma1}+\sigma_{\Sigma2})] \end{cases} \quad (3-36)$$

式中: M_g 为鼓胀效应系数, $M_g^2 = \begin{cases} 1+1.61\bar{a}^2/RB & (筒壳轴向裂纹) \\ 1+0.32\bar{a}^2/RB & (筒壳环向裂纹) \\ 1+1.93\bar{a}^2/RB & (球壳裂纹) \end{cases}$

$$\sqrt{\delta_r} = \begin{cases} \sqrt{\delta/\delta_c} & (1) \\ 1.2\sqrt{\delta/\delta_c} & (2) \end{cases}$$

上式中:式(1)用于单裂纹或复合后的单裂纹或不需要考虑干涉效应的裂纹群;式(2)用于需要考虑干涉效应的裂纹群。

BS 7910 标准:

(1) 对于 $\sigma_{max}/\sigma_Y \leqslant 0.5$ 的钢(包括不锈钢)和铝,以及所有 σ_{max}/σ_Y 值的其他金属有:

$$\delta_I = \frac{K_I^2}{\sigma_Y E} \quad (3-37)$$

(2) 对于 $\sigma_{max}/\sigma_Y > 0.5$ 的钢(包括不锈钢)和铝有:

$$\delta_I = \frac{K_I^2}{\sigma_Y E}\left(\frac{\sigma_Y}{\sigma_{max}}\right)^2\left(\frac{\sigma_{max}}{\sigma_Y}-0.25\right) \quad (3-38)$$

$$\delta_r = \sqrt{\delta_I/\delta_{mat}} \quad (3-39)$$

两者主要差别:GB/T 19624 中,当 $\sigma_s < \sigma_{\Sigma1}+\sigma_{\Sigma2} \leqslant 2\sigma_s$ 时,如果可以获得裂纹尖端的总应变 ε_Σ,则可用 $\varepsilon_\Sigma/\varepsilon_s$ 代替 σ_Σ/σ_s 代入式(3-36)的第二式中计算 δ 值。在计算 ε_Σ 时,仍假设结构中不存在裂纹。

13. S_r 的计算

GB/T 19624 标准:

$$S_r = \frac{L_r}{L_r^{max}} \quad (3-40)$$

式中: L_r 由 P_m 及 P_b 值按标准的附录 C 规定计算; L_r^{max} 的值取 1.20 及 $\frac{\sigma_s+\sigma_b}{2\sigma_s}$ 中的较小值。

BS 7910 标准:

$$S_r = \frac{\sigma_{ref}}{\sigma_f} \quad (3-41)$$

式中:参考应力 σ_{ref} 由标准的附录 P 得到; $\sigma_f = 1.2\sigma_Y$。

14. 最大容许等效裂纹尺寸的确定

GB/T 19624 标准:

最大容许等效裂纹尺寸 $\bar{a}_m$ 按下式计算:

$$\bar{a}_{m} = \begin{cases} \dfrac{E\delta_{c}}{2\pi\sigma_{s}\left(\dfrac{\sigma_{\Sigma}}{\sigma_{s}}\right)^{2}M_{g}^{2}} & (\sigma_{\Sigma} < \sigma_{s}) \\[4mm] \dfrac{E\delta_{c}}{2\pi\sigma_{s}\left(\dfrac{\sigma_{\Sigma}}{\sigma_{s}}+1\right)M_{g}^{2}} & (\sigma_{\Sigma} \geqslant \sigma_{s} \geqslant \sigma_{\Sigma1} + \sigma_{\Sigma2}) \end{cases} \tag{3-42}$$

BS 7910 标准：

如果材料断裂韧度由 K_{mat} 表示，则 $\bar{a}_{m}$ 按下式计算：

$$\bar{a}_{m} = \frac{1}{2\pi}\left(\frac{K_{mat}}{\sigma_{max}}\right)^{2} \tag{3-43}$$

如果材料的断裂韧度由 δ_{mat} 表示，则分为两种情况：

（1）对于 $\sigma_{max}/\sigma_{Y} \leqslant 0.5$ 的钢（包括不锈钢）和铝，以及所有 σ_{max}/σ_{Y} 值的其他金属有：

$$\bar{a}_{m} = \frac{\delta_{mat}E}{2\pi\left(\dfrac{\sigma_{max}}{\sigma_{Y}}\right)^{2}\sigma_{Y}} \tag{3-44}$$

（2）对于 $\sigma_{max}/\sigma_{Y} > 0.5$ 的钢（包括不锈钢）和铝有：

$$\bar{a}_{m} = \frac{\delta_{mat}E}{2\pi\left(\dfrac{\sigma_{max}}{\sigma_{Y}}-0.25\right)^{2}\sigma_{Y}} \tag{3-45}$$

以上计算中，如果 $\bar{a}_{m}$ 超过了缺陷宽度的 1/20，则须乘以宽度修正系数加以修正：

$$宽度修正系数 = \frac{1}{(2\,\bar{a}_{m}/W) + 1}$$

两者主要差别：①GB/T 19624 标准比 BS 7910 标准增加了一个鼓胀效应系数，可能更适用于薄壁结构；②BS 7910 标准加入了宽度修正系数。

15. K_{r}、δ_{r} 的计算

GB/T 19624 标准：

$$K_{r} = \frac{G(K_{I}^{P} + K_{I}^{S})}{K_{P}} + \rho \tag{3-46}$$

式中：G 按标准附录 A 确定。

BS 79110 标准：

$$\delta_{I} = \frac{K_{I}^{2}}{X\sigma_{Y}E}, \quad X = \frac{J_{mat}}{\sigma_{Y}\delta_{mat}(1-v^{2})} \tag{3-47}$$

如果存在二次应力，则

$$\sqrt{\delta_{r}} = \sqrt{\frac{\delta_{I}}{\delta_{mat}}} + \rho \tag{3-48}$$

$$K_{r} = K_{I}/K_{mat} + \rho \tag{3-49}$$

否则

$$\sqrt{\delta_r} = \sqrt{\frac{\delta_I}{\delta_{mat}}} \qquad (3-50)$$

$$K_r = K_I/K_{mat} \qquad (3-51)$$

两者主要差别：BS 7910 标准比 GB/T 19624 标准多了一个以 CTOD 为基础的 $\sqrt{\delta_r}$，由于使用 CTOD 使 BS 7910 标准多出一种评定手段，因此可使评定更加方便。

16. L_r 的计算

GB/T 19624 标准：给出了平板上半椭圆表面裂纹、平板上椭圆形埋藏裂纹、平板上长 $2a$ 的穿透裂纹、内压圆筒体上长 $2a$ 的纵向穿透裂纹、内压球壳上长 $2a$ 的穿透裂纹、内压圆筒体上表面裂纹、容器接管拐角裂纹和仅受内压 p 的容器接管拐角裂纹等典型结构的 L_r 计算公式。

内压圆筒体上长 $2a$ 的纵向穿透裂纹：$L_r = \dfrac{1.2P_m}{\sigma_s}\sqrt{1 + 1.6a^2/(R_iB)}$；内压圆筒体上表面裂纹：$L_r = \dfrac{1.2P_m}{\sigma_s}\dfrac{1 - a/(BM_g)}{1 - a/B}$，且 $M_g = \sqrt{1 + 1.6[c^2/(R_iB)]}$。

BS 7910 标准：

$$L_r = \frac{\sigma_{ref}}{\sigma_Y} \qquad (3-52)$$

式中：σ_{ref} 由标准附录 P 中方法得出。

两者差别：针对含裂纹管道 L_r 的计算，BS 7910 标准分别给出了含环向和轴向裂纹管道的计算公式。相对于 BS 7910 标准，GB/T 19624 标准毕竟是为容器制定的安全评定方法，所以其中重点也放在了容器上。

塑性修正因子 ρ：

$$\rho = \begin{cases} \Psi_1 & (L_r < 0.8) \\ \Psi_1(11 - 10L_r)/3 & (0.8 < L_r < 1.1) \\ 0 & (L_r > 1.1) \end{cases} \qquad (3-53)$$

式中：Ψ_1 的值可以根据 GB/T 19624 中的图 6-14 确定。

$$\rho = \begin{cases} \rho_1 & (L_r \leq 0.8) \\ 4\rho_1(1.05 - L_r) & (0.8 < L_r < 1.05) \\ 0 & (1.05 \leq L_r) \end{cases} \qquad (3-54)$$

式中：ρ_1 由 BS 7910 的图 R.1 确定。

17. 延性断裂分析

GB/T 19624 标准：给定一系列裂纹扩展量 $\Delta a(i)$，由材料 J_R 阻力曲线进行延性断裂分析。同时，也给出了多种含裂纹结构 J 积分工程计算公式，并列表给出了一系列 J 积分全塑性解 H_1。

BS 7910 标准：同样需要定义 $\Delta a(i)$，但评定是根据失效评定图进行的。

两者主要差别：GB/T 19624 标准使用 J_R 阻力曲线进行延性断裂分析，而 BS 7910 标准仍使用失效评定图进行延性断裂分析。

18. 壳体塑性极限载荷

GB/T 19624 标准：

完好的球形容器：
$$p_{L0} = 2\bar{\sigma}' \ln\left(\frac{R + B/2}{R - B/2}\right) \tag{3-55}$$

完好的圆筒形容器：
$$p_{L0} = \frac{2}{\sqrt{3}} \bar{\sigma}' \ln\left(\frac{R + B/2}{R - B/2}\right) \tag{3-56}$$

含缺陷球形容器：
$$p_L = (1 - 0.6G_0)p_{L0} \tag{3-57}$$

含缺陷圆筒形容器：
$$p_L = (1 - 0.3\sqrt{G_0})p_{L0} \tag{3-58}$$

BS 7910 标准：

含腐蚀缺陷球形容器极限压力：
$$P_f = \frac{4\sigma_Y}{D} \times \frac{B_{min}}{1 - \frac{1}{\xi}\left(1 - \frac{B_{min}}{B}\right)} \tag{3-59}$$

式中：
$$\xi = 1 + 2.3 \frac{B_{min}}{B}\left[\mu\left(\frac{d_{LTA}}{D}\right)\right]^{2.3} \tag{3-60}$$

$$\mu = 55\left(\frac{B_{min}}{B}\right)^4 - 168\left(\frac{B_{min}}{B}\right)^3 + 189\left(\frac{B_{min}}{B}\right)^2 - 100\left(\frac{B_{min}}{B}\right) + 25 \tag{3-61}$$

两者主要差别：BS 7910 没有规定圆筒形容器极限压力公式。

19. 最高容许工作压力的确定(带凹坑容器)

GB/T 19624 标准：

$$p_{max} = \frac{p_L}{1.8} \tag{3-62}$$

BS 7910 标准：无此项规定。

20. 气孔夹渣安全评定

GB/T 19624 标准：气孔率不超过 6%；单个气孔的长径小于 0.6B，并且小于 9mm 的气孔是容许的，否则不可接受。夹渣评定按 GB/T 19624 的 6.9.2.2 进行。

BS 7910 标准：夹渣长度没有具体界限；最大高度和宽度不超过 3mm 可接受；气孔率不超过 6%，单个气孔直径小于 B/4 或者 6mm，否则不可接受。

两者主要差别：显然 BS 7910 标准要求的范围要比国标小很多。

U 因子评定法：

GB/T 19624 标准：

$$\sigma_m = \frac{N + \pi R_i^2 p}{2\pi RB}, \quad \sigma_B = \frac{M_B}{\pi R^2 B} \tag{3-63}$$

U 因子计算：

$$U = \frac{\sigma_s + \sigma_b}{2L_r^F \sigma_s} \tag{3-64}$$

安全评价：

$$(\sigma_{m} + \sigma_{B}) \leqslant \left(\frac{\sigma_{s} + \sigma_{b}}{2}\right)\frac{[\bar{\sigma}]}{Un_{p}} \tag{3-65}$$

满足式(3-65)，评定结论为安全或可以接受；否则不能保证安全或不可接受。

BS 7910 标准：无此评定法。

21. 压力管道体积型缺陷安全评定方法适用范围

GB/T 19624 标准：适用于同时满足该标准附录 H 中 H.3.1 所述的钢制在用压力管道，适用于附录 H 中 H.3.2 所述的缺陷。对于不符合以上限定条件或在役期间表面有可能产生裂纹的含体积缺陷压力管道，按附录 G 的规定进行评定。

BS 7910 标准：适用于该标准附录 G 中 G.2.2 所述的缺陷；不适合附录 G 中 G.2.3 所述的缺陷。

两者主要差别：①BS 7910 标准主要针对腐蚀缺陷而定；②两标准都规定了适用于具有良好延性材料，但 BS 7910 标准的附录 G 对此作出了明确规定，仅用于塑性坍塌失效而不推荐用于具有脆性断裂发生情况；③对于最大缺陷深度的要求也略有不同(GB/T 19624 标准为不大于壁厚的 70%，且缺陷底部最小壁厚不小于 2mm；BS 7910 标准的附录 G 规定最大缺陷深度不大于管道壁厚的 86%)；④BS 7910 标准的附录 G 只针对管道腐蚀缺陷，不适用于焊缝缺陷，GB/T 19624 标准对此无规定；⑤BS 7910 标准的附录 G 不适用于应力集中区域的缺陷评定，GB/T 19624 标准对此没有明确规定；⑥BS 7910 标准的附录 G 还明确规定了材料最小屈服强度、屈强比、载荷类型等的不适用范围；⑦GB/T 19624 标准只适用于直管段体积缺陷的评定。

22. 压力管道体积缺陷规则化处理

GB/T 19624 标准：对于壁厚减薄缺陷，根据其实际位置、形状和尺寸，将其规则化为轴向半长 A、环向半长 B、深度 C 的表面缺陷(见该标准的图 H.1)；对于未焊透缺陷，根据其实际位置、形状和尺寸，将其规则化为轴向半长 A、环向半长 B、深度 C 的表面缺陷(见该标准的图 H.2)；对于气孔和夹渣缺陷，首先按标准中 6.3.2 表征，如果表征后的缺陷不能通过附录的免于评定判别，则根据实际位置、形状和尺寸，将其规则化为轴向半长 A、环向半长 B、深度 C 的表面缺陷(见该标准的图 H.3)。

BS 7910 标准：无此项。

23. 压力管道体积缺陷规则化尺寸无量纲化处理

GB/T 19624 标准：

相对轴向长度： $$a = A/\sqrt{R_{o}T} \tag{3-66}$$

相对环向长度： $$\begin{cases} b = B/\sqrt{\pi R_{o}} & (对于外表面缺陷) \\ b = B/\sqrt{\pi R_{i}} & (对于内表面缺陷) \end{cases} \tag{3-67}$$

相对深度： $$c = C/T \tag{3-68}$$

BS 7910 标准：无此项。

24. 安全系数

GB/T 19624 标准：无此项规定。

　　BS 7910 标准：确定工作压力的安全系数由两部分组成，则总的安全系数取为：

$$f_c = f_{c1} \times f_{c2} \tag{3-69}$$

　　式中：f_{c1} 取决于公式计算结果与爆破实验结果数据对比的安全系数；f_{c2} 为保证安全而在工作压力与失效压力之间取的一个安全系数。

　　两者主要差别：由于两个标准评价方法不同，BS 7910 标准在此引入安全系数，计算出失效压力后乘以此安全系数得出安全的工作压力，完成安全评价；而 GB/T 19624 标准则是计算出极限内压后根据一个判别式来确定管道是否安全，其安全系数在建立判别公式时引入，因此在这里未单独给出。

25. 无缺陷管道极限载荷

GB/T 19624 标准：

纯内压下的塑性极限内压：

$$P_{L0} = \frac{2}{\sqrt{3}} \bar{\sigma}' \frac{R_o}{R_i} \tag{3-70}$$

纯弯曲下的塑性极限弯矩：

$$M_{L0} = 4\bar{\sigma}' \frac{R_o^3 - R_i^3}{3} \tag{3-71}$$

BS 7910 标准：

$$P_0 = \frac{2B_0 \sigma_u}{(D - B_0)} \tag{3-72}$$

　　两者主要差别：BS 7910 标准附录 G 只有极限内压计算，而没有极限弯矩计算，显然没有考虑弯曲情况，因此不适用于一般工业管道。

26. 单个缺陷极限评定

GB/T 19624 标准：

纯内压下极限压力：

$$P_{LS} = p_{LS} \times P_{L0} \tag{3-73}$$

p_{LS} 的计算见该标准中的 H.4~H.6。

纯弯曲下极限弯矩：

$$M_{LS} = m_{LS} \times M_{L0} \tag{3-74}$$

$$\left(\frac{P}{P_{LS}}\right)^2 + \left(\frac{M}{M_{LS}}\right)^2 \leqslant 0.44 \tag{3-75}$$

　　若满足式(3-75)，则认为该缺陷是安全的或可以接受。

BS 7910 标准：

极限内压：

$$P_f = P_0 \times R_S \tag{3-76}$$

最大安全工作压力：

$$P_{SW} = f_c \times P_f \tag{3-77}$$

27. 缺陷相互作用规则

　　GB/T 19624 标准：当有两个或者两个以上凹坑时，应分别按单个凹坑进行规则化处理。若规则化后相邻两个凹坑边缘间最小距离 k 大于小凹坑的长轴 $2X_2$，则可将两个凹坑视为互相独立的单个凹坑分别进行评定。否则，应将两个凹坑合并为一个半椭球形凹坑进行评定，该凹坑长轴长度为两凹坑外侧边缘之间最大距离，短轴长度为平行于长轴且与两凹坑外缘相切的任意两条直线间的最大距离，该凹坑的深度为两凹坑中深度较大的一个的深度。

BS 7910 标准:

如果两个或两个以上缺陷满足下列条件,则分别按单个缺陷评定:

(1)缺陷深度小于壁厚的 20%。

(2)相邻缺陷环向间距(°)满足下式:

$$\phi > 360\,\frac{\pi}{3}\sqrt{\frac{B_0}{D}} \tag{3-78}$$

(3)相邻缺陷轴向间距满足下式:

$$s > 2.0\sqrt{DB_0} \tag{3-79}$$

如果相邻缺陷轴向间距小于 $2.0\sqrt{DB_0}$,并且满足 BS 7910 标准的公式 G.7,则缺陷之间会产生相互作用。

两者主要差别:GB/T 19624 标准与 BS 7910 标准之间的判别规则是不一样的,显然 BS 7910 标准是针对管道设定的。

28. 相互作用缺陷的评定

GB/T 19624 标准:产生相互作用的缺陷合并为单个缺陷后按单个缺陷评定方法进行评定。

BS 7910 标准:

先分别计算单个缺陷极限压力:

$$P_i = P_0 \times \frac{1 - \dfrac{d_i}{B_0}}{1 - \dfrac{d_i}{B_0 Q_i}} \tag{3-80}$$

$$Q_i = \sqrt{1 + 0.31\left(\frac{l_i}{DB_0}\right)} \tag{3-81}$$

计算缺陷结合后的长度:

$$l_{nm} = l_m + \sum_{i=n}^{i=m-1}(l_i + s_i) \tag{3-82}$$

计算缺陷结合后的等效深度:

$$d_{nm} = \frac{\displaystyle\sum_{i=n}^{i=m} d_i l_i}{l_{nm}} \tag{3-83}$$

计算结合缺陷的极限压力:

$$P_{nm} = P_0 \times \frac{1 - \dfrac{d_{nm}}{B_0}}{1 - \dfrac{d_{nm}}{B_0 Q_{nm}}} \tag{3-84}$$

失效压力取所有计算失效压力的最小值:

$$P_f = \min(P_1, P_2, \cdots, P_{nm}) \tag{3-85}$$

则安全工作压力为：
$$P_{SW} = f_c \times P_f \tag{3-86}$$

两者主要差别：①GB/T 19624 标准直接将符合条件的多个缺陷结合成单个缺陷进行安全评定，而 BS 7910 标准则是先单个计算，然后结合计算，取计算结果中的最小值；②在对多个缺陷结合后的等效尺寸的计算上两者也是不同的。

29. 平面缺陷的疲劳评定方法

GB/T 19624 标准：平面缺陷的疲劳评定，首先依据疲劳裂纹扩展速率 $\mathrm{d}a/\mathrm{d}N$ 与裂纹尖端应力强度因子变化幅度 ΔK 的关系式 $\dfrac{\mathrm{d}a}{\mathrm{d}N} = A(\Delta K)^m$，确定在规定的循环周期内疲劳裂纹的扩展量和最终尺寸；然后根据所给出的判别条件和方法，来判断该平面缺陷是否会发生泄漏和疲劳断裂。

两者主要差别：BS 7910 标准除给出如国标的一般性评定方法外，还给出了以 S-N 曲线为基础的简化评定方法和基于合于使用原则的可承受缺陷尺寸预测方法。

30. 应力变化范围及循环次数的确定

GB/T 19624 标准：根据外加载荷或温度的变化历程，分别确定被评定缺陷所在截面上垂直于裂纹平面的一次应力和二次应力的应力变化范围的分布曲线及其循环次数，平行于裂纹平面的应力变化不予考虑。

BS 7910 标准：给出应力分解为一次应力和二次应力后的确定应力变化范围的方法。确定应力过程中充分考虑了应力波动、应力集中等因素。

两者主要差别：BS 7910 标准未提及循环次数的确定问题，在应力范围确定方法上，BS 7910 标准考虑显然是比较全面的。

31. 系数 A 与指数 m 的确定

GB/T 19624 标准：尽可能从服役容器上取样，按 GB 6398《金属材料 疲劳试验 疲劳裂纹扩展方法》的规定进行实验。应根据实验数据，用最小二乘法回归得到 A 和 m，但用最小二乘法回归得到的 A 值应乘以一个不小于 4.0 的系数后才能作为评定所取用的 A 值。

对 $\sigma_{0.2} < 600\mathrm{MPa}$ 的铁素体钢，在不超过 100℃ 的空气环境中，也可取：$m = 3.0$，$A = 3 \times 10^{-13}$。对伴有解理或微孔聚合等具有更高扩展速率的疲劳裂纹扩展，应取：$m = 3.0$，$A = 6 \times 10^{-13}$。

BS 7910 标准：标准中给出了几种疲劳裂纹扩展准则：

（1）对于不包括奥氏体钢的钢材的推荐疲劳裂纹扩展准则。

对于满足以下条件的低强度钢的推荐 A 和 m 为 BS 7910 标准表 4 中所列：

① 0.2% 标准强度低于 700MPa 的钢结构；

② 工作在温度低于 100℃ 的空气或者其他非侵蚀性环境中。

对于满足以下条件的低强度钢的推荐 A 和 m 为 BS 7910 标准表 6 中所列：

① 0.2% 标准强度低于 600MPa 的钢结构；

② 工作在温度低于 20℃ 的海洋环境。

（2）简化疲劳裂纹扩展准则。

工作在低于100℃的非侵蚀环境中的钢材（包括奥氏体钢）推荐 A 值和 m 值为：$m = 3$，$A = 5.21 \times 10^{-13}$。

工作在低于600℃的非侵蚀环境中的钢材推荐 A 值和 m 值为：$m = 3$，

$$A = 5.21 \times 10^{-13} (E_{RT}/E_{ET})^3 \tag{3-87}$$

式中：E_{RT} 为室温下的弹性模量；E_{ET} 为高温下的弹性模量。

工作在低于20℃的海洋环境有或者没有阴极保护的钢（包括奥氏体钢）推荐 A 值和 m 值为：$m = 3$，$A = 2.3 \times 10^{-12}$。

两者主要差别：①BS7910标准直接给出了各种推荐的 A 值和 m 值，所列更为详细，更易直接用于评定；②国标中除推荐值外，给出了实验测定 A 值和 m 值所应参照的标准，显然更为科学，所得结果更为精确，但于工程应用而言，则有所不足；③BS 7910标准除给出钢材的推荐 A 值和 m 值外，还给出了非钢材类的其他金属的推荐 A 值和 m 值，近似评定可以使用 $m = 3$、$A = 5.21 \times 10^{-13}$，精确评定推荐使用 $m = 3$、$A = 5.21 \times 10^{-13} \left(\dfrac{E}{E_{steel}} \right)$，使之更能方便地用于实际工程评定。

32. 疲劳裂纹扩展的应力强度因子变化范围门槛值的取值

GB/T 19624 标准：当幸存概率为97.6%时，碳钢和碳锰钢在空气中的疲劳裂纹扩展应力强度因子变化范围门槛值 ΔK_{th} 可以用以下方法估算：

对于母材：

$$\begin{cases} \Delta K_{th} = 170 - 214 R_{\sigma} & (0 \leqslant R_{\sigma} \leqslant 0.5) \\ \Delta K_{th} = 63 & (R_{\sigma} > 0.5) \end{cases} \tag{3-88}$$

对于焊接接头：

$$\begin{cases} \Delta K_{th} = 214 \Delta \sigma / \sigma_{s} - 44 & (\Delta \sigma > \sigma_{s}/2) \\ \Delta K_{th} = 63 & (\Delta \sigma \leqslant \sigma_{s}/2) \end{cases} \tag{3-89}$$

BS 7910 标准：

（1）钢材的推荐强度因子变化范围门槛值

BS 7910 标准的表6列出了奥氏体钢的各种推荐强度因子变化范围门槛值；对于除奥氏体钢的其他钢材的强度因子变化范围门槛值，推荐使用以下公式计算：

$$\begin{cases} \Delta K_0 = 63 & (R \geqslant 0.5) \\ \Delta K_0 = 170 - 214 R & (0 \leqslant R \leqslant 0.5) \\ \Delta K_0 = 170 & (R < 0) \end{cases} \tag{3-90}$$

（2）其他金属的推荐强度因子变化范围门槛值

$$\Delta K_0 = \Delta K_{0,steel} \left(\frac{E}{E_{steel}} \right) \tag{3-91}$$

两者主要差别：BS 7910 标准的因子变化范围门槛值分类更为详细；而 GB/T 19624 标准则给出了 BS 7910 标准中没有的焊缝区推荐强度因子变化范围门槛值。

33. 应力强度因子变化范围 ΔK 的计算

GB/T 19624 标准：根据该标准 6.1.3.1 得到的表征裂纹尺寸 a_0 和 c_0 以及根据 6.1.3.2 计算的应力变化范围 $\Delta\sigma_m$ 和 $\Delta\sigma_B$，按附录 D 中 D1.4 的规定计算出各自的应力强度因子变化范围 ΔK_a 和 ΔK_c。

BS 7910 标准：无此项。

34. 免于疲劳评定的判别

GB/T 19624 标准：按该标准 6.1.4 计算出不同载荷循环的 ΔK_a 和 ΔK_c 以及所对应的预期循环次数，如果其结果均小于 GB/T 19624 该标准表 6-1 中相应各列 ΔK 值所对应的容许承受循环次数，则该缺陷可免于疲劳评定，认为是安全的或可接受的。

BS 7910 标准：无此项。

35. 疲劳裂纹扩展量和裂纹最终尺寸 a_f 和 c_f 的计算

GB/T 19624 标准：提供了三种计算方法，即按应力变化范围历程逐个循环计算方法、分段简化计算的方法、可忽略 c 方向扩展时的简化计算方法。

BS 7910 标准：按应力变化历程逐个循环进行计算，每个循环的计算结果与其临界值进行比较，从而确定最终值。

两者主要差别：①GB/T 19624 标准比 BS 7910 标准多了两种计算方法；②基于每个循环计算的方法不太现实，BS 7910 标准在其附录 S 中提出了一种近似数值积分的方法预测疲劳寿命。

36. 疲劳安全评定

GB/T 19624 标准：提出疲劳泄漏评定和疲劳断裂评定两个准则，若满足这两个准则，则结构是安全的。

BS 7910 标准：在每个循环计算结束时，都将计算结果与其临界值相比较，从而判断结构是否安全。

37. 体积型缺陷的疲劳评定

GB/T 19624 标准：给出了基于 S-N 曲线的用于满足一定条件的含体积型缺陷的在用压力容器焊接接头的疲劳评定方法。

BS 7910 标准：基于平面缺陷评定方法，对于埋藏非平面缺陷的评定作出了规定。

两者主要差别：①GB/T 19624 标准不但给出了一些缺陷的免于评定条件，也给出了一些体积缺陷的具体评定方法；②BS 7910 标准只是给出了对埋藏非平面缺陷评定的一些规定，包括免于评定条件。

38. 免于疲劳评定的判别

GB/T 19624 标准：

符合以下条件之一者，可免于进行疲劳评定，并认为该缺陷是可以接受的：①缺陷所在截面的工作应力变化范围低于 23MPa；②仅承受与焊缝方向一致的疲劳载荷的缺陷。

BS 7910 标准：如 BS 7910 标准的 8.7.2 和 8.7.3 规定的情况，可以免于进行疲劳评定。

两者主要差别：BS 7910 标准不但给出了应力变化范围的最小值，而且对可忍受的缺陷尺寸也作出了规定。

39. $(S^3N)_x$ 值的计算

GB/T 19624 标准：

恒幅疲劳：
$$(S^3N)_x = (\Delta\sigma)^3 N \qquad (3-92)$$

非恒幅疲劳：
$$(S^3N)_x = \sum_{i=1}^{d}\left[(\Delta\sigma_i)^3 n_i\right] \qquad (3-93)$$

BS 7910 标准：无此项。

40. $(S^3N)_y$ 的确定

GB/T 19624 标准：①对于气孔缺陷，根据气孔率由该标准的表 6-3 确定所容许承受的疲劳强度参量 $(S^3N)_y$ 值；②对于容器壁厚 $B = 10\sim26\text{mm}$、深度 <1mm 的咬边缺陷，根据咬边深度和壁厚 B 的比值，按该标准的表 6-6 或表 6-7 确定所容许承受的疲劳强度参量 $(S^3N)_y$ 的值。

41. 安全性评价

GB/T 19624 标准：如果体积缺陷经评定满足标准中式(6-10)的规定 $(S^3N)_y \geq (S^3N)_x$，则该体积型缺陷是容许的或可以接受的；否则，是不能容许或不可接受的。

BS 7910 标准：无此项。

42. 缺陷间的干涉效应系数

GB/T 19624 标准：压力容器在局部范围同时存在多个缺陷时，在缺陷安全评定中必须考虑缺陷间的干涉效应。该标准附录 A 给出了线弹性干涉效应系数 M 和弹塑性干涉效应系数 G 的确定方法。

BS 7910 标准：无此项。

43. 应力腐蚀对安全评定的影响

GB/T 19624 标准：当存在应力腐蚀条件时，按照该标准附录 D 计算缺陷部位的 K_I 值，并与按照 GB 15970.6 测定的材料在使用环境下的 K_{ISCC} 进行比较，如果：
$$K_I < K_{ISCC} \qquad (3-94)$$
则不考虑应力腐蚀对安全评定的影响。否则，应按照 GB 15970.6 测定的在使用环境下裂纹的应力腐蚀扩展速率 $\text{d}a/\text{d}t$，估算出至设计寿命期或下一检验期的裂纹最终尺寸，再按照该标准第 5 章进行安全评定。

BS 7910 标准：无此项。

44. 蠕变评定

GB/T 19624 标准：给出了两种不需要考虑高温蠕变环境对安全评定影响的条件，而没有给出具体的蠕变评定方法。

BS 7910 标准：给出了存在蠕变情况下的安全评定方法。

两者主要差别：GB/T 19624 标准没有给出具体的蠕变评定方法，而 BS 7910 标准则给出了蠕变评定的具体方法。

除以上所列差异对比之外，BS 7910 还给出了剪切断裂或三种模式混合情况下的评定方法(标准附录 A)、海上结构的管状接头的评定方法(标准附录 B)、未对中引起的应力计算方法(标准附录D)、先漏后爆评定方法(标准附录F)、强度不匹配对焊接接头断裂行为的影响(标准附录I)、用夏比冲击试验结果反映断裂韧性水平(标准附录J)、可靠度、分项安全系数、测试次数和保守因子(标准附录K)、焊缝的断裂韧性的确定(标准附录L)、使用等级1评定方法确定已知缺陷的可接受程度或可接受的缺陷尺寸的简化方法(标准附录N)、验证性测试和热预应力测试(标准附录O)、当量应力的计算(标准附录P)、焊接接头处的残余应力分布(标准附录Q)、一次和二次应力结合后的塑性干涉效应的确定(标准附录R)、疲劳寿命预测的近似数值算法(标准附录S)、高温条件下裂纹扩展的信息(标准附录T)和高温失效评定方法的应用实例(标准附录U)等内容。GB/T 19624标准针对上述内容的规定较少。

3.3　凹坑评估

随着管道智能检测技术的发展,大量几何凹坑缺陷被检测出来,这些几何凹坑缺陷既可能产生于管道建设施工期间,也可能产生于管道服役期间。几何凹坑是指因管道永久塑性变形而使管道横截面发生的变形,主要是在建设与运营期间管道与其他物体发生物理接触、不恰当安装、地层位移等因素所致。

几何凹坑威胁着管道运行安全,严重凹坑可立即导致管道失效。在加拿大能源委员会2010年6月18日给出的安全建议NEB SA 2010-01中提及两起管道泄漏事故,均是由几何凹坑所致。虽然有些凹坑没有导致管道立即失效,但凹坑的存在势必削弱了管道的正常服役性能,一旦达到管道所能承受的极限状态,则后果不堪设想。因此,对于管道几何凹坑缺陷的管理必须引起管道运营公司的高度关注,需要安全、经济地对几何凹坑缺陷进行优先级排序及修复处理。

3.3.1　几何凹坑的分类

几何凹坑按照凹坑底部曲面是否光滑,可分为平滑凹坑和曲折凹坑。凹坑曲面曲率发生平滑改变或急剧变化的凹坑分别称为平滑凹坑和曲折凹坑,凹坑最尖锐处的任意方向的曲率半径小于5倍的管道壁厚即为曲折凹坑。根据管道凹坑在内压释放后能否回弹,可分为约束凹坑和非约束凹坑。约束凹坑是指压迫管道物体不能移去,不能回弹的凹坑,约束凹坑一般位于管道底部(管道环向顺时针4点钟至8点钟方向),管道沉降诱发形成约束几何凹坑;非约束凹坑是指压迫管道的物体已经移去,在内压改变时能回弹的凹坑,非约束凹坑通常位于管道的顶部(管道环向顺时针8点钟至4点钟方向)。

3.3.2　几何凹坑的国际评价准则

目前,国际上对于在役管道光滑几何凹坑的评价主要采用两个指标:几何凹坑的最大深度,通常将管道外径的6%作为控制指标;几何凹坑在管道内外表面产生的最大应变,通常将应变值的6%作为控制指标。以几何凹坑的最大深度作为评价标准,涉及ASME B31.8、API 579、CSA Z662、AS 2885.3、EPRG、PDAM、UKOPA等标准,适用性见表3-1。

表 3-1　凹坑评价标准适用性

标准规范	单纯凹坑		裂纹和划伤凹坑	焊缝凹坑	腐蚀凹坑
	约束凹坑	非约束凹坑			
AMSE B31.8	临界深度为管道外径的6%		不允许	塑性焊缝凹坑的临界深度为管道外径的2%	依据腐蚀情况单独评估，且凹坑深度不超过管道外径的6%
API 579	在管道不受循环应力及考虑腐蚀余量的情况下，临界深度为管道外径的7%		依划伤情况单独评估	—	—
CSA Z662	当管道外径 > 101.60mm时，临界深度为6mm		不允许	当管道外径 > 323.9mm 时，临界深度为管道外径的2%；当管道外径 < 323.9mm 时，临界深度为6mm	当腐蚀的最大深度为壁厚的40%时，可以依据 ASME B31.8G 来单独评估
AS 2885.3	临界深度为管道外径的6%		不允许	不允许	进一步评估
EPRG	同时满足以下条件时凹坑判为安全：临界深度≤7%管道外径，且环向应力72%<最小屈服极限(SMYS)		不允许	不允许	不允许
PDAM	临界深度为管道外径的10%	临界深度为管道外径的7%	单独评估并推荐打磨处理	不允许	不允许
UKOPA	临界深度为管道外径的7%		不允许	塑性焊缝临界深度为管道外径的2%	腐蚀深度不超过20%壁厚时，可以按单独缺陷处理

第4章 管道制造与焊接技术

4.1 管道成型与加工

输送钢管按有无焊缝可分为无缝钢管和焊接钢管两大类。钢管分类和管线钢管的类型规格见图4-1和表4-1。目前输送钢管主要使用的有无缝钢管、直缝高频电阻焊管（HFW）、直缝埋弧焊管（SAWL）、螺旋缝埋弧焊管（SAWH）4种，其中直缝高频电阻焊管、直缝埋弧焊管、螺旋缝埋弧焊管属于焊接钢管。

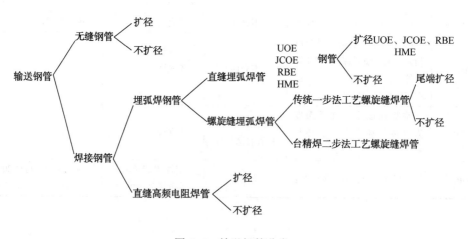

图 4-1 输送钢管分类

UOE——U 成型，O 成型，然后冷扩径（Expanding）；JCOE——先用步进法将钢板压制成 J 形，再从另一边步进压制，形成 C 形，最后合成 O 形进行定位焊［内外埋弧焊接完成后仍采用冷扩径法（E）进行定径整圆和改善应力分布］；RBE——辊弯成型法，钢板在三辊或四辊之间多次辊压，最终弯曲成所需圆筒形状；HME——即 HU-METAL，将钢板分两次在旋转芯棒的带动下，发生连续扭转而形成 O 形管坯的成型工艺。

随着能源需求的增加及人们对经济效益要求的不断提升，油气管道发展的趋势是高压、大输量输送，对钢管的要求是大口径、大壁厚、高强度和高韧性，对长输管线的主干线建设基本上采用的是焊接钢管。

近年来，另外一种特殊的钢管——双金属复合管逐步在油气输送管线中被使用。双金属复合管由两层金属构成，内衬采用不锈钢材料，外层（基层）采用一般碳钢（无缝钢管或焊管）。这种钢管综合了不锈钢的耐腐蚀、碳钢的廉价和高承压优点，适用于高压、腐蚀性介质的输送，在管道站场、油田集输站、海底管线等场合应用较多。

表4-1 管线钢的类型

类型	钢种	钢级	常用规格范围		
			最大外径/mm	最大壁厚/mm	最大长度/m
无缝钢管	碳钢及低合金钢	A、B、X42~X80	400	40	12.5
	耐蚀合金	LC30-1812			
		LC52-1200			
		LC65-2205			
		LC65-2506			
		LC30-2242			
	复合钢包括耐蚀合金层	LC30-1812			
		LC52-1200			
		LC65-2205			
		LC65-2506			
		LC30-2242			
	基层	X42~X80			
直缝高频电阻焊管	碳钢及低合金钢	A、B、X42~X80	60	19	18
	耐蚀钢	LC30-1812			
		LC65-2205（焊后全管热处理）			
		LC65-2506（焊后全管热处理）			
直缝埋弧焊管	碳钢及低合金钢	A、B、X42~X80	1067	31.8	6
	耐蚀合金	LC30-1812			
		LC52-1200			
		LC65-2205			
		LC65-2506			
		LC30-2242			
	复合钢包括耐蚀合金层	LC30-1812			
		LC52-1200			
		LC65-2205			
		LC65-2506			
		LC30-2242			
	基层	X42~X80			
螺旋缝埋弧焊管	碳钢及低合金钢	A、B、X42~X80	300	25	18

注：① 耐蚀合金牌号见 SY/T 6601—2017《耐腐蚀合金管线管》。

② 基层是指双金属复合管的外层，也称为"基管"，由普通管线钢材料制成。

4.1.1 无缝钢管

1. 制管工艺

热轧无缝钢管生产的基本程序包括管坯准备、加热、穿孔、轧管、定（减）径、精整（冷却、矫直、切断、检验、探伤、标记、包装等）。

无缝钢管制造工艺是采用热加工的方法(热轧、挤压、热减径、热扩径、热处理)制造不带焊缝的管状产品的一种工艺,必要时热加工管状产品可冷精整加工或热处理为重新要求的形状、尺寸和性能。

无缝钢管的成型,首先由实心坯穿成毛管坯(穿孔),随后进行纵轧(自动轧管机组、连轧管机组、张力减径机组等)或斜轧(三辊轧管机组及狄塞尔轧管机组)。

穿孔的主要作用是将实心坯料穿轧成空心毛管。毛管的内外表面质量及壁厚均匀度对钢管的质量有很重要的影响。尽管斜轧穿孔机近年来出现不少新型结构,对壁厚偏心有改善,但仍是无缝钢管几何尺寸偏差较大的重要根源。毛管坯的表面和随后的轧制热变形过程特点又易造成许多表面轧制缺陷。

2. 性能要求和使用情况

为了满足使用需要,一般订货时对无缝钢管的尺寸精度(外径、内径、壁厚)、弯曲度、化学成分、力学性能、表面质量及工艺性能(压扁、扩口)等均有严格的规定。对于专用管材,还要根据其使用条件规定某些特殊要求,如要求具有耐高温和低温、耐磨、耐腐蚀性能,以及高强度、高韧性、高精度、高纯度等要求。对某些管材还要求进行水压试验、无损探伤、冷弯、环拉、卷边等工艺性能检验。对不同用途的无缝钢管,其规格和质量要求具体可参考相应的技术标准。

无缝钢管可生产直径理论上可以达到 660mm,但是实际使用规格一般为 406mm。直径406mm 以上的无缝钢管常采用热扩径轧制方式。无缝钢管偏差大、表面质量差,一般在对尺寸精度要求较高的场合较少采用。

无缝钢管由于生产工艺的特点,容易产生重皮、氧化皮、异金属压入等缺陷,造成钢管不符合标准要求。其中折叠是无缝钢管常见缺陷。因此尽管钢管没有焊缝,可靠性较高(静水压试验表明大约每 800km 钢管的水压试验大约会有 1 个失效),但对无缝钢管的生产也应进行严格质量控制。

在大口径的长输管线中,无缝钢管较少采用。但在站场、集输站、海底管线等数量较小而要求可靠性较高的场合,无缝钢管用途较广。

近年来,随着技术的进步,一些国内生产企业新上的生产线已具备能生产 ϕ720mm 的无缝钢管产品的能力,但尚未实际应用,大口径输送钢管仍以焊接钢管为主。

4.1.2 焊接钢管

1. 焊管生产工艺

1)直缝电阻焊管生产工艺

直缝电阻焊管(ERW)生产线大致可分为焊管作业线和精整作业线两大部分。焊管作业线主要完成钢板准备、钢管的成型、焊接、定径等过程;精整作业线主要是对钢管半成品进行必要的机加工、修补和检测。

典型的直缝电阻焊管生产工艺流程如图 4-2 所示。

2)螺旋埋弧焊管工艺

螺旋埋弧焊管生产线也分为焊管作业线和精整作业线两大部分。作业线主要完成钢管的成型和焊接过程;精整作业线主要是对钢管半成品进行必要的机加工、修补和检测。

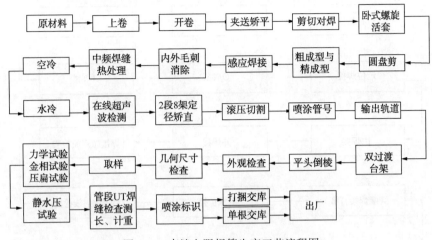

图 4-2 直缝电阻焊管生产工艺流程图

一般情况下，依据焊管机组的生产方式不同，螺旋焊管生产分为连续生产与间断生产。连续生产是在焊管作业线上设活套装置，以保证在两卷钢带对接时，成型与焊接不至于中断；间断生产则是在焊管作业线上不设活套装置，在两卷钢带对接时，成型与焊接停顿（焊缝出现间断，对此以后需进行补焊）。有的连续机组不设活套装置，而采用飞焊装置（移动小车式对焊机），同样可以保证连续生产。

典型的螺旋埋弧焊管生产工艺流程如图 4-3 所示。

3）直缝埋弧焊管工艺

直缝埋弧焊管生产线同样分焊管作业线和精整作业线两大部分。焊管作业线主要完成钢板准备、钢板的预处理、管筒的成型（包括管筒的冲洗和干燥）、预焊、精悍和扩管等过程；精整作业线主要是对钢管半成品进行必要的机加工、修补和检测。焊管作业线主要流程工序除管筒成型方式有 UO 成型、JOC 成型、RB 成型之分外，其他基本与螺旋焊管作业线相同；精整作业线的流程工序与螺旋埋弧焊管精整作业线几乎相同。图 4-4、图 4-5 是两种比较常见的直缝埋弧焊管生产工艺流程。

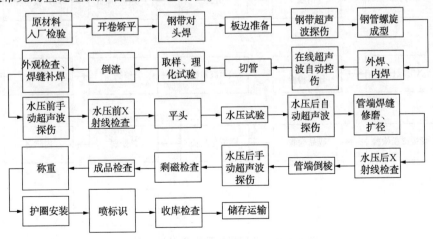

图 4-3 螺旋埋弧焊管生产工艺流程图

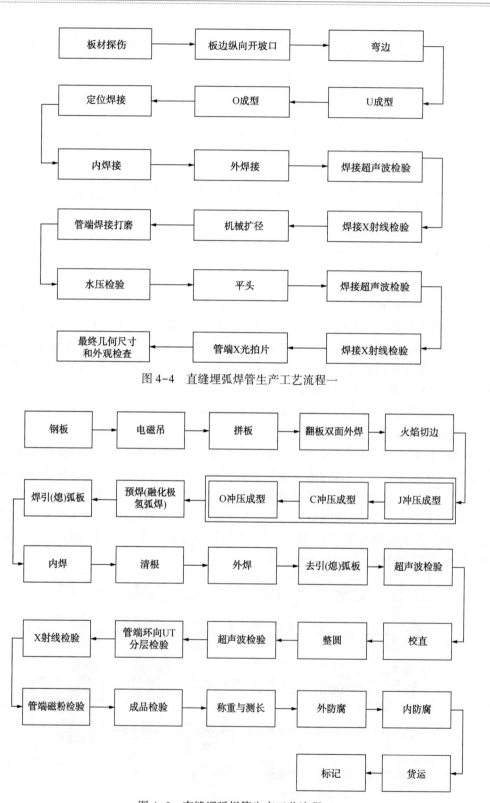

图 4-4　直缝埋弧焊管生产工艺流程一

图 4-5　直缝埋弧焊管生产工艺流程二

2. 成型技术

成型技术是焊管生产技术的核心，如果钢带/钢板的成型质量不好或成型不到位，会对后续钢管质量产生重要影响。因此，成型技术是焊管设备设计和使用部门十分关心的问题。

1）直缝焊管成型技术

直缝焊管包括气体保护焊直缝管、电阻焊直缝管（简称 ERW 焊管）和直缝埋弧焊管（简称 LSAW 焊管）。气体保护焊直缝管和电阻焊直缝管的成型方式主要有：辊式成型（Roll Forming）、排辊成型（Cage Forming）、FFX 成型（Flexible Forming Excellent）等。直缝埋弧焊管的成型方式主要有 UOE 成型、JCOE 成型、RBE 成型等。

（1）辊式成型

辊式成型是以金属薄板或板卷为原料，通过多架装配了具有一定形状的成型辊的机架对坯料逐步进行弯曲变形，从而得到均一截面产品的塑性加工方法。一般每个机架装有 2 个或更多成型辊。辊式成型是 ERW 焊管最主要的成型方法。

辊式成型的技术特点是：

① 适合于长的、等断面制件的批量生产，由于是辊轮送进，所以就有可能与冲孔、起伏成型、焊接、切断等其他加工装置连动，进而使多种工艺的连续化生产成为可能。

② 辊式整形可以防止拉拔成型时容易产生的翘曲、扭转等缺陷。

③ 由于板厚方向没有压下量，与轧机相比，辊式成型设备强度要求低且结构简单。

④ 由于多机架分配变形，单机架变形量小，故加工表面良好，涂覆材料也适用，如镀锌板等。

⑤ 设备空间受限因素少，适用性较好，既可以生产薄壁焊管，也适合生产厚壁焊管。

⑥ 每生产一种尺寸焊管，要求一套轧辊，因此品质规格越多，轧辊数量越多，费用也越大。在没有快速换辊装置的条件下，换辊时间较长，一般需要 1~2 个班的工作时间，生产效率降低，产品成本提高。因此不适应小批量、多品种焊管生产。

（2）排辊成型

针对传统的辊式成型技术存在的问题，并为了减少辊式成型机轧辊数量，降低费用，缩短换辊时间，在 20 世纪 40 年代中期，首先由美国 Torrance 公司推出了在辊式成型机的粗成型段采用部分通用排辊装置的排辊成型原始技术。到了 60 年代末期，美国 Yoder 公司对其进行了改正，由于当时设备并不完善，轧辊调整比较困难，排辊成型技术只用于生产中直径焊管。随着时间的推移，经过不断发展，设备结构更加完善。到 80 年代初期，排辊成型技术的使用范围也逐步扩大到小直径焊管。

与传统的辊式成型技术相比较，排辊成型技术在生产使用中显示出许多优点，各国焊管设备制造厂家在 Yoder 公司原有排辊成型技术基础上，演变和派生出多种机型，如法国 DMS 公司的线性成型技术（Liner Forming）、德国 MEER 公司的直缘成型技术（Straightedge Forming）、日本中田制作所（NAKATA）的 FF 成型技术（Flexible Forming）、奥钢联的 CTA 成型技术（Central Tool Adjustment）、美国 Bronx - Abbey International LTD 的 TBS 成型技术（Transition Beam System）等。这些排辊成型技术在设备结构上有些不同，调整方式也有差异，有的采用焊管中心定位，有的采用焊管地面定位，粗成型水平机架数量和排辊数量也不相同。

采用排辊成型工艺，可以稳定地生产 $D/t = 20 \sim 80$、X70 等钢级、长度为 12m 或 18m 甚至更长的钢管。

排辊成型的主要技术特点是：

① 由许多小直径辊组成的排辊代替了辊式成型机的大直径水平辊，轧辊表面线速度差减少了，改善了钢带边部拉伸作用，最大边缘拉应变仅是传统辊式成型的五分之一左右，基本消除了表面划伤，提高了钢管外观质量。同时减少了轧辊与管坯间的相对运动所消耗的无用摩擦功，从而减少了功率消耗及轧辊磨损。

② 由于排辊成型机是采用连续局部弯曲变形，因此钢板的弯曲变形是从板到管连续局部弯曲变形的，所以弯曲力较均匀。排辊成型技术的粗成型一般由 2 架水平辊机架和许多外排辊和内辊组成，对于产品范围内的所有规格，第 1 架的平辊通常情况只需要 1 套（但第 2 架和内辊需要有几套），这和传统辊式成型机比较，减少了轧辊数量，减少了投资。

③ 由于成型区缩短，带钢塑性变形小，使钢管壁厚与管径比的范围扩大到 1:80，所以排辊成型的优势是能加工中大口径薄壁管。

④ 排辊成型为连续成型法，成型性好，又由于采用"下山法"成型，在成型过程中钢板边缘的轨迹近乎为直线，从而改善了成型质量，使焊接稳定可靠。

⑤ 预成型辊和内辊尽管有几套，但不是每更换一种规格就要换辊。换辊时间缩短，相应就提高了产量。

（3）FFX 成型

FFX 成型技术是日本中田制作所（NAKATA）于 20 世纪 90 年代后期，对直缝焊管成型工艺以及对各类辊式和排辊成型技术进行科学系统分析，建立了合理的成型理论后开发出来的。FFX 成型技术继承了 FF 成型（日本中田制作所在原油排辊成型技术基础上，演变和派生出的机型）技术，在变形量分配方面借鉴了辊式成型的大变形特点，配有 5 架平辊、4 架立辊、2 架精成型、1 架挤压机架。成型方法为多步整体弯曲戒型，每次弯曲到接近焊接半径，分 5 个初次成型道次逐步从边部向钢带中心弯曲，每段弯曲约 1/10 钢带宽度。为了采用共用孔型，轧辊曲线采用具有连续曲率变化的近似渐开线。因此每次弯曲段的曲率为非均匀。经立辊群后形成不均匀曲率的近似圆形，经两架精成型机均整后进入焊接机架。该系统为非连续成型过程，存在钢带边部拉伸的趋势，为了降低成型高度，采用了 W 成型方式。其中 5 架平辊和 4 架立辊均为共用轧辊，对不同规钢管不需要更换轧辊，仅需要进行调整，克服了辊式成型轧辊数量多、换辊时间长的缺点。

FFX 成型技术的先进性和主要特点是：

① FFX 成型机能生产钢级更高、管壁更薄或更厚的焊管。由于 FFX 成型技术的变形以水平辊为主，而且粗成型后段的立辊无需使用内辊来控制变形，因此设备结构具有柔软和刚性兼备的特点，容易实现高强度和高刚度，可以稳定地生产 $\phi 219 \text{mm}$ 以上、$D/t = 10 \sim 100$、钢级达到 X110 的高品质焊管。如 610FFX 成型机，不仅可生产 $\phi 219 \text{mm} \times 2.5 \text{mm}$ 和 $\phi 610 \text{mm} \times 6.0 \text{mm}$ 的薄壁焊管，也可以生产 $\phi 219 \text{mm} \times 16 \text{mm}$ 和 $\phi 630 \text{mm} \times 22 \text{mm}$ 的厚壁焊管。

② FFX 成型机的水平辊和立辊做到完全共用。FFX 成型技术，将渐开线轧辊形状和卷贴辊弯方法有机地结合在一起，使水平辊和立辊做到完全共用。例如 610FFX 成型机，焊管直径范围为 $219 \sim 630 \text{mm}$，壁厚为 $2.5 \sim 22 \text{mm}$，只需要共用一套轧辊。

③ 变形量分配合理，成型工艺稳定。在粗成型阶段，采用水平辊为主的大变形方式，使开口管筒侧面的曲率接近成品焊管，精成型变形量小，这种合理的分配变形量，使成型稳定，克服了排辊成型由于变形量分配不合理而带来的焊管缺陷隐患。

④ 降低设备投资。由于粗成型水平辊对带钢的变形较为充分，传动力矩也大，因此在FFX成型机组中，精成型机架数量减少到2架，生产圆管时定径机只需要3架。与排辊成型机比较，精成型机架数量和定径机架数量各减少一架，降低了设备费用。

⑤ 采用连续边成型法，为高频焊接创造最佳的条件。FFX成型技术由于采用连续弯边成型法，充分利用水平辊和立辊各自的成型特点，使带钢断面无变形死区，更重要的是有效地克服了由于带钢厚度和强度变化而使变形不充分产生的弹性回复现象，提高了成型的准确性和稳定性。粗成型后带钢边部完全塑性变形，并且开口管筒边部的曲率和成品管体很接近；精成型变形量小，不会改变粗成型后开口管筒的形变，为高频焊接创造了最佳的条件。

⑥ 提高了焊管质量。与排辊成型技术相比，FFX成型技术还在以下两个方面提高了焊管质量：首先，在粗成型后由于开口管筒边部的曲率和成品管体很接近，不会在精成型阶段和挤压辊挤压阶段产生错位，即使对于高强度、厚壁焊管，在精成型后带钢边部的两个侧面基本达到平行（而非正V形或倒V形）对接，挤压后在焊管内外表面形成均匀的毛刺，有利于毛刺的刮除。同时在高频焊机前可以采用较大的V形焊接角度，有效地防止了灰斑等焊接缺陷。其次，由于采用连续弯边成型方法和独特的轧辊孔型设计，带钢断面的任何部位在粗成型中最多只承受一次变形，并且变形过渡衔接得很好，不易出现某一部位因多次受到轧辊的压力而产生局部减薄。因此变形均匀，内应力小，提高了焊管质量。

FFX成型技术综合了传统辊式成型和排辊成型的很多优点，先进性是十分明显的。自2003年以来，我国已有9套FFX成型机组建成投产，生产的焊管规格直径从25.4mm到630mm，壁厚从0.6mm到22.0mm。焊管品种有高精度焊管、高合金不锈钢和低合金高强度钢焊管，包括N80-1石油套管和X80管线管。FFX是一种新技术，在今后的使用过程中还会不断改善提高。

（4）UOE成型

UOE成型是典型的模具压力成型方法的代表。UOE焊管成型法最早出现在1948年，由美国首先开发成功，是生产大直径直缝埋弧焊管的一种重要方法。它是将预先经过严格检查的钢板，通过板边加工和边部预弯后，依次在U型压力机上弯曲成U形，在O型机上压成O形管筒，然后合缝焊接成钢管（管坯的成型和焊接是间断进行的），最后经全管体扩径而成为成品钢管。

用UOE方法生产钢管在美国应用最早（1951年），也较为普遍。后来在德国、法国、英国、意大利、加拿大、日本等发达国家广泛应用，后期在中国等发展中国家也得到应用。随着世界石油、天然气工业的发展，对高强度、大直径管道用管的需求量激增，使得UOE焊管生产线发展很快。

UOE方法由于受到板宽的限制而使制造钢管的直径也受到一定的限制。由于需要大型压力机，且设备投资大、制造较复杂和困难，因此也限制了产品规格的进一步扩大。但是，与其他大直径钢管的制造方法相比较，该方法生产过程稳定、效率高、操作简便，而且能保证钢管质量。所以，作为大批量、少品种(规格)的大直径、厚壁、高强度油气输送管道用管的专用成型方法是很适宜的。

管线用中厚钢板的力学性能都要求其钢板横向取样的试验值，所以，在轧制过程中要注意纵轧与横轧的压下率分配合理性。

(5) JCOE 成型

UOE 机组的能力大，产量高，适合单一规格大批量生产，但是该工艺投资过高，一般发展中国家很难承受；同时，这种工艺在生产小批量、多规格的钢管时灵活性差，调整时间长，成本高。因此，为了减少对成型机压力的要求，人们尝试将 UOE 成型的步骤分解进行。现代数控技术和伺服控制技术的结合产生了数控折弯技术。采用数控折弯技术可将管坯的成型过程分解为更多的步骤进行，将一次模压成型变为多步弯曲成型，每步只对钢板的一小部分进行弯曲，从而大大减少了成型需要的压力。在此基础上诞生了渐进式 JCOE 制管技术。

渐进式压力成型工艺(Progressive Forming Process，PFP)最早出现于 20 世纪 60 年代。这种压力成型工艺最初由日本钢管公司开发，采用 2 台相向的压力机完成钢管管坯的成型，在法国 Belleville 钢管厂率先投入使用。1996 年，德国 SMS MEER 公司提出在 1 台大型压力机上弯曲成型大直径直缝焊管的构想，并于 1998 年为印度 WELSPUN 工厂建设了一条 JCOE 直缝焊管生产线。该生产线自动化程度高，生产效率适中，产品质量稳定，取得了较好的示范效应。

JCOE 成型方式的最大特点是通过多步模弯的方式，完成管坯的成型，生产方式灵活，既可生产大批量的产品，也可制造小批量的产品，既可生产大口径、高强度、厚壁钢管，也可生产中口径(406mm)、厚壁钢管，年产量可达$(10\sim25)\times10^4$t。这种成型方式对中等规模的企业是十分适合的，近几年来在世界上得到了广泛的认可，已在德国、日本、中国、印度和印度尼西亚等国获得成功应用，成为现代直缝埋弧焊管机组的主流成型技术之一。

现代 JCOE 成型机是采用计算机自动控制的步进式模压成型机。在整个成型过程中，上、下模具以及进出料机构的运动均采用计算机控制，可根据不同的钢级、壁厚、板宽自动调整压下量、压下力和钢板进给量，同时上下、模具有补偿变形功能，有效地避免了模具变形对成型所造成的不良影响，保证了钢板压制过程中全长方向的平直度。成型时进料步长均匀，保证了管坯圆度和焊接边的平直度。

现代 JCOE 成型的特点如下：

① JCOE 生产线与常见的 UOE 生产线相比，其差别是用 1 台 JCOE 成型机代替了 UOE 生产线的 U 成型机和 O 成型机。通常在 JCOE 生产线上配备 2 套内、外焊装置及 1 台机械全长扩径机，即可满足正常生产要求。

② 钢板由数控系统实现理想的变形，钢板各部位变形均匀，没有明显的应力集中。

③ 钢板在成型至扩径过程中始终受到拉伸，没有 UOE 成型时钢板所受的拉伸-压缩的反向受力过程，包申格效应小，材料的强度得到充分利用。

④ 由于 JCOE 成型时模具与钢板几乎没有相对滑动，模具的载荷和磨损都比 UOE 成型小得多，因此模具损耗小、寿命长。

⑤ UOE 成型工艺采用的是模压方式，因此 O 成型的模具采用两组半圆形状的模具组合

而成，不同管径的钢管需要不同的模具，需要的模具数量和质量都很大。而渐进式 JCOE 成型工艺采用的是渐进折弯成型方式，每步只对一小部分钢板进行弯曲成型，不必每种管径都配备一种模具，因此需要的模具数量和质量都小得多。

⑥ 成型过程的氧化皮脱落少，容易清洁，对焊接质量影响小。

我国已建成的现代 JCOE 生产线配置了全板宽超声波探伤机、浮动式高精度铣边机、压力机式预弯机、多轴数控 JCOE 成型机、大功率连续式预焊机、四丝和五丝自动跟踪内外焊机、机械式全管扩径机、水柱耦合式超声波探伤仪等先进设备。

(6) RBE 成型

RBE 辊弯成型法采用钢板为原料，钢板在三辊或四辊之间多次横向滚压成型，形成所需要的曲率半径。成型的主要原理为三点弯曲，通过调整上、下辊的位置形成不同的弯曲曲率。成型机结构上分为对称式和非对称式两种。三辊对称式的上辊在两个下辊中央对称位置作垂直升降运动，通过丝杆丝母、蜗轮蜗杆传动而获得，两个下辊作旋转运动，为卷制板材提供扭矩。三辊非对称式的上辊为主动辊，下辊垂直升降运动，以便夹紧板材，并通过下辊齿轮与上辊齿轮啮合，同时作为主传动辊。进入 21 世纪，为了进一步改进上辊刚度，在 RBE 成型机上设置横梁，大大加强了上辊刚度，甚至不需要更换上辊就可以生产相当大口径范围的钢管，产品质量得到提高，可生产 X80 级、壁厚至 30mm 的管线管。最新的成型方式又把 RBE 法和 PFP 法(多部压力成型法)甚至 JCOE 法结合起来，在上横梁上设置液压缸，控制上辊辊位，通过液压缸带动上辊对钢板进行压力弯曲，并进行辊弯成型。这种方法结合了 PFP 法和 RBE 法的优点，成型速度比单纯 RBE 法明显提高，成型质量比 PFP 法显著改进。

2) 螺旋焊管成型技术

自从 1888 年美国研制成功螺旋焊管成型工艺以来，工艺技术得到了不断的推广与发展，且日臻完善，产品质量也达到了较高水平。螺旋焊管生产方式比较灵活，可以用不同宽度的钢带生产同一直径的钢管，也可以使用一种宽度的钢带生产不同直径的钢管。它的生产特点主要体现在：

(1) 可以用较窄钢带连续生产大直径钢管，钢管长度可按要求定尺切割。

(2) 更换生产规格比较容易。

(3) 螺旋成型生产的钢管尺寸精度较高，不需定径和矫直即可满足使用要求。

(4) 生产连续进行，便于实现机械化和自动化操作。

(5) 成型器结构简单且吨位小，从而占地面积小，投资少，建设快，而且容易制造，操作简单。

(6) 焊接随成型同时进行，但焊点处于斜下位置，焊接质量影响因素多而复杂。

(7) 焊缝长度是直缝钢管的 1.5~2 倍，当焊接工艺控制不良时，产生焊接缺陷的概率较大。

(8) 生产中钢带月形弯对螺旋成型的稳定性影响较大，焊点位置和成型缝间隙处于变化中，容易产生错边、管径超差、焊偏等缺陷。

1958 年中国从苏联引进了螺旋焊管全套生产线，所用设备与当时世界先进水平比较无多大差异，但成型机结构、成型方式、变形机理及工艺控制等技术与同期欧美国家相比，仍比较落后。20世纪80年代初起，我国螺旋埋弧焊管技术水平开始奋力追赶世界先进水平，目前在工艺、装备、控制、生产、新产品开发等方面已达到世界先进水平。

螺旋焊管成型器按进料方式可分为向上卷、向下卷两种成型器。

向上卷成型时，因各种外径的管子下底面标高不变，所以附属设备较简单、易制造，土建工程量也小，但外焊头的高度要随着焊管外径的变化而调整。上卷时，内焊头在带钢入口附近，可以较容易退出更换导电嘴，且不用在管子上割洞，既节约管材，又节省时间。在咬合点焊接便于使用焊缝间隙自动控制的先进技术，以保证焊接质量。另外易于清除内、外压辊处的氧化皮，容易更换备件，所以生产实际中多采用上卷成型。

向下卷成型时，埋弧焊点在第二个螺距的成型缝处，如果由于带材月形弯及其他几何条件的改变而影响到咬合点处的成型缝变化时，则第二个螺距成型缝焊点处的反应较为"迟钝"，因而难于使用微调技术来改善焊点处的成型缝质量。另外，下卷时钢管附属设备结构复杂、庞大，投资颇大。20世纪80年代后向下卷成型方式已基本被淘汰。

4.2　管材与金相组织

从某种意义上讲，管线钢的发展过程实质上是管线钢显微组织的演变过程。根据显微组织的不同，常用管线钢可分为铁素体-珠光体管线钢、针状铁素体管线钢、贝氏体-马氏体管线钢和回火索氏体管线钢。铁素体-珠光体是第一代微合金管线钢的主要组织形态，X70及其以下级别的管线钢具有这种组织形态。针状铁素体管线钢是第二代微合金管线钢，强度级别可覆盖X60~X100。近年来发展的超高强度管线钢X100、X120的显微组织主要为贝氏体-马氏体。

根据转变温度的高低不同，在管线钢的连续冷却过程中所形成的主要显微组织有多边形铁素体、准多边形铁素体、粒状铁素体或粒状贝氏体和贝氏体铁素体。20世纪90年代之后，在对X100和X120等超高强度管线钢的研究中，对微合金化管线钢组织结构有了进一步的认识，在一定的合金和工艺条件下，管线钢还会形成上贝氏体、下贝氏体和板条马氏体。高钢级管线钢不同显微组织的基本特征见表4-2。

表4-2　高钢级管线钢不同显微组织的基本特征

显微组织名称	符号	转变机理	基体组织形态	第二相	位错密度
多边形铁素体	PF	扩散型	等轴或规则的多边形，晶界光滑、清晰、平直	—	低
魏氏铁素体[①]	WF	扩散和切变混合型	从晶界向晶内生长，呈侧板条	—	低
准多边形铁素体	QF 或 MF	块状转变	形态不规则，呈无特征的碎片，大小参差不齐，边界粗糙模糊，凹凸不平，呈锯齿状或波浪状	偶尔见 M-A（马氏体-奥式体组元）	高

续表

显微组织名称		符号	转变机理	基体组织形态	第二相	位错密度
针状铁素体[2]（AF）	粒状铁素体或粒状贝氏体	GB 或 GF	扩散和切混合型	条状（形成温度高时呈不规则、无特征外形的亚晶）	条间分布有粒状或条状 M-A	高
	贝氏体，铁素体	BF	扩散型	板条状	条间分布有薄膜状或针状 M-A	很高
珠光体		P	扩散型	层片状 Fe 与 Fe_3C（若 Fe_3C 不连续，则称为退化 P）	—	—
上贝氏体		UB	扩散和切变混合型	板条状	板条间为片状活杆状碳化物（若为 M-A，则称为退化 UB）	很高
下贝氏体		LB	扩散和切变混合型	板条状	板条内碳化物沿板条轴线呈 55° ~ 65° 分布	很高
板条马氏体		LM	切变型	板条状	板条间为薄膜状残余奥氏体，板条内有呈魏氏组态的碳化物	位错缠结，局部微孪晶

① 在微合金化管线钢中，除焊缝金属外，较少涉及魏氏铁素体。

② 所谓针状铁素体，其实质是粒状贝氏体、贝氏体铁素体或是粒状贝氏体与贝氏体铁素体组成的复相组织。

管线钢除采用控制轧制、控制冷却工艺生产外，还有淬火＋回火钢。淬火＋回火钢板比控制轧制、控制冷却工艺生产的板材具有更高的韧性和更好的抗脆性断裂传播的性能。

4.3 管道制造焊接工艺

4.3.1 直缝埋弧焊管

（1）钢板坡口加工　为了便于焊接，需要在板边缘加工焊接坡口。加工方式有铣削和刨削两种。根据板厚不同，坡口可以加工成 I 形、带钝边的单 V 形或双 V 形坡口。特别厚的管子，可把外缝铣削成 U 形坡口，其目的是减少焊接材料的消耗量，提高生产率，同时根部较宽，避免产生焊接缺陷。

（2）定位焊　即通常说的预焊，一般采用二氧化碳气体保护焊方式。其目的是使管子定型，并且起到焊缝封底作用，这点对后面的埋弧焊特别有用，可以防止烧穿。管子定位焊后应进行目视检验，以保证焊缝连续且不产生影响后续埋弧焊接的缺陷。

（3）管子内、外焊接　即精焊。管子定位焊后，对钢管进行内、外焊接，这是焊管制造过程的一个重要环节。精焊采用埋弧焊方法完成，为提高生产率，内、外焊接常采用多丝埋弧焊，对于厚壁钢管，焊丝数量最多可达 5 丝。对厚壁管采用多层焊，以减少热输入量，改善焊缝的物理性能。为避免焊缝偏离，焊接机头上装有特殊的焊缝自动对中装置。

（4）无损检验　为了尽快识别焊接缺陷，一般可在焊接操作完成后立即进行超声波探伤和 X 射线探伤，发现缺陷及时返修。

在扩径和水压后，必须对全部钢管再次进行超声波探伤、X 射线探伤检验以及外观检查。

4.3.2　螺旋埋弧焊管

螺旋埋弧焊管有两种生产方式，一种是连续成型焊接生产方式，通常称为"在线焊接"或"一步法"，其成型和焊接同步完成，是我国传统的螺旋焊管生产形式。

另外一种生产方法，即"预精焊工艺"，通常称为"离线焊接"或"两步法"，成型机组与焊接装置分离。目前，我国已有多家管厂正在建设或开发这种制管技术，并已有 3 家管厂的机组能够稳定批量生产。

螺旋埋弧焊管离线焊接方法是 20 世纪 70 年代由德国 Krupp Hoesch Grounp 开发出来的，国外已将这种生产方法成功用于螺旋埋弧焊管的生产。用这种方法制造管子分为两个阶段：第一阶段，板卷在成型机和定位焊机上被高速成型，并同时采用二氧化碳气体保护焊进行定位焊（即预焊），预焊仅作为一个工艺措施，在第二阶段的埋弧焊时被完全熔化；第二阶段，预焊后的钢管在多达 5 个独立的焊接机组上进行最终埋弧焊接（即精焊），在每个焊接机组上，均采用多丝（一般 2~3 丝，最多 5 丝）埋弧焊同时对钢管内、外进行焊接，从而避免焊接速度和质量受到成型过程的影响，可以提升生产效率和焊缝质量。主要生产过程及设备如下：

（1）螺旋管成型和定位焊机组　完成管子的成型和预焊。

（2）焊接间隙调节系统　为了获得恒定外径尺寸的管子，由钢带夹紧而引起的任何角度偏差必须纠正，这将由调节装置来完成。

（3）管子的切割装置　成型及定位焊后切割成一定长度的单根管送入下道工序进行精焊。

（4）埋弧焊机组　在进行最终的埋弧焊（即精焊）之前，应在管子两端焊接引、熄弧板，其目的是延长焊缝，使起弧和收弧这一焊接过程不稳定段处于管子正式焊缝外，从而保证管子焊缝质量。当管子被装载到埋弧焊机组上的传送带后，所有后续工作自动进行。管子移动通过一个悬臂梁，其长度满足最大长度管子焊接要求，内侧埋弧焊接机头安装在上面，当到达最终位置时，焊接机头移动到焊接位置开始焊接过程，首先进行内侧焊接，然后旋转半圈进行外缝焊接。

埋弧焊机组的内外机头上装有电视监控自动跟踪系统，焊接过程可在理想的位置进行，所有的焊接参数都由计算机记录、评价，并可以重复使用。为了取得高质量的焊缝，钢管的传送起着很大的作用。螺旋管通过一个垂直的传送带和一个驱动台来传送，传送滚轮均匀、准确地传送管子而没有任何震动，从而对焊接过程无任何影响。

4.3.3　电阻焊管

高频电阻焊接钢管是应用比较广泛的焊管，它是通过将钢带成型，并将对接边缘以不带填充金属焊接在一起的方式制造的产品。纵向焊缝通以高频电流,采用感应加热或接触加热方式使边缘金属熔化,通过挤压力结合而成。

接触式加热和感应式加热各有特点。高频接触焊的电极与管坯表面接触,因此,管坯在前进中的跳动及表面的不平整极易使电极与管坯表面产生电火花,造成管坯表面的烧损或疤痕。同时,电极磨损后的粉末极易带入焊缝,造成焊缝质量不合格。接触焊的优点是热效率高,电耗小。20世纪建造的 ERW 610 焊管机组基本上均采用高频接触方法。20世纪末,高频感应技术取得了突破性的进展,大功率的高频感应加热装置开发成功。在21世纪初建造的 ERW 610 焊管机组中,大多选择了高频感应加热方式进行焊接。感应加热避免了接触加热形式对焊缝质量的影响,但耗能较高。

第 5 章　管道建造与探伤

5.1　管道施工焊接工艺

随着管线钢性能的提高，焊接材料、焊接技术在不断地进步，管道现场焊接工艺也随之变化。针对不同的钢级、不同的直径和壁厚、不同的项目、不同的输送压力及介质甚至施工单位不同的队伍及设备状况，将会采用不同的焊接工艺。

5.1.1　主干线焊接工艺

1. 全纤维素型焊条电弧焊工艺

根据管道开裂方式不同，考虑其止裂性能，输油管道和低压力、低级别输气管道可以选用纤维素型焊条电弧焊工艺，它是世界范围内管道施工中广泛使用的工艺。

纤维素型焊条易于操作，具有高的焊接速度，约为碱性焊条的两倍；有较大的熔透能力和优异的填充间隙性能，对管子的对口间隙要求不很严格；焊缝背面成型好，气孔敏感性小，容易获得高质量的焊缝，并适用于不同的地域条件和施工现场。在采用此种工艺时，由于扩散氢含量较高，为防止冷裂纹的产生，应注意焊接工艺过程的控制。

采用的主要焊条有 E6010、E7010、E8010、E9010 等，采用直流电源，电源特性为下降外特性，一般采用管道专用的逆变焊机或晶闸管焊机。电流极性为根焊直流正接，保证有足够大的电弧吹力，其他热焊、填充盖面采用直流反接。

2. 纤维素型焊条根焊+低氢型焊条电弧焊工艺

对于高压力、中高级别输气管道，根据管道开裂方式不同，考虑其止裂性能，选用纤维素型焊条根焊+低氢型焊条电弧焊工艺，保证其良好的止裂性。

纤维素型焊条下向焊接的显著特点是根焊适应性强，根焊速度快，工人容易掌握，射线探伤合格率高，普遍用于混合焊接工艺的根焊。低氢下向焊接的显著特点是焊缝质量好，适合于焊接较为重要的部件，如连头等，但工人掌握的难度较大。

采用的主要纤维素型焊条有 E6010、E7010、E8010、E9010 等，低氢型焊条有 E7018、E8018 等，采用直流电源，电源特性为下降外特性，一般采用管道专用的逆变焊机或晶闸管焊机。电流极性为根焊直流正接，保证有足够大的电弧吹力，热焊也采用纤维素型焊条，采用直流正接，增大焊缝厚度，防止被低氢焊条烧穿。填充盖面采用低氢型焊条，采用直流反接，有利于提高热效率和降低有害气体的侵入。

3. 自保护药芯焊丝半自动焊工艺

1）纤维素型焊条根焊+自保护药芯焊丝半自动焊填盖工艺

对于强度级别高、输送介质压力高的管道，由于采用低氢焊条的效率较低，焊接合格率难以保证，对焊工技术水平要求高等缺点，跟不上管线建设的速度，而采用低氢型的自保护药芯焊丝可提高韧性，采用半自动工艺更有利于提高生产效率，因此得到了广泛的应用。这种工艺在发展中国家得到快速发展，是我国大口径、大壁厚长输管线采用的主要焊接工艺。

根焊采用纤维素型焊条，填充盖面采用自保护药芯焊丝，药芯焊丝与焊条相比具有十分明显的优势，但药芯焊丝价格较高，主要是把断续的焊接过程变为连续的生产方式，从而减少了接头的数目，提高了生产效率，节约了能源。再者，电弧热效率高，加上焊接电流密度比焊条电弧大，焊丝熔化快，生产效率可为焊条电弧焊的3~5倍；又由于熔深大，焊接坡口可以比焊条电弧焊小，钝边高度可以增大，因此具有生产效率高、周期短、节能综合成本低、调整熔敷金属成分方便的特点。

根焊采用的主要纤维素型焊条有E6010、E7010等，自保护药芯焊丝主要有E71T8-K6、E71T8-Ni1等，采用直流电源，根据电源特性为下降外特性，一般采用管道专用的逆变焊机或晶闸管焊机。电流极性为根焊直流正接，保证有足够大的电弧吹力，填充盖面的自保护药芯焊丝采用平外特性直流电源加相匹配的送丝机。

2）STT根焊+自保护药芯焊丝半自动焊填盖工艺

STT焊机是通过表面张力控制熔滴短路过渡的，焊接过程稳定，电弧柔和，显著地降低了飞溅，减轻了焊工的工作强度，焊缝背面成型良好，焊后不用清渣，其根焊质量和根焊速度都优于纤维素型焊条，是优良的根焊焊接方法。但该方法设备投资大，焊接要求严格，焊工不易掌握。

STT根焊时使用纯CO_2气作保护，同时采用专门的STT焊机及JM-58(符合AWS A5.18 ER70S-G)焊丝；填充焊和盖面焊采用自保护药芯焊丝，采用平外特性直流电源加相匹配的送丝机。

4. 自动焊工艺

随着管道建设用钢管强度等级的提高、管径和壁厚的增大以及管道运行压力的增高，对管道环焊接头的性能提出了更高的要求。利用高质量的焊接材料，借助于机械和电气的方法使整个焊接过程实现自动化。管道自动焊工艺具有焊接效率高、劳动强度小、焊接过程受人为因素影响小、对焊工的技术水平要求低、焊接质量高而稳定等优势，在大口径、厚壁管道建设中具有很大潜力。

1）纤维素型焊条根焊+自动焊外焊机填盖工艺

根焊采用纤维素型焊条；填充盖面采用自动焊。

根焊采用的主要纤维素型焊条有E6010、E7010等，采用直流电源，下降外特性，电流极性为根焊直流正接。自动焊采用JM-68(符合AWS A5.28 ER80S-G)焊丝，焊接设备采用国产APW-Ⅱ外焊机、PAW2000外焊机、加拿大RMS公司生产的MOW-1外焊机、NORE-SAST外焊机等。

2）STT根焊+自动焊外焊机填盖工艺

根焊采用STT；填充盖面采用自动焊。

自动焊采用JM-68 AWS A5.28 ER80S-G焊丝，焊接设备采用国产APW-Ⅱ外焊机、

PAW2000 外焊机、加拿大 RMS 公司生产的 MOW-1 外焊机、NORESAST 外焊机等。

3）自动焊外焊机根焊+自动焊外焊机填盖工艺

在根焊采用半自动的焊接方法的基础上，进一步提高焊接质量和焊接速度，根焊也采用自动焊机。根焊设备采用意大利 PWT 全自动控制焊接系统 CWS.02NRT 型自动外焊机，填盖有 APW-Ⅱ 外焊机、PAW2000 外焊机、MOW-1 外焊机、NORESAST 外焊机等。根焊采用 JM-58(符合 AWS A5.18 ER70S-G)焊丝，填盖采用 JM-68(符合 AWS A5.28 ER80S-G)焊丝。

4）自动焊内焊机根焊+自动焊外焊机填盖工艺

为进一步提高焊接速度和焊接质量，根焊采用内焊机在内部焊接，外部清根后用外焊机进行填盖的工艺，利用双面坡口，解决单面焊上面成形的根焊缺陷问题，进一步提高了焊接质量。根焊采用 JM-58(符合 AWS A5.18 ER70S-G)焊丝，填盖采用 JM-68(符合 AWS A5.28 ER80S-G)焊丝。

5.1.2　连头焊接工艺

管线建设中，经常出现两长管段无法移动管口进行连接的问题，即为连头碰死口。这些部位通常由于管线不能移动而造成应力的存在，拘束度较大，容易产生裂纹。因此，对于连头碰死口问题必须重视，必须加强焊接工艺的控制。目前主要采用的焊接工艺有两种：纤维素型焊条根焊+低氢型焊条电弧焊工艺；纤维素型焊条根焊+自保护药芯焊丝半自动焊填盖工艺。

1. 纤维素型焊条根焊+低氢型焊条电弧焊工艺

在连头焊接工艺中，纤维素型焊条电弧焊采用上向焊，低氢型焊条（E8010）电弧焊采用下向焊，具体要求及设备选择与主干线相同。

2. 纤维素型焊条根焊+自保护药芯焊丝半自动焊填盖工艺

在此焊接工艺中，纤维素型焊条电弧焊采用上向焊，自保护药芯焊丝半自动焊采用下向焊，具体要求及设备选择与主干线相同。

5.1.3　返修焊接工艺

1. 纤维素型焊条根焊+低氢型焊条电弧焊工艺

在返修焊接工艺中，对于穿透型返修，纤维素型焊条电弧焊采用上向焊，低氢型焊条电弧焊也采用上向焊，纤维素型焊条型号与主线路相同，具体要求及设备选择与主干线相同，填盖的低氢型焊条常用的为 E5015 和 E7018 或 E8018(AWS A5.5：1996)。

2. 纤维素型焊条根焊+自保护药芯焊丝半自动焊填盖工艺

在此焊接工艺中，纤维素型焊条电弧焊采用上向焊，自保护药芯焊丝半自动焊采用下向焊，具体要求及设备选择与主干线相同。

5.2　管道施工焊材

焊接材料是指在焊接时所消耗的材料，如焊条、焊丝、焊剂、气体等。在焊接材料的选择上，要满足焊缝金属的强韧性要求和使用环境要求。为了保证管道运行的经济、可靠，要求焊缝金属具有足够的强度和韧性。在不同的服役条件下，还需具有其他的性能，如极地、高寒地带的油气管线要有更高的低温韧性和较低的韧性转变温度，海洋油气田的开发要求管线厚壁化和可靠的抗疲劳断裂能力，含 CO_2、H_2S、氯化物腐蚀介质的油气管线要有较好的抗应力腐蚀(SCC)和抗氢致裂纹(HIC)的性能，等等。

5.2.1 焊接材料要满足洁净化和细晶化的要求

目前大多数管线钢的实物含硫量小于 0.009%，甚至小于 0.005%，因而选用焊条、焊丝、焊剂等焊接材料时，应要求焊材熔敷金属的硫含量符合钢材标准的规定，并力求达到钢材的实物水平。管线钢的焊缝金属不仅要求洁净，而且要求细晶化。但焊缝的细晶化不像钢板那样可以通过控轧控冷工艺来实现，它只有通过合金化和优化工艺参数、控制冷却速度完成细化晶粒的目的。

5.2.2 焊接材料的工艺性能对管道焊接施工质量的影响

焊接材料的工艺性能包括引弧和稳弧性能、电弧吹力、铁水流动性、熔渣黏度、脱渣性、飞溅率、全位置成型情况等。焊接材料工艺性能的好坏在一定程度上影响着焊接接头的质量。施工实践证明，类型不同或类型相同但生产厂家不同的焊接材料，其操作工艺性能有很大的不同，即便是同一生产厂家生产的同一类型焊接材料，因批号不同其操作工艺性能也可能会有所差异。

5.2.3 焊接材料选择原则

根据焊层的不同，焊接材料选择依据以下原则：

(1)根焊用焊接材料一般选用适合于单面焊双面成型、全位置操作性能好、具有一定延展性的材料，这样有利于保证根部成型，并预防根焊道冷裂纹。目前根焊焊接材料大多采用强度级别稍低的高纤维素型焊条，或使用强度级别稍低的实心焊丝。

高纤维素型焊条的药皮中含有 30%~50% 的有机物，具有极强的造气功能，环境适应能力强，在保护电弧和熔池的同时增加了电弧吹力。

(2)填充焊、盖面焊焊接材料大多采用含 Ni、Mo 的自保护药芯焊丝、铁粉低氢型下向焊条和实心焊丝。

(3)长输管道的焊接施工多采用二氧化碳(CO_2)或富氩混合气(CO_2+Ar)作为保护气体，其作用是把电弧和熔化金属周围的空气排开，以免空气中的有害成分影响电弧的稳定性和液态金属的纯净度。

保护气体成分和流量对焊缝成型和缺陷出现概率有一定的影响。如采用纯 CO_2 作为保护气体进行根焊，当保护气体流量偏大时，背面焊缝易熔合不良，正面焊缝易形成鱼脊背，在随后的焊接过程中可能出现边缘未熔合、夹渣等缺陷，这在施焊环境温度较低或焊接热输入量较低时尤为突出。一般采用富氩混合气(如 15%~20%CO_2+85%~80%Ar)作为保护气体，可改善铁水流动性，获得良好的焊缝成型，且焊缝中含氧量低，韧性好。

5.3　管道焊接无损检测技术

5.3.1　焊缝的目视检验

1. 目视检验方法

（1）直接目视检验　也称近距离目视检验，用于眼睛能充分接近被检物体、直接观察和分辨缺陷形貌的场合。一般情况下，目视距离约为60mm，眼睛与被检工件表面所成的视角不小于30°。在检验过程中，采用适当照明，利用反光镜调节照射角度和观察角度，或借助于低倍放大镜观察，以提高眼睛发现缺陷和分辨缺陷的能力。

（2）间接目视检验　用于眼睛不能接近被检物体而必须借助于望远镜、内孔管道镜、照相机等进行观察的场合。这些设备系统至少应具备相当于直接目视观察所获得的检验效果的能力。

2. 目视检验程序

目视检验工作较简单、直观、方便、效率高。因此，应对焊接结构的所有可见焊缝进行目视检验。对于结构庞大、焊缝种类或形式较多的焊接结构，为避免目视检验时的遗漏，可按焊缝的种类或形式分为区、块、段逐次检验。

3. 目视检验的项目

焊接工作结束后，要及时清理熔渣和飞溅，然后按表5-1的项目进行检验。

表5-1　项目检验

序号	检验项目	检验部位	质量要求	备注
1	清理质量	所有焊缝及其边缘	无熔渣、飞溅及阻碍外观检查的附着物	
2	几何形状	焊缝与母材连接处	焊缝完整不得有漏焊，连接应圆滑过渡	可用尺测量
		焊缝形状和尺寸急剧变化的部位	焊缝高低、宽窄及结晶鱼鳞波应均匀变化	
3	焊接缺陷	整条焊缝和热影响区附近	无裂纹、夹渣、焊瘤、烧穿等缺陷	接头部位易产生焊瘤、咬边等缺陷，收弧部位易产生弧坑、裂纹、夹渣、气孔等缺陷
		焊缝的接头部位、收弧部位及形状和尺寸突变部位	气孔、咬边应符合有关标准规定	
4	伤痕补焊	装配拉肋板拆除部位	无缺肉及遗留焊疤	
		母材引弧部位	无表面气孔、裂纹、夹渣、疏松等缺陷	
		母材机械划伤部位	划伤部位不应有明显棱角和沟槽，伤痕深度不超过有关标准规定	

目视检验若发现裂纹、夹渣、焊瘤等不允许存在的缺陷，应清除、补焊、修磨使焊缝表面质量符合要求。

5.3.2　无损探伤

无损探伤主要有射线探伤法和超声波探伤法。

利用 X 射线或 γ 射线照射焊接接头检查内部缺陷的无损检测方法叫作射线探伤。X 射线、γ 射线是波长较短的电磁波，当穿越物体时被部分吸收，使能量发生衰减。如果透过的金属材料厚度不同或密度不同，产生的衰减也不同。透过较厚或密度较大的物体时，衰减大，因此射到胶片上的射线强度就较弱，胶片的感光度较小，经过显影后得到的黑度就较弱，胶片的感光度就较浅；反之，黑度就深。根据胶片上的黑度深浅不同的影像，就能将缺陷清楚地显示出来。射线探伤(俗称"拍片")是环焊缝检测常用的一种手段，技术成熟，但因需要使用放射源，如果使用不当，容易造成伤害。

超声波探伤也是目前应用广泛的无损探伤方法之一。超声波探伤的物理基础是机械波和波动，实质上超声波就是一种机械波。超声波探伤时，主要涉及几何声学和物理声学中的一些基本定律和概念。超声波的检测特点主要有：平面型缺陷检出率较高；适宜检测厚度较大的工件；检测成本低、速度快，检测仪器体积小、重量轻，适合现场作业；无法得到缺陷的直观图像，定性困难；检测结果无直接见证记录。

随着管道焊接检测技术的发展，超声波相控阵技术已经开始应用于海底管道和陆地管道施工焊接检测。

相控阵，就是由许多辐射单元排成阵列形式构成的走向天线，各单元之间的辐射能量和相位关系是可以控制的。典型的相控阵是利用电子计算机控制移相器改变天线孔径上的相位分布来实现波束在空间扫描，即电子扫描，简称电扫。相位控制可采用相位法、实时法、频率法和电子馈电开关法。在一维上排列若干辐射单元即为线阵，在两维上排列若干辐射单元称为平面阵。辐射单元也可以排列在曲线上或曲面上，这种天线称为共形阵天线。共形阵天线可以克服线阵和平面阵扫描角小的缺点，能以一部天线实现全空域电扫。通常的共形阵天线有环形阵、圆面阵、圆锥面阵、圆柱面阵、半球面阵等。

5.4　管道焊接焊片评价

影响管道焊接质量的因素很多，如材料匹配、焊接工艺等，选择焊接工艺时，应根据各种焊接方法特点、施工环境、技术限制等综合考虑。

5.4.1　焊接方法对焊缝和热影响区性能的影响

1. 合金元素烧损和焊缝中的杂质元素及气体含量

(1) 气体保护焊由于合金元素烧损较大，焊缝中气体含量及杂质元素高，故气焊接头性能较差。

(2) 焊条电弧焊和埋弧自动焊由于分别采用气-渣联合保护和渣保护，合金元素烧损较少，焊缝中气体含量及杂质元素较少，故焊缝金属性能较好。

（3）手工钨极氩弧焊合金元素基本没烧损，焊缝中气体含量和杂质极少，可以获得最好的焊缝。

2. 焊缝的金相组织

（1）气体保护焊加热速度慢，易产生过热和过烧的组织，致使焊缝性能恶化。

（2）埋弧自动焊电弧功率比焊条电弧焊大得多，故焊缝的结晶组织也较焊条电弧焊粗大，因此在同样条件下与焊条电弧焊相比，焊缝金属的冲击韧性较低。

（3）手工钨极氩弧焊热量集中，焊时冷却速度快，焊缝结晶组织较细，性能也较好。

3. 热影响区宽度

气体保护焊、埋弧自动焊热影响区较宽，焊条电弧焊次之，而手工钨极氩弧焊最窄。

5.4.2　焊接线能量及焊接工艺参数的影响

焊接线能量及焊接工艺参数关系到焊接热循环，影响到焊接接头的组织和性能。

1. 焊接线能量

（1）对焊接熔池形状、结晶特征和性能的影响　焊接速度不仅影响焊接线能量，而且直接影响焊接熔池形状，焊接速度提高使椭圆形熔池变成雨滴状熔池，雨滴状熔池易形成窄焊缝，使杂质和元素在焊缝中心线偏析，易产生中心线裂纹。焊接速度快，熔池结晶速度加快，焊缝一次性结晶组织显著细化，可以改善焊缝金属的塑性、韧性。但是为了防止产生雨滴状熔池导致焊缝中心线裂纹，焊接速度不宜太快，为了改善焊缝金属性能速度又不宜太慢，因此焊接速度必须恰到好处。

（2）对焊缝形状及性能的影响　采用大电流、中等焊接速度可获得较宽焊缝形状，柱状晶易从底部向上生长，将最后凝固时的杂质推向焊缝表面，改善焊缝中心线处的力学性能。

采用小电流、快焊速获得的焊缝形状很窄，柱状晶从两侧熔池向中心生长，最后形成严重的中心线偏析，杂质集中，性能下降，焊接应力足够大时易出现裂纹。

（3）对焊缝组织的影响　采用小的线能量可获得细的胞状晶组织，中等线能量可得到胞状树枝晶组织。为了提高焊缝塑性、韧性，提高金属的抗裂性，要求焊缝具有细小的结晶组织，焊缝中的偏析程度应小而分散。因此，在满足工艺和操作要求的条件下，应尽可能减小焊接线能量。采用较小的电流和较快焊接速度代替大电弧和慢焊接速度，可获得细小的胞状组织，提高焊缝力学性能和抗裂性，防止出现中心线裂纹，或者采用多层多道焊。

（4）对过热区晶粒长大和性能的影响　焊接线能量越大，高温停留时间越长，过热区域越宽，过热现象越严重，晶粒越粗大，使塑性和韧性严重下降，甚至会造成冷脆。为此应尽量减小线能量，减小过热区宽度，降低晶粒尺寸。

焊接线能量对焊接时加热速度和冷却速度有较大影响。对于易淬火钢，在一般冷却速度下很容易产生很硬的马氏体组织。因此，常采用对接头焊前预热、控制层间温度和焊后缓冷等工艺措施，以降低冷却速度。即所谓控制线能量，一是控制线能量上限，不要使焊接热量过高；二是要控制线能量的下限，不要使焊接线能量过低，若过低会冷却得快，热影响区及熔合线下会出现硬化组织的裂纹。

2. 焊接工艺参数

焊接工艺参数包括焊接电流、电弧电压、焊接速度、热输入等。焊条电弧焊的焊接工艺参数主要包括焊条直径、焊接电流、电弧电压、焊接速度、焊缝层数、热输入和预热温度等。

1) 焊条直径

焊条直径根据焊件厚度、焊接位置、接头形式、焊接层数等进行选择。

厚度较大的焊件，搭接头和 T 形接头的焊缝应选用直径较大的焊条。对于小坡口焊件，为了保证底层的熔透，宜采用较细直径的焊条，如打底焊时一般选用 $\phi2.5mm$ 或 $\phi3.2mm$ 焊条。不同的焊接位置，选用的焊条直径也不同，通常平焊时选用较粗的 $\phi4.0\sim5.0mm$ 的焊条，立焊和仰焊时选用 $\phi3.2\sim4.0mm$ 的焊条，横焊时选用 5.0mm 的焊条。对于特殊钢材，需要小工艺参数焊接时可选用小直径焊条。

2) 焊接电流

焊接电流是焊条电弧焊的主要工艺参数，焊工在操作过程中需要调节的只有焊接电流，而焊接速度和电弧电压都是由焊工控制的。焊接电流的选择直接影响着焊接质量和劳动生产率。焊接电流越大，熔深越大，焊条熔化快，焊接效率也高，但是焊接电流太大时，飞溅和烟雾大，焊条尾部易发红，部分涂层易失效或崩落，而且容易产生咬边、焊瘤、烧穿等缺陷，增大焊件变形，还会使接头热影响区晶粒粗大，焊接接头的韧性降低；焊接电流太小，则引弧困难，焊条容易粘连在工件上，电弧不稳定，易产生未焊透、未熔合、气孔和夹渣等缺陷，且生产率低。

因此，选择焊接电流时，应根据焊条类型、焊条直径、焊件厚度、接头形式、焊缝位置及焊接层数来综合考虑。首先应保证焊接质量，其次应尽量采用较大的电流，以提高生产效率。较厚板或 T 形接头和搭接头，在施焊环境温度低时，由于导热较快，所以焊接电流要大一些。

(1) 考虑焊条直径　焊条直径越粗，熔化焊条所需的热量越大，因此必须增大焊接电流。每种焊条都有一个最合适的电流范围。

当使用碳钢焊条焊接时，还可以根据选定的焊条直径，用下面的经验公式计算焊接电流：

$$I = DK$$

式中　I——焊接电流，A；

　　　D——焊条直径，mm；

　　　K——经验系数，mm/A。

焊条直径 $D(mm)$：1.6，2~2.5，3.2，4~5。

经验系数 $K(mm/A)$：20~25，25~30，30~40，40~50。

(2) 考虑焊接位置　在平焊位置焊接时，可选择偏大些的焊接电流；非平焊位置焊接时，为了易于控制焊缝成型，焊接电流比平焊位置小 10%~20%。

(3) 考虑焊接层次　通常焊接打底焊道时，为保证背面焊道的质量，使用的焊接电流较小；焊接填充焊道时，为提高效率，保证熔合好，使用较大的电流；焊接盖面焊道时，为防止咬边和保证焊道成型美观，使用的电流应稍小些。

焊接电流一般可根据焊条直径进行初步选择，焊接电流初步选定后，要经过试焊，检查焊缝成型和缺陷后才可确定。对于有力学性能要求的如锅炉、压力容器等重要结构，要经过焊接工艺评定合格以后，才能最后确定焊接电流等工艺参数。

3）电弧电压

当焊接电流调好以后，焊机的外特性曲线就确定了。实际上电弧电压主要是由电弧长度来决定的。电弧长，电弧电压高，反之则低。焊接过程中，电弧不宜过长，否则会出现电弧燃烧不稳定、飞溅大、熔深浅及产生咬边、气孔等缺陷；若电弧太短，容易粘焊条。一般情况下，电弧长度等于焊条直径的 0.5~1 倍为宜，相应的电弧电压为 16~25V。碱性焊条的电弧长度不超过焊条的直径，为焊条直径的一半较好，应尽可能地选择短弧焊；酸性焊条的电弧长度应等于焊条直径。

4）焊接速度

焊条电弧焊的焊接速度是指焊接过程中焊条沿焊接方向移动的速度，即单位时间内完成的焊缝长度。焊接速度过快会造成焊缝变窄，严重凸凹不平，容易产生咬边及焊缝波形变尖；焊接速度过慢会使焊缝变宽，余高增加，功效降低。焊接速度还直接决定着热输入量的大小，一般根据钢材的淬硬倾向来选择。

5）焊缝层数

厚板的焊接，一般要开坡口并采用多层焊或多层多道焊。多层焊和多层多道焊接头的显微组织较细，热影响区较窄。前一条焊道对后一条焊道起预热作用，而后一条焊道对前一条焊道起热处理作用。因此，接头的延性和韧性都比较好。特别是对于易淬火钢，后焊道对前焊道的回火作用，可改善接头组织和性能。

6）热输入

熔焊时，由焊接能源输入给单位长度焊缝上的热量称为热输入。其计算公式如下：

$$Q = \eta I U / v$$

式中　　Q——单位长度焊缝的热输入，J/cm；

　　　　I——焊接电流，A；

　　　　U——电弧电压，V；

　　　　v——焊接速度，cm/s；

　　　　η——热效率系数，焊条电弧焊为 0.7~0.8。

热输入对低碳钢焊接接头性能的影响不大，因此，对于低碳钢焊条电弧焊一般不规定热输入。对于低合金钢和不锈钢等钢种，热输入太大时，接头性能可能降低；热输入太小时，有的钢种焊接时可能会产生裂纹。因此，应由焊接工艺规定热输入。焊接电流和热输入规定之后，焊条电弧焊的电弧电压和焊接速度就间接地大致确定了。

一般要通过试验来确定既可不产生焊接裂纹又能保证接头性能合格的热输入范围。允许的热输入范围越大，越便于焊接操作。

7）预热温度

预热是焊接开始前对被焊工件的全部或局部进行适当加热的工艺措施。预热可以减小接头焊后冷却速度，避免产生淬硬组织，减小焊接应力及变形。它是防止产生裂纹的有效措施。对于刚性不大的低碳钢和强度级别较低的低合金高强钢的一般结构，一般不必预热。但对刚性大的或焊接性差的容易产生裂纹的结构，焊前需要预热。

预热温度根据母材的化学成分、焊件的性能、厚度、焊接接头的拘束程度和施焊环境温度以及有关产品的技术标准等条件综合考虑，重要的结构要经过裂纹试验确定不产生裂纹的最低预热温度。预热温度选得越高，防止裂纹产生的效果越好；但超过必需的预热温度，会使熔合区附近的金属晶粒粗化，降低焊接接头质量，劳动条件也将会更加恶化。整体预热通常用各种炉子加热。局部预热一般采用气体火焰加热、中频感应加热或红外线加热。预热温度常用表面温度计或色温笔测量。

8）后热与焊后热处理

焊后立即对焊件的全部（或局部）进行加热或保温，使其缓冷的工艺措施称为后热。后热的目的是避免形成硬脆组织，以及使扩散氢逸出焊缝表面，从而防止产生裂纹。

焊后为改善焊接接头的显微组织和性能，或消除焊接残余应力而进行的热处理称为焊后热处理。焊后热处理的主要作用是消除焊件的焊接残余应力，降低焊接区的硬度，促使扩散氢逸出，稳定组织及改善力学性能、高温性能等。因此，选择热处理温度时要根据钢材的性能、显微组织、接头的工作温度、结构形式、热处理目的来综合考虑，并通过显微金相和硬度试验来确定。

对于易产生脆断和延迟裂纹的重要结构、尺寸稳定性要求高的结构以及有应力腐蚀的结构，应考虑进行消除应力退火。对于锅炉、压力容器，则有专门的规程规定，厚度超过一定限度后要进行消除应力退火。消除应力退火必要时要经过试验确定。铬钼珠光体耐热钢焊后常常需要高温回火，以改善接头组织，消除焊接残余应力。

5.4.3 常见焊接缺陷危害性评价

通过资料调研，对各种焊接工艺容易产生的缺陷的危害性进行了详细的分类评价，各种类型缺陷的具体危害性评价结果见表5-2。

表5-2 常见焊接缺陷的危害性评价

序号	缺陷分类	缺陷类型	危害性评价
1	裂纹	焊缝中心纵向裂纹	对焊缝及结构件有极强的破坏性
2		横向裂纹	对焊缝有极强的破坏性
3		弧坑裂纹	易扩展导致结构破坏
4	熔合与未焊透	层间未熔合	焊缝有效截面积减少，强度降低
5		坡口边缘局部未焊透	降低接头强度
6		根部单边未焊透	未焊透处应力集中易成为裂纹源
7		根部未焊透	接头强度减弱，根部易成为裂纹
8	咬边错边	外表面咬边	表面易应力集中造成裂纹
9		根部咬边	根部易应力集中成为裂纹
10		错边	减小有效壁厚
11		内凹	焊缝有效截面积减少
12		烧穿	减少焊缝有效截面
13		根部透度过大	在管道中减少流通截面，影响流速，根部应力也过大
14		余高过高	表面应力较大，浪费材料

续表

序号	缺陷分类	缺陷类型	危害性评价
15	夹渣	夹渣	降低焊缝有效截面
16		条形气孔	减少焊缝有效截面，易成为泄漏点
17	气孔	密集气孔	一般在引熄弧处降低焊缝强度
18		单独气孔	焊缝强度有所降低

在大多数缺陷的产生上，手动焊和自动焊没有太大的差异。自动焊中最主要的缺陷是侧壁未熔合。在手工焊中也可能出现未熔合，但体积型缺陷更常见，如夹渣、空心焊道和气孔等。

5.5 无损探伤评价

5.5.1 概述

无损探伤标准主要用于射线探伤、磁粉探伤、渗透探伤和超声波探伤所探测出的缺陷，这些标准也可用于外观检验，无损探伤不能用于选择按做破坏性检验的焊缝。

以下对 API 1104《管道及附件焊接》第 9 章《无损探伤验收标准》进行介绍。

5.5.2 射线探伤

1. 无错边根部未焊透(IP)

无错边根部未焊透(IP)定义为焊道根部未完全填满，这种情况如图 5-1 所示。IP 在下列任何一种情况下将不被接受：

（1）IP 的单个长度超过 1in(25.4mm)。

（2）在任何连接的 12in(304.8mm)长的连续焊缝中，IP 的累计长度超过 1in(25.4mm)。

（3）在小于 12in(304.8mm)长的焊缝中，IP 的累计长度超过 8%。

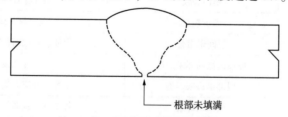

图 5-1 无错边根部未焊透

注：在根部的一边未填满或两边未填满。

2. 错边未焊透(IPD)

错边未焊透(IPD)定义为由于相邻的管子或管件的错边而引起的根部一边的显露或未联结状态，如图 5-2 所示。IPD 在下列任何一种情况下将不被接受：

（1）单个 IPD 的长度超过 2in(50.8mm)。

（2）在任何 12in(304.8mm)长的连续焊缝中，IPD 的累计长度超过 3in(76.2mm)。

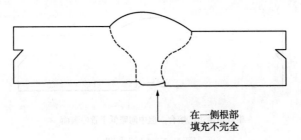

在一侧根部
填充不完全

图 5-2 错边未焊透

3. 表面未熔合(IF)

表面未熔合(IF)定义为在焊缝和母材之间形成的直到表面的间断,如图 5-3 所示。IF在下列任何一种情况下将不被接受:

(1) 单个 IF 的长度超过 1in(25.4mm)。

(2) 在任何 12in(304.8mm)长的连续焊缝中,IF 累计长度超过 1in(25.4mm)。

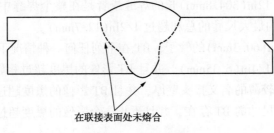

在联接表面处未熔合

图 5-3 表面未熔合

4. 夹层未熔合(IFD)

夹层未熔合(IFD)定义为在两个相邻的焊层之间或是在焊缝金属与母材之间未延伸到表面的间断,如图 5-4 所示。IFD 在下列任何一种情况下将不被接受:

(1) 单个 IFD 的长度超过 2in(50.8mm)。

(2) 在任何 12in(304.8mm)长的连续焊缝中,IFD 的累计长度超过 2in(50.8mm)。

(3) IFD 的累计长度超过焊缝长度的 8%。

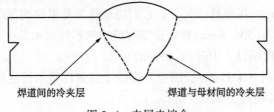

焊道间的冷夹层　　　　　焊道与母材间的冷夹层

图 5-4 夹层未熔合

5. 根部内凹(IC)

根部内凹(IC)定义为沿坡口两边完全熔透母材厚度,但焊缝中心低于母材,凹陷大小为管材表面延长线与焊缝最低点之间的垂直距离,如图 5-5 所示,其长度无论多少都可以被接受,内凹处射线图像黑度不能超过相邻的最薄母材,对于黑度超过相邻的最薄母材的区域将按烧穿进行评定。

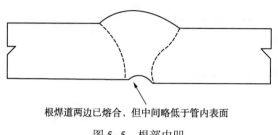

根焊道两边已熔合，但中间略低于管内表面

图 5-5　根部内凹

6. 烧穿(BT)

烧穿(BT)定义为由于根部焊道过分熔透引起熔池被吹入管内。

对于外径大于或等于 2⅜in(60.33mm)的管子，BT 在下列任何一种情况下将不被接受：

(1) 最大尺寸超过 1/4in(6.35mm)，并且 BT 影像的黑度超过相邻的最薄母材。

(2) 最大尺寸超过较薄者的名义接头壁厚，并且 BT 影像的黑度超过相邻的最薄母材。

(3) 在任何连续的 12in(304.8mm)长的焊缝或者是在整个焊缝中(较小者)，黑度超过相邻的最薄母材的 BT 的最大尺寸的总和超过 1/2in(12.7mm)。

对于外径小于 2⅜in(60.3mm)的管子，BT 在下列任何一种情况下将不被接受：

(1) 最大尺寸超过 1/4in(6.35mm)，并且 BT 影像的黑度超过相邻的最薄母材。

(2) 最大尺寸超过较薄的名义接头壁厚，并且 BT 影像的黑度超过相邻的最薄母材。

(3) 不止一个任何尺寸的 BT 存在，并且不止一个影像的黑度超过相邻的最薄母材。

7. 夹渣

夹渣定义为在焊缝金属或是在焊缝金属和母材金属之间的非金属固体包含物。条状夹渣(ESI)如持续或断续的夹渣或是焊道线，通常被发现在熔合区。点状夹渣(ISI)形状不规则而且存在于焊缝的任何地方。用于评定时，测量射线显示的夹渣尺寸将以显示的最大尺寸为准。

对于外径大于等于 2⅜in(60.33mm)的管子，夹渣在下列任何一种情况下将不被接受：

(1) ESI 的显示长度超过 2in(50.8mm)。

注：相距大约为根部焊道宽度的平行的 ESI 将被认为是一个显示，除非它们中有的宽度超过 1/32in(0.79mm)。在那种情况下，它们将被认为是单独的显示。

(2) ESI 在任何 12in(304.8mm)长的连续焊缝中的累计显示长度超过 2in(50.8mm)。

(3) ESI 的显示宽度超过 1/16in(1.59mm)。

(4) ISI 在任何 12in(304.8mm)长的连续焊缝中的累计显示长度超过 1/2in(12.7mm)。

(5) ISI 的显示宽度超过 1/8in(3.17mm)。

(6) 在 12in(304.8mm)长的连续焊缝中，最大显示宽度为 1/8in(3.17mm)的 ISI 超过 4 个。

(7) 在整个焊缝中，ESI、ISI 累计显示长度超过 8%。

对于外径小于 2⅜in(60.3mm)的管材，夹渣在下列任何一种情况下将不被接受：

(1) ESI 的显示长度超过 3 倍的接头中较薄的名义壁厚。

注：相距大约为根部焊道宽度的平行的 ESI 将被认为是一个显示，除非它们中有的宽

度超过 1/32in(0.79mm)。在那种情况下，它们将被认为是单独的显示。

（2）ESI 的显示宽度超过 1/16in(1.59mm)。

（3）ISI 的累计显示长度超过 2 倍的接头中较薄的名义壁厚，并且宽度超过接头中较薄的名义壁厚的一半。

（4）ESI、ISI 的累计显示长度超过整个焊缝的 8%。

8. 气孔

气孔定义为在气体脱离焊缝熔池而逃脱以前，被凝固的焊缝金属包围的状况。气孔通常为球形，但也可能是长条形或不规则形状，如管状气孔。测量由气孔引起的射线显示的尺寸时，最大的显示尺寸将被用来按照标准 9.3.9.2~9.3.9.4 进行评定。

单个或分散的气孔(P)在下列任何一种情况下将不被接受：

（1）单个气孔的尺寸超过 1/8in(3.17mm)。

（2）单个气孔的尺寸超过较薄的接头名义壁厚的 25%。

（3）分散气孔的分布超过图 5-6、图 5-7 中允许的集中程度。

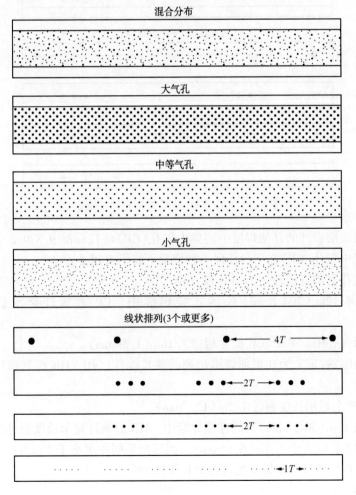

图 5-6　气孔分布(壁厚 *T* 小于 12.7mm)

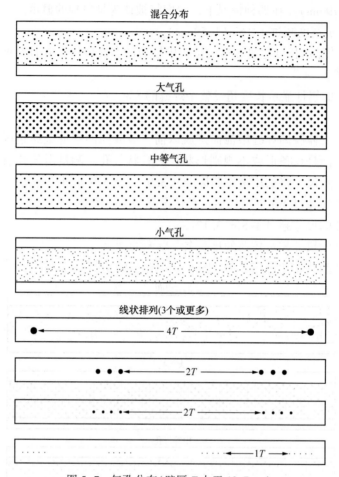

图 5-7　气孔分布(壁厚 T 大于 12.7mm)

出现在除盖面层以外的其他焊层中的集中气孔(CP)将按标准 9.3.9.2 进行评定。出现在盖面层中的集中气孔(CP)在下列任何一种情况下将不被接受:

(1) 密集气孔群的直径超过 1/2in(12.7mm)。

(2) 在任何 12in(304.8mm)长的连续焊缝中, CP 的累计显示长度超过 1/2in (12.7mm)。

(3) 在一组气孔中, 单个气孔尺寸超过 1/16in(1.59mm)。

底层气孔(HB)被定义为在根部焊道出现的狭长线性气孔。HB 在下列任何一种情况下将不被接受:

(1) HB 的单个显示长度超过 1/2in(12.7mm)。

(2) 在任何 12in(304.8mm)长的连续焊缝中, HB 的累计显示长度超过 2in(50.8mm)。

(3) 单个 HB 长度大于 1/4in(6.35mm), 而且相邻间距小于 2in(50.8mm)。

(4) 所有 HB 的显示长度累计超过焊缝长度的 8%。

9. 裂纹(C)

裂纹(C)在下列任何一种情况下将不被接受:

（1）除弧坑裂纹和星状裂纹以外任何位置和尺寸的裂纹。

（2）长度超过5/32in（3.96mm）的弧坑裂纹和星状裂纹。

注：弧坑裂纹和星状裂纹出现在焊道灭弧点，由凝固期间焊缝金属的收缩而引起。

10. 咬边

咬边定义为邻近焊缝根部或顶部的母材金属熔化后没有被焊缝金属填满而形成的沟槽。邻近顶部的咬边（EU）和根部的咬边（IU）在下列任何一种情况下将不被接受：

（1）EU、IU的累计长度在任何12in（304.8mm）长的连续焊缝中超过1in（25.4mm）。

（2）EU、IU的累计长度在任何情况下超过焊缝长度的1/6。

注：查看标准9.7采用目视和机械测量时关于咬边的接受标准。

11. 缺陷积累（不连续的）

不包括未焊透（错边引起的）和咬边，缺陷的累积在下列任何一种情况下都将不被接受：

（1）在任何12in（304.8mm）长的连续焊缝中，累计显示长度超过2in（50.8mm）。

（2）累计显示长度超过8%焊缝长度。

12. 管子和管件缺陷（不连续的）

电弧烧伤和长缝缺陷或其他的缺陷由探伤人员发现后将直接报告公司，缺陷的修补、清除将直接由企业负责。

5.5.3 超声波探伤

1. 信号分类

（1）超声波显示的迹象并不一定是缺陷，仪器显示波形的变化可归因于相接管端组对的错皮、管内径根部和外径表面的焊接应力的变化及内部坡口和超声波波形的转换。由于以上原因引起的波形变化可能类似于焊接缺陷所引起的波形变化，但并不表示可以接受。

（2）纵向显示被定义为焊缝长度方向的最大尺寸。典型的波形显示可能由下列典型缺陷引起，但并不限于此：无错边根部未焊透IP，错边未焊透IPD，双面焊根部未焊透ICP，表面未熔合IF，夹层未熔合IFD，条状夹渣ESI，裂纹C，邻近顶部的咬边EC和根部的咬边IU，底层气孔HB。

（3）横向显示被定义为焊缝宽度方向的最大尺寸。典型的波形显示可能由下列典型缺陷引起，但并不限于此：裂纹C，点状夹渣ISI，在焊道起弧和收弧处的夹层未熔合IFD。

（4）三维波形被定义为三维的显示，可能是由简单的或多种夹渣、针孔或气孔引起的，在焊道起弧和收弧处的针孔、气孔或小的夹渣可能在横向引起比纵向大的波形。典型的三维波形可能由下列几种缺陷引起，但并不限于此：背面凹陷IC，烧穿BT，点状夹渣ISI，气孔P和密集气孔CP。

（5）相关的显示是由于缺陷引起的，评判显示时应使用11.4.7给出的评判标准及9.6.2给出的验收标准。

注：当对缺陷有疑问时，可用其他无损探伤方法加以确认。

2. 验收标准

（1）如果缺陷确认是裂纹C不能接受。

（2）在内、外表面的线性显示裂纹以外的，下列任何一种情况都不能接受：

① 在任何连续的 12in(304.8mm)焊缝内，表面的线性显示的累计长度超过 1in(25.4mm)；

② 表面的线性显示的累计长度超过焊缝长度的 8%。

（3）非表面的内部线性显示除裂纹以外，下列任何一种情况都不能接受：

① 在任何连续的 12in(304.8mm)焊缝内，内部的线性显示的累计长度超过 2in(50.8mm)；

② 内部的线性显示的累计长度超过焊缝长度的 8%。

（4）除裂纹外的横向显示应按三维显示来评判，并在报告中说明。

（5）密集型显示的最大尺寸超过 1/2in(12.7mm)时不能接受。

（6）单个显示的长度和宽度都超过 1/4in(6.35mm)时不能接受。

（7）根部显示在内表面时，下列任何一种情况都不能接受：

① 根部显示的最大尺寸超过 1/4in(6.35mm)；

② 在任何连续的 12in(304.8mm)焊缝内，根部显示的累计长度超过 1/2in(12.7mm)。

（8）各种相关显示，下列任何一种情况都不能接受：

① 在任何连续的 12in(304.8mm)焊缝内，高于评价标准的累计长度超过 2in(50.8mm)；

② 高于评价标准的累计长度超过焊缝长度的 8%。

3. 超声波检验程序

最基本的焊缝超声波检验程序应包括下列细节：

（1）检测焊缝的类型、接点尺寸和焊接工艺；

（2）材料类型（即尺寸、级别、厚度等，按 API 5L 加工）；

（3）表面扫查准备/工件条件；

（4）检验阶段的做法；

（5）超声波仪器/系统和探头（即制造厂、类型和尺寸等）；

（6）自动或手动；

（7）耦合剂；

（8）检测工艺；

（9）折射角；

（10）频率；

（11）温度和范围；

（12）扫查方式和速度；

（13）参考数据和位置（即根部和周边位置）；

（14）参考标准：生产材料（试件）参考标准试块和所有参考反射体的平面和剖面图形的详细草图；

（15）校准要求：仪器或系统校准间隔时间的要求，焊接前设备顺序的校验，包括所有标准试块使用、参考灵敏度试块的使用等；

（16）扫查基准：灵敏度对于扫查时 DB 值的调整；

（17）基准位置：判定时扫查中缺陷回波的高度和位置是有要求的，而且灵敏度的调整是在合格与否之前就已经确定的；

（18）记录结果：记录形式（即草图、打印和压缩盘等），这些情况的记录仅仅是对不被接受的缺陷而言；

（19）超声波检验报告：检验报告格式。

4. API 灵敏度标定

从现场管线上截取一段管子，在这段管子上加工一个 N10 槽（见图 5-8），手动超声波检验灵敏度就是按照这个槽的 2 个或 3 个点建立起参考线（DAC 或 TCG 曲线），DAC/TCG 曲线的最高点不能少于满屏的 80%。参考标准也将被用于确定被检管材中的实际声速、折射角和声程。当管材来自不同的生产厂家时，其化学成分不同、壁厚不同、直径不同，用两个角度相同、频率相同的探头串列在一起（见图 5-9）就可测得它们的声速和折射角。对于不同的管材，其声速、折射角和声程有差别时，将单独制作参考标准。

对于自动超声波和业主对手动超声波有要求时，将在被检管材上机加工平底孔用来校正反射体，内表面和外表面的 N10 槽也是用来校正反射体的，每一个平底孔的直径应该大于等于每一层填充焊肉的厚度，每一个孔的平底反射面应做成一样的位置和角度，按照焊接程序的要求为每一道焊缝填充做准备。此外，平面反射体或平底孔将位于焊缝中心线位置且平底反射面垂直于焊缝，所有的反射体应相隔一定的空间，防止一个声束打在两个反射体上。

对于新开工项目，要从现场管线上取样，保证用于制作参考标准的管件在级别、直径上与现场管线一致，转换技术将采用角度和频率一样的探头来确定实际的声程、实际的折射角以及在材料中的衰减度（见图 5-10）。

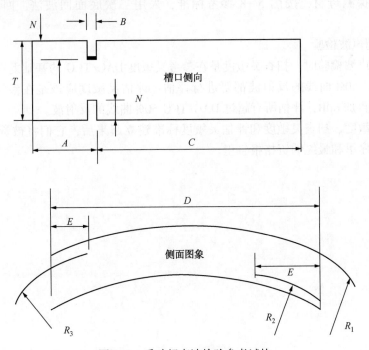

图 5-8　手动超声波检验参考试块

T—标定管子壁厚；N—槽深=10%T±10%槽深；A—最小长度 2in(50.8mm)；B—槽宽最大 0.125in(3.2mm)；

C—最小长度=11.35T+2in；D—最小宽度 3.1in(78.7mm)；E—最小槽长 1in(25.4mm)；

R_1—管子外半径；R_2—槽内侧半径=R_1-0.9T；R_3—槽外侧半径=R_1-0.1T；

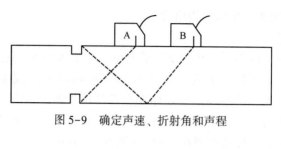

图 5-9　确定声速、折射角和声程

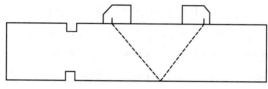

图 5-10　反射过程

5. 母材超声波检验

环焊缝焊接完成后，在做超声波之前，用直探头探测母材两侧（最小距离 = 1.25×最长的表面扫查距离），所发现的反射波都应记录在检验报告上（距离焊缝边沿的位置和距离）。

1）母材超声波检验

用直探头探测母材，按图 5-8 参考标准，采用二次底面回波法，回波至调到满屏的 80%。

2）手动超声波检验

做手动超声波检验时，扫查灵敏度是在参考灵敏度 DAC/TCG 的基础上再加 6dB，所有超过 DAC/TCG 50%曲线的反射波都要进行评估。评估灵敏度应该是在参考灵敏度 DAC/TCG 的基础上再加 6dB，评估所有超过 DAC/TCG 50%曲线的反射波。

在参考灵敏度、扫查灵敏度和评估灵敏度标准建立起来后，它们将被资格认证，然后加入最终的程序里和最终的资格报告里。

第6章 管道完整性评价技术

6.1 管道系统完整性评价关键技术

管道系统完整性评价是针对管道完整性,采用先进、适用的技术方法,最大限度地获取管道完整性的信息,通过物理建模和仿真,对管道运行安全状态、管道系统可靠性、含缺陷管道的安全性等进行评价,突出目前管道安全性的判断和未来状态的预测。

管道系统完整性评价技术包括线路完整性评价技术和场站完整性评价技术。线路完整性评价技术体系主要包括基线评价、试压评价、缺陷适用性评价、复杂地点的管道评价、管道运行安全评价、ECDA直接评估技术、ICDA评估技术。场站完整性评价技术体系主要包括站场静设备泄漏及可靠性评估、动设备状态监测与故障诊断评估,具体包括场站风险评价技术和场站腐蚀检测与防护评价、场站运行状态安全评价等。

本节重点阐述了复杂地区地段完整性评价技术进展与应用,如并行管道完整性评价应用、应力腐蚀评估技术、地区等级安全性评价、高钢级大口径全尺寸管道气体爆破试验完整性评价技术等的最新研究成果和进展;场站方面重点阐述了场站工艺管线综合检测技术、阀门磨损与寿命分析技术、压缩机故障监测与诊断技术等的进展和成果。提出了目前管道完整性评价领域面临的问题,系统分析了该领域需要进一步深化的工作方向。

鉴于国内目前管道完整性评价技术的开发与应用还处于初始阶段,因此选择合理的评价技术将是中国管道行业目前面临的一项重要任务,对于及时发现管道及设备设施中存在的潜在问题,保障管道安全运行具有重要意义。

6.1.1 线路完整性评价技术

1. 线路完整性评价技术体系

线路完整性评价技术体系包括管道内检测及基线评价、管道试压评价、管道直接评估(管道外腐蚀直接评估、管道内腐蚀直接评估、管道应力腐蚀直接评估),通过上述评价方法的使用,获取管道系统数据,进一步开展管道剩余强度评价和管道剩余寿命预测,进行缺陷发展的敏感性预测分析。另外需对管道运行状况、环境状况、自然灾害状况对管道造成的影响进行评价,确定管道的安全性和可靠性(见图6-1)。关于线路完整性评价技术体系中涉及的技术内容,国内外专家学者已在国内外出版物中多次发表,这里不再赘述。以下仅就目前过国内外仍存在争议和空白的问题进行阐述。

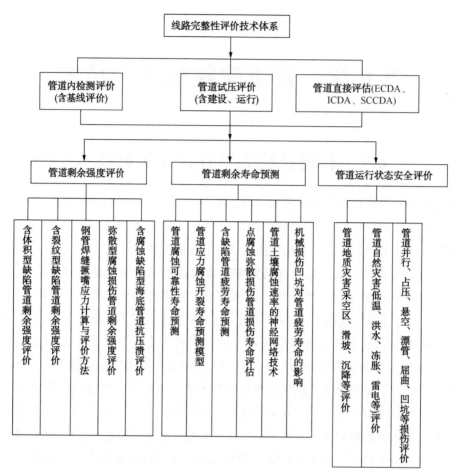

图 6-1　线路完整性评价技术体系框架

2. 并行管道安全评价进展

1）面临的问题

管道运输是陆地输送天然气的主要方式。我国中西部地区地形复杂，管道走廊用地紧张，多条管道不可避免地需要并行敷设，而且在以后的管道建设中，并行敷设管段还要增加。因此，解决并行管道建设、生产运行等方面面临的问题，及时开展风险评价是非常必要的。

2）研究进展

埋地管道不同于地上管道，其发生失效后泄漏引发管道爆炸的概率远低于地上管道。但由于土壤对爆炸空间的限定，埋地管道发生爆炸后，爆轰现象形成的冲击波受到土壤持续反射作用，冲击波超压迅速上升，比地上管道爆炸产生的冲击波超压高一个数量级。但由于土壤对冲击波压力和冲量的传递比空气慢，因此冲击波对并行管线的破坏是一个缓慢的过程。随着并行间距的增加，爆炸能量逐渐被土壤吸收，冲击波对并行管线的破坏能力也迅速下降。因此，埋地管道爆炸与地上管道爆炸相比，其对并行管线的破坏程度、作用时间、变形规律存在很大差异。

国内有关设计标准规定了管道并行间距为 6m，并行管道的间距是否符合风险后果的要求，需要建立分析模型和力学仿真得到。

目前通过对管道泄漏工况的分析，模拟管道爆炸初始 TNT 爆炸当量，采用 ANSYS-Autodyn 软件对管道爆炸冲击进行数值模拟，结合 1016mm 管道敷设工况，确定物理模型参数，分析不同并行间距下埋地天然气爆炸对并行管道的冲击破坏效应，提出并行管道安全间距，确定其合理范围，同时评价一条管道发生失效时对另一条管道的影响。经过计算分析得出重要结论，为保证埋地并行管线的稳定运行，其敷设间距必须大于 8m。若敷设环境特殊，如并行间距小于 6m，则必须在两个管道之间设置防护板，隔离两管道间的土壤变形。

3. 应力腐蚀直接评估（SCCDA）

1）背景

埋地管道的应力腐蚀开裂是高压大口径管道面临的重大风险，目前国内还没有在高钢级管道上发生的，但北美油气管道曾发生过多次应力腐蚀开裂，造成巨大的经济损失。应力腐蚀直接评估（SCCDA）可确定未来可能出现应力腐蚀开裂的部位，同时明确应力腐蚀已存在的部位和重点管段，对管道完整性管理非常重要。

SCCDA 是一种提高管道安全性的方法，其主要目的是对外部管道应力腐蚀开裂状况通过监测、减缓、记录和报告等手段，减小它们的风险。SCCDA 法与其他检测方法如管内检测（In-Line Inspection，ILI）和液体静力学试压等是互补的，而不是一种替代的方法，它与其他直接评价方法，如内部腐蚀直接评价法（ICDA）也是互补的。

2）研究结论

研究表明，符合下列全部要素的管道部位被认为是易出现高 pH 值应力腐蚀开裂的管段：

（1）工作压力超过规定的最小屈服强度（SMYS）60%。

（2）工作温度超过 38℃。

（3）管段向下游与压力站的距离小于 32km。

（4）管龄超过 10 年。

（5）不属于熔结型环氧类型的管道防腐层。

选择潜在易出现管道应力开裂的管段时，把下游距压气站近的压力波动位置看作是因素之一，目前没有针对近中性 pH 值应力腐蚀开裂的处理标准，除了温度要素以外，其他要素和标准也可用于对近中性 pH 值应力腐蚀开裂评价的管段选择。

目前研究方向主要是针对潜在易出现 SCC 开裂管段，确定风险次序、研究潜在易出现开裂管段内的挖掘部位的选择、开挖地点的确认、管道开挖地点的勘察、开挖地点的数据收集以及后续数据分析等，提出管道应力腐蚀开裂完整性管理方案。

4. 地区等级升级地区的安全评估进展

1）面临的问题

当前，我国正处于社会、经济高速发展阶段，城乡建设发展很快，这使得许多在役管道沿线在管道建设时期人口稀少的地区，已发展成为人口密集地区，甚至成为人口稠密的城市中心区域，即管道沿线的地区级别发生了变化。如建于 20 世纪 70 年代东北八三管道，在管道建设时期属人口稀少的地区，现在已变成人口稠密的市区中心地带，按照管道沿线地区分类，人口稀少的地区为一级地区，市区中心地带为四级地区，属于高风险区域。一些管道由于占压等情况也使管道地区级别发生变化，如四川油气田管线占压隐患多达数千处，其中以厂房、住宅、道路占压最为突出；东北管网铁大线 252~256 号桩管道穿越盖州市区。以上情况说明，管道沿线地区级别升级的情况越来越多，对在役管道的安全管理提出了挑战，必须采取风险控制措施，应对地区升级带来的一系列的问题。

2）研究进展

目前有关学者研究分析了国内外地区等级划分的不同要求及其适用性，已建立了管道地区等级升级的评估理论方法。利用等风险理论，评估采取相关措施前后，地区等级升级变化前后的风险变化，建立了模型，计算了输气管道地区等级升级后的风险因素和事故后果分析，包括地区等级升级地区的管道老化和失效频率研究、管道失效后果和危害范围研究，编制了《在役管道地区等级升级后风险评价与管理方法》标准。

开展了地区等级升级后的管道运行的关键技术参数研究，包括：①相关标准和相关法律法规管理要求研究；②降低压力测试等级的要求；③结合失效危害范围，确定可接受的设计和试压系数研究。

开展了地区等级升级后的管道风险消减策略和措施，具体研究了增加壁厚、增加埋深、增加混凝土防护、增加管道标识、埋设警示带、巡检方法、公共宣传方式等措施的效果和适用性。

建立了管道周边爆破对管道的影响的评价方法研究，包括：①提出了典型地质条件下，不同爆破药品的爆破振动在地层中传播规律的预测方法；②提出了典型地质条件下，爆破振动与管线之间相互作用，及其特征化；③提出了管线在爆破振动作用下的损害方式；④提出了管线在爆破振动作用下安全运行的安保措施规范。

5. 高钢级大口径全尺寸管道气体爆破试验完整性评价技术

1）需求分析

高强度钢 X70 钢级以上管材已在管道建设中大规模应用，在很多区域将出现多条管道并行敷设、联合运行的局面。目前国内 X80、X90、X100 管材的研究与应用已处于全球领先地位，高强度管材的大规模应用为国内产业发展、升级和经济转型带来前所未有的机遇和挑战，引领世界管道行业的发展，这些方面都是积极的，但是高钢级管材的大规模应用也带来了风险，管道轧制、焊接和铺设工艺中形成的微小缺陷在内部高压气体的作用下发生扩展可能导致输气管线开裂，防止裂纹在管道上进行快速扩展是防灾减灾的生命线工程。同时随着钢材韧性的增加，管道的破坏也由脆性破坏研究转为韧性研究，工程中要得到管道实际工况下的真实参数，必须要通过全尺寸管道爆破试验。

由于目前世界范围内 X80 级以上钢材使用还很少，其长期使用的效果和力学性能变化还没有掌握，安全性受到挑战，在研发过程中缺乏实物爆破性能参数，特别是含缺陷管道爆破的性能参数，国内目前还没有大型管道爆破评价试验场，缺乏实物爆破研究实例，系统分析管道的风险缺乏爆破试验的数据支持。目前已知的实验数据来源有意大利 CSM 试验场的钢制管道试验场、英国 SPIANDAM 管道爆炸试验中心以及美国西南研究院的管道全尺寸实验、加拿大-美国联盟管道和日本 HLP 全尺寸试验。

2）研究结论

针对国内目前试验技术的现状，充分借鉴国外管道全尺寸爆破试验场的使用情况，研究了高钢级大口径高压气体管道爆破试验场的功能，分析了各类试验所需要的测试参数，提出了与其他石油设施共用的功能点。试验场可进行如下实验：全尺寸管道爆炸综合性实验、管道外部涂料、防腐层破坏性实验、汽油罐抗火焰喷射实验、海洋平台或采油船燃烧实验、海洋平台消防系统实验、管道全尺寸承压能力实验以及储罐罐体的抗火灾性能实验。全尺寸管道试验场的建设，必将有利于管道完整性评价技术的发展，提高管道本质安全。

6.1.2　站场完整性评价技术

1. 站场完整性评价技术体系

站场完整性评价技术着重从动设备和静设备两个方面开展评价，包括站场静设备的泄漏和可靠性评价、动设备监测与故障诊断评价技术，具体包括站场腐蚀监测与防护、场站安全运行状态评价及场站风险、可靠性评价。这些技术的应用，主要是通过风险评价技术和风险排序方法，找出高风险点，再进行站场腐蚀监测、检测，对所有数据进行安全评价，确定优先修复的点，削减风险，如图 6-2 所示。

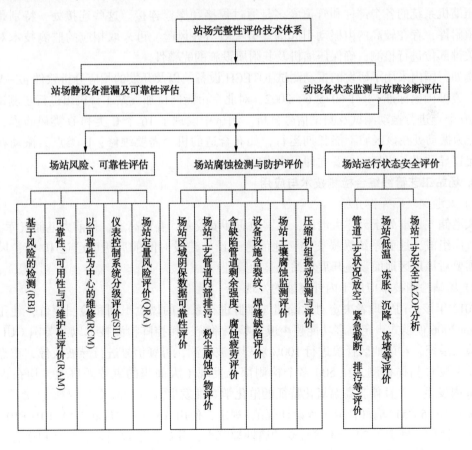

图 6-2　场站完整性评价技术体系框架

2. 站场风险、可靠性评估技术的选择

站场完整性管理是一个持续循环和不断改进的过程。应根据不同的资产类型和状态，采用系统的风险、可靠性评估技术。

具体选择如下：HAZOP 分析，通过对整个站场的因果分析来确定新的或者已有的工程方案、设备操作和功能实现的危险，主要用于新建站场和工艺变更较大的场站；站内管线与所有承压静设备，采用基于风险的检验（RBI）技术，建立检验计划，预防风险的发生；储罐主要采用基于风险的检验（AST RBI）技术，建立检验计划，预防风险的发生；压缩机、泵、电机等转动设备以及静设备维护，采用以可靠性为中心的维护（RCM）技术，建立预防性的主动维护策略，防止风险的发生；保护装置、安全控制系统，采用安全完整性等级评价（SIL）技术，建立测试计划，减缓风险发生的程度；定量风险评价（QRA）的方法不是简单地设置防护带，而是采用系统的风险分析来识别危害性站场设施潜在的危害。定量描述事故发生的可能性和后果（如损失、伤亡等），计算总的风险水平，评价风险的可接受性，对站场设施的设计和运行操作进行修改或完善，从而更加科学有效地减少重大危害产生的影响。

3. 大型压缩机系统的关键部位监测技术进展

压缩机系统的各个部件和管道大多是通过焊接和螺栓连接。这些连接处，特别是配管及管道附件，存在较高的由振动引起的疲劳失效潜在风险，可采取相应的监测技术对压缩机的关键部位进行检测，确保压缩机及其附属设施的完整性。

例如，国内采用了研发的振动测试 IOTECH 设备，以及开发的相应分析软件 eZ-Analyst 软件，遵循国家标准 GB/T 6075.6—2002，对北京市衙门口加气站 4 台机组进行了测试，选取了 20 个点进行振动测试及测试信号分析。测试中发现了 16 个 C 类和 D 类风险点，其中 C 类点为振动处在该区域不能长期运行，如有合适的机会需要维修；D 类点为振动在该区域处足以导致设备损坏，需要立即采取措施。

4. 场站工艺管线综合检测技术与应用

1）大港储气库库群介绍

大港储气库群处于天津大港区，土壤地质环境较差，腐蚀高发，目前大港储气库群由 6 座储气库组成，地面系统纵横交错，地面管道设施建设时间前后跨度已达 10 年，风险极大，需要对该地区地面设施开展场站完整性管理。

2）场站检测技术应用于内外腐蚀的发现

2012 年该公司管理者决定对大港储气库群进行系统的风险识别和检测评价，使用以色列 Isonic2006 便携式声定位多功能超声成像检测系统、相控阵检测技术以及英国 GUL 超声导波检测系统，对该地区管段进行 100% 短程导波检测，可疑信号进行导波成像，重点区域进行超声波 C 扫描检测，在 500 多个检测部位发现了大面积的氧浓差腐蚀，均在入地端 500mm 内发生，并且伴有高温氧化特征的电化学腐蚀发生。

按照 GB 50251《输气管道工程设计规范》规定，使用 ANSYS 软件和 DNV RP-F101 标准进行缺陷评价，确定了 24 个不可接受的腐蚀缺陷点，并进行了缺陷补强修复和换管，确定了 174 处防腐层破损点，使用了抗高温涂层材料在高温湿热环境下进行防腐层补伤，在含水、腐蚀环境复杂的部位使用了黏弹体进行防腐层修复。

通过场站完整性管理的防腐有效性专项管理，保障了站场工艺管线的安全，消除了隐患，效果明显。

5. 输气管道阀门磨损与寿命预测技术研究

1）存在的问题

输气管道阀门的安全可靠性非常重要，清晰地了解管道气质情况与侵蚀过程之间的关系，可以有效地提高控制阀门的完整性，防止阀门蚀穿，解决与潜在爆炸相关的安全、健康问题。管道运行期间，经常发生由于管道内粉尘和建设期遗留物高速冲击，造成阀门损坏的事故。基于上述的阀门损坏因素，开展了阀门冲蚀磨损研究，测试了阀门不同部位侵蚀的数据，并在维修期间，建立了阀门维护数据库，提出了阀门磨损的抑制措施，主要是采取在生产运行参数调整和工况调整两个方面做好阀门的运行管理工作，在生产中发挥重要作用。

2）研究进展

基于阀门的冲蚀问题，开展了基于冲蚀机理、实验室试验和现场应用的研究工作。具体内容如下：

（1）分析了各种阀门损坏的实例；

（2）实验室测定阀门使用的不同材料的冲蚀速率；

（3）调整阀门开度，实验室测定侵蚀量与粉尘冲击管道的角度、速度；

（4）通过阀门检维修，现场测定冲蚀速率；

（5）通过建模分析预测侵蚀速率、受侵蚀表面的形状以及侵蚀形式确定输气管道阀门的材料选择。

3）研究成果

已建立了阀门冲蚀失效数据库，为阀门的寿命预测打下了坚实基础；设计了专用测试设备，测试了用来制造阀门的多种材料，数据可靠，符合现场情况；基于理论研究和实验室测试，提出了消减阀门冲蚀的措施，如调整阀门开度、增加清管频次等，有效降低了冲蚀事故的发生。

6.1.3　目前完整性评价技术应用的主要问题

1. 管道资产不断增加与完整性评价技术发展不匹配

中国石油所属管道公司在"十二五"期间管道总量增加迅猛，达到 12 万公里，在应对资产维护管理方面，完整性管理还没有真正将风险与资源有机结合，即缺乏根据完整性风险评价的结果实现维护维修费用的合理分配，并成为公司未来可持续发展的重要内容。

2. 各类检测技术的选择缺乏与实际相结合

在完整性检测技术的选择和应用方面，目前还没有根据运营各阶段管道存在的典型风险进行规划，选择管道内检测技术缺乏依据，同时对国内外管道内检测技术的了解还不深入，需要进一步研究内检测基线检测、再检测的风险管控模式。

3. 完整性管理的风险意识还很薄弱

管道完整性管理虽然在我国引进多年，但其发展不平衡，特别是各运营企业基层单位对完整性管理内容还没有很好地掌握，风险意识还没有完全建立起来，缺乏对设备、设施、管道等面临风险的深刻认识，缺乏有效的预防性管控手段，主观认识仍然停留在事后管理的层面上。

4. 风险评价手段不系统

各专业完整性管理方面，缺乏管理细节控制措施。风险分析评价手段没有系统化，国外管道公司针对风险采取了 127 个要素的整合分析，有系统的软件支持，而我国管道企业仅对单项风险进行评价，没有开展系统整合的风险评价；评价技术存在差距，在管道风险评价技术方面，一是风险评价技术不统一，缺乏整合，二是个别设备还没有建立风险识别与评价方法，三是部分设备缺乏可量化及可控的指标。

5. 完整性评价技术的应用缺乏审核和监督

各所属企业的基层单位资产完整性管理执行情况缺乏有效监督和检查。在管道完整性管理和场站完整性管理的体系文件执行方面，各级管理部门在日常检查时缺乏系统性，针对资产完整性的风险识别、评价以及削减缺乏跟踪和有效管理。

6. 管道场站设备数据收集和分析还不深入，统计分析缺乏手段

主要是对于资产管理中的失效分析、备品备件安全库存以及设备故障处理、预防性维护、标准作业计划等在系统中实现还有很多差距，需要各部门提出解决的需求，通过信息系统开展设备预防维护、故障分析模块、压缩机统计分析、单机备品备件，缩小资产维护维修历史数据方面存在差距。

7. 设备变更管理是短板

在设备变更管理方面，目前缺乏统一的规定，没有在文件中规定变更中的各个要素实现变更的途径，需进一步在文件中明确。实现手段：可在 ERP 系统中变更设备数据，在设备管理系统中变更流程，在 GIS 系统中变更线路数据，在档案室资料中变更竣工资料，在运行站场、管理单位变更图纸。

8. GIS 系统的建设与发展极不匹配

大多数管道公司的影像数据、基础数据还没有建立统一的数据库，没有做到与桩号匹配，影响应急管理、完整性管理，一旦发生事故难于决策；大多数管道公司数据已多年沉淀，没有很好地梳理，一旦丢失无法补充；大多数管道公司没有开展建设期、运营期数据的回复和匹配，由于建设期标段号、设计桩号和竣工桩号的差异以及数据填报等问题，竣工数据往往不能很好地利用。

6.1.4　技术发展

基于完整性评价技术的重要性，仍然有大量的工作要开展，需要从以下几个方面开展工作。

1. 强化完整性评价技术文件管理

完整性管理部门应及时对体系文件全面进行梳理，理清职责，确定四级管理职责，即完整性管理牵头部门、各专业完整性管理部门、管理处分公司、站队等四个层级职责，细化资产完整性管理部门、管道线路完整性管理部门、压缩机完整性管理部门、储气库完整性管理部门的职责，重点针对完整性评价的流程、技术要点、决策评价等作出规定。

2. 深化应用信息技术手段，满足完整性评价的需求

强化场站设备失效故障统计分析，提高场站完整性评价水平，手段就是通过深化 ERP

系统的设备模块分析统计功能，建立设备设施失效数据库，开展设备数据的故障统计分析。

3. 加强数据管理，为完整性评价提供数据支持

强化数据整合和入库工作，将竣工数据与地理信息数据、管道属性数据整合，保障管道数据准确性，使各类数据能够分类、分功能入库，为运行管理、应急管理、完整性管理与评价提供决策支持。

4. 深化完整性评价技术的应用

要深化内检测技术和数据的应用，对于已经开展第二次检测的管道，进行前后检测的数据对比分析，全面掌控管道缺陷发展情况，并对检测数据及时入库，开展管道完整性的动态管理；要深化 ECDA 评估技术的应用，管道处要对 ECDA 实施、区域阴极保护实施情况进行全面检查，对照审核报告查找不足；要研究矩阵式风险管控，将站场、作业区定义为矩阵模式，进行重点区域、重点段的风险管控，并制定相关措施和手段；要加强残余应力检测新技术引进和应用，推进残余应力的早发现和早识别；要进一步深化场站管道检测、评价技术的应用，在分离器裂纹失效预防方面，开展声发射检测技术的应用，全面开展基于风险的检测(RBI)工作，开展基于风险的检测管理，按照 RBI 分析结果，推进基于风险的检测模式。

5. 加强线路、场站完整性评价和风险管控

各级完整性管理部门要梳理建立一套统一的场站设备、管道风险识别和评价、控制措施的方法，满足生产需求，针对设备设施明确各级风险管控职责；管道线路管理及运维部门应分别针对各自管辖范围，制定线路风险识别和评价的有效办法，包括本体风险评价、腐蚀与防护风险评价、地质灾害风险评价、第三方破坏风险评价，需要确定量化的风险可接受指标；场站管理部门应针对场站每一台套的设备的风险识别、评价办法、管控措施，制定风险控制对策；应进一步明确 HAZOP、SIL、QRA、RBI 技术的使用范围和条件，确定各种复杂的设备类型，阀门、容器、压缩机、分离器、计量调压装置使用的风险识别和评价技术，规范失效模式、后果分析、事故隐患处理、安全检查等方法。

压缩机管理及运维部门应针对压缩机设备及配套系统的风险，制定每一单体及部件风险识别、评价办法、管控措施，同时考虑压缩机单机核算、备品备件的优化；储气库管理或运行部门应根据井口和地下设施的特点，制定井口和井下设施的风险识别、评价办法、管控措施。

6. 做好完整性管理的审核，重点开展完整性评价技术应用的审核

开展内部审核工作，内部审核是确保完整性管理体系运行的重要环节，是完整性管理体系持续改进的重要依据，要不断完善完整性管理内审体系，按照国际标准和完整性管理审核要求开展完整性管理内审，要重点针对完整性管理的风险控制核心技术开展审核，特别是加强对完整性评价技术应用的审核。

7. 做好完整性管理体系文件更新工作，重点完善完整性评价技术的应用

完整性管理涉及的体系文件较多，必须不断更新，把先进的技术手段和方法及时转化为文件，持续改进文件，并且不断查找漏洞，做好体系文件的维护，特别是完整性评价技术的应用周期、使用条件、执行审核和检查情况等。

8. 夯实完整性评价技术的支撑作用

通过引进吸收先进的完整性管理支持技术，全面与现场实际情况结合，积极开展管

道设备设施的预防性检测和测试，找出危及管道系统安全的关键风险因素，开发利用好先进的检测技术和设备资源；要积极开展计划内的管道内检测、站场工艺管道的超声导波检测、管道防腐层状态检测，采取有效措施控制并消除杂散电流的干扰，强化设备设施的完整性管理，定期开展管道腐蚀直接评价（ECDA）；加强站场、阀室工艺管道的沉降监测和关键点壁厚监测；要不断强化完整性评价技术支持手段，进一步完善提高高钢级管道缺陷评价和风险评价的技术条件，积极地利用管道缺陷使用性评价、管道周边环境变化及施工作业影响评价及风险评价所需的软、硬件，做到"专业化、科学化的隐患发现"，能够采取科学的技术方法对所有危及管道安全的风险因素开展评价分析，对其未来发展趋势作出预测；要重点针对地区等级升级地区的措施进行评价，采用等风险理论对管道地区等级升级地区进行管控，实现所有危及管道系统安全的风险因素及其发展趋势处于已知、可控的状态。

6.2　管道内检测评价

6.2.1　内检测器类型

管道内检测评价（ILI）技术是一种用来确定管道内危险迹象的位置，初步描述危险迹象特征的完整性评价方法。内检测的有效性取决于所检测管段的状况和内检测器与检测要求的匹配性。下面介绍针对特定危险的内检测器的分类和应用。

1. 用于内、外腐蚀危险的金属损失检测器

管道金属损失主要采用漏磁式（MFL）管道检测设备来检测。漏磁式管道检测设备的工作原理是利用自身携带的磁铁，在管壁全圆周上产生一个纵向磁回路场。如果管壁没有缺陷，则磁力线圉于管壁之内，均匀分布。如果管内壁或外壁有缺陷，则磁通路变窄，磁力线发生变形，部分磁力线还将穿出管壁之外而产生所谓漏磁。漏磁场被位于两磁极之间的、紧贴管壁的探头检测到，并产生相应的感应信号，这些信号经过滤波、放大、模数转换等处理后被记录到检测器的海量存储器中，检测完成后，再通过专用软件对数据进行回放处理、识别判断。

漏磁技术可检测出腐蚀或擦伤造成的管道金属损失缺陷，甚至能够测量到那些不足以威胁管道结构完整性的小缺陷（硬斑点、毛刺、结疤、夹杂物和各种其他异常和缺陷），偶尔也可检测到裂纹缺陷、凹痕和起皱。漏磁技术应用相对较为简单，对检测环境的要求不高，具有很高的可信度，而且可兼用于输油和输气管道。目前，磁漏检测技术被广泛地应用在长输管道、油田集输管网、炼厂管网、城市管网和海底管线的检测上。

但对于浅、长且窄的金属损失缺陷，漏磁信号则难以检测出来。检测精度也受多种因素影响。常规漏磁检测器的磁铁方向是沿管道的主轴方向，缺陷产生的磁通扰动较小，因此在探测轴向缺陷方向的精度较差，通过把磁铁方向或磁力线方向调整为绕管道轴向，增大缺陷对磁通的切面积，可增加对轴向缺陷的检测精度。在对管道进行检测时，要求管壁达到完全磁性饱和，因此测试精度与管壁厚度有关，厚度越大，精度越低，其使用的壁厚范围通常在12mm以下。

对于这类危险可选用以下几种工具进行检测，其检测效果受到检测器本身设计技术的限制：

（1）一般分辨率漏磁检测器　电子探头和通道数较少，一般少于80个通道，缺陷尺寸的检测精度受传感器尺寸的限制，对于孔眼、裂纹等特定的金相缺陷很敏感。除金属损失外，对大多数其他类型的缺陷，检测或尺寸测定精度会降低，对轴向直线金属损失缺陷的检测或尺寸测定也不敏感。如果检测速度高，会降低尺寸测定的精度。

（2）高分辨率漏磁检测器　电子探头和通道数较多，一般不少于200个通道，对尺寸的检测精度比一般分辨率漏磁检测器高。对几何形状简单的缺陷，尺寸的检测精度更高。在有点蚀、或缺陷几何形状复杂的区域，尺寸的检测精度会降低。除检测金属损失外，还可检测其他类型的缺陷，但检测能力会随缺陷几何形状和特征的变化而不同。一般对轴向排列缺陷的检测不可靠。如果检测速度高，会降低尺寸测定的精度。

（3）超声直波检测器　通常需用一种液体耦合剂。如果反馈信号丢失，则无法检测到缺陷及其尺寸。在地形起伏较大和弯头处的缺陷及缺陷被夹层掩盖的情况下，容易丢失反馈信息。这类检测器对管子内壁堆积物和沉积物较为敏感。如果检测速度高，会降低尺寸测定的精度。

（4）超声横波检测器　需用一种液体耦合剂或一个轮耦合系统。对缺陷尺寸测定的精度受传感器数量和缺陷复杂程度的限制。管壁上存在的夹杂物会降低缺陷尺寸的检测精度。如果检测速度高，会降低尺寸测定的精度。

（5）横向漏磁检测器　对轴向排列金属损失缺陷比一般和高分辨率漏磁检测器更敏感。对其他轴向排列的缺陷也比较敏感。对环向排列缺陷的敏感性比一般和高分辨率漏磁检测器要低。对大多数缺陷几何尺寸的检测精度要低于高分辨率漏磁检测器。如果检测速度高，会降低尺寸测定的精度。

2. 用于普通裂纹和应力腐蚀裂纹的裂纹检测器

管道裂纹可能由管材的缺陷、材料空隙、夹杂物或凹陷、局部脆性区域及应力、疲劳、腐蚀等造成。管道裂缝可分为四类，即应力腐蚀裂缝、氢致裂缝、硫化物应力腐蚀裂缝和疲劳裂缝。其中，检测的重点是外壁应力腐蚀裂纹，它通常发生在采用阴极保护的管道外表面，并沿轴向开裂。由于裂纹类缺陷是管道中存在的最为严重的缺陷，对管道的威胁极大，因此可靠地检测裂纹是向管道检测行业提出的一个挑战。

对于这类危险可采用下列工具进行检测，其检测效果受到检测器本身设计技术的限制：

（1）超声横波检测器　需用一种液体耦合剂或一个轮耦合系统。对缺陷尺寸的检测精度受传感器数量和裂纹簇复杂程度的限制。管壁上存在的夹杂物会降低缺陷尺寸的检测精度。如果检测速度高，会降低尺寸测定的精度和分辨率。

（2）横向磁通检测器　能检测一些除应力腐蚀开裂外的轴向裂纹，但不能检测裂纹尺寸。如果检测速度高，会降低尺寸测定的精度。

尽管多年来国际上一直开展管道裂纹的检测工作，但技术上并不成熟。这主要有两方面的原因：①对不同裂纹类型管道的检测需要不同的检测技术；②许多检测技术存在灵敏度低和数据难以处理的问题。管道裂缝的检测方法有很多，如漏磁法、压电换能器型超声波法、轮胎式换能器型超声波法、电磁声换能器型超声波法、涡流法、磁饱和涡流法和远场涡流法等。Pipetronics推出两种采用涡流和超声波技术的裂纹检测仪器。英国天然气公司研制的轮胎式换能器型管道裂缝检测装置，又称弹性波检测装置，可用于石油天然气管道的裂缝检测。英国气体公司采用了以弹性剪切波为基础的裂纹检测仪器。

一般情况下，最适于检测裂纹的技术是超声波检测。超声波检测技术是利用超声波匀速传播且可在金属表面发生部分反射的特性进行管道检测的。经过管壁的超声波受到来自管壁的各种不同情况的影响，从而可以测量并描绘出管道的现有状况。检测器在管内运行时，由检测器探头发射的超声波分别在管道内、外表面反射后被检测器探头接收，检测器的数据处理单元便可通过计算探头接收到的两组反射波的时间差乘以超声波传播的速度，得出管道的实际壁厚。超声波检测器的主要优点是能够提供对管壁的定量检测，其提供的内检测数据精度高和置信度高。缺点是由于超声波的传导必须依靠液体介质，且容易被蜡吸收，所以超声波检测器不适合在气管线和含蜡很高的油管线进行检测，具有一定的局限性。

最新的超声波检测技术即电磁声波传感检测技术（EMAT）已经研发成功，并在马来西亚管道检测中应用。该技术的最大优点就是可借助电子声波传感器，使超声波能在一种弹性导电介质中得到激励，而不需要机械接触或液体耦合。该技术利用电磁原理，以新的传感器替代了超声波检测技术中传统的压电传感器。当电磁传感器在管壁上激发出超声波时，波的传播采用以管壁内、外表面作为"波导"的方式进行，当管壁均匀时，波沿管壁传播只会受到衰减作用，当管壁上有异常出现时，在异常边界处的声阻抗的突变产生波的反射、折射和漫反射，接收到的波形就会发生明显的改变。由于基于电磁声波传感器的超声波检测最重要的特征是不需要液体耦合剂来确保其工作性能，因此该技术可应用于输气管道，是替代漏磁通检测的有效方法。然而，这种检测技术也同样存在着不足，检测器需距被检物体表面 1mm，传递超声波能力相对较低。

3. 用于第三方损坏和机械损坏引起的金属损失和变形的检测器

凹坑和金属损失只是这类危险的一种情况，对这类危险可采用内检测器进行有效的检测并确定其尺寸。

几何和变形检测器最常用于检测与管道穿越段变形有关的缺陷，包括施工损伤、管子放置在岩石上硌压造成的凹坑、第三方损坏以及由压载荷或管道不均匀沉降造成的弯曲或褶皱。

管道几何形状的异常多因受到外部机械力或焊接残余应力等造成，通过使用适当的变形检测装置可以检测出各种原因造成的、影响管道有效内径的几何异常现象并确定其程度和位置。

变形检测器是用于检测、定位和测量管壁几何形状异常的仪器。这类仪器有的利用机械感测装置，有的运用磁力感应原理，通常可以检测出凹坑、椭圆度、内径的一般变化、现场弯管上的皱褶以及其他影响有效内径的几何异常现象。常用的变形检测器使用一定排列的机械抓手或有机械抓手的辐射架。机械抓手压着管道内壁并会因横断面的任何变化引起偏移，这些偏移可能是由于一个凹陷、偏圈、褶皱或附着在管壁上的碎屑引起的。捕捉到的偏移信号被转换为电子信号存储到机载的存储器上，将一次运行后的数据取出并使用合适的软件加以分析和显示，从而确定那些可影响到管道完整性的异常点。目前市场上的变形检测器提供的被测管径范围为 100~1500mm，其灵敏度通常为管段直径的 0.2%~1%，精度为 0.1%~2%。

6.2.2　管道内检测器技术特点

1. 内、外腐蚀的金属损失检测器

（1）标准分辨率漏磁检测器　较适合于金属损失检测，但不太适合缺陷尺寸确定。确定缺陷尺寸的精度受传感器尺寸限制。对于特定金属缺陷，如孔眼、裂缝，其检测灵敏度较高。除了金属缺损之外，对于大多数其他类型的缺陷，它不是一个可靠的检测及尺寸确定方法，也不适合于检测轴向线形金属损失缺陷。高检测速度会降低对缺陷尺寸的检测精度。

（2）高分辨率漏磁检测器　比标准分辨率漏磁检测器对尺寸确定的精度要高。对几何形状简单的缺陷尺寸具有很高的精度。存在点蚀或缺陷几何形状复杂时，其尺寸确定精度就会下降。除检测金属缺陷外，还可检测其他类型的缺陷，但检测能力随缺陷形状及特征不同而异。不适合检测轴向线形缺陷。高检测速度会降低缺陷尺寸确定精度。

（3）超声激波检测器　通常要求有液体耦合剂，如果反馈信号丢失，则无法检测到缺陷及其大小。通常在地形起伏较大和弯头缺陷处以及缺陷被遮盖的情况下，容易丢失信号。这类检测器对管道内壁堆积物或沉积物较敏感。高的检测速度将会降低对轴向缺陷的分辨率。

（4）超声横波检测器　要求有液体耦合剂或耦合系统。对缺陷尺寸的检测精度取决于传感器数目的多少和缺陷的复杂程度。管内壁有夹杂物时，缺陷大小的检测精度会降低。高检测速度将降低缺陷大小的检测精度。

（5）横向磁通检测器　对轴向线形金属损失缺陷的检测比标准分辨率及高分辨率的漏磁检测器都更敏感。对其他类型的轴向缺陷检测也很敏感，但对环向缺陷检测的敏感性不如标准分辨率及高分辨率漏磁检测器。对大多数几何缺陷的尺寸检测精度要低于高分辨率漏磁检测器。高检测速度将降低将会降低尺寸确定的精度。

2. 应力腐蚀开裂的裂纹检测器

（1）超声横波检测器　要求有液体耦合剂或轮耦合系统。对缺陷尺寸的检测精度取决于传感器数目的多少和裂纹簇的复杂程度。管内壁有夹杂物时，缺陷大小的检测精度会降低。高检测速度将降低缺陷大小的检测精度和分辨率。

（2）横向磁通检测器　能够检测除 SCC 之外的轴向裂纹，但不能确定裂纹大小。高检测速度将降低缺陷大小的检测精度。

3. 第三方破坏和机械损伤引起的金属缺陷和变形检测器

凹槽和金属损失是该类危险的表现方式，内检测器可有效地检测这类缺陷及大小。

几何或变形检测器最常用于检测与管道穿越段变形有关的缺陷，包括施工损伤、管道敷设于石方段硌压造成的凹坑、第三方活动损伤以及管道由于压载荷或不均匀沉降形成的褶皱或弯曲。

最低分辨率的几何检测器是测量清管器或单通道的测径器。对于识别并定位管道穿越段的严重变形，该类检测器足以满足要求。标准测径器具有较高的分辨率，可记录每个测径臂传回的数据，一般沿周向分布 10~12 个测径臂。这类检测器可用于分辨变形的严重程度及总体形貌。利用标准测径器的检测结果，可识别出变形的清晰度或进行应变估算。高

分辨率检测器可提供变形的最详细资料，有些也可给出变形的坡度或坡度变化，对于辨别管道弯曲或沉降很有用。对于在管道内压作用下可能会复圆的第三方损伤，标准分辨率和高分辨率检测器都不太容易检测出来，漏磁检测器在识别第三方损伤方面不太成功，也不能用来确定变形大小。

6.2.3　建设期内检测要求

（1）管道系统的设计应保障内检测器的可通过性，需考虑以下因素：

① 安装永久收发球筒或预留连接临时收发球筒的接口，收发球筒前应留有足够的作业空间和安全距离。

② 上下游收发球筒间距宜控制在150km以内，最长不能超过200km。对投产后可能存在杂质较多、管道结蜡或者管道内表面对清管器磨损严重的管道，应适当缩短间距。收发球筒应满足使用内检测器的长度的要求。平衡管、阀门、三通等附件的设置满足清管和内检测的要求。

③ 最小允许弯管曲率半径、最大允许的内径变化、支管连接设计及线管材料兼容性、内涂层与内检测的相互影响、过球指示器、旁通与盲板的间距，在确定球筒方位时应考虑进入路线和相邻设施的安全。

（2）投产前宜开展内检测，对其发现的特征进行分类，依据相关施工标准的要求进行修复，并记录在案。投运前或投运后3年内的基线检测与评价结论可以作为工程验收依据。

6.2.4　内检测技术指标

企业应建立内检测管理程序和内检测指标体系。综合考虑风险评价建议和管道缺陷特征等确定需要选择的检测器类型，制定内检测计划，优先采用高精度内检测器。内检测器的适用性取决于待检测管道的条件和检测目标与检测器之间是否匹配。内检测器类型及适用性见表6-1，常见的检测技术性能规格见表6-2～表6-9。

表6-1　内检测器类型和检测用途

异常	瑕疵/缺陷/特征	金属损失检测器				裂纹检测器		变形检测器
		漏磁（MFL）		超声纵波[m]	超声横波[m]	环向漏磁		
		标准分辨率（SR）	高分辨率（HR）					
金属损失	外腐蚀	可检出[a]、可判定尺寸[b]	可检出[a]、可判定尺寸[b]	可检出[a]、可判定尺寸[b]	可检出[a]、可判定尺寸[b]	可检出[a]、可判定尺寸[b]		检不出
	内腐蚀							
	划痕							
类裂纹	狭窄轴向外腐蚀	可检出[a]	可检出[a]	可检出[a]、可判定尺寸[b]	可检出[a]、可判定尺寸[b]	可检出[a]、可判定尺寸[b]		检不出
	应力腐蚀开裂	检不出	检不出	检不出	可检出[a]、可判定尺寸[b]	有限检出[a,c]、可判定尺寸[b]		检不出
	疲劳裂纹	检不出	检不出	检不出	可检出[a]、可判定尺寸[b]	有限检出[a,c]、可判定尺寸[b]		检不出

续表

异常	瑕疵/缺陷/特征	金属损失检测器			裂纹检测器		变形检测器
		漏磁（MFL）		超声纵波ᵐ	超声横波ᵐ	环向漏磁	
		标准分辨率（SR）	高分辨率（HR）				
类裂纹	直焊缝裂纹等	检不出	检不出	检不出	可检出ᵃ、可判定尺寸ᵇ	有限检出ᵃ,ᶜ、可判定尺寸ᵇ	检不出
	周向裂纹	检不出	可检出ᶜ、可判定尺寸ᵇ	检不出	可检出ᵃ、可判定尺寸ᵇ,ᵈ	检不出	检不出
	氢致裂纹	检不出	检不出	可检出ᵃ	有限检出	检不出	检不出
变形	弯折凹陷	可检出ᵉ,ᵍ	可检出ᵉ,ˡ	可检出ᵉ,ᵍ	可检出ᵉ,ᵍ	可检出ᵉ,ᵍ	可检出ᶠ、可判定尺寸
	平滑凹陷	可检出ᵉ,ᵍ	可检出ᵉ,ˡ	可检出ᵉ,ᵍ	可检出ᵉ,ᵍ	可检出ᵉ,ᵍ	可检出ᶠ、可判定尺寸
	鼓胀	可检出ᵉ,ᵍ	可检出ᵉ,ˡ	可检出ᵉ,ᵍ	可检出ᵉ,ᵍ	可检出ᵉ,ᵍ	可检出ᶠ、可判定尺寸
	皱纹、波纹	可检出ᵉ,ᵍ	可检出ᵉ,ˡ	可检出ᵉ,ᵍ	可检出ᵉ,ᵍ	可检出ᵉ,ᵍ	可检出ᶠ、可判定尺寸
	椭圆度	检不出	检不出	检不出	检不出	检不出	可检出、可判定尺寸ᵇ
部件	管式阀和配件	可检出	可检出	可检出	可检出	可检出	可检出
	套管（同心）	可检出	可检出	检不出	检不出	可检出	检不出
	套管（偏心）	可检出	可检出	检不出	检不出	可检出	检不出
	弯管	有限检出	有限检出	有限检出	有限检出	有限检出	可检出ʰ、可判定尺寸ʰ
	支管、带压开孔	可检出	可检出	可检出	可检出	可检出	检不出
	临近金属物	可检出	可检出	检不出	检不出	可检出	检不出
	铝热焊接	检不出	检不出	检不出	检不出	检不出	检不出
	管道坐标	检不出ᵏ	可检出ᵏ	可检出ᵏ	可检出ᵏ	可检出ᵏ	可检出ᵏ
维修特征	A型套筒	可检出	可检出	检不出	检不出	可检出	检不出
	复合套筒	可检出ⁱ	可检出ⁱ	检不出	检不出	可检出ⁱ	检不出
	复合材料补强	检不出	检不出	检不出	检不出	检不出	检不出

续表

异常	瑕疵/缺陷/特征	金属损失检测器			裂纹检测器		变形检测器
		漏磁（MFL）		超声纵波[m]	超声横波[m]	环向漏磁	
		标准分辨率（SR）	高分辨率（HR）				
维修特征	B型套筒	可检出	可检出	可检出	可检出	可检出	检不出
	补丁、半圆补强板	可检出	可检出	可检出	可检出	可检出	检不出
	沉积焊	有限检出	有限检出	检不出	检不出	有限检出	检不出
各种异常	分层	有限检出	有限检出	可检出、可判定尺寸[b]	有限检出	有限检出	检不出
	夹杂物（未熔合）	有限检出	有限检出	可检出、可判定尺寸[b]	有限检出	有限检出	检不出
	冷作	检不出	检不出	检不出	检不出	检不出	检不出
	硬点	检不出	可检出[j]	检不出	检不出	检不出	检不出
	磨痕	有限检出[a]	有限检出[a]	可检出[a,b]	可检出[a,b]	有限检出[a,b]	检不出
	应变	检不出	检不出	检不出	检不出	检不出	可检出[j]
	环焊缝异常	有限检出	可检出	可检出	可检出[d]	检不出	检不出
	螺旋焊缝异常	有限检出	可检出	可检出	可检出	可检出	检不出
	直焊缝异常	检不出	检不出	可检出	可检出	可检出	检不出
	疤、毛刺、鼓泡	有限检出[a]	有限检出	可检出[a,b]	可检出[a,b]	有限检出[a]	有限检出

[a] 受可检测指示的深度、长度和宽度的限制。

[b] 由检测器的尺寸精度确定。

[c] 闭合裂纹减小了检测概率（POD）。

[d] 传感器旋转90°。

[e] 检测概率（POD）的减小取决于尺寸与形状。

[f] 如装配设备，也可检测周向位置。

[g] 尺寸不可靠。

[h] 如装配弯头测量设备。

[i] 不可探测未做标记的复合套筒。

[j] 如装配设备，取决于参数。

[k] 如装配具有测绘能力的设备（IMU）。

[l] 量化精度取决于设备。

[m] 仅在液体环境，即液体管道或液体耦合的气体管道中能使用的内检测技术。

表6-2 几何检测性能规格

特征	POD=90%时检测阈值（%OD）	置信度=80%时精度（%OD）	报告阈值（%OD）
凹陷	0.6%	$ID_{red}<10\%$：±0.5%	2%
		$ID_{red}>10\%$：±0.7%	
椭圆度	0.6%	$ID_{red}<5\%$：±0.5%	5%
		$ID_{red}=5\%\sim10\%$：±1.0%	
		$ID_{red}>10\%$：±1.4%	
定位精度		轴向距最近的参考环焊缝：±0.2m	
		轴向距最近的地面参考点（AGM）：±1‰	
		环向：±15°	

注：ID=内径；OD=外径；椭圆度=(最大ID−最小ID)/公称OD。

表6-3 XYZ检测性能

名　称	参　数	性　能　指　标
定位	定位精度	当两个地面Marker点之间间距小于1km时，定位精度±1m
弯曲变形	弯曲精度	单次检测识别的弯曲变形曲率$>\dfrac{1}{400D}$（D为管径）
曲率变化率	重复识别曲率变化率	重复检测应识别出曲率变化率$>\dfrac{1}{2500D}$

表6-4 漏磁检测器性能规格

轴向采样间距	2mm以上 （如检测器采样频率是固定的，则检测速度越高，间距越大）
环向传感器间隔	8~17mm
检测局限性	最小检测深度：10%WT 深度测量精度：10%WT
最小速度	0.5m/s（感应线圈式）；无（霍尔传感器）
最大速度	4~5m/s
长度、深度量化精度	均匀金属损失： 　最小深度：10%WT 　深度量化精度：±10%WT 　长度量化精度：±20mm 坑状金属损失： 　最小深度：(10%~20%)WT 　深度量化精度：±10%WT 　长度量化精度：±10mm 轴向沟槽： 　最小深度：20%WT 　深度量化精度：(−15%~10%)WT 　长度量化精度：±20mm

续表

长度、深度量化精度	周向沟槽： 　最小深度：10%*WT* 　深度量化精度：(-10%~15%)*WT* 　长度量化精度：±15mm 轴向狭窄沟槽： 　最小深度：可探测但无法准确报告 　周向狭窄沟槽： 最小深度：10%*WT* 　深度量化精度：(-15%~20%)*WT* 　长度量化精度：±15mm 与焊缝相关的腐蚀： 　焊缝附近： 最小深度：10%*WT* 深度量化精度：±(10%~20%)*WT* 位于或穿过焊缝： 最小深度：(10%~20%)*WT* 深度量化精度：±(10%~20%)*WT*
宽度量化精度(环向)	±(10~17)mm
定位精度	轴向(相对于最近的环焊缝)：±0.1m
	轴向(相对于最近的AGM)：±1‰
	环向：±5°
置信水平	80%

注：*WT*为管材壁厚(下同)。

表6-5　三轴漏磁检测器性能规格

序号	精度指标	大面积缺陷 (4*A*×4*A*)	坑状缺陷 (2*A*×2*A*)	轴向凹沟 (4*A*×2*A*)	周向凹沟 (2*A*×4*A*)
1	检测阈值 (90%检测概率)	5%*WT*	8%*WT*	15%*WT*	10%*WT*
2	深度精度 (80%置信水平)	±10%*WT*	±10%*WT*	±15%*WT*	±10%*WT*
3	长度精度 (80%置信水平)	±10mm	±10mm	±15mm	±12mm
4	宽度精度 (80%置信水平)	±10mm	±10mm	±12mm	±15mm

注：① *A*是与壁厚相关的几何参数，当壁厚小于10mm时，*A*为10mm；当壁厚大于等于10mm时，*A*为壁厚。

② 三轴漏磁检测器能区分内部、外部缺陷，能够区分制造缺陷与一般金属损失。

表 6-6　超声波腐蚀检测器典型性能规格

轴向采样间距	3mm		
环向传感器间隔	8mm		
最大速度	2m/s(当速度大于2m/s,轴向分辨率随着速度增大将降低)		
检测能力	一般深度精度:±0.5mm 平板和壁厚测量精度:±0.2mm 轴向分辨率:3mm 环向分辨率:8mm 最小可探测腐蚀深度:1mm		
	最小可探测点蚀	仅给出腐蚀区域,不报告深度时: 直径:10mm 深度:1.5mm	
		需报告深度时: 直径:20mm 深度:1mm	
定位精度	轴向(相对于最近的环焊缝):±0.1m		
	轴向(相对于最近的AGM):±1‰		
	环向:±5°		
置信水平	80%		

表 6-7　液体耦合裂纹检测器

轴向采样间距	3mm
环向传感器间隔	10mm
检测局限性	可检测缺陷: 最小长度:30mm 最小深度:1mm 检测错边:沿管道轴向±15° 检测位置:内部、外部、内嵌、母材、直焊缝
检测速度	最大1.0m/s (当速度大于1.0m/s时,轴向分辨率降低)
尺寸精度	长度: ±10%WT(对于特征>100mm) ±10mm(对于特征<100mm)
	宽度(对于裂纹场):±50mm
	深度: 分类级别: <12.5%WT (12.5%~25%)WT (25%~40%)WT >40%WT

续表

定位精度	轴向(相对于最近的环焊缝)：±0.1m
	轴向(相对于最近的 AGM)：±1‰
	环向：±5°
置信水平	80%

表 6-8　轮式耦合裂纹检测器

轴向采样间距	5mm
环向传感器间隔	210~290mm(取决于检测器尺寸)
检测局限性	可检测缺陷： 最小长度：50mm 最小深度：25%WT 检测错边：沿管道轴向±10%WT 检测位置： 距环焊缝大于50mm 的管体，无法区分内外
检测速度	0.5~3m/s 液体 1~3m/s 气体
定位精度	轴向(相对于最近的环焊缝)：±0.1m
	轴向(相对于最近的 AGM)：±1‰
	环向：±5°
置信水平	80%

表 6-9　环向漏磁性能规格

轴向采样间距	3.3mm
环向传感器间隔	4mm
检测局限性	可检测缺陷： 最小长度：25mm 最小宽度：0.1mm 最小深度：25%WT 检测位置： 直焊缝两侧50mm 以内，不区分内外
检测速度	0.2~2m/s
定位精度	轴向(相对于最近的环焊缝)：±0.2m
	轴向(相对于最近的 AGM)：±1‰
	环向：±7.5°
置信水平	80%

6.2.5 漏磁检测

1. 漏磁检测的基本原理

如图6-3所示，铁磁性材料在外加磁化场的作用下被磁化至近饱和，若材料中无缺陷，大部分磁力线会通过铁磁性材料内部，若铁磁性材料存在缺陷，那么，由于缺陷部位的磁导率远比铁磁性材料本身小，导致缺陷处磁阻增大，从而使通过该区域的磁场发生畸变，磁力线发生弯曲，部分磁力线泄漏出材料表面，在缺陷处形成泄漏磁场。通过用磁敏元件对缺陷漏磁场进行检测，可以获得相应的电信号，对这些检测到的电信号进行处理，可以得知缺陷的状况。

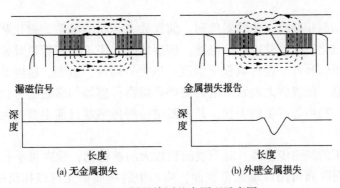

图6-3 漏磁检测基本原理示意图

铁磁性材料的磁感应强度 B 和磁场强度 H 的关系为：

$$B = \mu H \tag{6-1}$$

由于材料的磁导率 μ 是一个随磁场强度 H 变化的量，所以 B 和 H 的关系不是线性的，而呈现为非线性的磁化曲线。管壁被永久磁铁或励磁线圈磁化，均符合该磁化规律。

这里以表面存在缺陷的钢板为例说明漏磁现象。图6-4为钢板磁特性曲线。设钢板上某缺陷的截面积为 S_a，钢板截面积为 S，则缺陷处钢板的剩余截面积为 $S-S_a$。若磁化场是磁场强度为 H 的均匀磁场，无缺陷处钢板内的磁感应强度为 B_1，对应于 B-H 曲线的工作点为 Q，而 Q 点对应于磁导率曲线1上的 P 点，由于缺陷的存在，导致剩余截面处磁感应强度增大，从而使工作点从磁化曲线上的 Q 点移动到 Q' 点。但是与 Q' 点对应的磁导率却相应变小，从曲线2上的 P 点移动到 P' 点，也就是说，由于缺陷的存在，使横截

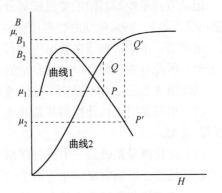

图6-4 钢板磁特性曲线

面减小的部位磁感应强度增大，但该处磁导率反而变小，造成了钢板存在缺陷的部位无法通过原来的磁通量，从而使得一部分磁力线泄漏到周围的介质中，形成缺陷漏磁场。

2. 漏磁检测器基本结构

图6-5是典型的漏磁检测器的结构图。漏磁检测器被万向节分为压差牵引节、测量节、

记录节、电池节、其他附件系统等几部分，每节前后用驱动皮碗支撑在管道内。

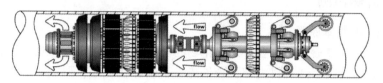

图 6-5 典型的漏磁检测器结构图

压差牵引节：由一组或多组的驱动皮碗组成，利用驱动皮碗的密封作用和传输介质的流动，在皮碗前后会产生一个压差，用这个压差作为检测器在管道中沿轴向方向运行的驱动力。

测量节：包括磁化装置、传感器阵列、前置放大和滤波电路。磁化装置的主要功能是对被测管壁进行磁化，使管壁内产生磁通。传感器阵列用于检测管道异常点所产生的漏磁信号，除缺陷漏磁信号外，还可以获取温度、压力、周向、里程、速度及管道内径及外径等相关的数据信息。前置放大和滤波电路主要是提高传感器的漏磁信号信噪比，滤掉高频和探头轻微振动、噪声等产生的干扰。其中漏磁检测传感器目前主要有两种：线圈传感器和霍尔传感器。

线圈是最通用的漏磁传感器，对于表面积较大的被检物，线圈可平行或垂直放置于被检物的表面。线圈阵列可用以增大覆盖面，阵列中的线圈单元可以作机械或电子的联接，从而探出不连续性的漏磁场信号，并尽可能降低噪声。线圈传感器的优点是坚固和造价相对较低廉。它们也可绕成适合于探伤要求的特定形状。

霍尔传感器霍尔元件是一个固态电路传感器，它的输出与通过它的磁场强度成线性关系。霍尔传感器的优点：一是其作用区的尺寸较小；二是它们可以调整布置，以测定不连续性漏磁场的垂直方向或水平方向的分量，其输出幅度与传感器扫查的速度无关。

记录节：是检测器的重要组成部分，控制着信号采集板的采样并对采样信号进行处理（剔出噪声等），将采集到的数据保存到漏磁检测器的存储设备中。

电池节：由于检测器在管道中运行，无法用外部电源供电，且每次需要检测几十至几百公里，因此检测器都自带一定容量的直流电源。

其他附件系统：有里程轮、定位测量系统、速率控制系统、摇动振动衬垫系统等。

（1）里程轮用于估计检测开始时或沿管道路线的可识别的管道特征，如管道连接法兰、阀门的位置。

（2）定位测量系统是一个像钟摆形的定位测量设备，用于记录检测器在管道内运行期间的旋转情况，以确定缺陷在管道中的周向位置。

（3）速率控制系统主要是对检测器的运行速度进行控制，以防检测速度过快时造成检测器的运行速度与记录速度出现偏差，使得部分漏磁数据没被记录上。原来检测器由于没有速度控制单元，管道运营公司不得不降低流速，以满足检测器的要求。现在国际知名检测单位的检测器均配备较先进的速度控制单元。通常速度控制系统有两种：一种是固定式的，一种是可调节式的。固定式的速度控制单元，应用于输气量比较恒定的管段，通常采用将检测器的皮碗钻一定尺寸的泄流孔；可调节式的速度控制单元是根据检测器的里程轮反馈的速度信息，当检测器的速度超过预设速度值时，则给该速度控制单元的液压缸发送信号，逐渐地开启旁通量，从而达到将速度降下来的目标。当速度低于设定值时，逐渐关闭旁通，确保速度位于最佳速度区间内。

（4）摇动振动衬垫系统则是用于减轻在检测器运行期间造成的对电子组件和电池系统有害的摇动和振动。

从图6-6我们可以看出，检测器主要由Ⅰ类传感器阵列、Ⅱ类传感器阵列、支撑轮、里程轮、驱动皮碗、传感器等组成。其中Ⅰ类传感器阵列用于确定管道外部磁场变化情况，Ⅱ类传感器专用于确定管道内壁的磁场变化情况。当Ⅰ类传感器和Ⅱ类传感器同时检测到缺陷信号时，说明是内壁缺陷；当Ⅰ类传感器检测到信号，而Ⅱ类传感器未检测到漏磁信号时，则说明是外壁缺陷。由于检测器较长，总体重量较大，因此，需要将支撑轮倾斜设计以让检测器在管道内旋转起来，以减小检测器皮碗的偏磨量。

图 6-6　GE-PII 公司的漏磁检测器

从图6-7我们可以看出，该 ROSEN 检测器整体上由一节组成，包含了速度控制单元、支撑板、驱动皮碗、磁铁、钢刷、传感器、里程轮等组件。只有一排传感器阵列，并将内壁的与非内壁的集成在单一的传感器环中。

图 6-7　ROSEN 公司的漏磁检测器

3. 缺陷几何尺寸与磁场方向的关系

漏磁检测器的磁场方向一般有两种：轴向磁场和环向磁场。不同磁场方向对不同方向的缺陷敏感性不同。

图6-8为轴向磁场方向与缺陷几何尺寸的关系示意图，从图中可以看出，环向缺陷对磁场敏感，信号强，而轴向缺陷对磁场不敏感，信号较弱。

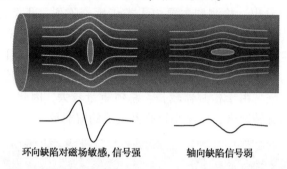

图6-8　轴向磁场方向与缺陷几何尺寸敏感关系示意图

图6-9为环向磁场方向与缺陷几何尺寸的关系示意图，从图中可以看出，轴向缺陷对磁场敏感，信号强，而环向缺陷对磁场不敏感，信号较弱。

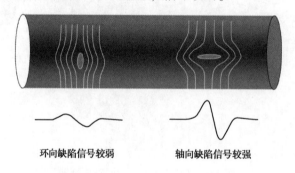

图6-9　环向磁场方向与缺陷几何尺寸敏感关系示意图

图6-10所示为不同磁场方向对不同种类缺陷的敏感性示意图，上部的信号为轴向磁场，下部的信号为环向磁场。可以看出，轴向磁场方向对环向的缺陷较敏感，环向磁场方向对轴向的缺陷较敏感。

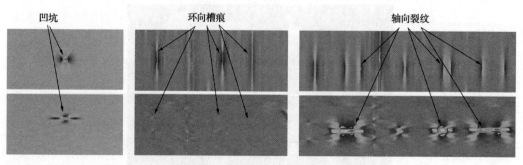

图6-10　磁场方向对不同种类缺陷的敏感性示意图

目前国内大多数管道运营公司采用轴向励磁的漏磁检测器。因此，对于管道上存在的轴向狭长的缺陷如纵向腐蚀、机械损伤、裂纹等是不敏感的。是否发送环向漏磁检测器（见图6-11），可参考轴向漏磁检测结果。如在轴向漏磁检测结果中发现较多的轴向异常迹象，则管道运营公司应再次发送环向漏磁检测器，以对轴向缺陷进一步进行检查验证。

图6-11　环向漏磁检测器

4. 漏磁检测技术主要影响因素分析

管道腐蚀缺陷的漏磁场会受到很多因素的影响，其中包括管壁的磁化强度和剩磁；管道的材质；磁场耦合回路和磁极间距；检测器在管道内的运行速度；管道内的压力变化。主要的影响因素影响如下：

（1）磁化强度的影响　磁化强度的选择一般以确保检测灵敏度和减轻磁化器使缺陷或结构特征产生的磁场能够被检测到为目标，它对漏磁场有影响。当磁化强度较低时，漏磁场偏小，且增加缓慢；当磁感应强度达到饱和值的80%左右时，缺陷漏磁场的峰峰值随着磁化强度的增加会迅速增大，但当铁磁材料进入磁饱和状态时，外界磁化磁场强度的增大对缺陷磁场强度的贡献不大。在不同磁化水平下对同样异常情况的可见性对比如图6-12所示，其中图6-12（a）为18.2kA/m磁化水平下的异常可见性，图6-12（b）为7.6kA/m磁化水平下的异常可见性。因此，磁路设计应尽可能使被测材料达到近饱和磁化状态。

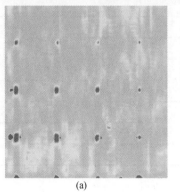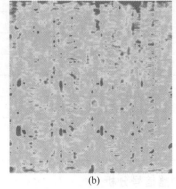

(a)　　　　　　　　　　　　(b)

图6-12　在不同磁化水平下对同样异常情况的可见性对比

（2）缺陷方向、位置、深度和尺寸的影响　缺陷的方向对漏磁检测的精度影响很大，当缺陷主平面与磁化场方向垂直时，产生的漏磁场最强。通常认为：同样的缺陷，位于管道表面时漏磁场最大，且随着埋藏深度增大而逐渐减小，当埋藏深度足够大时，漏磁场将趋于零。因此，通常可以用来检测的管道壁厚范围一般为 6~15mm，在降低灵敏度的情况下，可检测壁厚为 20mm 的管道。缺陷的大小对漏磁场影响很大，当宽度相同、深度不同时，漏磁场随着缺陷深度的增加而增大，在一定范围内两者近似成直线关系。缺陷宽度对漏磁场的影响并非单调变化，在缺陷宽度很小时，随宽度的增大漏磁场有增强的趋势，但当宽度较大时，宽度增大，漏磁场反而缓慢减弱。

（3）提离值对漏磁场的影响　当提离值超过裂纹宽度 2 倍时，随着提离高度的增加，漏磁场强度迅速降低。传感器支架的设计必须使探头在被检测表面扫查时提离值保持恒定，一般要小于 2mm，常取 1mm。

（4）检测速度的影响　在检测过程中，应尽量保持匀速进行，速度的不同会造成漏磁信号形状上的不同，但一般不至于造成误判。如果突然加速或减速运动，由于电磁感应的作用会带来涡流噪声。管道漏磁腐蚀检测器在管道内的最佳运行速度为 1m/s。

（5）表面涂层的影响　压力管道表面的油漆等涂层的厚度对检测的灵敏度影响非常大，随着涂层厚度的增加，检测灵敏度急剧下降。从目前的仪器性能来看，当涂层厚度>6mm 时，无法获得有效的缺陷识别信号。

（6）管道表面粗糙度的影响　表面粗糙度的不同使传感器与被检表面的提离值发生动态变化，从而影响了检测灵敏度的一致性，另外还会引起系统的振动而带来噪声，所以要求被检表面应尽量光滑平整。

（7）氧化皮及铁锈的影响　表面的氧化皮、铁锈等杂物，可能在检测过程中产生伪信号，因此在检测过程中应及时确认或复检。

5. 漏磁检测器的运行条件

对于漏磁检测而言，通常有效的检测条件如表 6-10 所示。

表 6-10　漏磁检测器的运行条件

介　　质	气体或液体，如果是气体，需要给出介质成分，尤其是硫的含量，以用于提前调整检测器的电子元件
介质温度范围	0~70℃
最大的操作压力	15MPa
运行速度范围	0.4~3.5m/s
最小弯头曲率半径	1.5D
壁厚范围	4~25mm
最大的运行时间	250h，需要根据电池类型确定
最大的检测程度	800km
检测器的尺寸范围	4~56in

6. 漏磁检测器信号分析

通过对漏磁检测工具上每个 MFL 传感器记录到的信号进行比配，对整个管壁环向情况进行分析。当完成传感器信号的比对后，可观察到漏磁模式。一般情况下，漏磁信号中的波峰表示金属壁厚增加，而波谷表示金属损失。不同检测单位也有可能表示方法相反。

漏磁内检测信号按显示模式，通常分三种：信道图、灰度图及彩色图。

其中，信道图是相对原始的信号，是人工分析的主要判断依据，数据分析人员主要是根据曲线的波动变化来判断、识别腐蚀缺陷和测量其尺寸的。如图 6-13 所示，波峰信号代表金属增益，套管、修复、壁厚增加和接触管壁的金属物将会造成波峰信号；如图 6-14 所示，波谷信号代表金属损失，支管、金属损失、壁厚减小、焊缝异常和凹陷将会造成波谷信号。

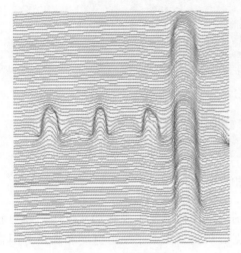

图 6-13　波峰信号

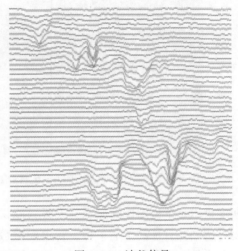

图 6-14　波谷信号

不同的管线特征有不同的"指纹状"结构，利用这些结构可识别管道特征和缺陷，如图 6-15所示。

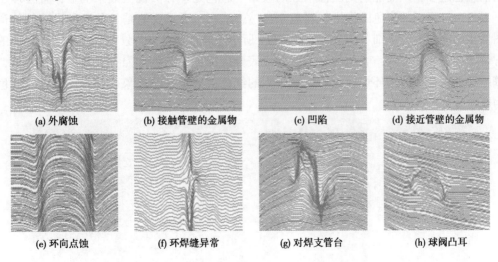

(a) 外腐蚀　　(b) 接触管壁的金属物　　(c) 凹陷　　(d) 接近管壁的金属物

(e) 环向点蚀　　(f) 环焊缝异常　　(g) 对焊支管台　　(h) 球阀凸耳

图 6-15　不同内检测信号对应的缺陷或管道特征

但分析人员进行查看、分析数据时，仅根据曲线的波动情况来定性缺陷特征，难免会有误判，以致影响数据分析的质量，若有其他的数据显示方式帮助对比，可以减少出错概率。灰度图如图 6-16 所示，是利用 256 级的灰度等级，根据漏磁信号数据的大小用不同的灰度等级与之对应进行显示的一种视图方式。在屏幕上，不同记录数据根据数据的大小，其对应位置上的灰度颜色也不同。日常对内检测信号进行分析时，可以利用灰度图快速查找出管道纵焊缝的位置。

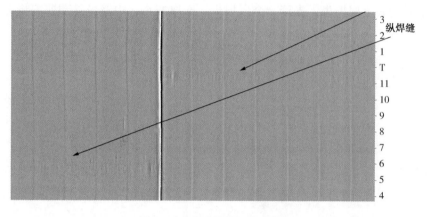

图 6-16　内检测信号灰度图

灰度显示是单色图像的显示，人眼只能识别出十多种到二十多种的灰度级，而对彩色的分辨可达到几百种甚至上千种。管道漏磁数据的灰度显示由于通道宽度和噪声等因素的限制，形成的灰度图像对比度较低、清晰度不高。因此，在灰度图像中有些细微差别人眼是无法察觉的，若将灰度图像转换成彩色图像，人眼就比较好识别。彩色处理是一种图像增强处理手段，它是将图像中的黑白灰度级变成不同的彩色，如果分层越多，人眼所能摄取的消息也越多，从而能达到图像增强的效果。彩色处理方法视觉效果明显，且处理手段又不太复杂，得到的彩色图像不仅看起来自然、清晰，更重要的是与前面所讲述的信道曲线图像相比能找到许多细节信息，如图 6-17 所示。通常绿色为背景信号颜色，即代表的是正常管壁；黄色和红色，表示的是漏磁，代表金属损失；蓝色和黑色，表示磁场降低，代表壁厚增加；蓝色的为环焊缝，环焊缝右侧的红色为壁厚减薄迹象。经现场验证，红色确实为腐蚀。

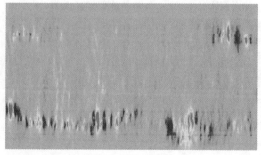

图 6-17　内检测原始信号彩色图示意

7. 管道路由测绘

管道路由测绘采用内检测惯性测绘单元，依据牛顿力学运动定律基本原理，与航空航天领域导航使用的惯性导航系统(INS)基本相同。INS分为平台式与捷联式两大类：平台式具有物理实体的导航平台，而捷联式不具有物理实体的导航平台，它直接将惯性器件安装在运动物体上，由计算机完成平台的功能。由于捷联式惯性导航系统结构简单、可靠性高、造价较低、易于维修，因此被多数惯性导航系统采用。

目前，管道测绘内检测也使用捷联式惯性导航系统，其核心部件是由三维正交的陀螺仪与加速度计组成的测绘系统，分别利用陀螺仪和加速度计测量物体3个方向的转动角速度(见图6-18)和运动加速度(见图6-19)，将采集、记录的数据使用专门的计算软件进行积分等运算处理，便可以得到检测器任一时刻的速度、位置与姿态信息，获得管道的中心线坐标。惯性测绘内检测是基于捷联惯性导航系统实现的自主式测绘，具有独立工作、全天候、不受外界环境干扰、无信号丢失等优点，非常适于在管道内长时间自动运行。但由于惯性器件存在漂移，误差随时间累积迅速增加，因此需要采用其他导航方式，如GPS、里程计等予以修正。因此，惯性测绘内检测系统除核心部件IMU外，还包括辅助定位的里程计和地面定标盒等。图6-20是霍尼韦尔惯性测绘系统。

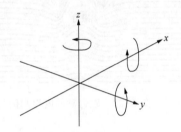

图6-18 陀螺仪转动角速度[(°)/s]

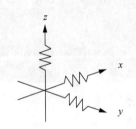

图6-19 加速度计线性加速度(m/s²)

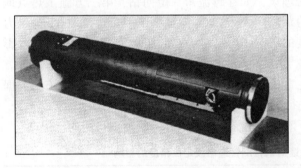

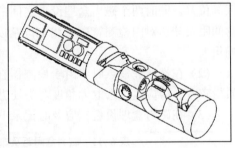

图6-20 霍尼韦尔惯性测绘系统

8. 磁力盒及地面标记器

内检测器在管道中依靠其前后输送介质的压差推动而行进，自身携带的里程轮随之转动，里程轮每转动6°即发出一个脉冲，同时内检测器记录传感器探头获得的管壁缺陷信息并对里程轮发来的脉冲计数，以完成对管壁缺陷所在位置的确定。但里程轮本身的机械结构误差、里程轮磨损导致的直径变化，以及检测器在行进过程中的翻转、里程轮打滑失效及管道中三通、弯头等特殊管段的存在等诸多因素，都会影响里程定位的精确度。内检测器每行进 1km 里程轮会产生 1m 左右的误差，若这些误差一直累积下去，将导致最终对长输管道缺陷的定位误差达到上百米，这样的结果将失去实际意义，因为维修过程中即使数米的定位误差也会造成巨大的开挖工作量。若能每隔 1km 便及时消除该误差，则对缺陷的定位误差可控制在 1m 以内。

因此，为得到准确的管道中线数据和确保管道缺陷定位精度，在管道检测期间，通常在管道沿线管壁上间隔一定的距离放置磁力盒和地面标记器，用于对检测器行进过程进行标记并校准里程轮的计数值以消除累积误差，从而对缺陷进行精确定位。

1）磁力盒

磁力盒，其实际即为一块方形磁铁，如图 6-21 所示。当检测器通过磁力盒时，由于磁场强度的变化，检测器会自动记录下该点，如图 6-22 所示。

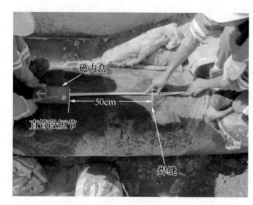

图 6-21　磁力盒示意图

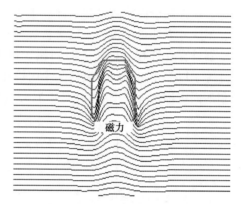

图 6-22　磁力盒的内检测信号

磁力盒埋设原则：

（1）沿管道均匀埋设，重点部位加密埋设，如穿越流量、定向钻、第三方施工热点地区等位置，同时两个磁力盒埋设点之间的距离应大于 200m，且小于 1km。表 6-11 为磁力盒间距及球速对内检测管道中线定位精度的影响，可见磁力盒间距对管道中线定位精度影响很大。

（2）在选取埋设点时，由于检测器在弯头处速度不稳定，检测器内置测量系统的数据质量较差，故应重点选取大角度弯头处进行布设。

（3）在磁力盒埋设后，应及时记录下该点的坐标数据，以作为管道内检测的标记点。

表 6-11　磁力盒间距及球速对内检测管道中线定位精度的影响

内检测球速/（m/s）	地面标记距离/m			
	1000	2000	3000	4000
0.5	1	1.5	8	—
1	0.7	1	3	25
3	0.7	1	2	10

2）地面标记器

除磁力盒外，地面标记器也是消除累计误差的重要方式之一，如图 6-23 所示。其主要任务是：通过 GPS 获取世界时信息，将时间同步到世界时，以 GPS 为媒介与主时钟进行时间同步；利用地面标记器捕捉检测器通过其正下方时产生的磁扰动信号，通过对信号波形的判断进而获得检测器通过的准确时间并进行记录；检测结束后，通过无线通讯向主时钟传递数据，进行数据分析及缺陷定位。

图 6-23　地面标记器示意

其定位原理如下：

设地面上相邻地面标记器的位置分别是 L_i 和 L_{i+1}，记录下的检测器经过这两个位置正下方的时刻分别是 T_i 和 T_{i+1}，在 PIG 记录的数据中根据 T_i 和 T_{i+1} 查找出对应里程轮的里程值为 l_i 和 l_{i+1}，缺陷 L_j 处对应的计里程值为 l_j，则在地面上可以确定缺陷所在位置为：

$$L_j = L_i + (l_j - l_i) = L_{i+1} - (l_{i+1} - l_j)$$

同时，除了探测检测器经过其正下方时的准确时刻外，地面标记器同时还起着管线分点的作用。当检测器完成全线检测，其携带的大量管壁状况信息就需要以地面标记器为基准，分段绘制成管道信息图，即地面标记器捕捉到的时间值需要与内检测器的数值进行比对，因此地面标记器与内检测器之间还要建立相同的时间基准。

整个地面标记器系统的工作过程：① 主时钟通过 GPS 获取世界时信息；② 主时钟与内检测器进行时间同步；③ 地面标记器带至工作现场安放，并通过 GPS 获取世界时信息；④ 地面标记器切换到工作模式，对内检测器通过时产生的信号进行实时捕捉；⑤ 将地面标记器切换到休眠状态，收回集中，通过无线通信与主时钟传递数据；⑥ 主时钟将数据通过 USB 接口传送给上位机；⑦ 由上位机数据处理软件进行相应的数据处理。

在选择地面标记器的埋设地点时，应优先选择在管道标志桩附近，同时记录下所在位置信息。择地面标记器时要避开高压线、火车道、公路等有干扰的地域；干线阀门中心线上游 5m 和下游 5m 各设置 1 个地面标记器；大型跨越、穿越、大落差等重点位置要增设地面标记器。地面标记器在管道正上方，且距管道中心线的垂直距离不超过 2.5m。

值得说明的是：地面标记器的埋设必须在管道运营公司熟悉管道具体位置的技术人员配合下于检测前 1 天内完成，以便准确将地面标记器置于待检测管道正上方及确保地面标记器的电量充足，并确保地面标记器系统处于工作状态。

6.2.6　内检测实施

1. 检测技术验证

检测服务方的技术资质应符合 SY/T 6889《管道内检测》和 SY/T 6825《管道内检测系统的鉴定》的规定。金属损失检测、几何变形检测、裂纹检测、管道测绘检测等应符合 SY/T 6889 的规定。当检测服务方能够证明或承诺其检测设备、数据分析人员达到上述标准要求时，可认可其具有检测资质。宜通过牵引试验或开挖验证等程序验证其资质与能力，也可参照检测服务方提供的验证结果或第三方评价结论。评价达到标准要求后，方可具备允许检测条件。

首次应用的内检测技术、新设备或检测新的缺陷类型应进行检测性能验证，验证方法可选择牵引试验验证或者依据检测结果开挖验证。应定期进行清管作业，保持管道的可检测性。管道内检测前应进行清管。内涂层、内衬修复等应不影响内检测性能，如影响内检测性能，则应考虑其他方法。

内检测设备可具有单一功能，也可将多种功能组合在一起使用。内检测程序可按照图 6-24 中推荐的实施流程进行。管道企业和检测服务方宜指派代表共同分析待检测管道和检测器性能是否满足管道检测需求。检测器的选择依赖于管道的检测条件和检测所需达到的目的。

应根据以下条件评价内检测方法的可靠性：

（1）检测应对多种异常的能力；

（2）检测器性能规格和置信水平（如异常的检出率、分类和量化）；

（3）检测服务方使用这种检测方法的历史；

（4）检测成功/失败率；

（5）检测器检测数据是否能覆盖管段的全长和全圆周。

2. 现场实施

在清管和内检测项目实施前应进行风险识别并制定控制措施，纳入清管及内检测实施方案，内检测的实施过程可参考 GB/T 27699《钢制管道内检测技术规范》的相关规定执行。管道企业负责内检测过程中的应急准备和工艺操作。

3. 报告要求

检测报告格式及内容应符合 GB/T 27699《钢制管道内检测技术规范》、SY/T 6825《管道内检测系统的鉴定》中的规定，并提交相应的数据查看软件。

4. 开挖验证

应通过开挖验证，判断检测结果是否达到了合同中所约定的检测精度。评价方法按照 SY/T 6825《管道内检测系统的鉴定》执行，检测数据的可接受标准可按照 SY/T 6889《管道内检测》中的要求确定。

6.2.7　内检测周期

优先选择内检测方法进行完整性评价。如管道不具备内检测条件，改造管道使其具备内检测条件，对不能改造或不能清管的管道，可采用压力试验或直接评价等其他完整性评价方法。内检测时间间隔需要根据风险评价和上次完整性评价结果综合确定，最大评价时间间隔应符合表6-12的要求。

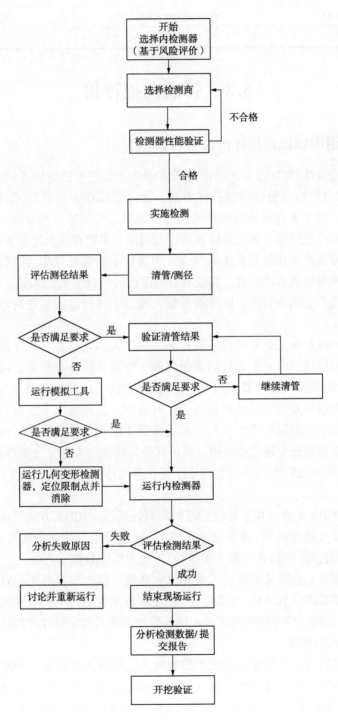

图6-24　内检测实施流程

表 6-12　内检测时间间隔表

操作条件下的环向应力水平 σ		
>50%SMYS	30%SMYS<σ≤50%SMYS	≤30%SMYS
10 年	15 年	20 年

6.3　管道直接评价

6.3.1　管道内腐蚀直接评价技术(ICDA)

内腐蚀直接评价法(ICDA)是一个评价通常输送干气但可能短期接触湿气或游离水(或其他电解液)的输气管道完整性的结构性方法。通过局部检查电解质(如水)最易积聚的管道沿线的倾斜段,可了解管道其他部分的情况。如果这些位置没有腐蚀,那么其下游管段积聚电解液的可能性就更小,因此可以认为没有腐蚀,不需要检查这些下游管段。

内腐蚀最有可能出现在最易积水的地方。预测积水位置可以作为进行局部检查优先级排序的方法。预测最易积水的位置,需要有管内多相流特征方面的知识。ICDA 方法适用于管道任意两个进气点之间的管段,除非新的输入或输出气体改变了电解液进入的可能性或流动特性。

在预计有电解液积聚之处要进行局部检测。对于大多数管道,估计需要进行开挖检查和进行超声波无损检测,以测定该处的剩余壁厚。管道某处一旦外露,可采用内腐蚀监测法(如挂片、探针和超声波传感器)进行检查,这种方法可以使运营公司延长再检测的时间间隔,并有利于对最易发生腐蚀的部位进行实时监测。某些情况下,最有效的方法是对部分管段进行内检测,并利用检测结果对下游清管器不能运行的管段进行内腐蚀评价。如果最易发生腐蚀的部位检查发现没有受损,则可保证该管道的大部分完整性良好。

ICDA 流程如图 6-25 所示(同时也考虑了可积聚液体的其他管道部位)。

1. 预评价

预评价确定 ICDA 是否适用于评价管道的内腐蚀情况。ICDA 方法适用于通常输送干气但可能短期接触湿气或游离水(或其他电解液)的输气管道。预评价要求对设施进行描述,并收集有关操作和检测(包括管道破坏和修补)的相关历史数据。

如果可以证明某一管段从未有过水或其他电解液,那么该处的下游直到下一个进气点之前的管段,都不必进行 ICDA。如果经 ICDA 发现整条管道都有严重的腐蚀,对该条输气管道,ICDA 就不适用,应采用内检测或水压试验之类的其他完整性评价技术。

2. 局部检查点的选择

内腐蚀损伤最有可能出现在水最先积聚的地方。预测积水位置是确定局部检查点的主要方法。根据多相流计算,可预测积水位置,多相流的计算又取决于包括高程变化数据在内的几个参数。ICDA 适用于新输入量或输出量改变环境之前的任何管段。只有在电解液存在时,才有可能腐蚀,腐蚀的存在又表明在该处有电解液。应当注意:没有腐蚀并不表明没有液体积聚。对于气流方向定期改变的管道,在预测水积聚的位置时,应考虑气流的方

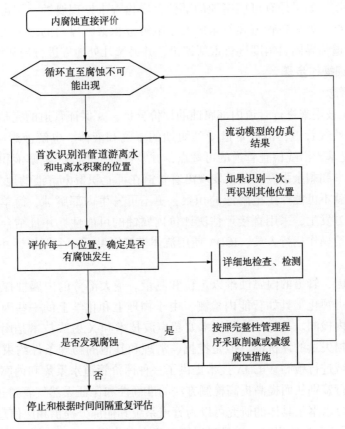

图 6-25 ICDA 评价流程图

向，也就是说，液体可能在进气点的任何一侧或两侧积聚。

输气管道中液体含量较少时，电解液一般呈膜状或以滴状形式存在。膜状流动被视为主要的输送机理，因为大多数时间输气管道通常都输送干气，预计水滴会因良好的传质条件而蒸发。在含不饱和水的气相中，估计水滴会蒸发。流动气体产生的剪应力和管道倾斜产生的重力致使薄膜沿管道流动，在重力大于剪应力作用时，会发生水滞留。通过多相流的计算，可以预测电解液积聚的管道临界角度。

3. 局部检测

要在电解液最有可能积聚之处进行局部检测。对于大多数管道，往往要求开挖，并采用超声波壁厚测定法进行检查。这些方法和其他监测方法可以用于局部检测。某些时候，腐蚀监测方法（如试片或电子探针）也可作为局部检测方法。

如果最有可能腐蚀的位置经检查未发现腐蚀，则可保证大部分管段完整性良好，这就可以把资源集中用于更有可能产生内腐蚀的管道上。如果发现腐蚀，对管道完整性的潜在危险得到确认，则可采取减缓腐蚀的措施。这也说明这种方法是有效的。

4. 后评价

后评价的作用是验证对特定管段进行 ICDE 的有效性，并确定再评价的时间间隔。倾斜角度大于电解液积聚临界角的管段，运营公司必须在预测有水积聚地点的下游位置，再进行一次或多次开挖。如果最有可能腐蚀的部位，经检查未发现腐蚀，则可保证管道的大部分管段完整性良好。如果在管道倾斜角度大于电解液积聚临界角的地方发现腐蚀，则应对电解液积聚的管道临界倾斜角度进行重新评价，并另选几处地方进行局部检测。

5. ICDA 详细操作步骤

1）临界角概念

ICDA 方法能被用来进行管道内部腐蚀的评价分析，并保证管道的完整性，这种方法是针对输送正常天然气管道，但经常遭受到短期的湿气和液体、电解液影响的管道开发的。ICDA 的出发点是基于沿线检查管道的可疑点，并掌握一手的水、电解液积累信息，并进行分析评价腐蚀速率和剩余强度。如果发现沿着管道在可能积聚电解液的地方没有造成腐蚀，那么，其他地段就不可能产生电解液的积聚，更不可发生内部腐蚀，简单地说，腐蚀最可能在水积累的地方发生，采用直接评估法评价内腐蚀的可能性，并且结合所有使用的方法将评价结果提供给操作运行人员，ICDA 使用流体模型提供了一个框架，并且来更好地应用这些方法。

由于某些原因，管道的内腐蚀难以定位和测量。绝大部分的内腐蚀探测和测量都依赖于管道内检测和可视化工具如智能内检测，由于物理上和化学上的一些因素，管道的一些部分不能够进行内检测。其他的检测技术如超声波技术和 X 射线技术是用来进行壁厚测量和管道外侧金属损失量的评价的，但是挖掘、清理和其他的物理条件约束决定了一次只能对很小的一块区域进行检测。ICDA 技术提供了一种评价管道水聚集和内腐蚀的可能性，并且对关键区域进行鉴别从而提高提高检测方法的准确性和保证天然气管道正常运行的方法。一个对于关键部分水聚集具体的研究可以为管道系统其他部分提供相应信息。

ICDA 有以下两个具体程序：一是对于倾斜度大于临界角的区域的鉴别和选取；二是针对这个区域进行详细的腐蚀检查。临界角是指致使液体在管道里聚集的临界角度，促使切应力与液体的重力达到平衡的状态。如果检测没有发现腐蚀则可以认为下游也不太可能发生腐蚀。对于倾斜度最大的上游的最初位置的性能监测，能给我们提供这两点之间的管道完整性信息。通过对于各个易受影响管段的鉴定和监测，实现了对整个管的内腐蚀评价。

如果评价为最易发生内腐蚀的区域经检查发现没有损伤，可确定管道系统的完整性。如果在这些部位发现有腐蚀，就会出现一个潜在的完整性问题。

2）数据收集 ICDA 区域腐蚀可行性分析

对于 ICDA，通过收集历史数据和当前数据来确定 ICDA 是否可行。评价的区域和范围确定后，收集的数据类型应该包括：建设数据、操作和运行历史记录，高程和管道埋深图，其他地面的检测记录，以前完整性评估和维护方面的检测报告。ICDA 所要求的数据列于表 6-13 之中。

表 6-13　ICDA 方法数据要求

分　类	条　件
操作历史	输气气流方向有无改变，服务年限，压力波动
定义长度	所有进气口和出气口之间的距离，气出口和进口位置
高程	管道高程走向 GPS、埋深

续表

分　类	条　件
特征/倾斜	穿路、河流、排污等
直径	内外径
压力	正常操作范围
流量	正常操作范围
温度	周边环境
水露点	假设<7lb/MMSCF
脱水剂-类型	例如：乙二淳的注入量和规律
扰动	例如：自然的、断断续续的、缓慢的
水压试压频率	有水存在
失效/泄漏位置	
其他数据	

气体输送管道 ICDA 的可行性由一系列的管道特征所确定，ICDA 的发展是以这些特征为基础的。第一个特征是输送的气体是干气($\leq 712 g/m^3$)，另外受外界扰动的液态水分都蒸发为气相分散到干气中，这种条件允许短期的上游水聚集，但下游水的积聚和析出是不期望的，在这种限制条件下，如果水存在，将发生在沿着管道的孤立位置。如果这些管道没有被加缓蚀剂，没有内涂层提供腐蚀防护，不经常使用清管器清管，清管的次数少于造成腐蚀的次数，以至于水积聚在驻留的位置形成腐蚀，这个位置即是流体模拟预测的位置而不是下游的某个位置(如遗留在管线清管后的管线内部)。流体模型参数的范围包括来自预见的主要天然气输送管道，不受任何技术限制，边界条件是：最大的气流速度为 7.6m/s，管道尺寸为 0.1~1.2m，压力为 3.4~7.6MPa，整个管段相对常温(在潮湿的地区，压缩机站出口可到 54℃)。

对于 ICDA，液态(游离)水被认为是腐蚀的主要源由，电解液、乙二醇和湿气被认为是第二腐蚀源，其他腐蚀源则不被考虑(如试压用水)，但液态碳氢化合物的影响，如碳氢冷凝析出物、液压油、压缩机防凝液、润滑油等对 ICDA 的影响应被考虑，这是因为腐蚀速率可能受这些条件影响。

管道长度在一段长度内被强调的是管道输入条件和输出条件，ICDA 过程考虑的管道长度不依赖于距离，但是，ICDA 应用条件是针对任何管长主要依赖于可能存在的电解液、流体特性、新的输入和输出条件的改变，温度和压力的改变也是 ICDA 考虑的单独分段因素，这是由于局部压力、温度下凝析液的析出影响或变化倾斜角的影响。

3) 流体模拟

ICDA 方法的第二步是流体模拟而不是地上检测，通常来模拟最可能遭受腐蚀的位置。

ICDA 方法主要依赖于识别最可能积聚电解液的位置，并计算腐蚀速率。层流是液体水主要的输送方式，任何液滴可能以汽化的方式保存在气体之中，因为天然气输送管道在大多数的时候输送干气，液滴在气相中呈现未饱和状态，大多数的传输条件有利于液滴出现蒸发状态，液滴的表面积与体积之比较高，水直接暴露于气相之中，在液滴附近的气体流速较高，液滴水膜相比较而言不利于液态蒸发的质量传输特征。当作为液滴扩散挥发时，管底的液体表面积与体积之比较小，在液体表面的气体流速比气相液滴低得多，一种不易挥发液体的覆盖作用抑制了水的蒸发是可能的，薄膜流动是由运动的气体和管道倾斜角造成的重力分力施加的剪应力沿着管道驱动。

通过一系列的稳流流体模型模拟来预测水聚集的关键参数，为了将模拟的结果使用一个表达式，一个改进得到的 Froude 参数 F 被推荐（代表重力与惯性应力作用在流体上单位面积上的比）：

$$F = \frac{\rho_1 - \rho_g}{\rho_g} \cdot \frac{gd_{id}}{V_g^2} \cdot \sin(\theta) \tag{6-2}$$

$$F = 0.36 \pm 0.08 \quad (\theta \leq 0.5°) \tag{6-3}$$

$$F = 0.33 + 0.143 \times (\theta - 0.5) \quad (0.5° \leq \theta \leq 2°) \tag{6-4}$$

$$F = 0.56 \pm 0.018 \quad (\theta \geq 2°) \tag{6-5}$$

式中：ρ_1 和 ρ_g 为液体和气体密度；g 为重力；V_g 为气体速度；θ 为倾斜角；d_{id} 为管道内径。气体的密度由压力和温度确定，在角度小于 0.5° 时，Froude 参数 F 经计算为 0.35（有 0.07 的误差），在角度大于 2° 时，F 为 0.56（有 0.02 的误差），在角度大于 0.5° 小于 2° 时，多相流是层流到紊流的转变，F 在这个转变区域内线性插值。压缩因子 Z 被用来计算气体密度。

$$Z = \frac{PV}{nRT} \tag{6-6}$$

式中：P 为压力；V 为体积；R 为常数；T 为温度。对于气体标准状态，Z 是缺省值，为 0.83。

流体模拟结果可用来预测水开始积聚的位置，如果水是被输入到管道内部的，水积聚在管道上坡的位置，这是因为剪应力与重力达到平衡。对小范围区域管道明显特征（如穿路段）而言，水的积聚将产生在短的上坡区域段，因此需要指出的是这段需要检测和检查。在有大的高程起伏的区域，管道经过高山和陡坡地段，这时气体流速是变化的，在这段内确定液体积聚的位置更加困难。

倾斜角通常以角度给出，高程变化也给出，倾斜角的 sin 值即通过距离和高程的变化得出：

$$\sin(\theta) = \frac{\Delta(\text{elevation})}{\Delta(\text{distance})} \tag{6-7}$$

倾斜角为：

$$\theta = \arcsin\left[\frac{\Delta(\text{elevation})}{\Delta(\text{distance})}\right] \tag{6-8}$$

倾斜角与水积聚的临界角对比可通过流体模型得出，第一个倾斜角要比水首次积聚的临界角大得多，与其他管长范围内的区域相比，这个位置最有可能是遭受腐蚀的区域。

4）直接检测

对于 ICDA 按其最严格的定义直接检测是不行的，这是因为即使挖开管道，管道内部检测也是不能进行的，但是详细的检查是可能的，这种详细的检查包括一些技术（如腐蚀预测、腐蚀监测或检测），特别是开挖后超声波和射线检测是经常使用的一种方法。值得注意的是，一旦一个位置确定下来，通过安装腐蚀监测工具（如挂片、探针、超声波探头）可以允许运行人员增加检测次数，在某些易受腐蚀的地点做到实时监控，并从中受益。另外，腐蚀监测工具下只是安装在有异议的位置，而是其他位置也要安装，因此，假如腐蚀是随位置变化的，腐蚀挂片可以安装在任意位置，该位置不一定是腐蚀最严重的区域（管道末端）。对于 ICDA，可能应用到某些位置，这些位置的上游都使用了性价比最好的方式——运行内检测（ILI）工具，ICDA 可使用这些结果来评价下游不能内检测的管段位置，这是因为 ICDA 预测的腐蚀发生的概率在上游可能要比在下游大，通过上游完整性的验证可得出下游位置的腐蚀情况结论。

如果最易遭受腐蚀的位置被确定没有其他损伤，大部分管道的完整性已经被保证，那么，有限的资源可被利用在管道最容易遭受到腐蚀的地方。当然，如果腐蚀被发现，潜在的影响管道完整性的问题就被识别出来，这种方法被认为是成功的。

比较水积聚临界角和管道实际的倾斜角，就可确定需要检测和检查的位置，按照这种推理，这对选择多处腐蚀开挖位置是有帮助的，经过有效的进一步排查和使用更多的历史经验，这些腐蚀开挖点可能要改变，工业现场经验可帮助确定腐蚀点的位置和数量，并能增强识别内腐蚀的自信心。

对于管道在恒定速度下运行，第一个倾斜角比临界角大得多的位置代表着水第一次积聚的位置，所有上游具有较低倾斜角的位置不会引起水积聚，从而不可能发生腐蚀，所有的下游位置或者不可能出现水（因为水会积聚在上游并呈气态存在），或者只在上游管段已经全部充满液体沿管段流下的情况才发生腐蚀。在这种状况下，上游位置将有一段长期的暴露期，因此可能要遭受最严重的腐蚀。对于管道而言，在所有管道倾斜角小于管道内部水积聚的临界倾斜角的位置，最高处的倾斜角是管道长度内所关注的。

大多数管道有一个从零到最大的气体速度范围，它使这套程序变得复杂了。严格上讲，在气体任意速度到最大速度的范围内，大倾斜角的管段将积聚水，但是在上游、较低的倾斜角位置处也可能引起管道内部水的积聚。基于此，针对倾斜角的检查，高于临界倾斜角可被用来评价下游管段的完整性。但是，上游管段的完整性仍然是未知的，如果有一段时期内管段的气体运行速度范围信息，若气体速度的变化率较小并且表现明显，就可用工程判断方法来确定。

ICDA 方法程序步骤如图 6-26 所示。

（1）第一次找出管道倾斜角大于最大临界倾斜角的位置，最大临界倾斜角是由操作条件和流体模拟确定的，如果所有的倾斜角大于临界倾斜角，则沿管道长度找出最大倾斜角。

（2）在目标位置实施详细的检查和检测，如果没有发现腐蚀，得出结论下游腐蚀是不可能的，然而，如果速度范围（或其他相关参数）存在变化，则管段的临界角要比通常情况下小，上游的完整性不能通过下游倾斜角位置的检测确定。

（3）在上游初始、最高倾斜角位置详细地实施检查和检测，这将给下游中间倾斜角位置点提供完整性信息，同时也给下游第一个倾斜角高于最大临界倾斜角的位置提供完整性信息。

沿着高于临界倾斜角的选择位置，可将任何一个水积聚的地点作为检查点（如盲管、阀

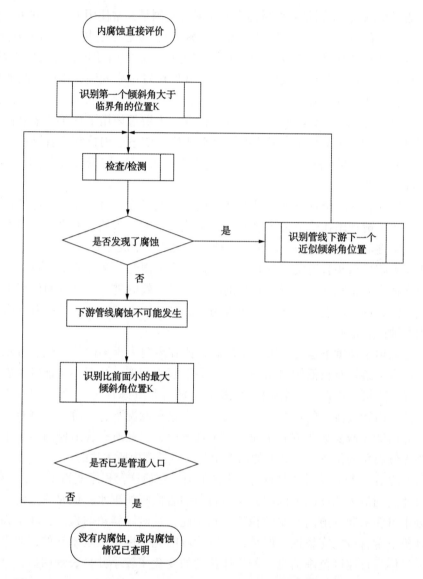

图 6-26 ICDA 程序流程图("K"代表将来按照评价结果的验证持续改进实施)

门、分支)等。当气体达到倾斜角大于临界倾斜角的位置时,在上游固定安装设备关键游离水积聚处(如盲管、阀门、分支)的地段会积聚水(或其他电解液),因此,这些固定安装的设备地段应该被检查,但这些不能代替对管子的检查,因为积聚的速率依赖于固定设备的几何形状。理想情况下,积聚在管道倾斜角大于临界倾斜角位置的水在充满和运输到下一个位置前要蒸发汽化。然而,某一种工况下,管道内大量的液体充满了积聚点并被运输到下一个固定的接收地点,如果水的蒸发率是相似的,这种情况下坑洼位置确定为检测位置是可接受的,因为上游积聚点将暴露在水中很长时间(要经受很长时间的腐蚀),然而如果坑洼形状有严格限制,那么在下游的坑洼内部腐蚀将会变得更加严重。

图 6-26 中的第二个关键要素表示直接检测,位置点的详细检查在步骤 2 中进行。

5) 后评价

后评价的过程是 ICDA 的第四个步骤，它覆盖了前三步收集的所有数据的分析，评价过程的有效性，确定重新评价的时间周期。对天然气管道的 ICDA 是基于气体质量间断性的干扰为前提的，大多数管道在该种条件下不发生腐蚀或很少发生腐蚀，如果大量的腐蚀被发现在任意位置，那么 ICDA 方法是没有效果的，将来 ICDA 方法可能针对湿气输送要强调其适用性。

6) 案例分析

某天然气管道双向运行，管道外径为 30in(760mm)，壁厚为 0.328in(8.33mm)，内径为 29.344in(745mm)，管道走向由北向南，流量是双向的取决于用户需求，过程边界条件如图 6-27 所示，压力和流量是变化的，但最大量是已知的，最高压力是 442psi(3.05MPa)（此压力要在计算液体最大积聚临界倾斜角时使用），最高流量是从北到南方向 490km³/h（415.3×10⁶ft³/d），最高流量是从南到北方向 145km³/h（122.89×10⁶ft³/d），温度是常温 55℉(13℃)，使用改进的 Froude 公式计算临界角与流量的关系，最大压力下计算的临界角和流量的关系如图 6-27 所示。从这个结果图中，发现由北向南输送的最大流量的临界角是 8°，相应的由北到南的临界角是 0.4°。

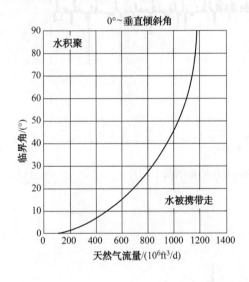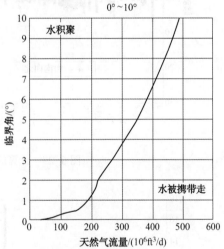

图 6-27　临界角与输出流量的关系

管道走向高程剖面由手持 GPS 确定，确定管道的埋深，高程剖面在图 6-28 中显示，相对于其他点最北的点设置为零，计算出倾斜剖面图的倾斜角，在双向与最大临界角相比较，图 6-29 为结果的描述。

对于从北向南的流量，向上的倾斜角数据显示在图 6-30 之中，与 8°的点划线相对比，第一个 44ft(13m)包含的倾斜角要比临界角大得多，在所有可能的速度和压力下要积水（按最大压力和速度确定），沿着管段常温下，水将积聚在第一个上游位置，当充满上游位置继续向下游流动时，腐蚀最可能发生在 44ft(13m)处，该位置表现的没有腐蚀现象证明了腐蚀不可能在下游发生。

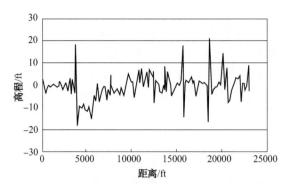

图 6-28　高程剖面图

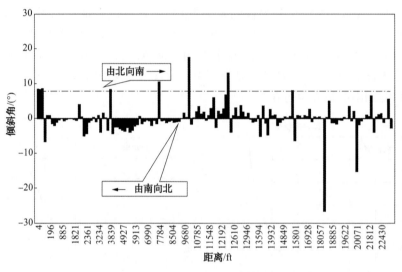

图 6-29　计算的高程倾斜角剖面

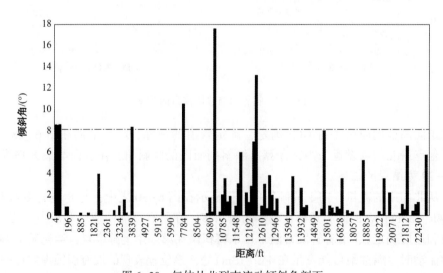

图 6-30　气体从北到南流动倾斜角剖面

即使腐蚀现象发生在 44ft(13m)的位置，或如果在入口温度不为常数，下一个位置大于临界角 8°，位于大约 3840ft(1170m)点处，如果没有腐蚀在该位置出现，那么下游腐蚀是不可能发生的。然而，管道承受一定的压力范围，上游腐蚀问题必须考虑，这是因为在一段时间内的增压和减压或总流量的增减，在低的临界角位置处，一次水积聚的腐蚀干扰现象可能发生。下一个最高的上游角度在 2050ft(625m)的位置(3.8°倾斜角)，任何液滴到达这个位置时，可能会积聚也可能会传输到下一个位置 3840ft(1170m)处，在 2050ft(625m)位置没有腐蚀出现，则在 2050ft(625m)至 3840ft(1170m)处是不可能出现腐蚀的。下一个上游能够积聚水的位置是 125ft(38m)处(0.72°倾斜角)，任何不能到达 38m 处的液滴将被输送到 2050ft(625m)处，125ft(38m)处无腐蚀出现则 125ft(38m)和 2050ft(625m)之间管段不可能出现腐蚀。

对于天然气流体从南到北，向上的倾斜角用图 6-31 显示，与 0.4°的倾斜角点划线一起，该线代表临界角。图中表明，第一个 50ft(15m)[从南部测量 23030ft(7020m)]包含的倾斜角要比临界角大得多，在所有可能的速度和压力下要积水(按最大压力和速度确定)，沿着管段常温流下，水将积聚在第一个上游位置，当充满上游位置继续向下游流动，腐蚀最可能发生在 50ft(15m)处，该位置表现的没有腐蚀现象证明了腐蚀不可能在下游发生。

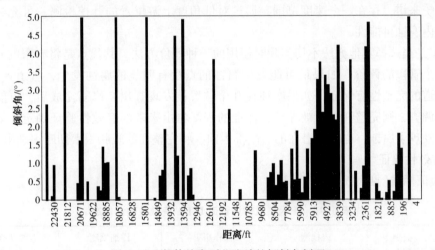

图 6-31　气体从南到北流动的倾斜角剖面

即使腐蚀现象发生在 50ft(15m)的位置，或如果在入口温度不为常数，下一个位置大于临界角 0.4°，位于大约 22525ft(6866m)点处，如果没有腐蚀在该位置出现，那么下游腐蚀是不可能发生的。当然管道在一定的压力范围内，上游腐蚀问题必须考虑，这是因为在一段时间内的增压和减压或总流量的增减，在低的临界角位置处，一次水积聚的腐蚀干扰现象可能发生。下一个最高的上游角度在 22740ft(6931m)的位置(0.1°倾斜角)，任何液滴到达这个位置时，可能会积聚也可能会传输到下一个位置 22525ft(6866m)处，从实践的观点看，在 22525ft(6866m)位置没有腐蚀出现，则在 22455ft(6844m)至 22885ft(6975m)处是不可能出现腐蚀的。

通过开挖验证，如图 6-32 所示，在 5~6 点位置进行详细测量壁厚，间距为 0.05m×0.05m，通过测量壁厚未发现明显的壁厚减少，数据均在 8.0~8.8mm 之间波动，这可能是制管过程中的误差。

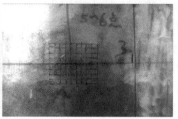

图 6-32　开挖验证点

7）结论

由于受大多数系统的局限性，气体的流量在年、月、日范围内认为不是常数，考虑压力、速度范围的方法在例子中给出。

如果操作环境被认为是理论常数，则确定第一个高于临界角的管道倾斜角位置，并且检测这个位置，从而确定其他位置。

如果操作环境全天候无变化，当选择检测位置时，流量和方向的改变将首先考虑，对于一个系统来讲，存在一个速度范围，通过对低角度上游位置的开挖检测，可充分地考虑所有位置内腐蚀可能性。

ICDA 是当选择其他方法不切实际时使用的一种评价方法。其优点是将有限的开挖检测作为对整个管段的评价，如果最可能发生腐蚀的点没有明显的腐蚀发生，管道评价完成，则整个管道的完整性有保证；如果腐蚀在几个位置被发现查出，修复完成后，可能存在的问题将被调查，则完整性也可被保证，保证的程度将由未来的有效性验证确定；如果在所有的位置发现了腐蚀，也会在潜在的事故发生前，将完整性的威胁因素彻底识别出来。

6. 有效性验证

1）验证标准（见表 6-14）

表 6-14　干天然气输送管道 ICDA 有效性验证标准

排序	类别	内检测	操作历史	详细检测	有效性/可信度
I	理想	可用/最近	有	有	高
II	好	在以前阶段	有	没有	中等
III	可接受	不可用	部分有	部分有	一般
IV	不好	不可用	部分有	没有	差
V	不可接受	不可用	没有	没有	无

2）数据不确定性

基于计算倾斜角剖面选择地点，倾斜角剖面存在不确定性。对每一个 ICDA 过程的有效性来讲，存在两个可用的资源，即 GIS 系统和 GPS 系统，通过这两个系统找出管道的距离和高程，GIS 系统和 GPS 系统均需要人员的测绘，这些资源有一些不确定性，这些不确定性是由三方面引起的，如地图过时、插值有误差及测量有错误。

3) ICDA 可行性分析(见表 6-15)

表 6-15　ICDA 可行性分析

序号	标　准	评估结果
1	管道内部不包含任何液体,可能有乙二醇存在	可行
2	以前的管道没有任何更改,ICDA 不能使用在管线(如原油、产品等管线)中	可行
3	管道未加缓蚀剂	可行
4	管道没有用于腐蚀保护目的的内涂层	可行
5	管道是否清管,液体的体积在清管操作中未恢复	可行
6	定期清管,频率适中(或偏低)	未确定要素
7	管道内最大的气体速度是 25ft/m(7.6m/s)	可行
8	名义管径是 4~48in	可行
9	压力被保持在 3.4~7.6MPa(500~1100psi)之间	可行
10	在管道长度内有相对的常温,土壤温度和压缩机出口温度恒定	可行
11	历史记录管顶不存在任何腐蚀	可行
12	管道不存在规律性的维护(每年或更多频次)	可行
13	管道内部包含固体产物的沉积、软泥、水垢等,没有使用 ICDA 评价过	可行

4) ICDA 区域的定义

双向流动的管道,必须定义每一个方向的 ICDA 区域。按以前的说明,唯一的出口是在管线的起始端和末端,而现在有多个入口在管道中间,沿着管道长度压力是常数,在 ICDA 定义中不起作用。输送量在每一时刻都是变化的,历史输入量也是变化的。由于输量不同,ICDA 基于历史和当前的入口位置定义,沿着管道长度变化将 ICDA 分为若干区域(见表 6-16)。

表 6-16　管道 ICDA 区域

地区	气流方向:北向南		
	开始历程/ (mile/km)	开始特征描述	结束里程/ (mile/km)
1	24.29/39.1	历史输入	28.66/46.1
2	28.66/46.1	与 B 线有三通	31.66/51
3	31.66/51	历史输入	35.24/56.7
4	35.24/56.7	历史输入	35.67/57.4
5	35.67/57.4	当前输入	39.74/64
6	39.74/64	当前输入	41.01/66
7	41.01/66	当前输入	41.15/66.2
8	41.15/66.2	历史输入	44.35/71.4
	气流方向:北向南		
9	44.35/71.4	当前输入	41.15/66.2
10	41.15/66/2	历史输入	41.01/66

续表

气流方向：北向南		
11	41.01/66	当前输入	39.74/64
12	39.74/64	当前输入	35.67/57.4
13	35.67/57.4	历史输入	35.24/56.7
14	35.24/56.7	历史输入	31.66/51
15	31.66/51	历史输入	28.66/46.1
16	28.66/46.1	与 B 线有三通	24.29/39.1

5）临界倾斜角与流量的关系（见表 6-17）

表 6-17　临界倾斜角与流量的关系

气流方向：南向北			
ICDA 区域	位置/（mile/km）	最大流量/（m^3/h）	区域临界角/（°）
1	24.27/39.1	136	4
2	28.66/46.1	138	4
6	39.74/64	138	4
7	41.01/66	146	5
气流方向：北向南			
9	44.35/71.4	148	5
10	41.01/66	156	5
11	39.74/64	156	6
16	28.66/46.1	159	6

6.3.2　管道外腐蚀直接评价技术（ECDA）

外腐蚀直接评价法（ECDA）是针对管段上的外腐蚀危险评价管段的完整性。该过程将设施参数、管道特性的当前、历史的现场检测和数据相结合，采用无损检测技术（一般为地上或间接检测）对防腐效果进行评价。

直接评价技术与防腐层密切相关，现在国内新建管道普遍采用的是 3PE 防腐层，其典型的结构如图 6-33 所示。

直接评价一般在管道处于以下状况下选用：

（1）不具备内检测或压力试验实施条件的管道；

（2）不能确认是否能够进行压力试验或内检测的管道；

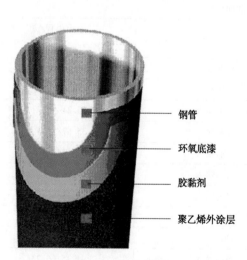

　　　　　　　　钢管

　　　　　　　　环氧底漆

　　　　　　　　胶黏剂

　　　　　　　　聚乙烯外涂层

图 6-33　3PE 结构

（3）使用其他方法评价需要昂贵改造费用的管道；

（4）无法停止输送的单一管道；

（5）压力试验水源不足并且压力试验水无法处理的管道；

（6）确认直接评价更有效，能够取代内检测或压力试验的管道。

ECDA 要求进行直接检查和评价，直接检查和评价可验证间接检测确定的管道上现有的和过去的腐蚀位置。

ECDA 要求进行后评价，以确定腐蚀速率，从而确定检测时间间隔，重新评价效能的量度标准及其当前的适用性，确认前面几个阶段所作假设的正确性。

ECDA 分以下 4 个步骤：①预评价；②间接检测；③直接检查和评价；④后评价。

ECDA 的重点是要识别外腐蚀缺陷可能已形成的区域。已经证明，在 ECDA 过程中，可以检测出机械损坏和应力腐蚀开裂（SSC）等其他危险。在进行 ECDA 且管子外露时，建议运营公司对非外腐蚀危险也进行检测。

ECDA 过程要求采用至少两种检测方法，通过检查和评价进行确认性检查，并进行后评价验证。

1. 预评价（见图 6-34）

预评价步骤为选择每一管段提供了指南，并提供了相应的间接检查方法。还可通过数据收集和分析，判断或确定沿被评价管道进行 ECDA 的区域。ECDA 区域是指管道上有数据表明适合用间接检查方法进行检查的区域。不同的 ECDA 区域，可以使用不同的间接检查方法。

运营公司必须首先收集管道的历史资料，包括设备资料、运行历史和以前对管道进行地面间接检查和直接检查的结果，还应收集其他有关数据以提高分析评价有效性。应对这些数据进行分析，评价腐蚀程度和可能性，还应考虑可能影响 ECDA 的其他因素，如邻近管道、入侵结构以及明显的操作变化。

预评价步骤评定以前腐蚀和现行腐蚀的位置，运营公司必须确定，在这些位置是否可以采用这些 ECDA 方法。

在 ECDA 区域确定后，运营公司至少要选择两种间接检查方法：一是主要检查方法，二是补充检查方法。因为任何一种方法都不能完全可靠地确定缺陷迹象的位置，所以两种方法都需要。选用第二种（补充）方法是为了验证第一种方法的有效性，并尽可能识别第一种方法可能遗漏的区域。对于这两种方法所得结果相互矛盾的区域，应考虑采用第三种方法进行检查。

2. 间接检测（见图 6-34）

采用有效的间接检查方法来检查涂层缺陷。首先应对上述预评价识别出的区域进行初步检查，其次是使用补充方法对同一区域进行检查。补充检查应包括：在第一次检查时难以确定结果的区域、所有特别关注的区域和（与历史数据对比可看出）最近发生了变化的区域。补充检查必须至少检查每一 ECDA 区域的 25%。

把主要方法和补充方法间接检查结果进行比较，确定是否发现新的缺陷。如果在补充检查中，发现了新的涂层缺陷，则必须对检查结果相互矛盾的原因作出解释和/或采取另外的（第三种）间接检查方法再次检查。如果用第三种检查又检查出了其他的涂层缺陷和/或对

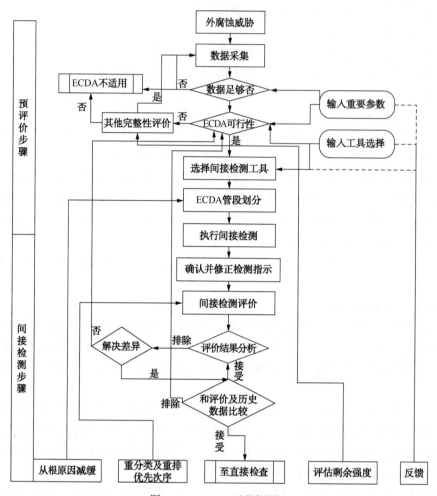

图 6-34　ECDA 过程框图 1

补充检查时查出来的腐蚀缺陷不能作出解释，必须回到预评价阶段，选择其他的评价方法。

在每一 ECDA 区域，应对涂层缺陷的特征加以说明(即是离散的还是连续的)，并根据间接检查数据预计的腐蚀严重程度，对涂层缺陷进行先后排序。例如，根据管道的历史，运营公司可利用腐蚀状态(即阳极/阳极、阳极/阴极、阴极/阴极)，确定哪些涂层缺陷最有可能成为严重腐蚀区域。严重腐蚀可能性最大的那些区域，应优先开挖。

要对发现的所有管壁金属损失情况进行评价，确定相应的再检测和/或再试验的时间间隔。相同的间接检查方法不一定适用于正在评价的每一条管道或管段，可根据检查结果改用不同的方法。

根据对上述各种检测方法的原理分析及优缺点总结，提出了埋地管道综合检验检测技术组合方法，具体的应用步骤如下。

1）管线探寻

为了保证所进行的检测是在管道正上方，需要明确管线的位置与走向。对厂区内的短距离管线，可选用 RD4000-PDL 进行检测，而长距离的管线只能选用 RD400-PCM 进行探测；对于局部区域内的复杂管线，可选用探地雷达(如 PipeHawk 地下管道探测雷达)进行检测。

探地雷达的工作原理是：通过天线向地下发射一个快速上升的电磁脉冲，该脉冲被地下介质介电常数的变化散射，这些由地下介质介电常数的变化产生的散射将一小部分能量反射回雷达天线。反射回来的信号由天线接收后传送到数字信号处理硬件，经计算机处理后就能得到管道的具体位置。

2) 管线外覆盖层安全质量状况检测

可采用管中电流测绘法评价管线外覆盖层的安全质量状况。一般可采用 RD400-PCM以及变频选频仪，但目前比较常用的是 RD400-PCM。通过检测，可了解管段的整体安全质量状况。

3) 阴极保护效果检测

对于管道外覆盖层安全状况较好的管段，可采用 P/S 管地电位测量方法，综合评价管道的阴极保护效果。而对于外覆盖层安全质量状况较差的管道，宜采用 CIPS 测试其 V_{on}/V_{off} 电位的分布情况，以判断阴保效果，确保管道的安全运行。对土壤电阻率较高的地区，建议也采用 CIPS 测试 P/S 电位，以有效地消除 IR 降问题。

4) 破损点找寻、定位与大小估算

对外覆盖层安全质量状况异常的管段，以及阴极保护效果检测发现问题较多的管段，应进行破损点检测与定位，并估算其大小。目前常用的检测仪器有 RD400-PCM 带 A 字架检测仪和海安 SL 系列涂层检漏仪。SL 系列检漏仪的精度略高于 A 字架检测仪。建议采用两种方法进行重复定位，以提高检测准确率。

为了有效地评估缺陷或破损点的危害，在可能的条件下，应明确外覆盖层的破损点大小，可采用 DCVG+CIPS 进行涂层破损点大小的判断。

5) 破损点严重性与阴阳极状态判断

有效判断管线外覆盖层破损点的严重性与阴阳极状态是确保有缺陷的管道能否安全运行的重要因素。可采用 DCVG、SCM 杂散电流测绘仪确定缺陷点的严重性与阳极/阴极状态。在一般情况下，采用 DCVG 即可，而对于较复杂且重要的管线，建议采用 SCM 方法。因为，对于有破损点的管段，SCM 能更有效地进行杂散电流测试，找出破损点属于阳极倾向点还是阴极倾向点，为管道的运行维护与排流改造提供较多的信息。

SCM 的工作原理为：智能信号发送器发送独特的电流信号，用 SCM 智能感应器测量所选管道中流动的干扰电流，确定干扰电流流入目标管道的流入点、方向、流出点。

经过以上检测技术的组合，可以掌握地下钢质管道的走向与埋深、外覆盖层安全质量状况、阴极保护电位分布、破损点大小与分布及位置、破损点的严重性与阴阳极趋向，从而为管道使用单位对管道进行维修理与改造提供依据，为政府相关职能部门安全监察提供参考。

6) 数据分析(见表6-18)

(1) 通过对 CIPS(密间隔电位)ON、OFF 管地电位的数据处理与分析，判断防腐层的状况和阴极保护有效性；确定管线阴极区、阳极区的分布及可能正在发生腐蚀的位置，评估阳极区的腐蚀状态；测定杂散电流分布情况，判定杂散电流干扰的区域及杂散电流干扰源。

（2）通过对 DCVG（直流电压梯度）数据处理与分析，评价埋地管道的涂层状况，确定缺陷点的位置，根据其腐蚀电流的流向，确定其腐蚀状态，评估阳极区的腐蚀程度。

（3）通过对数据记录器一定时间记录的数据分析，可以确定杂散电流干扰源的特性和强度，评价杂散电流干扰影响，评价排流效果。

（4）定位缺陷点后，通过 ON、OFF 管地电位及电压梯度，导出 $IR\%$ $[IR\% = V_g/(V_{on} - V_{off})]$，根据缺陷点处 $IR\%$ 的值，按照外腐蚀直接评价（ECDA）标准对缺陷点进行分类，制定相应的维修、维护措施。

表 6-18　判定缺陷点腐蚀状态

状　态	极　性	特　征
C/C	阴极/阴极	在 ON 电位状态下，缺陷点处于阴极状态；在 OFF 电位状态下，缺陷点仍处于阴极状态。缺陷点消耗阴保电流，但腐蚀不活跃
C/N	阴极/中性	在 ON 电位状态下，缺陷点处于阴极状态；在 OFF 电位状态下，缺陷点处于中性（即-850mV）状态。缺陷点消耗阴保电流，阴保受干扰时可能发生腐蚀
C/A	阴极/阳极	在 ON 电位状态下，缺陷点处于阴极状态；在 OFF 电位状态下，缺陷点处于阳极状态。缺陷点消耗阴保电流，这些缺陷点在阴保运转正常时仍然可能腐蚀
A/A	阳极/阳极	不管 ON 或 OFF 状态下，缺陷点都未受到保护。它们处于腐蚀状态

$IR\%$ 用来对防腐层状况进行分类，确定防腐层破损的优先级（见表 6-19）。

表 6-19　防腐层破损的优先级表

级　别	$IR\%$	修复优先级
1 级	（1%~15%）IR	这类破损点不需要立即修复
2 级	（16%~35%）IR	这类漏损点一般不是严重的威胁，适当的阴保条件可以提供足够的保护。这类漏损点需要进行监控
3 级	（36%~60%）IR	阴保电流主要从这里流失，防腐层出现了严重的破损，对管道安全造成了威胁。这类漏损点一般认为需要修复
4 级	（61%~100%）IR	阴保电流主要从这里流失，防腐层出现了大面积严重破损，对管道安全造成了严重威胁。这类漏损点需要立即修复

3. 直接检查（见图 6-35）

本阶段需要开挖，使管道外露，以便测量金属损失，估计腐蚀增长速率，测定间接检测时评估的腐蚀形态。开挖的目的是要收集足够的数据，以便确定正在评估的管道上可能出现的腐蚀缺陷的特征，并验证间接检测方法的有效性。

对发现有涂层缺陷的每一 ECDA 区的一个或多个地方，以及间接检测未发现异常的一个或多个地方，应进行直接检查。应对直接检查时发现的所有腐蚀缺陷进行测定、记录并按要求修复。

每次开挖时，运营公司应测定和记录一般环境特性（如土壤电阻率、水文、排水等）。可用这些数据估计腐蚀速率。平均腐蚀速率与土壤电阻率的关系见表 6-20。

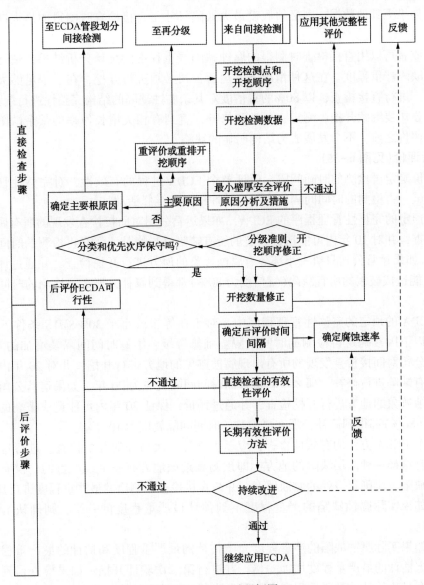

图 6-35 ECDA 过程框图 2

表 6-20 腐蚀速率与土壤电阻率的关系

腐蚀速率/(mil/a)	3	6	12
土壤电阻率/Ω·cm	>15000(无活性腐蚀)	1000~15000(活性腐蚀)	<1000(最坏情况)

注：$1mil = 25.4 \times 10^{-6}m$。

如果运营公司能为使用其他腐蚀速率或使用基于直接检查测量的估计值提供可靠的技术依据，那就可以使用实际腐蚀速率代替表 6-20 中的腐蚀速率。

应使用 ASME B31G 或类似的方法，确定开挖处涂层缺陷区域所有腐蚀缺陷的严重程度。对未检查涂层缺陷的管段，必须按以下方法估计可能存在的腐蚀的最大尺寸：

（1）如果无其他数据，则必须假设最大缺陷尺寸是直接检查时测得的最大缺陷深度和长度的2倍。

（2）或者可以用直接检查时测得的腐蚀缺陷严重程度的统计分析结果，估计其他涂层缺陷处的缺陷严重程度。在这种情况下，运营公司必须进行开挖，在一个足够大的涂层缺陷试样上，进行直接检查，以80%的置信度对其余腐蚀缺陷的结构完整性进行统计估测。

运营公司要继续开挖、测定、分类和修补，直到有相关增长速率的其余缺陷，在下一次完整性评价之前，不会发展成为结构明显的缺陷。

4. 后评价（见图6-35）

后评价确定再检测的时间间隔，验证整个ECDA过程的有效性，对完整性管理程序进行效能测试。再检测的时间间隔取决于有效性检查和维修活动。

对于预定的完整性管理程序的ECDA，如果运营公司对间接检查发现的所有腐蚀迹象进行开挖检查，并对10年内可能造成破裂的所有缺陷进行修补，那么再检测的时间间隔就应为10年。如果运营公司只对一小部分有腐蚀迹象的地方进行开挖检查，并通过评价，保证10年内可能造成破裂的所有缺陷（置信度为80%）都得到修补，那么再检测的时间间隔就应为5年。

在ECDA的预定的完整性管理程序中，对于在等于或小于30% $SMYS$ 条件下运行的管段，可按以下因素确定再检测的时间间隔：维修等级、维修时间间隔及增加的管子壁厚。如果运营公司对间接检查发现的所有出现腐蚀迹象的地方进行开挖，并对20年内可能造成破裂的所有缺陷进行修补，那么重新检查的时间间隔就应为20年。如果运营公司只对一小部分有腐蚀迹象的地方进行开挖检查，并通过评价，保证20年内可能造成破裂的所有缺陷（置信度为80%）都得到修补，那么再检测的时间间隔就应为10年。

对整个ECDA方法的有效性检查，应至少进行一次另外的开挖检查。进行这种开挖的位置应在有这样一种涂层缺陷的地方：即预测靠近该地方有一个最严重的、没有进行过直接检查的缺陷。应确定该处的腐蚀程度，并与直接检查预测出的最严重程度进行比较。

（1）如果实际腐蚀缺陷的严重程度不到预计最严重程度的一半，则确认ECDA的有效性。

（2）如果实际腐蚀缺陷的严重程度介于估计的最严重程度和估计的最严重程度的一半之间，则把估计的最严重程度增加一倍，并进行第二次验证开挖。如果检查得到的实际腐蚀严重程度又比估计的最严重程度小，则确认ECDA的有效性。否则，ECDA方法可能不合适，运营公司必须重新评价和重新设定缺陷发展速度的预测值。运营公司必须按要求进行另外的直接检查，并报告后评价的评价结果。

（3）如果实际腐蚀缺陷的严重程度高于估计的最严重程度，则ECDA方法可能不合适，运营公司必须重新评价和重新设定缺陷发展速度的预测值。运营公司必须按要求进行另外的直接检查，并报告后评价的评价结果。

可以采用同一管段上以前开挖得到的历史数据，进行ECDA有效性检查。必须评价以前开挖的位置，确定其与ECDA方法开挖的位置一致，并使二者具有可比性。如由此确定了ECDA方法的有效性，就可以根据以前的腐蚀数据，估计最大腐蚀深度。

5. 案例分析

某管道ECDA评估现场，如图6-36所示。

1）外腐蚀直接检测的主要内容

（1）全面检测外防腐层的现状，包括防腐层老化情况、破损位置及破损状况，破损处管体的腐蚀电流的流向等，评价其完整性情况；

（2）全面掌握阴极保护系统的运行情况，对其保护水平（管道是否获得全面、合适的阴极保护，是否存在欠保护及过保护情况）给予评价；

（3）测量杂散电流分布的情况，评价其对管道外腐蚀的影响；

（4）确定地面无损检测指示的严重性，收集数据评价腐蚀活动；

（5）评价管道的完整性，提出科学、合理的整改方案。

图 6-36　评估现场照片

2）依据标准

（1）NACE RP0502—2002　管线外腐蚀直接评估法

（2）NACE RP0169—2002　地下或水下金属管道系统的外腐蚀控制

（3）SY/T 6621—2005　输气管道系统完整性管理

（4）SY/T 0087—1995　钢质管道与储罐腐蚀调查方法标准

（5）SY/T 0032—2000　埋地钢质管道交流排流保护技术标准

3）ECDA 工作程序

第一阶段：DCVG、CIPS 测量，进行 CIPS 和 DCVG 组合测量（见图 6-37），以 1~3m 的间隔测量 ON/OFF 管地电位和电压梯度、链测长度、GPS 坐标、UCT 时间。在受动态杂散电流干扰（30mV 以上）的区域，将对所得的 CIPS 数据施以杂散电流矫正（见图 6-38），从而提供真实 ON、OFF 管地电位。

第二阶段：杂散电流测量，确定埋地管线上所有受动态杂散电流（30mV 以上）干扰的区域。在检测桩处，通过安装数据记录器记录管道上的管地电位来分析杂散电流的分布状况及特性。采集的杂散电流数据用于设计杂散电流排流系统。

第三阶段：直接检测，按缺陷的严重程度对涂层缺陷点进行分级，决定开挖直接检测。根据需要，进行土壤腐蚀性、管体腐蚀坑深度、涂层厚度、涂层剥离强度等项目的测试。

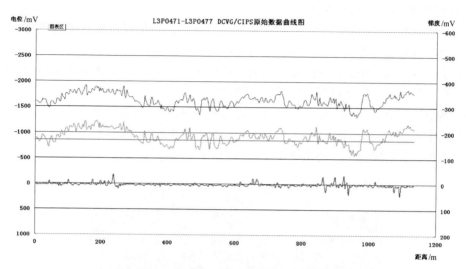

图 6-37 CIPS/DCVG 测量数据结果

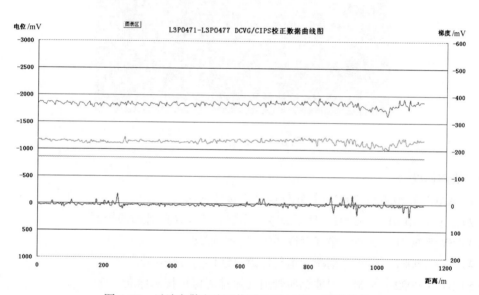

图 6-38 过滤杂散电流干扰后 DCVG/CIPS 测量结果

从图 6-39 可以看出：

（1）ON/OFF 电位为-1600mV/-950mV，ON/OFF 电位有一定幅度的变化，ON 电位偏移了±50mV，OFF 电位偏移了±25mV，反映出该段存在杂散电流的干扰；

（2）由于存在杂散电流的干扰，在 300~600m、800~1100m 附近管段的 OFF 电位为-820mV 左右，没有达到-850mV 的标准，但无法确定其真实的阴极保护状态；

（3）要获得真实的阴极保护状态，就必须过滤杂散电流的干扰。

从图 6-40 可以看出：

（1）经过杂散电流干扰的过滤，可获得真实的 ON/OFF 电位数据，ON/OFF 电位的变化较平稳，偏移较小，OFF 电位多在-1000mV，反映出该段阴极保护有效；

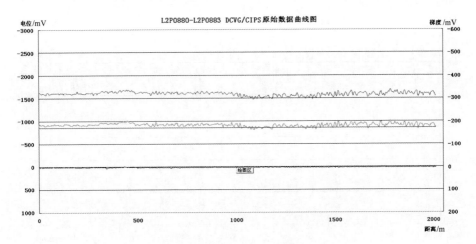

图 6-39　CIPS/DCVG 测量数据结果

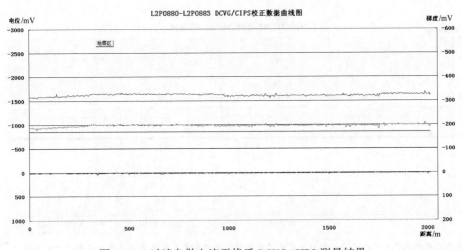

图 6-40　过滤杂散电流干扰后 DCVG/CIPS 测量结果

（2）由于存在杂散电流时，在 1090m 附近管段 OFF 电位为 -820mV 上下，没有达到 -850mV 的标准，但在过滤杂散电流干扰后，该段的 OFF 电位在 -1000mV，可得到真实的阴极保护状态，该段的阴极保护有效。

从图 6-41 可看出：琉石段通电电位干扰严重，但断电电位趋于平稳，只在 750m 附近有低于正常值。

从图 6-42 可看出：其管地电位均出现了激烈的正、负交变现象。

当附近电力机车运行时，这处的管地电位同时出现正、负交变现象，反映出附近的电气化铁路是杂散电流干扰源，杂散电流干扰为交流干扰。

从图 6-43 中可看出：在 L2P0657～L2P0734 检测桩间，其管地电位的波动趋势较大，反映出受杂散电流干扰影响较大；而其他管段的管地电位波动较小，反映出受杂散电流干扰影响较小。尤其是在 L2P0669、L2P0701 检测桩，其管地电位波动最大。而 L2P0669 检测桩位于朔州市南电气化铁路的西侧，L2P0701 检测桩位于朔州市南电气化铁路的东边。

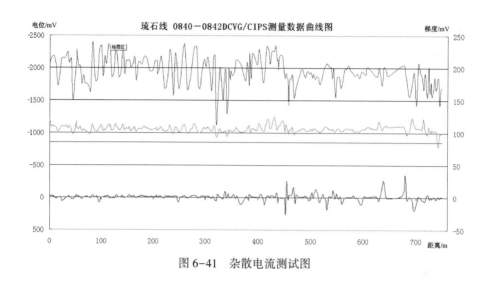

图 6-41　杂散电流测试图

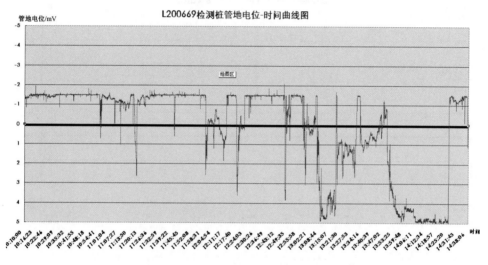

图 6-42　L2P0669 检测桩管地电位-时间曲线图

在交流杂散电流干扰最强的管段，其最大的交流干扰电位为 7.2V，其地表土壤为中性土壤，按照《钢质管道及储罐腐蚀与防护调查方法标准》中埋地钢质管道交流干扰判断指标判定，最大的交流干扰电位大于 4V 有影响，但小于 15V，杂散电流干扰严重性程度应属于弱级。

4）开挖验证和直接检查

确认此管段在是距 L2P0894 顺气流方向 157m 处，有一处缺陷，开挖后为涂层破损而发生锈蚀的缺陷，缺陷处 $IR\%$ 为 27%（见图 6-44）。

从图 6-45 可看出：

（1）ON/OFF 电位为 -1500mV/-1000mV，符合规范 -850mV 的标准，说明阴极保护有效；

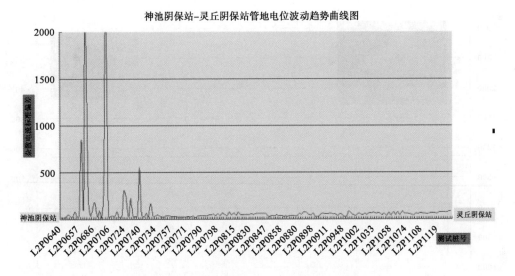

图 6-43　阴保站间管地电位波动趋势曲线图

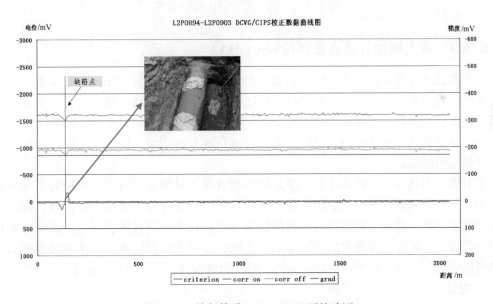

图 6-44　输气管道 DCVG/CIPS 开挖验证

（2）ON/OFF 电位变化幅度不大，ON 电位约在 20mV，OFF 电位约在 10mV，电位梯度变化约在 2mV，反映出该段没有杂散电流的干扰；

（3）在 1635m 处，ON/OFF 电位均正向偏移，ON 电位正向偏移了 110mV，OFF 电位正向偏移了 25mV，电压梯度为 39mV，$IR\%$ 为 8.8%，依照 ECDA 规范，此处缺陷点为一类破损；

（4）此处缺陷为一类破损，阴极保护有效，依照 ECDA 规范中维修要求，此处破损可不必修复，可在以后的检测中监测此处破损的发展趋势。

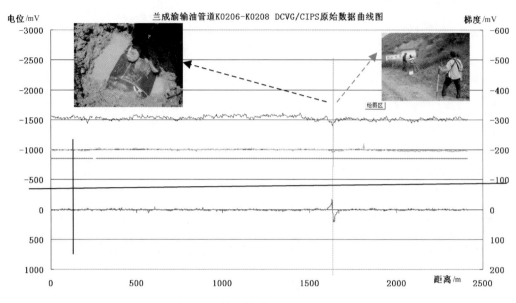

图 6-45　输油管道 DCVG/CIPS 曲线

6.3.3　应力腐蚀开裂直接评价（SCCDA）

应力腐蚀开裂直接评价法（SCCDA）是一种结构性方法，其目的是协助管道运营公司对埋在地下的管道上的应力腐蚀开裂（SCC）程度进行评估，以便通过减小外部应力腐蚀开裂对管道完整性的影响，改进管道公司在安全方面的工作。ASMEB 31.8S 的 A3 部分提供了对某段包含显著腐蚀开裂危险的管道结构完整性进行评价的指南，提出了几种不同的检验方法和降低危险的做法。

本节中应力腐蚀开裂直接评价方法是对下述情况的科学处理方法：根据对某部分管道的历史、作业和风险评价，管道运营公司确认其中可能存在应力腐蚀开裂危险，同时认为直接评价方法是对管道完整性进行评价的适用方式。该方法的具体步骤为：选择可能存在开裂的管段、选择那些管段中的挖掘地点、在挖掘过程中检查管道及收集和分析资料、制定减缓风险计划、确定再次评价时间间隔、对应力腐蚀开裂直接评价方法进行评价。

1. 概述

埋地钢管管道系统的应力腐蚀开裂的直接评价方法（SCCDA），旨在对石油（天然气、原油、成品油）管道系统使用 NACE SCCDA 方法时进行指导。SCCDA 方法专门针对由管线钢制成的填埋的陆上石油（天然气、原油、成品油）管道。该方法可应用于这类管道中两种形式的外部应力腐蚀开裂（近中性 pH 值和高 pH 值环境下的 SCC）。

SCCDA 方法要求有关管道的历史记录、间接调查、实地检测、管道表面评估（即直接检测）以及物理特性和作业历史资料的完整性。

SCCDA 方法是一个连续性的改进方法，在连续应用此法的过程中对已经、正在或可能出现应力腐蚀开裂的管道部位进行识别和处理。

SCCDA 方法的优点和好处是可指示未来可能出现应力腐蚀开裂的部位，而不仅仅是指示已知存在的部位。对连续应用 SCCDA 方法的结果进行比较是一种评价此法的有效性的方法，同时也可借以显示对管道完整性的信心不断提高。

SCCDA 是一种提高管道安全性的方法，其主要目的是通过对外部管道应力腐蚀开裂状况实施监测、减缓、记载和报告等手段，减小它们的风险。SCCDA 方法与其他检测方法如管内检测(ILI)和液体静力学试压等是互补的，不是在所有情形下都可取代后者，它与其他直接评价方法，如与内部腐蚀直接评价法(ICDA)也是互补的。

SCCDA 方法可发现管道完整方面的其他危害因素，如机械损伤、外部腐蚀等，在发现了这类危害时就要进行另外的评价和/或检查。为解决与外部应力腐蚀开裂不同的风险问题，管道运营商须采用其他适当方法如 ASME B31.8、ASME B31.4、ASME B31.8S、API 1160、NACE 标准、国际标准及其他文献进行评估。

SCCDA 方法可用于陆上石油管道，不论其采用的是何种防腐层，在应用这些技术时都应采取预防措施。鉴于管道及风险的多样性，埋地管道系统所处的状况具有复杂性，在某种情形下 SCCDA 方法不一定适用。

2. SCCDA 方法与应力腐蚀开裂完整性管理的关系

在选择高 pH 值环境下的应力腐蚀开裂评价的最初管段时应考虑下列要素：管道工作压力、工作温度、与压气站的距离、管龄、防腐层类型。应当认识到，这虽然能够识别出大部分易出现应力开裂的部位，但并不一定包括全部。

在选择潜在易出现管道应力开裂的管段时，把向下游距压气站近的位置看作是因素之一。目前没有针对近中性 pH 值应力腐蚀开裂的处理，但除了温度标准以外，同样的要素和标准可用于对近中性 pH 值应力腐蚀开裂评价的管段选择。

本节为有关潜在易出现开裂管段优先次序的确定、在潜在易出现开裂管段内对挖掘部位的选择、挖掘地点的确认、管道挖掘地点的勘察、挖掘地点的数据收集、后续数据分析等提供了指导，根据所收集的资料作出有关管道应力腐蚀开裂完整性管理的决策。

3. SCCDA 方法的四个阶段

SCCDA 方法包括四个阶段：预评价、间接检测、直接检查、后评价。其流程如图 6-46 所示。

(1) 预评价 这一阶段中要做的是收集历史和现实可得的资料，以便确定管道系统内潜在易出现应力腐蚀开裂管段的优先次序，选择在那些管段中进行直接检查的具体部位。所收集的有关资料通常可从机构内部有关管道修建档案、作业和维护历史、纵断面图、腐蚀调查档案以及地上勘查档案、政府资料和完整性评价以前的检查报告或维护措施中得到。

(2) 间接检测 这一阶段中要做的是收集管道运营商认为有必要的进一步资料，以有助于选择优先检查的管段和部位。进行间接检查及这些检查的性质依赖于在预评价中所获得的资料性质和程度以及为进行部位检查在资料方面的需要。在这一阶段中的资料收集通常可能包括密间隔测量(CIPS)资料、直流电压坡度(DCVG)资料及管道通过地区沿途的地域状况(土壤类型、地形、排水状况等)。

(3) 直接检查 这一阶段中要做的是，实地确认在前两阶段中所选择的地点，进行实地挖掘地上测量和勘察，对用以选择挖掘地点的要素进行实地确认，例如防腐层的损坏的存在和严重性可能得到确认。如果所使用的预测模型是基于地域状况的，就需要对地形、

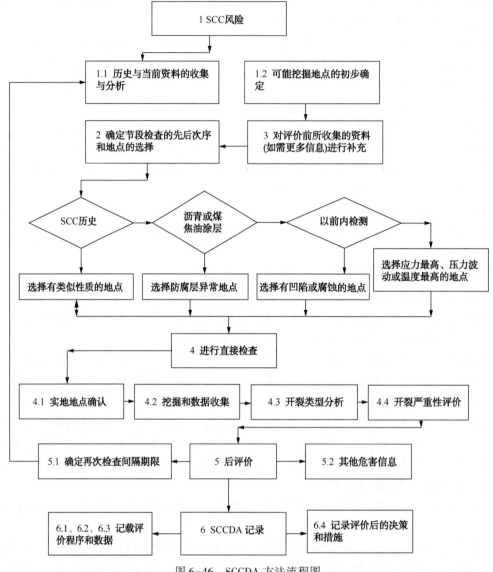

图 6-46 SCCDA 方法流程图

排水状况、土壤类型等加以确认，然后开挖。对在各挖掘地点的应力腐蚀开裂，对其严重性、范围和类型进行评价，收集对在后评价阶段和建立预测模型可用的资料。

（4）后评价　在这一阶段中要做的是，对在前三阶段中所收集的资料加以分析，确定是否要采取减缓腐蚀开裂的措施，如果需要，确定采取这些措施的优先次序；确定进行下一次整体完整性评价的时间间隔；对 SCCDA 方法的有效性进行评价。

1）预评价

（1）预评价资料收集

预评价工作是指分析历史和当前资料，确定易出现应力腐蚀开裂的管段轻重次序，选择那些管段的具体挖掘地点。以下根据 ASME B31.8S 确定出易出现高 pH 值应力腐蚀开裂的管道管段。除了有关作业温度一项外，相关标准也可用于检测近中性应力腐蚀裂纹。应指出的是，这些审查标准可识别出相当比例易出现裂纹的部位，但不一定包括所有部位。

满足下列所有条件的管段被认为易出现高 pH 值应力腐蚀裂纹：

① 超过所规定的最小屈服强度（SMYS）60%；

② 历史作业温度曾超过38℃（100℉）；

③ 管段向下游距压力站小于或等于32km（20mile）；

④ 管龄在10年以上；

⑤ 不同于单层熔结环氧粉末类型的管道防腐层。

预评价中要求对资料进行充分收集、整合和分析，这一阶段的工作要做到全面和彻底。该阶段工作包括下列活动：资料收集与易出现裂纹管段重点排序；初步确定需进一步间接调查及以后直接检查的候选地点。

资料收集管段重点排序，管道运营商应收集待评价管段的历史和当前资料及物理信息，管道运营商应根据管段的历史和已知状况确定最低限度资料要求。管道运营商还应考虑其他可能有助于提高 SCCDA 方法准确度的有关资料，如由其他直接评价法、国际管道研究协会（PRCI）及加拿大能源管道协会（CEPA）所确认的数据资料。

最开始 SCCDA 方法用于管段时，对影响某一地区应力腐蚀裂纹概率的所有参数都应加以考虑。管道运营商最低限度应考虑五个方面（见表6-21）的资料。选择的资料是为 SCCDA 方法所需收集资料提供指导，表中的各项并不一定是对整条管道都需要，此外管道运营商考虑的某些因素也可能不包括在表6-21中。

表 6-21　易出现裂纹的管段轻重排序及实施 SCCDA 方法地点选择的
考虑因素及各资料成分的相对重要性（最后一栏排序所显示）

因　素	与应力腐蚀裂纹的关联	使用与结果解释	排序
与管道有关的因素			
管道等级	与易出现应力腐蚀裂纹没有已知关联	背景数据，用以计算应力占所规定的最大屈服强度的百分比	C
直径	与易出现应力腐蚀裂纹没有已知关联	背景数据，用以通过内压计算应力	C
壁厚	与易出现应力腐蚀裂纹没有已知关联	影响临界缺陷尺寸和剩余预期寿命，用于通过内压计算应力	C
生产年代	与易出现应力腐蚀裂纹没有已知关联	老管道材料的坚固性通常会降低，临界缺陷尺寸和剩余预期寿命减小	C
管道生产厂家	近中性 pH 值应力腐蚀裂纹常出现于20世纪50年代杨斯顿（Youngstone）钢板钢管厂生产的 ERW 管道的焊接 HAZ。据报道是一个管道系统的系统模型中出现近中性 pH 值 SCC 的统计显著性预测因素	考虑出现近中性 pH 值 SCC 的重要因素	A

续表

因　　素	与应力腐蚀裂纹的关联	使用与结果解释	排序
与管道有关的因素			
接缝类型	近中性 pH 值 SCC 常出现于罩带(tented tape)防腐层下的 DSA 焊接边缘和某些阻电焊接边缘的 HAZ 处。与易出现高 pH 值应力腐蚀裂纹没有已知关联	可能是考虑出现近中性 pH 值 SCC 的重要因素	B
表面处理	通过喷丸打磨和喷钢砂处理在表面造成压缩残余应力是有益的，可阻止开裂发生，由于除去了锈皮，减小了在临界范围内出现近中性 pH 值 SCC 的可能性	是考虑易出现高 pH 值 SCC 和近中性 pH 值 SCC 的重要因素	A
工场涂敷类型	迄今，在未破遭坏的熔接环氧粉末类型(FBE)涂层和突起的聚乙烯涂层处，未见有管道应力腐蚀裂纹的报道	是考虑易出现高 pH 值 SCC 和近中性 pH 值 SCC 的重要因素	A
裸管	在高阻土壤中的裸管上已观察到 SCC	可能是重要因素	B
硬质点	有事例表明，近中性 pH 值 SCC 易出现于硬质点处，硬质点可通过测量残余磁力的内检测时发现	可能是重要因素	B
与建设有关的因素			
修建年代	影响防腐层质量下降和裂纹出现的时期	用于在 ASME B31.8S 第 A3 部分选择易出现裂纹的管段的标准中确定管龄	A
路线改变/调整		可能对精确确定各个出现裂纹的部位是重要的	C
路线图/空中照片		可能对精确确定各个出现裂纹的部位是重要的	C
修建方式	回填方式可能增加修建期间防腐层损坏的概率，埋管和安装阴极保护(CP)的时间间隔也可能是重要的	阴极保护的早期水平可能是重要的	B
实地防腐层的表面处理	锈皮可能扩大高 pH 值 SCC 临界范围	可能是一种区分因素	A
实地防腐层类型	在煤焦油、沥青、胶带防腐层下发现有高 pH 值 SCC，近中性 pH 值 SCC 在胶带防腐层下发现最多。管道修建时的天气情况对防腐层状况可能有重要影响	考虑近中性 pH 值 SCC 的重要因素	A
配重块和锚的位置	在浮力调节配重块下发现有近中性 pH 值 SCC	可能是重要的，特别是对近中性 pH 值 SCC	B
管阀、管夹、支座、胶带、机械连接、膨胀节、铸铁件、接头、隔离节的位置	没有与 SCC 的已知关联，只用于裂纹地点和性质的确定	对于精确确定各个裂纹位置和性质可能是重要的	C
管套位置	在管套内出现 CP 防护和防腐层损坏的情况较多	对精确确定各裂纹地点和性质可能是重要的	B
弯管(包括斜面弯管和皱折弯管)的位置	可能指示不寻常的残余应力	残余应力可能是一个重要的因素	B

因　素	与应力腐蚀裂纹的关联	使用与结果解释	排序
土壤/环境因素			
土壤性质/类型	土壤类型与高 pH 值 SCC 没有已知关联，只是有一些证据显示，高钠或高钾环境可能促成在剥落防腐层下碳酸盐/重碳酸盐溶液的生成。已证明近中性 pH 值 SCC 与某种土壤类型有关	可能是重要的，特别是对近中性 pH 值 SCC	B
排水状况	已知与高 pH 值和近中性 pH 值 SCC 有关	可能是重要参数	B
地形	已知与高 pH 值和近中性 pH 值 SCC 有关，可能与排水状况的作用有关。在出现土壤运动的坡地上也观察到近中性 pH 值 SCC	可能是重要参数	B
土地使用（当前/过去）	没有发现明显关联，但化肥的使用可能影响土壤的化学性，这与被破坏的防腐层下的积留水有关	可能是重要参数	B
地下水	地下水的传导性影响阴极保护系统的布散能力	可能是重要参数	B
河流交汇处	影响土壤的温度/排水状况	可能是重要参数	B
腐蚀控制因素			
阴极保护（CP）系统类型（阳极、整流器、地点）	适当的阴极保护如可达剥落涂层下部，可防止 SCC	重要参数	B
阴极保护评价标准	适当的阴极保护如可达剥落涂层下部，可防止 SCC	背景资料	C
阴极保护维护历史	适当的阴极保护如可达剥落涂层下部，可防止 SCC	背景资料	C
未实施阴极保护的年份	对高 pH 值 SCC，没有阴极保护可使管道表面产生有害氧化物。对出现在开路电位及附近的近中性 pH 值 SCC，没有阴极保护会使 SCC 继续	重要参数	B
密集间隔调查（CIS）与测试站资料	高 pH 值 SCC 虽出现于一个狭窄的电位范围（视温度和溶液合成的不同，一般对铜/铜硫酸[$Cu/CuSO_4$]出现在$-575\sim-825mV$之间），在看来有适当阴极保护的管道上观察到这种裂纹的出现，因为管道表面的实际电位的负值要低于地面上的测量，这是由于剥落涂层的屏蔽作用。尽管如此，开裂之处可能与阴极保护的历史有关联，特别是如果以前曾遇到相关问题	考虑高 pH 值和近中性 pH 值 SCC 的重要因素	B
防腐层损坏调查资料	由于 SCC 出现的条件是防腐层损坏，因此根据防腐层的状况可能有助于找到裂纹出现可能性大的位置	重要背景资料	B
防腐层系统及状况	防腐层系统（涂层类型、表面状况等）是确定是否易出现 SCC 的重要因素，由于 SCC 出现的条件是防腐层损坏，因此根据防腐层的状况可能有助于找到裂纹出现可能性大的位置	重要背景资料	A

续表

因　素	与应力腐蚀裂纹的关联	使用与结果解释	排序
管道作业资料			
管道工作温度	温度的增高能够促进高 pH 值 SCC 的出现，对近中性 pH 值 SCC 增速作用不大，但温度的增高会促进防腐层的老化	重要，特别是对高 pH 值 SCC	A
工作压力和波动	只有压力高于一定临界点，SCC 才会出现，压力的波动可使临界压力显著降低	影响 SCC 的出现、临界缺陷尺寸和剩余寿命预期	A
溢漏/破裂历史（SCC）	在以前发现 SCC 的位置附近发现更多 SCC 的概率很高	重要	A
直接检查和修复历史	在以前发现 SCC 的位置附近发现更多 SCC 的概率很高	重要	A
液体静力学重新测量历史	在以前发现 SCC 的位置附近发现更多 SCC 的概率很高	重要	A
用裂纹探查清管器做内检测的资料	在以前发现 SCC 的位置附近发现更多 SCC 的概率很高	重要	A
用金属缺损清管器做内检测的资料	如金属缺损清管器检查显示胶带防腐层管道上有腐蚀，而该处没有明显的渗漏迹象，这可能是防腐层剥落使管道与阴极保护屏蔽，在此种情况下观察到 SCC（特别是近中性 pH 值 SCC）的出现	可能是重要的	B

注：A—排序时是重要的；B—在某些情况下对地点排序可能是重要的；C—与地点排序无关，但对存档可能是有用的。

① 与管道有关的因素　对于制管厂家加涂层的管道，表面处理和涂层类型是与管道有关的因素中关联最密切的因素，焊缝的类型也可能是重要的。

② 与建设有关的因素　对于在埋管沟处加涂层的管道，表面处理、涂层类型、天气状况是与建设有关的因素中关联最密切的，任何可能增加残余应力的因素也可能是重要的。

③ 土壤/环境因素　在某些情况下，水分含量和土壤类型与 SCC 出现的位置有关系，见表 6-22 和表 6-23。

表 6-22　聚乙烯胶带涂层管道"易出现应力腐蚀开裂"的地域条件描述

土壤环境描述	地　形	排水状况
黏土底溪流[宽度一般<5m(16ft)]	—	
湖泊生成的(从黏土到淤泥，细质土壤)	倾斜，平坦，起伏	非常差
湖泊生成的(黏土到淤泥，细质土壤)	倾斜，平坦，起伏，凹陷	差
覆盖冰河的有机土壤[深度>1m(3ft)](沙和/或砂砾质土壤)	平坦，凹陷	非常差
覆盖湖泊的有机土壤[深度>1m(3ft)](黏土到淤泥，细质土壤)	平坦，凹陷	非常差
冰碛(各种不同土壤质地——沙、砂砾、淤泥、黏土，石子含量>1%)	倾斜到平坦，平坦起伏，有埂，凹陷	非常差，差，不良到差
冰碛(各种不同土壤质地——沙、砂砾、淤泥、黏土，石子含量>1%)	倾斜	差，不良到差

表 6-23　某些沥青/煤焦油涂层管道"易出现应力腐蚀开裂"的地域条件描述

土 壤 环 境 描 述	地 形	排水状况
基岩和页岩石灰岩[基岩或页岩石灰岩上覆盖的土壤<1m(3ft)]	倾斜平坦，起伏有埂	好
冰河生成的(沙和/或砂砾质土壤)	倾斜平坦，起伏有埂	好
冰碛(沙/黏土土壤质地，含石量>1%)	倾斜平坦，起伏有埂	好
在详细的管道到土壤调查中，不符合-850mV"关闭"标准的地点(不包括以前讨论的三种类地域条件)	无论何种	无论何种

④ 腐蚀控制因素　阴极保护可防止 SCC，但在涂层剥落处无效，因该处可使电流与管道屏蔽。

⑤ 管道作业资料　SCC 历史和压力波动是重要因素，温度历史对高 pH 值 SCC 的出现也是重要的，对液体管线，运输产品的改变也会影响作业条件，如泵站之间的压力状况。在预评价收集的资料常包括与做全面管道风险评价时相同的资料。根据管道运营商的管道完整性管理计划及实施情况，预评价工作可与全面风险评价工作一起进行。当缺乏某一方面的资料时，作业者可根据自身的经验和有关类似管道系统的资料作保守的推测，这些推测的根据和有关决定应作记录。如管道运营商认为管段某些 SCCDA 地区的资料不充足或无法收集，不能为预评价提供支持，在此情况下只有在获得充足资料后才可对那些地区实施 SCCDA 方法。

(2) 易出现开裂管段挖掘地点的选择

如果管道中的确存在这种应力腐蚀开裂，挖掘地点的选择应在发现 SCC 概率大的地方，但目前还没有可行的地面测量方法能从一定程度上确定预测 SCC 的存在，行业经验可为选择概率高的地点提供指导，即高 pH 值和近中性 pH 值是引起 SCC 的关键因素，但也可能存在某些差异性。

此外，由于管线历史的不同，一个管道与另一个管道甚至一个管段与另一个管段中相关的因素可能不同，某些预测模型对于管道上易现出近中性 pH 值 SCC 的区域的识别和排序是有用的。这类模型只有在一定的管道和地域条件下才是有效的，其预测的可靠性通过调查开挖得以确认。按照其定位 SCC 地点的可靠性程度对应考虑的因素进行了排序。

选择开挖地点，应考虑如下因素：

如在所关注的区域(例如出现工作障碍、液体静力学测试失败、内检测迹象、以前有过挖掘等)内有 SCC 出现的历史，挖掘的地点应在以前出现 SCC 处附近。行业经验显示，SCC 在以前发现过的地方附近出现的概率很高。

如果以前出现 SCC 的地点与管道的某一特殊性质有关，开挖应在其他有同一性质的地点进行。一些管道公司发现 SCC 与下列因素有关：有凹陷等机械性损伤的地方；土壤温度、排水状况、土壤类型等地球物理因素；土壤下沉陡坡处；防腐层异常处。

① 如在所关注的地区没有 SCC 出现的历史，则应考虑防腐层异常的地点。对煤焦油、沥青等涂层，这些地点可通过密集间隔调查(CIS)或涂层缺陷调查来识别。

②如在有屏蔽涂层的管道内用内检测工具对所关注区域的几何形状和金属缺失进行检查，在没有 SCC 史的情况下，应考虑凹陷和一般腐蚀的地点，因为这两个特征与 SCC 可能相关。

③如果缺乏适当指标，则应选择应力、压力波动和温度最高或有涂层老化史的地方。

④ 在对同一地点的重复挖掘中，应选择与早先挖掘中显出相同独特性质的地点（如果有的话）。如果没有这样的地点，应选择应力、压力波动和温度相对较高的地方。

⑤ 重要的是使所暴露的管段与管道内检查（ILI）的指示相一致，管段的开挖判断可通过所测量环形焊接间距离、纵向焊缝圆周位置、有内检测标志中的地上标记进行确认。

2）间接检测

间接检测的目的是通过进行地上等类型测量，对预评价阶段所获得的资料进行补充（在需更多信息的情况下），而这些资料被用于对易出现开裂的管段进行重点排序，选择直接检查的具体部位。这一阶段收集的资料的性质依赖于在预评价阶段所收集的资料的程度和质量。

需考虑的测量类型，地面测量可包括密集间隔调查（CIS）、涂层缺损调查及其他更多的地质调查和特征确定。NACE TG 279 正在制定 CIS 的推荐作法，在其可供使用之前，可使用 NACE RP0502 的附录 A 所描述的方法。NACE TG294 正在制定有关涂层缺陷调查的推荐作法，在其可供使用之前，可使用 NACE RP0502 的附录 A 所描述的方法。在本阶段可获区的类资料包括：

（1）通过管内几何形状检查工具发现的与 SCC 有关的凹陷和弯折处；

（2）通过管内检测漏磁（MFL）检测器确定 SCC 有关的涂层剥落和腐蚀处。

3）直接检查

直接检查阶段要进行开挖和暴露管道表面，以对管道及同深度的周围环境进行检测。

开挖和直接检查的次序由管道运营商权衡决定，主要应考虑安全和有关因素。

直接检查阶段可能发现与 SCC 不同的缺陷，对于这类缺陷的分析应采用不同的方法，这些方法见 ASME B31.8S、ASME B31.4、ASME B31.8、API 1160、NACE 标准、国际标准等文献。

直接检查阶段包括下列工作：

① 对"预评价"和"间接检查"阶段所选择的地点进行确认；

② 实地开挖和资料收集；

③ 如发现了 SCC，对开裂类型进行分析和记录；

④ 如发现了 SCC，对开裂的严重性进行评价和记录。

（1）实地确认

在开挖之前应对选择挖掘地点的地上特征进行现场确认，通过管道建设资料、地理状况等资料来选择开挖地点，其实际状况应到现场加以确认。地形可通过观察确认，土壤和排水状况情况可通过钻孔检查。如选择的地点是基于防腐层缺陷或潜在腐蚀现象，可通过 DCVG 或 CIPS 外检测技术确认，所选择的地点可通过对检测期间已知参照点加以确认，或通过对拟开挖地区的重复测量确认。当内检测资料被用作开挖地点的选择时，应根据地面标记、管道阀门、套管三通等对开挖地点进行确认。

（2）开挖和数据收集

管道操作者对每一挖掘处应选择一个参照点，以便对资料进行系统的记录，对勘察和直接检查的结果进行直接对比。在实行开挖前，管道运营商应统一数据收集及档案管理，并确定最低要求，最低要求应根据管道运营商的判断而定，可根据管道作业、管道网、具体地点等性质而定，见表6-24。数据收集最低要求应包括所要收集的数据类型、对所遇到的情况的分析、资料的使用计划、有无以前的资料及其特性等。

表6-24　SCCDA计划挖掘地点收集的资料及
其重要性比较及各资料内容的相对重要性（末栏中排序所显示）

资料内容	收集时间	用作与结果的解释	排序
管道到土壤间电位	防腐层除去前	用于与地面上管道到土壤间电位比较	D
土壤电阻率	防腐层除去前	与土壤腐蚀性及土壤的可溶解阳离子浓度有关，用于与对土壤和地下水的分析结果相比较	C
土壤样本	防腐层除去前	用于确认地域状况，土壤分析结果可用于建立预测模型	B
地下水样本	防腐层除去前	化学分析结果可用于建立预测模型	B
防腐层系统	防腐层除去前	必要条件，用于实地确认和建立预测模型	A
防腐层状况	防腐层除去前	与所发现的SCC程度有关	C
防腐层剥落检查	防腐层除去前	剥落的地点可能与开裂的存在及其他检测资料有关	C
电解质	防腐层除去前	对确定开裂类型有用，可能与地下水化学性质有关	C
挖掘地点照片	防腐层除去前	对地域状况、防腐层系统、防腐层状况的确认有用	D
有关完整性分析的其他资料	防腐层除去之前与之后	其他分析（如凹陷检测）资料可能与SCC的出现有关	C, D
积存描述与照片	防腐层除去后	对确定开裂类型有用	C
积存分析	防腐层除去后	对确定开裂类型有用	C
腐蚀缺陷辨认和检测	防腐层除去后	用于腐蚀缺陷完整性评价，也用于确定开裂（如有的话）类型	A, D
腐蚀缺陷照片	防腐层除去后	用于完整性评价	D
焊缝类型识别	防腐层除去后	必要内容，用于实地确认	A
MPI	防腐层除去后	SCCDA必要内容，确认SCC是否存在	A
各裂纹群的地点及尺寸	防腐层除去后	SCCDA必要内容，用于确定开裂位置与其他测量参数的相关性	A
裂纹长度与浓度测量	防腐层除去后	SCCDA必要内容，用于确定开裂的性质，是否存在直接的完整性问题	A
在原位金属组织检测	防腐层除去后	用于确定SCC类型	B
裂纹群照片	防腐层除去后	SCCDA必要内容，用于确认裂缝尺寸	A
管道厚度测量	防腐层除去后	必要内容，用于完整性评价与实地确认	A, D
管道直径测量	防腐层除去后	必要成分，用于完整性的评价与实地确认	A, D

注：A—SCCDA的必要资料；B—选择性资料（对SCCDA模型的建立多半是有用的）；C—选择性资料（对SCCDA模型的建立可能是有用的）；D—有用的背景信息或对其他分析有用的信息。

① 资料收集　对于每一处挖掘，在开挖前和挖掘后，管道运营商应确认哪些是所要收集的重要资料。

② 管道到土壤的电位测量　通常在开挖后立即进行的工作是对管道到土壤的电位进行测量，方法是在开挖管道两端附近的挖掘堤放置参考电极，通过断续器可获得"开"和"断"时的电位。通常这些数据用于评价管道的阴极保护（CP）水平。在解释这些测量结果时需谨慎，因为管道的开挖改变了管道周围土壤的电场。

③ 土壤电阻率测量　土壤电阻率测量用于评价土壤的腐蚀性，它与土壤中可溶离子及土壤湿度有关。测量土壤电阻率的两个最常用方法是温纳四电极法（Wenner Four Pin Method）和土壤盒方法（Soil Box Method）。

④ 采集土壤和地下水样本　采集土壤和地下水样本对于使用或建立一个预测模型是有用的。采集土壤和地下水的目的主要是进一步了解环境因素与 SCC 的关系。土壤矿物成分和土壤粗密度等参数可影响氧合作用（有氧及无氧）、排水状况并常常促使涂层的剥离。常被分析的化学参数包括 pH 值、传导性、阳离子及阴离子浓度、氢化还原电热、总碳酸盐量、有机碳等。所有有关土壤、地下水、矿物成分、粗密度等的分析都应遵循标准化的样本采集、储藏、运输及实验室程序，每一运营公司都应制定此程序。

⑤ 防腐层系统评价　应根据外部观察确定防腐系统类型并作记录，如有可能还应确定该系统的其他性质，如表面处理类型、厂家涂敷还是沟边涂敷、涂层数、加固、外包等。对防腐层的分析可提供其电学和物理性质（如电阻率、透气性等）。有关样本还可用做微生物学测试。

⑥ 整体防腐状况分析　应进行整体防腐层状况和涂层剥落程度评价并作记录。以下是不同防腐层状况的特征：

a. 防腐层非常好，附着很好，低于 1% 的剥落和极少量空斑，涂层下没有电解质，（在 DSAW 及环焊处）没有或有极少隆起，胶带防腐层没有或有极少起皱。沥青和煤焦油防腐层厚度均匀，没有起皱迹象。

b. 防腐层好，附着好，1% 到 10% 的剥落和少量空斑，在剥落涂层下个别地方有电解质，（在 DSAW 及环焊处）间有隆起，胶带防腐层间有起皱或其他由土壤应力对沥青和煤焦油涂层造成的损坏。

c. 防腐层一般，附着一般，10% 到 50% 的剥落和较多空斑，在剥落涂层下一些地方有电解质，（在 DSAW 及环焊处）常有隆起，胶带防腐层常有起皱或其他由土壤应力对沥青和煤焦油涂层造成的损坏。

d. 防腐层差，附着差，50% 到 80% 的剥落和大量空斑，空斑处和剥落涂层下有腐蚀积存，剥落涂层下很多地方有电解质，（在 DSAW 及环焊处）有连续隆起，胶带防腐层有连续皱褶，有由土壤应力对沥青和煤焦油涂层造成的大面积起皱或其他损坏，沥青和煤焦油涂层很脆。

e. 防腐层非常差，附着极差，80% 以上剥落和大量空斑，空斑处和剥落涂层下有腐蚀积存，剥落涂层下很多地方有电解质，（在 DSAW 及环焊处）有连续隆起，胶带防腐层有连续皱褶，有由土壤应力对沥青和煤焦油涂层造成的大面积起皱或其他损坏，沥青和煤焦油涂层很脆。

⑦ 涂层剥落测量　通常对涂层剥落处加以确认并在 SCC 开挖计划上记录，测量和记录剥落处的尺寸和形状、与环焊的距离、与管道顶端的距离或钟点位置。

⑧ 剥落涂层下的电解质位置　如在剥落涂层下有足够采集样本的液体，可采集电解质样本。通常在现场对电解质的 pH 值加以测量，将样本放在一个抽空的试管中送回实验室分析。现场 pH 值测量通常使用石蕊试纸，对电解质样本的实验室分析包括 pH 值检测，如样本量充足，需检测传导性和进行一般的离子组成化学分析，有时也对样本的微生物活动进行分析。

⑨ 照片记录　在去除防腐层前的一个重要工作是对挖掘地点进行照相记录，其中应包括防腐层去除前的管道、挖掘地点全貌。这一信息可用于确认地形、排水状况、土壤类型及涂层状况。

⑩ 腐蚀等其他完整性分析资料　在一管段可能发现包括在 SCCDA 计划中的、与 SCC 不同的风险。对这些风险应收集适当的资料，所收集的资料性质取决于对完整性构成的威胁。

（3）防腐层去除，数据收集和分析

① 剥落处的防腐层需去除，以对管道表面进行检查。除去防腐层的方法视防腐层类型而定，防腐层除去后进行资料收集，开展防腐层去除后的数据测量和有关工作。防腐层除去后，通常应对管道表面的腐蚀沉积或生成物进行描述记载和拍照，还可采集样本以供分析。不同的腐蚀沉积与两类 SCC 有关，近中性 pH 值 SCC 与阴铁（$FeCO_3$）有关，而高 pH 值 SCC 与重碳钠盐（$NaHCO_3$）或磁石（Fe_3O_4）有关。如在剥落涂层下的管道表面有湿水，应用石蕊试纸检测 pH 值并作记录。腐蚀生成物和沉积的颜色、质地、组成、分布等应记入文献。

② 腐蚀缺陷的鉴定。管道运营商应记录所有腐蚀缺陷，在做浓度和形态测量之前，应再次清理和做管道表面处理。对腐蚀缺陷进行绘图和测量，有关方法见 NACE RP0502 中的附录 C，有关剩余强度计算见 NACE RP0502。对腐蚀缺陷作照片文献记录，以供未来参考是十分重要的，应标明位置（向下游与参照环焊的距离及时钟定向）。

采用磁粉探伤法（MPI）时管道按下述方法处理：

a. 管道处理程序的目的是清除涂层残余和腐蚀沉积，以便做管道表面裂纹检查。

b. 为使 MPI 技术取得最佳效果，必须对钢进行清理、晾干，清除可能影响磁粉介质与钢管表面接触的污染物，如污垢、油泥、腐蚀生成物及涂层残余等。

c. 为使 MPI 方法不受干扰，必须使磁粉的流动性不受过于粗糙的钢管表面的影响。

d. 表面处理不应对管道表面造成机械性损坏，使得现有裂纹被遮盖。

e. 表面清理后应用 MPI 法对管道表面类似裂纹的缺陷进行检查。有四种检查管道表面开裂的方法：干粉 MPI（DPMPI）法、湿可视 MPI（WVMPI）法、湿荧光 MPI（WFMPI）法、白加黑 MPI（BWMPI）法。

f. MPI 检查完毕之后，对每一裂纹群应作文献记录和安全性评价，对每一检查出的裂纹群应赋予唯一标志符，裂纹群中心应可相对一个参照点如焊接点或时钟位置识别。对一单独裂纹群通常需采集的信息包括裂纹群轴长、周长、最大长度及宽度。轴长是裂纹群轴向总长度，周长是裂纹群环向总长度，裂纹群的长度是裂纹群最大长度（它取决于裂纹群的方向，其值可能与轴长或周长不同）。裂纹群宽度是与长度垂直方向的尺寸。两裂纹被定义为互联的，如果它们在物理意义上相连(合并)，会形成一条更长的裂纹。

（4）开裂类型分析

① 用这一检查程序查出的开裂迹象可能是几种原因的结果，包括近中性 pH 值和高 pH 值 SCC、机械损伤甚至是无害的厂家瑕疵等。实施管道开裂减缓工作的必要性和类型通常视所存在的开裂类型而定。裂纹群的存在通常使得把 SCC 与其他类型的裂纹分开。近中性 pH 值 SCC 往往与管道表面轻度腐蚀有关，高 pH 值 SCC 通常与管明显的外部腐蚀有关。

② 在有些情形下可能需要通过原位金属组织检测来确定 SCC 的类型，高 pH 值 SCC 是晶粒间的，通常分叉，没有明显的管道外表面腐蚀和管壁开裂迹象，近中性 pH 值 SCC 是晶内的，通常不分叉，常见有管道外表面腐蚀和管壁开裂迹象。

（5）开裂严重性评价

在检查出 SCC 后应遵循 ASME B31.8S 标准的附件 A 部分 A3.4 节中所述方法处理，SC-CDA 方法有助于发现某一管段的 SCC 裂纹群，但不一定能发现该管段上所有这类缺陷。如果发现了超限的 SCC 裂纹群，应猜测在该管段其他地方可能存在类似缺陷。

4）后评价

后评价阶段的目的是决定是否需要采取普遍性的 SCC 减缓措施、对没有立即消除缺陷确定补救措施的先后、确定实行再次评价的时间间隔及对 SCCDA 方法的有效性进行评价。各运营公司负责选择评价后的做法，包括制定、实施和确认再次评价的时间间隔计划，及对 SCCDA 方法的有效性进行评价。

（1）单项减缓措施

单项减缓措施是对一个孤立的、在实地调查计划过程中发现"显著"SCC 地点的处理。通常这种减缓做法限于受影响管道长度较短的地方——不超过 91m(300ft)。ASME B31.8S 中的 A3.4 所述减缓措施的选择作法包括：

① 受影响管道部分的修补或去除；

② 对管段进行流体静力学测试；

③ 进行工程临界评价的风险评定，确定进一步的减缓方法。

（2）普遍减缓措施

普遍减缓措施是当管线的某一个或几个管段出现的"显著"SCC 有广泛扩展的风险时对管段的处理。通常这是一种处理受影响管道长度较长时的减缓措施。其具体做法包括：

① 对受影响管段的流体静力学测试；

② 在有适当工具情况下进行管内测试；

③ 广泛管道替换；

④ 重新制作防腐层。

（3）定期再次评价

定期再次评价是对某些管段在适当间隔后的再次评价。对于某段管道更多检查的次数和时间间隔由管道运营商根据下列信息决定：

① 初次检查所发现的 SCC 的广泛性和严重性；

② 对裂纹群扩展速度和含有裂纹群的管道的剩余寿命的估计；

③ 该管段总长度；

④ 该管段潜在易出现 SCC 的总长度；

⑤ 某管段内出现故障的潜在后果。

公司应考虑初次评价所使用的地点选择标准对于再次评价是否适用。

（4）SCCDA 方法的有效性

采用何种方法评价 SCCDA 的有效性由管道运营商决定，SCCDA 方法是一种对管道持续改善的过程，通过连续使用此法管道运营商将能更好地辨别管道系统中易出显著 SCC 的管段和部位。评价 SCCDA 有效性的方法包括但不限于下列做法：

① 选择挖掘地点的结果与控制性挖掘结果的比较；

② 对所选择的管段使用 SCCDA 方法的结果与使用裂纹侦察工具做内检测（ILI）结果的比较；

③ 对用 SCCDA 方法挖掘以识别与开裂出现或其严重性有统计显著性相关的因素所得的数据进行统计分析；

④ 对一管段连续使用 SCCDA 方法；

⑤ 对 SCC 预测模型在预测 SCC 地点和严重性方面的可靠性进行评估。

4. SCCDA 记录

1）预评价记录

对预评价阶段的所有做法都应作记录，可包括但不限于下列内容：

（1）有关应用 SCCDA 方法选择易出现 SCC 管段所使用的分析方法的记录；

（2）根据表 6-24 对所要评价的管段收集的数据资料；

（3）整合资料、管段重点排序、选择开挖地点等所使用的方法和步骤。

2）间接检测记录

所有间接检测阶段的做法都应作记录，可包括但不限于下列内容：

（1）有关识别所需要的资料和选择具体的间接检查技术方面使用的分析方法的记录；

（2）对需要评价的管段所收集的数据资料；

（3）整合资料、管段重点排序、选择开挖地点等所使用的方法和步骤。

3）直接检查记录

所有直接检查阶段的做法都应作记录，可包括但不限于下列内容：

（1）实地确认所收集的资料；

（2）去除防腐层前收集的资料；

（3）去除防腐层后收集的资料；

（4）对管道开裂（如果发现）分析结果；

（5）对管道开裂（如果发现）严重性的评价结果。

4）后评价记录

所有后评价阶段的做法都应作记录，可包括但不限于下列内容：

（1）是否需要采取减缓措施，所选择的减缓措施类型及选择理由；

（2）再次评价时间间隔的选择标准和时间间隔；

（3）计划进行的工作（如果有的话）；

（4）评价 ECDA 方法有效性的标准及评价结果。

6.4　管道试压评价

6.4.1　要求

试压评价是油气管道行业认可的管道完整性评价方法，包括强度试验和严密性试验。试压评价适用于评价本体在当时状态的耐压能力，评价结果不能用于判定试压后较长时间的耐压能力。

管道企业应考虑风险评价的结果和缺陷严重程度，确定何时进行试压评价。试压评价应由具备管道压力试验等操作经验的队伍实施。应对试压评价方法及过程进行风险评价，应在风险可控的条件下实施，压力试验均为静态试压。针对气体管道推荐在三级地区和四级地区采用水试压，经过评价后，在确保安全的前提下，也可采用气体试压。试压评价应报备地方监管部门。本节所述试压评价只限于对在役管道进行完整性评价。

6.4.2　适用性

管道长期低于设计压力下运行，需要提压运行，满足以下条件之一的，可采用输送介质试压评价管道耐压能力：

（1）管道采用多种完整性评价方法包括内检测与直接评价等，仍然事故频发的；

（2）设计的介质或工艺条件变更的；

（3）管道停输超过一年以上再启动的；

（4）对于新建管道和在役管道的更换管段；

（5）经过分析需要开展试压评价的管道。

6.4.3　试压介质

管道试压介质选择应考虑地区等级、高后果区、管道当前运行压力与计划运行压力、管道服役年限、管道腐蚀状况等因素。一般采用水试压和输送介质试压两种方法。

（1）水试压　考虑管道当前运行状况，无论输送何种介质，当工艺条件满足停输条件，且能够进行置换和排空时，宜选用水试压。试压压力需根据拟计划运行的压力情况确定，一般不允许超过管道设计压力，且不超过90%$SYMS$，推荐的试压压力见表6-25。对于架空管道进行水试压应核算管道及其支撑结构的强度，防止管道及支撑结构受力变形。水试压的具体操作过程参见 GB/T 16805。

（2）介质试压　介质试压的升压过程，应根据工艺输送情况，采取静压试验的方式。如系统能够提供试压的压力，则采用系统加压方式进行；如系统不能增压到试压压力，则采用另外动力源接入系统中升压；如采用水试压需要的空置换操作困难或风险较大，可采用该液体输送介质试压。试压期间要采取措施，宜安装泄漏监测系统，加密人员巡检，及时发现泄漏点；管道输送介质为气体的管道在三、四级地区不应采用气体试压。介质试压的压力参见表6-25。

如应用当前或历史最高运行压力值或失效压力来确定未来一段时间的最高运行压力，

则应遵循以下原则：

（1）近半年的最高失效压力，只能确定未来半年的最高运行压力不能高于失效压力的 80%；

（2）历史近三年的最高运行压力，只能确定未来一年的最高运行压力不能高于该历史最高压力。

表6-25　建议输油气管道试压压力、稳压时间和合格标准

输送介质	分类		建议试压压力及稳压时间
输油管道	一般地段	压力/MPa	拟运行压力 1.1 倍
		稳压时间/h	24
	大中型穿（跨）越及人口稠密区	压力/MPa	拟运行压力 1.25 倍
		稳压时间/h	24
	合格标准		压降≤1%试压压力，且≤0.1MPa
输气管道	一级地区	压力/MPa	拟运行压力 1.1 倍
		稳压时间/h	24
	二级地区	压力/MPa	拟运行压力 1.25 倍
		稳压时间/h	24
	三级地区	压力/MPa	拟运行压力 1.4 倍
		稳压时间/h	24
	四级地区	压力/MPa	拟运行压力 1.5 倍
		稳压时间/h	24
	合格标准		压降≤1%试压压力，且≤0.1MPa

注：不论地区等级如何，服役年限大于 30 年小于 40 年的管道建议按照 1.25 倍运行压力试压，对于超过 40 年以上的管道建议按照拟运行压力的 1.1 倍试压。

6.4.4　试压风险

试压在管道完整性评价中是一项相对危险的作业，其风险主要来自人身安全和系统及系统部件安全。试压不能采取风险转移或规避的方法，要真正做到消除风险。试压前，要进行风险识别，宜采用专家评价法、头脑风暴法及风险树图解法，把可能遇到的风险因素识别出来，进行风险分析和评价，再针对这些因素提出相应的防范措施。油气管道试压风险包括但不限于：

（1）工艺参数变化的风险；

（2）注水与排水对管道腐蚀的风险；

（3）介质试压泄漏污染的风险；

（4）气体试压过程中管道泄漏燃爆而引起人员伤亡的风险；

（5）管道泄漏点众多引起管道失效的风险；

（6）试压过程中对整个系统扰动的风险；

（7）管材的特性，重点分析试压后管材屈服及应力变化、材料退化、缺陷增长的风险。

6.4.5　减压风险管理

试压风险管理是一个动态过程，要形成风险管理矩阵，及时对风险评价表进行更新。

在试压过程中形成检查表，由专人负责，确保各环节工作无遗漏，试压后要总结经验，不断完善试压风险管理措施，最大限度地消除试压风险因素。要综合考虑各种风险，制定详细的试压方案，同时针对管材材质的不确定性和当前的状况，进行定量分析，必要时制作试件进行测定。考虑介质置换、温度变化引起的管道应力变化，进行有限元分析，确保应力变化在可控范围内，制定有效措施进行控制。不断识别试压过程中的风险，人员和设备应处于良好状态，并做好应急预案准备。低值易耗品应具有足够的库存。应合理安排人力，进行试压前培训，程序培训及方案交底要提前进行，责任部门要做好培训记录、交底记录的保存。

依照标准、规范详细计算所用材料的强度，按程序要求编制相应表格，做到有据可查。应结合现场状况提前对施工方案进行会审，输气管道采用水试压时应将地上段根据管道充水间距设置临时支架，向系统充水时，应将系统的空气排尽。

试压方案应报地方监管部门，试压前应通知地方监管部门。地方监管部门应对试压方案进行审核并做好应急准备工作。

6.4.6　试压过程监控

试压过程应全面监控管道泄漏、压力变化情况，分析是否有管材破裂。试压过程中应严密监视试压段两端压力升高和降低的动态，应实时监测或每 5min 记录一次。沿线试压段应安排线路巡护人员重点观察地面有无介质泄放，地面附着物有无异常。试压过程中应及时通知路权沿线居民，并安排人员做好疏散应急预案。

6.4.7　试压结果处置

应及时对试压过程数据进行分析，找出泄漏点及疑似泄漏点，并进行开挖验证。应及时将试压结果作好记录。如发现泄漏点，应及时采取措施修复和分析，如换管、焊接修复等。将所有泄漏点处置完毕后，应再次进行系统试压，达到预定要求后，试压结果经地方监管部门审核后方可按压力试验评价结果进行升压运行。

6.4.8　再评价周期

应通过压力试验和管材性能的综合分析、需要实际运行压力和最高试压压力的差值大小、随时间增长的缺陷增长速率等提出再评价周期。如无法确认缺陷增长速率，则可按运行压力每低于最高运行压力的 10% 可运行一年计算再评价周期，最长不应超过三年。允许有其他被证实为科学可信的方法来确定再评价周期。

6.4.9　试压报告

试压评价报告应包括：工程情况；试压方案；记录；发现的缺陷与异常；修复情况；后评价周期；结论。

第7章　管道适用性评价技术

适用性评价是世界各大管道公司在管道安全管理中采取的一项重要内容，它是对含有缺陷的管道能否适合于继续使用的定量评价，即在缺陷定量检测的基础上，通过严格的理论分析与计算，确定缺陷是否危害结构的安全可靠性，并对缺陷的形成、发展及结构失效过程及后果作出科学判断。通过适用性评价，不仅可以大大减小管线事故发生率，而且可以避免不必要和无计划的设备/结构更换和维修，从而获得巨大经济效益。

管道适用性评价的主要对象类型有：体积型缺陷（主要是指腐蚀所造成的点、槽、片状等腐蚀缺陷）、平面型缺陷（主要是指应力腐蚀开裂、氢致宏观裂纹、焊缝裂纹、疲劳裂纹、热裂纹等面型缺陷）、几何不完整缺陷（主要是指错边、撅嘴、管体不圆等）和弥散损伤型缺陷（主要是指氢鼓泡和氢致诱发微裂纹等）。

从 20 世纪 70 年代提出管道适用性评价至今，国内外在该领域已开展了大量研究工作，并有不少标准和规范颁布，实际应用后也取得了很好的经济效益和社会效益。但是，在具体应用过程中，各种标准规范的适用性存在一定的差异，本章将对这些评价标准和规范进行详细分析，总结出适用于油气管道的适用性评价方法。

7.1　缺陷的定义

所谓缺陷，指的是超出标准或规范规定的数量级别的缺欠。缺欠指的是材料的不连续性或者不规则性，可以根据标准或规范的要求进行检测。不同标准或规范对于缺陷的定义存在差异。

管道缺陷可根据其成因分为三类，即机械损伤、焊接缺陷和腐蚀缺陷。

1. 机械损伤

（1）凹坑　外部载荷造成的凹陷，引起管壁曲率的不连续，不会减小管道的壁厚。

（2）沟槽　机械切除或金属移动引起的表面不完整，减小了管道的壁厚。

（3）凹槽　凹槽会引起局部的应力集中，可被视作缺陷。

（4）表面裂纹　管体的表面裂纹应被视作缺陷。

2. 焊接缺陷

（1）电弧烧伤　电弧引起的局部状态或沉积物（其成分为熔化金属和热影响金属），改变了管道的表面形貌。

（2）未焊透　指母材金属未熔化，焊缝金属没有进入接头根部的缺陷。

（3）未熔合　指焊缝金属与母材金属，或焊缝金属之间未熔化结合在一起的缺陷。

（4）内凹　未完成填充的焊缝。

（5）咬边　焊缝根部或顶部沿焊趾的母材部位产生的沟槽或凹陷。

（6）夹渣　夹在焊接金属中间或焊缝金属与母材金属之间的非金属固体。

（7）气孔　根部焊道存在的线性孔隙或柱状气孔。

3. 腐蚀缺陷

（1）全面腐蚀（均匀腐蚀）　一定区域内壁厚均匀或逐渐变化。

（2）局部腐蚀　局部腐蚀点减小了壁厚，使其小于设计壁厚。

（3）应力腐蚀开裂　应力腐蚀开裂有两种，即硫化物应力腐蚀开裂和氢致开裂。硫化物应力腐蚀开裂首先发生在承受施加应力或残余应力的区域。氢致开裂发生在低应力情况下，甚至在没有应力或外部压缩应力的情况下也可以发生。

7.2　相关国际标准

7.2.1　腐蚀缺陷评价

（1）ASME B31G　腐蚀管道剩余强度评价手册

（2）BS 7910　熔焊结构缺陷可接受性评估方法指南

（3）API 579　适用性评价推荐做法

7.2.2　裂纹型缺陷评价

（1）CEGB R6　含缺陷结构完整性评估

（2）CSA Z662　油气管道系统

（3）BS 7910　熔焊结构缺陷可接受性评估方法指南

（4）API 579　适用性评价

7.2.3　焊接缺陷评价

API 579　适用性评价

7.3　腐蚀缺陷评价

7.3.1　腐蚀缺陷

1. 腐蚀形貌

腐蚀是由于化学或电化学反应造成的材料退化。管道上的腐蚀可分为以下几种类型：

（1）点蚀　导致金属表面局部、较深的渗透，在周围区域几乎没有均匀腐蚀。

（2）缝隙腐蚀　发生在垫圈、螺栓和搭接焊缝缝隙处的腐蚀。

（3）均匀腐蚀或全面腐蚀　整个腐蚀表面上腐蚀速率大致相同的腐蚀，其腐蚀速率范围可采用单位面积的质量损失来测量。

（4）晶间腐蚀　发生在材料晶界上或其附近的腐蚀。

（5）侵蚀　主要发生在扰动较大的快速流体通过的管道上。

2. 腐蚀成因

发生在管道外表面的腐蚀缺陷通常是由制造缺陷、涂层或阴极保护问题、残余应力、循环载荷、温度或局部环境造成的。如果输送介质含有污染物，如少量的沙粒或氨基酸，管道有可能发生内腐蚀。

3. 腐蚀缺陷的重要参数

有些参数被认为对于腐蚀缺陷管道的剩余强度有着巨大的影响。根据其影响程度大小，列举如下：①内压；②管径；③壁厚、缺陷深度；④缺陷长度、宽度；⑤抗拉强度；⑥屈服强度/形变硬化指数；⑦断裂（冲击）韧性。

7.3.2 评价方法

评估管道腐蚀缺陷的方法有很多。目前，最常用的是 RSTRENG 和改进的 B31G。上述方法都是根据 NG-18 未穿透缺陷的评价公式转化而来，但是鼓胀因子、流变应力和缺陷形貌的近似表达有所不同。鼓胀因子是用于描述薄壁壳体表面鼓胀效应的术语。

由于腐蚀管道的形状较为复杂，对于这类管道没有严格的解析应力分析。但是，有限元方法已经成功应用于腐蚀管道的失效压力预测中。

1. NG-18

20 世纪 60 年代，在美国天然气协会（American Gas Association，AGA）的资助下，美国 Battelle 研究院开始研究含腐蚀缺陷管道的安全评价，主要是针对钢管的轴向表面缺陷。由于该项目的名称为 NG-18，因此，该准则的公式也命名为 NG-18 公式，其表达式如下：

$$P_{\text{Failure}} = \frac{2 \cdot t \cdot \sigma_{\text{Flow}}}{D} \left[\frac{1 - \dfrac{A}{A_{\text{o}}}}{1 - \left(\dfrac{A}{A_{\text{o}}}\right) \dfrac{1}{M}} \right] \tag{7-1}$$

式中 P_{Failure}——预测失效压力；

     σ_{Flow}——管材的流变应力，定义为 $\sigma_{\text{Flow}} = 1.1 \times SMYS$，$SMYS$ 为最小要求屈服强度；

     D——钢管外径；

     t——钢管的名义壁厚；

     A——缺陷的环向投影面积；

     A_{o}——缺陷所在区域管道的投影面积，$A_{\text{o}} = Lt$；

     L——缺陷轴向长度；

     M——鼓胀因子，表达式如下：

$$M = \sqrt{1 + 0.6275 \frac{L^2}{Dt} - 0.003375 \left(\frac{L^2}{Dt}\right)^2} \tag{7-2}$$

鼓胀因子较为复杂，其目的是针对较短的缺陷，随着缺陷长度的增加，M 也应该增大。但是在式（7-2）中，当缺陷的长度足够大时，M 随缺陷长度的增大而减小。因此，对鼓胀因子进行了修正，修正后的表达式如下：

当 $\dfrac{L^2}{Dt} \leqslant 50$ 时：

$$M = \sqrt{1 + 0.6275 \frac{L^2}{Dt} - 0.003375 \left(\frac{L^2}{Dt}\right)^2} \tag{7-3a}$$

当 $\dfrac{L^2}{Dt} > 50$ 时：

$$M = 0.032 \frac{L^2}{Dt} + 3.3 \tag{7-3b}$$

将式(7-1)中的流变应力用 $\sigma_{\text{Flow}} = 1.1 \times SMYS$ 代替，管道的失效压力可表示为：

$$P_{\text{Failure}} = \frac{2 \cdot t \cdot 1.1 \cdot SMYS}{D} \left[\frac{1 - \dfrac{A}{A_\text{o}}}{1 - \left(\dfrac{A}{A_\text{o}}\right)\dfrac{1}{M}} \right] \tag{7-4}$$

2. ASME B31G

在含腐蚀缺陷管道剩余强度评价方法研究领域，最早开展相关工作的是 Battelle 研究院，其研究结果是 B31G(ASME 1991)。加拿大标准(CSA Z662)和其他标准采用了 B31G 中定义的评估程序。

B31G 准则是基于这样一个假设，不含缺陷管道的环向应力是最大主应力，它控制了管道的失效。腐蚀缺陷的失效压力与材料的流变应力和鼓胀因子相关，也就是与傅里叶因子(M)及腐蚀造成的材料损失有关，如式(7-5)所示。

$$p_{\text{Failure}} = \frac{2 \cdot t \cdot \sigma_{\text{Flow}}}{D} \left[\frac{1 - \dfrac{2}{3}\left(\dfrac{d}{t}\right)}{1 - \dfrac{2}{3}\left(\dfrac{d}{t}\right)M^{-1}} \right] \tag{7-5}$$

$$M = \sqrt{1 + \frac{0.8L^2}{2rt}}$$

$$\sigma_{\text{Flow}} = 1.1(SMYS)$$

式(7-5)还可以写成：

$$\sigma_{\text{Hoopatfailure}} = \sigma_{\text{Flow}} \left[\frac{1 - \dfrac{2}{3}\left(\dfrac{d}{t}\right)}{1 - \dfrac{2}{3}\left(\dfrac{d}{t}\right)M^{-1}} \right] \tag{7-6}$$

式中：t 为管道的壁厚；r 为管道的半径；d 为腐蚀缺陷的深度；σ_{Flow} 为流变应力。

如果假设最大应力水平是最小要求屈服强度的 100%，式(7-6)就可以用缺陷的长度来表示：

$$L = 1.12 \left[\sqrt{\left(\frac{\dfrac{d}{t}}{1.1\dfrac{d}{t} - 0.15} \right)^2 - 1} \right] \sqrt{2rt} \tag{7-7}$$

或

$$L \leqslant 1.12B\sqrt{2rt}$$

式(7-7)给出了钢管允许的缺陷长度、壁厚和最大缺陷深度，以便最大应力不会超过最小要求屈服强度(SMYS)。这是 B31G 在许多标准中的常见形式，包括 CSA Z662。B 的值可以根据图表进行确定，最大值不超过 4.0。之所以这样规定是因为失效压力作为缺陷长度的函数存在不连续性，同时假设缺陷的长度应该有所限制，或者可以作为无限长度缺陷(B>4.0)。d/t>0.8 这种情况是不被允许的，当 d/t<0.125 时，缺陷的长度不受限制。

对于薄壁压力容器的环向应力，式(7-5)可以写成一种更为熟悉的方式，即失效时的应力等于缺陷几何形状修正过的环向应力。

$$\sigma_{\text{Flow}} = \frac{P_f r}{t} G(L,\ r,\ t,\ d) \tag{7-8}$$

$$\sigma_{\text{Flow}} = 1.1(SMYS)$$

$$G(L,\ r,\ t,\ d) = \left[\frac{1-\frac{2}{3}\left(\frac{d}{t}\right)}{1-\frac{2}{3}\left(\frac{d}{t}\right)M^{-1}}\right]^{-1}$$

$$\sigma_{\text{Hoop}} = \frac{pr}{t}$$

这里假定材料是完全线弹性的，流变应力比最小要求屈服强度高 10%。这个等式最重要的一部分是形状因素，包括傅里叶或鼓胀因子。

根据缺陷的形状，假定应力的增加与腐蚀区域材料的剩余横截面积成反比。给定 d 和 L，B31G 假定，复杂形状的腐蚀缺陷的横截面近似于抛物线。在这种情况下，缺陷区域的面积可以表示为 $\frac{2}{3}dL$，那么剩余部分的面积就是 $tL-\frac{2}{3}dL$ 或者 $tL\left(1-\frac{2}{3}\frac{d}{t}\right)$，这个出现在式(7-8)中。所有腐蚀区域都被投影到轴向。尺寸因素，包括剩余横截面采用因子 M 进行修正。这个因子被称作傅里叶因子或鼓胀因子，最初是作为尺寸因子。考虑到与平板的不同，该因子用来修正圆筒壁上的穿透型裂纹的弹性应力集中。

如式(7-5)所示，傅里叶因子是缺陷长度和钢管形状的函数。随着缺陷长度的增加，特别是对于大的缺陷，这个数据将变得非常大。依据式(7-5)，傅里叶因子将会趋近于零，等式简化成式(7-9)，其本质上表示了一个壁厚减薄的不含缺陷管道。这个限制是合理的，对于长度较长的缺陷，与缺陷深度线性相关，这个已经被试验证实了。

当 L→∞时：

$$p_f = \left(\frac{t}{r}\right)1.1(SMYS)\left[L-\left(\frac{d}{t}\right)\right] \tag{7-9}$$

当缺陷的长度趋近于 0 时，傅里叶因子也趋近于 1.0，此时，完整管道的失效压力如式(7-10)所示。

当 L→0 时：

$$p_f = \left(\frac{t}{r}\right)1.1(SMYS) \tag{7-10}$$

这些公式假定失效是应力控制的，当应力水平等于流变应力时，失效发生。考虑到完整管道的失效，这方面要进一步讨论。

最后两个等式表明，傅里叶因子在一定范围可以提供合理的结果。但是需要认识到，缺陷长度从 0 到 ∞，引起的从 1 改变至 ∞ 的任何因素都可以提供相同的结果。

3. 改进的 ASME B31G

尽管管道运营人员意识到 B31G 是一种保守的方法，但是它仍被广泛采用，而且已经使用多年，在现场也很容易使用，因为 B31G 只需要最大深度和长度来表征腐蚀缺陷。随着高精度检测工具和其他技术的出现，对上千千米管线的缺陷尺寸进行精确测量已经成为可能。不幸的是，B31G 并没有利用这些信息带来的精确性，因为它对缺陷尺寸近似处理，可能会作出保守的维修和更换建议。

B31G 准则是基于管道的环向应力确定腐蚀缺陷的影响。最初的 B31G 准则过于保守，导致了过量的维修或换管。于是，建立了改进的 B31G 准则。B31G 准则假定腐蚀区域为抛物线型（$2/3dL$，改进的 B31G 准则假定其形状不规则，面积为 $0.85dL$）。基于改进的 B31G 准则，环向应力，即管道最大主应力，控制了管道的失效。根据 NG-18 表面缺陷公式，流变应力、鼓胀因子（M）及缺陷几何尺寸之间有直接关系：

$$\sigma_\theta = \bar{\sigma} \left[\frac{1 - \dfrac{d}{t}}{1 - \left(\dfrac{d}{t}\right)\dfrac{1}{M}} \right] \tag{7-11}$$

根据改进的 B31G 准则，上述公式可如下表述：

$$\sigma_\theta = \bar{\sigma} \left[\frac{1 - 0.85\dfrac{d}{t}}{1 - 0.85\left(\dfrac{d}{t}\right)\dfrac{1}{M}} \right] \tag{7-12}$$

式中，流变应力 $\bar{\sigma}$ 和鼓胀因子分别为：

$$\bar{\sigma} = \sigma_y + 10(\text{ksi}) = \sigma_y + 69.8(\text{MPa}) \tag{7-13}$$

$$M = \sqrt{1 + 0.6275\left(\frac{2c}{\sqrt{Dt}}\right)^2 - 0.003375\left(\frac{2c}{\sqrt{Dt}}\right)^4} \tag{7-14}$$

失效压力可如下计算：

$$P_f = \left(\frac{t}{R}\right)\bar{\sigma} \left[\frac{1 - 0.85\dfrac{d}{t}}{1 - 0.85\left(\dfrac{d}{t}\right)\dfrac{1}{M}} \right] \tag{7-15}$$

4. RSTRENG

RSTRENG 是预测含外部腐蚀管道剩余强度的首选方法，其保守程度较 B31G 低，而且对于腐蚀区域的表征更为准确。这个方法是用 NG-18 公式的改进形式。改进的 B31G 与 RSTRENG 之间的差别在于投影面积。改进的 B31G 计算剩余强度是假定腐蚀区域面积为 $0.85dL$，而 RSTRENG 使用的是有效面积方法。因此，RSTRENG 计算的缺陷面积比改进

B31G 更为准确。

在有效面积计算方法中，单独测量与其他腐蚀区域联合在一起，采用的是迭代方法。例如，在预测管道失效压力时，7 次测量时计算次数是 21 次。图 7-1 列出了预测最低失效压力时的迭代过程。

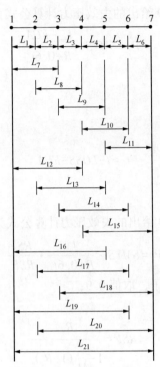

图 7-1　7 次测量结果后 RSTRENG 要进行 21 次计算

如图 7-1 所示，对于 7 个点的深度，RSTRENG 执行了 21 次失效压力迭代计算，最低值就是最小失效压力。

$$P_f = \left(\frac{t}{R}\right)\sigma\left(\frac{1-\dfrac{A}{A_0}}{1-\dfrac{A}{A_0}\dfrac{1}{M}}\right) \tag{7-16}$$

5. PCORRC

Stephens 采用壳体单元模拟腐蚀缺陷，这种评价方法就是 PCORRC，适用于长而浅的缺陷。其失效压力计算公式如下：

$$P_{\text{Failure}} = \sigma_u \frac{2t}{D}\left(1-\frac{d}{t}M\right) \tag{7-17}$$

式中：σ_u 为材料的抗拉强度。鼓胀因子表达式如下：

$$M = 1 - \exp\left(-0.157\frac{L}{\sqrt{\dfrac{D}{2}(t-d)}}\right) \tag{7-18}$$

6. API 579

API 579-1/ASME FFS-1《适用性评价》是由美国石油学会与美国机械工程师协会在 2007 年联合发布，简称为 API 579-1。在 API 579 将腐蚀缺陷分成两种主要类型进行评价，即均匀腐蚀与局部腐蚀。

对于均匀腐蚀缺陷，API 579 给出的失效压力计算公式为：

$$P_{\mathrm{f}} = SMYS \cdot \frac{t_{\mathrm{am}} - FCA}{R + 0.6t_{\mathrm{c}}} \tag{7-19}$$

式中　t_{am}——平均测试壁厚；

　　FCA——未来腐蚀裕量；

　　R——内半径；

　　t_{c}——腐蚀壁厚。

$$t_{\mathrm{c}} = t - LOSS - FCA \tag{7-20}$$

式中　t——名义壁厚；

　　$LOSS$——均匀金属损失量。

对于局部腐蚀缺陷，API 579 给出的失效压力计算公式为：

$$P_{\mathrm{f}} = SMYS \cdot \frac{t_{\mathrm{c}}}{R + 0.6t_{\mathrm{c}}} \cdot \frac{RSF}{RSF_{\mathrm{a}}} \tag{7-21}$$

式中　RSF_{a}——许用剩余强度因子，取值 0.9；

　　RSF——剩余强度因子。

$$RSF = \frac{R_{\mathrm{t}}}{1 - \frac{1}{M_{\mathrm{t}}}(1 - R_{\mathrm{t}})} \tag{7-22}$$

式中　R_{t}——剩余厚度比；

$$R_{\mathrm{t}} = \frac{t_{\mathrm{mm}} - FCA}{t_{\mathrm{c}}} \tag{7-23}$$

　　M_{t}——傅里叶因子。

$$M_{\mathrm{t}} = \begin{pmatrix} 1.0010 - 0.014159\lambda + 0.29090\lambda^2 - 0.09642\lambda^3 + 0.020890\lambda^4 \\ -0.0030540\lambda^5 + 2.9570 \times 10^{-4} \times \lambda^6 - 1.8462 \times 10^{-5} \times \lambda^7 \\ +7.1553 \times 10^{-7} \times \lambda^8 - 1.5631 \times 10^{-8} \times \lambda^9 + 1.4656 \times 10^{-10} \times \lambda^{10} \end{pmatrix} \tag{7-24}$$

式中　λ——壳体参数。

$$\lambda = \frac{1.285s}{\sqrt{Dt_{\mathrm{c}}}} \tag{7-25}$$

式中　s——腐蚀缺陷轴向长度；

　　D——内径。

综上所述，式(7-21)可改写为：

$$P_{\mathrm{f}} = SMYS \cdot \frac{t_{\mathrm{c}}}{R + 0.6t_{\mathrm{c}}} \cdot \frac{R_{\mathrm{t}}}{1 - \frac{1}{M_{\mathrm{t}}}(1 - R_{\mathrm{t}})} \tag{7-26}$$

7. BS 7910

英国标准协会(BSI)发布了 BS 7910《金属结构裂纹验收评定方法指南》。该标准中提供的含腐蚀缺陷管道的评价方法表达式如下：

$$P_{sw} = 2 \cdot t \cdot UTS \cdot \frac{1 - \dfrac{d}{t}}{(D-t)\left(1 - \dfrac{d}{tQ}\right)} \qquad (7-27)$$

式中 t——管道的名义壁厚；

t——管道的名义外径；

UTS——材料的最小要求抗拉强度；

Q——缺陷的长度修正因数，$Q = \sqrt{1 + 0.31\left(\dfrac{l}{Dt}\right)^2}$；

l——缺陷的轴向长度。

7.3.3 腐蚀缺陷剩余强度评价公式比较

为了对比 ASME B31G、改进的 ASME B31G、PCORRC、API 579、BS 7910 这五种含腐蚀缺陷管道的剩余强度评价方法，对 58 组爆破试验数据进行了统计分析。试验数据覆盖的钢级从 X40 至 X60，管径从 406.40mm 至 1067mm，壁厚从 5.0mm 至 15.49mm。管材规格、力学性能、缺陷尺寸及其他评价参数如表 7-1 所示。

表 7-1 爆破压力计算参数及水压爆破试验压力

序号	壁厚/mm	外径/mm	实测屈服强度/MPa	实测抗拉强度/MPa	钢级	缺陷深度/mm	缺陷轴向长度/mm	爆破压力/MPa
1	9.80	762.00	417	559	X52	5.78	219.20	7.01
2	9.73	762.00	417	559	X52	5.71	369.82	6.10
3	9.96	762.00	417	559	X52	8.84	224.03	2.09
4	9.58	762.00	415	556	X52	7.47	224.03	3.94
5	9.65	762.00	391	527	X52	5.64	83.82	10.47
6	9.65	762.00	391	527	X52	5.64	83.82	10.57
7	9.27	762.00	437	570	X52	3.43	370.84	9.10
8	9.63	762.00	437	570	X52	3.77	222.25	9.92
9	9.63	762.00	437	570	X52	3.77	83.82	11.91
10	9.88	762.00	436	549	X52	7.82	370.84	2.66
11	9.88	762.00	436	549	X52	7.77	86.36	9.51
12	9.53	762.00	427	556	X52	6.88	312.42	5.13
13	9.3	762.00	427	556	X52	4.48	312.42	7.18
14	9.53	762.00	427	556	X52	4.61	312.42	7.52

序号	壁厚/mm	外径/mm	实测屈服强度/MPa	实测抗拉强度/MPa	钢级	缺陷深度/mm	缺陷轴向长度/mm	爆破压力/MPa
15	9.53	762.00	427	556	X52	4.61	312.42	7.11
16	9.53	762.00	427	556	X52	4.48	312.42	6.84
17	6.35	406.40	380	479	X52	3.06	185.42	7.40
18	6.35	406.40	380	479	X52	3.06	185.42	7.12
19	6.35	406.40	380	479	X52	3.06	185.42	6.56
20	6.35	406.40	380	479	X52	3.06	185.42	7.12
21	6.35	406.40	380	479	X52	3.01	185.42	7.80
22	10.03	914.40	505	628	X60C	4.95	84.58	11.02
23	10.11	914.40	500	629	X60C	4.95	153.16	8.79
24	11.15	914.40	376	532	X60V	6.59	139.70	8.21
25	11.30	914.40	376	532	X60V	8.35	139.70	7.15
26	9.73	914.40	472	614	X60V	4.78	190.50	7.15
27	9.14	762.00	445	579	X60C	4.51	152.40	8.90
28	9.32	762.00	445	579	X60C	4.41	152.40	9.59
29	9.47	762.00	445	579	X60C	4.24	152.40	10.12
30	9.73	914.40	471	599	X60C	4.90	228.60	5.50
31	9.98	914.40	446	605	X60V	7.35	213.36	4.24
32	9.98	914.40	446	605	X60V	7.28	121.92	6.77
33	10.08	914.40	446	596	X60V	4.90	111.76	8.55
34	15.49	762.00	453	622	X52	10.51	406.40	7.45
35	15.65	762.00	453	622	X52	10.49	406.40	7.33
36	12.80	863.60	462	609	X65	3.11	406.40	12.31
37	14.99	863.60	462	609	X65	10.83	609.60	2.11
38	14.99	863.60	462	609	X65	10.31	609.60	2.94
39	10.24	914.40	442	588	X60V	4.92	111.76	8.76
40	10.57	914.40	453	605	X60V	4.17	165.10	8.73
41	10.26	914.40	446	605	X60V	5.02	111.76	8.83
42	126	1066.80	432	581	X60	6.27	165.10	6.22
43	9.83	914.40	481	605	X65	6.62	152.40	5.54
44	10.67	914.40	420	583	X60	7.23	63.50	9.99
45	11.13	914.40	395	558	X60	7.30	127.00	8.34
46	12.04	1066.80	475	/	X60	5.76	292.10	4.45

续表

序号	壁厚/mm	外径/mm	实测屈服强度/MPa	实测抗拉强度/MPa	钢级	缺陷深度/mm	缺陷轴向长度/mm	爆破压力/MPa
47	9.91	914.40	481	/	X65	4.78	406.40	4.18
48	9.91	914.40	481	/	X65	4.78	406.40	7.66
49	6.00	508.00	462	587	X56	3.76	619.76	8.57
50	6.00	612.00	402	534	X52	3.75	432.56	7.88
51	6.00	504.00	462	587	X56	3.25	462.28	8.05
52	6.00	506.00	462	587	X56	3.02	132.08	10.72
53	5.00	274.00	350	454	X42	2.74	66.04	12.66
54	10.00	864.00	400	508	X46	3.00	185.42	10.55
55	5.00	274.00	350	454	X42	2.72	38.10	14.79
56	5.00	273.00	388	502	X52	1.72	139.70	18.04
57	8.00	323.00	356	469	X46	2.97	203.20	23.09
58	8.00	322.00	356	469	X46	0.00	0.00	22.45

将爆破压力预测值与试验结果对比，如图7-2所示。

从图7-2和表7-2中可以看出，改进的API 579是最适合体积型缺陷评价的方法，标准偏差较小。

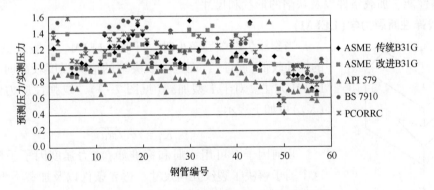

图7-2　体积型缺陷预测值与试验结果对比

表7-2　低钢级钢管预测值/实测值结果分析

	ASME 传统 B31G	ASME 改进 B31G	API 579	BS 7910	PCORRC
平均值	1.2419	1.1803	0.928151	1.4101	1.315072
最大值	3.0616	3.7973	2.606778	4.8730	3.528733
最小值	0.4126	0.5781	0.4314	0.7646	0.560699
标准偏差	0.4775	0.5218	0.342215	0.6655	0.458056
偏差±20%	28	37	36	21	17

7.4 裂纹缺陷评价

7.4.1 裂纹缺陷成因

裂纹型缺陷主要是指平面缺陷，通常用长度和深度进行表征，其根部半径较为尖锐。裂纹状缺陷包括平面缺陷、焊缝上的未熔合和未焊透、尖锐的沟槽状局部腐蚀以及与环境开裂相关的分枝状裂纹。

在某些情况下，建议将成列的气孔或夹渣、较深的咬边和焊瘤作为平面缺陷处理，特别是这些体积型缺陷的根部可能含有微裂纹时。对于这些微裂纹，无损检测方法不够敏感，可能会造成漏检。

裂纹缺陷特征变化较大，这与裂纹的成因、材料以及环境有关。裂纹可以在管道外表面萌生，在长度和表面方向发生扩展。沿表面扩展的方向垂直于环向应力，导致裂纹在管道轴向连接在一起。

7.4.2 裂纹缺陷评价原理

评价管道上裂纹缺陷的方法较多。这些方法采用线弹性断裂力学(LEFM)或弹塑性断裂力学(EPFM)原理。LEFM 不能用于断裂前发生较大屈服的情况。一般来说，在平面应变条件下，最大应力强度发生在半椭圆裂纹最深处。裂纹缺陷是断裂失效还是塑性失稳，这取决于材料性能、加载条件以及缺陷的形状和尺寸。

1. 线弹性断裂力学(LEFM)

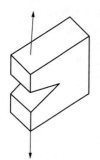

当裂纹尖端塑性较小时，可采用 LEFM。一般来说，当材料的韧性较低(脆性)，而且裂纹尖端的应力强度较高时，可采用 LEFM 方法。对于 I 型加载(见图 7-3)，线弹性应力强度因子(K_I)可如下表示：

$$K_I = Y\sigma\sqrt{\pi a}$$

几何因子 Y 可用手册和标准如《应力强度因子手册》计算。这个因子解决了裂纹几何尺寸、边界条件以及加载类型的影响。线弹性应力强度可计算任何 σ(应力)和 a(裂纹长度的一半)的组合情况。

图 7-3 张开型(I 型)裂纹

断裂韧性用于评估结构上的裂纹缺陷。K_I 的计算是根据裂纹尺寸与载荷，并与断裂韧性值进行对比。断裂韧性是材料的性能，根据定义，当达到 K_I 的临界值(K_c)时，断裂发生。对于脆性断裂，K_I 和 K_c 都应该用到。

2. 弹塑性断裂力学(EPFM)

当裂纹尖端塑性区尺寸较大时，EPFM 是评估含裂纹型缺陷结构更为先进的方法。这个方法采用双参数，即 J 积分与总的应变能密度(U)。J 积分的定义是沿裂纹尖端的路径的独立积分。也就是说，J 积分是沿裂纹尖端(a)和($a+\Delta a$)两点之间势能的变化率，或者裂纹扩展速率。在本书中：

$$J = -\frac{1}{B}\frac{\partial U}{\partial a} \tag{7-28}$$

既然管道材料是韧性的，在评估裂纹缺陷时应采用 J 和 J_c。

J_c 可用来预测等效的 K_c 值，计算公式如下：

$$K_c = \sqrt{J_c E'} \tag{7-29}$$

式中，E' 在平面应变情况下为：

$$E' = \frac{E}{1-\nu^2} \tag{7-30}$$

在裂纹尖端塑性区尺寸较小或裂纹尖端发生小范围屈服情况下，可使用式(7-28)。根据式(7-31)，J 的值包括了弹性和塑性两部分，因此弹性部分的 J 值可在式(7-28)中使用（例如：$J_c = J_{el}$）。

$$J = J_{el} + J_{pl} \tag{7-31}$$

7.4.3 裂纹型缺陷评价方法

管道上裂纹型缺陷的评价方法有几种，包括 API 579、BS 7910 和 NG-18。所有这些方法都已经成功应用于裂纹缺陷的评价，但是各方法的保守程度以及不同评价参数的敏感性还不明确。

1. NG-18 裂纹评价方法

NG-18 方法可用于评价管道上的裂纹或裂纹状缺陷。在评价管道的失效压力时，NG-18 公式合并了流变应力、断裂韧性或夏比断裂能（CVN），表达式如下：

$$K_c^2 = \left(\frac{EC_v}{A}\right)^2 = \frac{8}{\pi}c_{eq}\times\sigma_f^2\times\ln\sec\left(\frac{\pi\times M_p\sigma_h}{2\sigma_f}\right) \tag{7-32}$$

式中

$$\sigma_f = \sigma_y + 68.9(MPa)$$

$$M_p = \frac{1-\dfrac{d}{t}\left(\dfrac{1}{M_t}\right)}{1-\dfrac{d}{t}} \tag{7-33}$$

$$M_t = \sqrt{\left[1+1.255\left(\frac{c_{eq}^2}{Rt}\right)-0.0135\left(\frac{c_{eq}^2}{Rt}\right)^2\right]} \tag{7-34}$$

失效压力可如下计算：

$$P_f = \frac{2t}{D\pi M_p}\times\sigma_f\times\cos^{-1}\left(\frac{1}{e^{\frac{E\pi C_v}{8Ac_{eq}\sigma_f^2}}}\right) \tag{7-35}$$

2. CEGB R6

在 1970 年，英国核动力业界发展了缺陷评估的概念。英国能源早期的 R6 路线引入了所谓的双准则方法和失效评估图。当结构上的应力强度因子超过了线弹性 K_{Ic} 表示的断裂韧性时，或者施加的载荷超过了含裂纹结构净截面的塑性崩溃载荷时，就定义为失效。这种方法的优点在于，当后屈服断裂力学还处于发展之中时候，这个双准则都已经被理解得很透彻了。在基于断裂的 K_{1c} 和塑性崩溃的极端情况之间，弹塑性断裂的失效模式采用基于经验数据和窄带屈服方法之间的内插直线来模拟。R6 的改进之一是施加的 K 因子采用断裂韧性 K_{mat} 进行归一化处理，施加载荷 F 采用塑性崩溃载荷 F_{pc} 处理：

$$K_r = K/K_{mat} \tag{7-36}$$

$$S_r = F/F_{pc} \tag{7-37}$$

采用这种方法，内插线的表达式为：

$$K_r = S_r \left[(8/\pi^2) \ln\sec(\pi S_r/2) \right]^{-1/2} \tag{7-38}$$

这个内插线也成为了 FAD 的失效评估曲线。

在 FAD 方法中，结构的评估是基于评估点 (K_r, S_r) 在图上与失效评估曲线的相对位置来进行的。这条曲线被认为是通用曲线，基本上与结构的几何尺寸和材料性能无关。在最简单的应用中，只要评估点位于失效评估曲线下方的阴影区域中，结构就被认为是安全的。

在 R6 方法第一次发布的同时，美国 EPRI 方法也在建立。下面的说明指的是 J 积分作为裂纹驱动力参数。然而，需要注意的是，采用 δ_{45} 定义的 CTOD 解也是适用的。在 EPRI 方法中，J 积分被分为小范围的屈服结构和大范围的屈服：

$$J = J_{ssy} + J_p \tag{7-39}$$

在小范围屈服部分，J_{ssy} 是根据弹性应力强度因子、采用较小的修正得到的，这个修正是基于塑性区对裂纹尺寸的修正（这些词语的定义见"裂纹尖端塑性"术语表）。对于塑性部分，J 积分解决了 HRR（Hutchinson-Rice-Rosengreen）场公式的无解难题。采用施加载荷 P 和参比载荷 P_0（EPRI 术语）给出如下公式：

$$J_p = \alpha \varepsilon_0 \sigma_0 h L \left(\frac{P}{P_0} \right)^{n+1} \tag{7-40}$$

在 EPRI 方法中，与 R6 路径相似，施加载荷采用参比载荷进行归一化处理，在原则上来说，参比载荷可以自由选择，但通常是采用裂纹结构的屈服载荷。等式中的 ε_0, σ_0, α 和 n 是应力应变曲线 Ramberg-Osgood 公式中的拟合参数。L 是一个特征参数，通常指的是韧带长度或者裂纹尺寸。对于具体的几何结构，为了指定函数中的 h，需要通过变化结构和裂纹尺寸，以及材料的 Ramberg-Osgood 形变硬化指数 n，进行二维的有限元计算。在 EPRI 的工程手册中，列举了一些平板和圆筒体的 h 值。

EPRI 方法首先是在 SINTAP/FITNET 中建立的，称为 CDF 技术，也就是 Crack Driving Force 的首字母缩写。与 R6 中使用的失效评估图相比，CDF 理念严格区分了应用与材料。结构中的裂纹驱动力的确定以及与材料断裂抗力的比较是两个分开的步骤。但是，这个也在 FAD 技术中实行。与 CEGB 的失效评估图相比，EPRI 的失效评估图是基于屈服载荷 F_Y 代替了含裂纹结构的 F_{pc}，失效评估曲线称为材料形变硬化的函数。

EPRI 方法的优点在于它是基于有限元分析，尽管 EPRI 手册中的解都限制在二维计算，然而，它的应用只是针对一小部分结构，这些结构的 h 参数可以得到。另外一个值得关注是，这种方法采用 Ramberg-Osgood 公式拟合应力应变曲线，但是大多数材料并不符合这个公式，特别是对于屈服强度附近的重要区域的描述，偏差较大。

这些不足都在 20 世纪 80 年代 CEGB 建立的参比应力方法中解决了。随后的研究表明，这种方法可以被解释为 EPRI 方法的普遍形式。在参比应力方法中，采用分段引入真实应力应变曲线，描述变形特征，这种方法可以精确描述任何材料。而且，通过重新定义参比载荷 P_0，h 对公式(7-40)中的形变硬化系数 n 的相关性可以最小化。在这个方法中，对于任何形变硬化指数大约等于 1 的情况，设置 h 都是可能的，这是线弹性材料的特征以及相关的线弹性 K 因子。这就给出了参比应力方法的基本公式：

$$J_p = \frac{\mu K^2}{E}\left(\frac{E\varepsilon_{ref}}{\sigma_{ref}} - 1\right) \tag{7-41}$$

在平面应变状态下 μ 的值等于 0.75，而在平面应力状态下等于 1。在许多情况下，参比载荷 P_0 与屈服载荷 F_Y 接近，参比应力就可以定义为：

$$\sigma_{ref} = \frac{F}{F_Y}\sigma_Y \tag{7-42}$$

参比应变可以根据真实应力应变曲线上的 σ_{ref} 来确定。σ_Y 表示的是屈服强度，作为一个普通项，与材料的 R_{eL} 有关，$R_{p0.2}$ 指的是没有 Luders 应变的材料。在公式(7-41)中，第二项可以解释为韧带屈服，纠正线弹性 K 因子。

尽管参比应力方法已经应用在 CDF 方法中，它首先是用于 R6 的失效评估图，公式(7-42)被替换成

$$K_r = K/K_{mat} = \left(\frac{E\varepsilon_{ref}}{L_r\sigma_y} + \frac{L_r^3\sigma_Y}{2E\varepsilon_{ref}}\right)^{-1/2} \tag{7-43}$$

或者更普遍的形式

$$K_r = f_2(L_r) \tag{7-44}$$

式中

$$f_2(L_r) = \left(\frac{E\varepsilon_{ref}}{L_r\sigma_y} + \frac{L_r^3\sigma_Y}{2E\varepsilon_{ref}}\right)^{-1/2} \tag{7-45}$$

$$L_r = \sigma_{ref}/\sigma_Y = F/F_Y \tag{7-46}$$

在 R6 第三版中，式(7-45)中第一项 $E\varepsilon_{ref}/L_r\sigma_Y$ 描述了结构的弹性和全塑性特征，但是没有两种极限条件下的中间区域。这个由第二项 $L_r^3\sigma_Y/2E\varepsilon_{ref}$ 进行模拟，这个最初源自 EPRI，但是基于附加的不同几何形状的有限元结果进行了修正。L_r 的最大值 L_r^{max} 用来覆盖塑性崩溃范围的失效，计算公式如下：

$$L_r^{max} = \frac{(\sigma_Y + R_m)/2}{\sigma_Y} \tag{7-47}$$

式(7-44)和式(7-45)中的 $f(L_r)$ 函数指定为 $f_2(L_r)$，2 指的是 R6 第三版中的选择 2。而且，这个方法包含了选择 1，当只有材料的屈服和抗拉强度数据，而没有真实应力应变曲线时，选择 1 也是适用的。选择 1 中的 $f(L_r)$ 指定为 $f_1(L_r)$，是基于大量材料的选择 2 曲线拟合而来，但是偏向于一个较低的范围。其表达式如下：

$$f_1(L_r) = (1 - 0.14L_r^2)[0.3 + 0.7\exp(-0.65L_r^6)] \tag{7-48}$$

L_r^{max} 基于公式(7-47)确定。

R6 第三版中的两种选择服从保守度阶梯式变化的原理。较低的选择 1 分析方法较为简单，但是评价结果满足很多情况。较高的选择 2 需要开展更多的工作，但是用于得到的评

价结果保守度降低。这也就意味着选择 1 中不可接受的评估结果有可能在选择 2 中是安全的。这种保守度阶梯式变化的原理在 SINTAP/FITNET 中继续得到了发展。

在 20 世纪 90 年代，R6 方法被大量缺陷评估方法所采纳，包括英国标准 BS 7910 、美国 API 579、瑞典 SAQ 方法等。需要注意的是，R6 第四版也被 BS 7910—2005 所采纳。

3. 失效评估图

管道上裂纹型缺陷的评估广泛采用失效评估图(FAD)。

在 3 种不同的评估水平中，FAD 方法能够适用于大范围的材料行为，从 LEFM 条件下的脆性断裂到韧性的全塑性失稳。FAD 方法还可用于焊接结构。

1) 1 级 FAD

这是最简单的 FAD，在材料性能的信息较少时，可采用 1 级 FAD，如图 7-4 所示。当 K_r 小于 0.707 且 L_r 小于 0.8 时，裂纹型缺陷被认为是可以接受的。如果评估点落在评估线确定的区域内，裂纹是可以接受的；否则，不能接受。需要注意的是，K_r 和 L_r 分别是韧性比和塑性失稳参数，它们的计算公式如下：

$$K_r = \frac{K_I}{K_c} \tag{7-49}$$

$$S_r = \frac{\sigma_{ref}^P}{\sigma_{flow}} \tag{7-50}$$

式中

$$\sigma_{flow} = \frac{\sigma_Y + \sigma_u}{2} \leqslant 1.2\sigma_Y \tag{7-51}$$

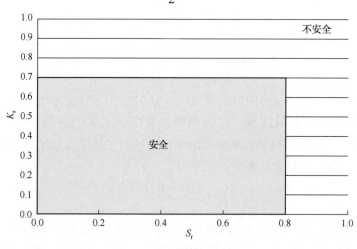

图 7-4　失效评估图(1 级)

在 API 579 和 BS 7910 中，K_r 和 L_r 计算方法分别在附录 A 和附录 B 中有详细介绍。

2) 2 级 FAD

与 1 级评价相比，2 级 FAD 可以提供更好的含裂纹结构完整性评估结果。在 1 级评价中，假设材料是完全弹性的，应力应变曲线没有形变硬化。2 级评价和 3 级评价使用材料真实的应力应变曲线。评估曲线公式见式(7-52)。如果评估点落在坐标轴与评估线圈定的区域内，则缺陷可以接受，否则不能接受，如图 7-5 所示。

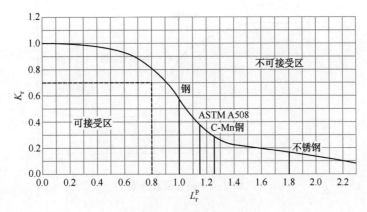

图 7-5 失效评估图(2 级)

$$K_r = [1-0.14\ (L_r^P)^2]\{0.3+0.7\exp[-0.65\ (L_r^P)^6]\} \tag{7-52}$$

截止线 $L_{r(max)}^P$ 是为了阻止局部塑形失稳，计算公式如下：

$$L_{r(max)}^P = \frac{\sigma_y+\sigma_u}{2\sigma_{ys}} \tag{7-53}$$

3) 3 级 FAD

3 级 FAD 可以提供最好的含裂纹结构完整性评估结果。它需要含缺陷材料的真实应力应变曲线。评估曲线公式见式(7-54)。如果评估点落在坐标轴与评估线圈定的区域内，则缺陷可以接受，否则不能接受，如图 7-6 所示。

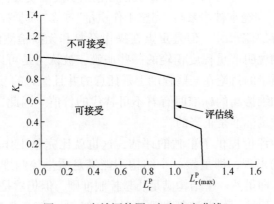

图 7-6 失效评估图(应力应变曲线)

$$K_r = \left[\frac{E\varepsilon_{ref}}{L_r^P\sigma_y}+\frac{(L_r^P)^3\sigma_Y}{2E\varepsilon_{ref}}\right]^{-0.5} \tag{7-54}$$

API 579 和 BS 7910 之间的差异在于参比应力与应力强度计算方法的不同。K_r 和 L_r 计算方法(2 级和 3 级)分别在附录 A 和附录 B 中有详细介绍。

FAD 曲线分为 3 个区域：小范围屈服、包含屈服和塑性失稳。根据图 7-7，可以确定含裂纹结构是脆性断裂、包含屈服或塑性失稳。

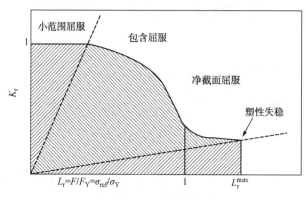

图 7-7 韧带屈服范围

在进行裂纹型缺陷的可接受性评价时，BS 7910 对评价对象的壁厚 B 与内半径 r_i 的比率作出了严格的限制，只能适用于 $0.1 \leqslant B/r_i \leqslant 0.25$ 的厚壁管道。

4. SINTAP

SINTAP/FITNET 提供了一个适用性评价（Fitness-for-service，有时也指"合于目的评价" fitness-for-purpose 或"工程临界评价" engineering critical assessment）方法。一般来说，如果一个结构能够承受服役施加的所有载荷，或者说没有达到引起失效的条件，这个结构就是适合服役的。需要注意的是，失效模式的范围很宽，包括了断裂、腐蚀损伤、孔洞、侵蚀和蠕变，这些都有可能在工业实践中遇到。本书中，只考虑了含裂纹结构的最终断裂，主要是由裂缝或者微观韧性断裂机理和断裂模式诸如稳态裂纹萌生和扩展，非稳态裂纹萌生和塑性崩溃引起的。需要注意的是，全面的 FITNET 方法还包括了疲劳模块、高温蠕变和腐蚀损伤。

"适用性评价"这个词经常被用来与"完整工作质量"或者"质量控制"概念相对比，这些概念也是用来处理临界缺陷尺寸，但是重点在操作经验和无损检测的能力。Defect 通常指的是比规定的质量控制说明严重程度稍轻的一些瑕疵，被认为是可以接受的，无需过多考虑。显然，完整工作质量的讨论在某些程度上是任意的并且保守的。但是，在制造过程中，这些概念仍然在监测和维持高的标准时有着不可替代的价值。因此，适用性评价的争论不应该用来证明低劣的质量标准是正当的。

然而，既然适用性评价提供了单独的评估，这也就比完整工作质量的争论更为精确。也就会造成这种情况的出现，即虽然一个结构不能满足质量控制准则，但仍然是安全的；也就会出现这种情况，即虽然一个结构满足质量控制准则，但仍然是不安全的。

完整工作质量和适用性评价普遍都被认为是补充方法，都有各自的优点。如今，后一个词语经常被用在"事后（after the fact）"，也就是说，用来评估一个结构，在生产过程或服役过程中发现有传统的不可接受的缺欠。除了这种重要的应用之外，一个更加重要的未来前景在于将评估概念合并，这样，适用性评价的结果就被用作制定更加精细的质量控制措施的输入参量，而这个，需要更加的独立。

SINTAP/FITNET 将要回答的下列问题被称作"断裂力学三角形"。结构的断裂行为是受三角形的三个角控制的：

（1）结构的承载：包括施加（或者一次）载荷和二次载荷，比如残余应力。

（2）裂纹尺寸和形状：穿透型裂纹、埋藏型裂纹和表面裂纹等。

（3）材料的断裂韧性。

影响含裂纹结构行为的其他参数是材料的变形特性（应力应变曲线）和约束问题（几何形状相关的韧性）。所有这些参数被包括在 SINTAP/FITNET 方法中。

SINTAP/FITNET 分析的潜在任务是基于这个三角形开展的。如果两个角已知，那么第三个角的极限条件就可以确定了。

裂纹是检测出来的或者假设的（基于 NDI 检测范围）。在载荷条件、缺陷尺寸和形状已知的情况下，就可以回答结构是否安全的问题了。与疲劳裂纹扩展相关的分析，不是 FITNET 断裂模型的一部分，由剩余寿命直到最终失效就可以决定了，比如确定检测间隔的输入信息。

如果施加载荷和材料性能包括断裂韧性都是一致的，需要的信息是假定裂纹的临界尺寸或者与疲劳裂纹扩展分析合并，裂纹的尺寸在某个固定的时间内会增长至临界尺寸，比如距离下次检测的时间，这个信息被用作 NDI 的输入参量，也就是说，裂纹尺寸的检测必须要有高的可信度。

第三个角表示断裂韧性。对于一个足够大的、假定的、可以在质量控制或在线检测中发现的裂纹，可以确定最小要求断裂韧性。

SINTAP/FITNET 缺陷评估模块允许以不同的精确度进行分析。更高的选择意味着更复杂的分析，需要更多的输入信息。但是，用户得到的评价结果的保守度更低。不同的分析选项主要是根据材料的变形断裂行为的输入信息的质量和完整度定义的。SINTAP/FITNET 主要由下列选择组成：

（1）选择 0—"基本选择"　这个选择不推荐普遍采用，但是可用于材料性能信息极度缺乏的情况。这种选择只需要屈服强度和夏比冲击功数据的信息。选择 0 分析的结果过度保守。

（2）选择 1—"标准选择"　这个选择是最小要求推荐。选择 1 需要材料的屈服强度、抗拉强度和断裂韧性，断裂韧性的数据至少要有三个。选择 1 还适用于强度不匹配的结构，比如焊接，屈服强度不匹配率小于 10%。在许多类似的应用中，应该采用基体和焊接拉伸性能的下限值。

（3）选择 2—"不匹配选择"　这个选择是选择 1 针对强度不匹配结构，且屈服强度不匹配比大于 10% 以及韧带屈服 $L_r \geqslant 0.75$ 的改进。

（4）选择 3—"应力应变定义选择"　对于这种选择，需要材料完整的应力应变曲线和断裂韧性数据。各向同性和强度不匹配结构都可以采用特殊评估模块来评估。

需要注意的是，在某些情况下，完整的应力应变曲线是可以得到的，而断裂韧性数据要用夏比冲击功数据代替，或者转化。在这种情况下，选择可能就有些混乱了，但是用户应该注意分析变量潜在的保守程度。

（5）选择 4—"J 积分分析"　在 SINTAP/FITNET 分析的框架中，这个选择采用 J 积分（或者裂纹尖端张开位移）包括裂纹驱动力的有限元分析。

（6）选择 5—"约束选择"　这个选择提供了有关几何尺寸相关韧性数值的预测，特别是低约束几何形状，如薄壁或者拉伸加载主导的平板。

不同分析级别的概念可以让用户执行简单的、直接的分析。如果低级别的分析给出安全的结构，就不需要进一步的分析。另一方面，如果需要更为精确、保守程度更低的评价，采用高级别的选择进行分析就有必要了。这需要完整的输入信息和足够的实践经验去掌控附加的复杂性。相比之下，它为重复更高级别的分析提供了动机。

需要注意的是，在 SINTAP/FITNET 分析中，更高选择的评估结果的最终保守程度并不取决于韧带屈服参数 L_r。

5. API 579

对于裂纹型缺陷的评价，API 579 依据缺陷的位置、类型和承受载荷情况将管道所含裂纹型缺陷评价方法分为 19 种。评价级别均为 1 级、2 级和 3 级。其中，3 级评价较为繁琐，在此不予详述。

在 1 级评价中，API 579 依据管道的规格、缺陷的位置和管道的工作温度来选择相应的评价曲线对缺陷的可接受性进行评估。

在 2 级评价中，API 579 采用了失效评估图技术。失效评估图的示意图如图 7-8 所示，评估曲线方程如下：

$$K_r = (1-0.14L_r^2) \left[0.3+0.7\exp(-0.65L_r^6)\right] \qquad L_r \leqslant L_r^{\max} \qquad (7-55a)$$

$$K_r = 0 \qquad\qquad\qquad\qquad\qquad\qquad L_r > L_r^{\max} \qquad (7-55b)$$

式中：$K_r = K_I/K_{mat}$ 为韧性比，K_I 为应力强度因子，与管道承受的压力和缺陷的尺寸大小有关，K_{mat} 为材料的断裂韧性；$L_r = \sigma_{ref}/\sigma_y$ 为载荷比，σ_{ref} 为参比应力，σ_y 为材料的屈服强度；$L_r^{\max}$ 为评估曲线的截止线，$L_r^{\max} = \dfrac{\sigma_u + \sigma_y}{2\sigma_y}$，$\sigma_u$ 为材料的抗拉强度。

以 $(L_r，K_r)$ 为坐标的评估点落在评估曲线(见图 7-8)左下方时，在管道当前工作压力下，缺陷可以接受；否则，缺陷不能接受。

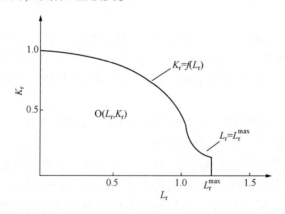

图 7-8   失效评估图示意图

API 579 中的裂纹型缺陷评价方法简述如下：

第一步：选择裂纹类型。

第二步：输入裂纹的深度 a、长度 $2c$、管道内半径 R_i、管道外径 R_o、设计壁厚 t、工作压力 P，计算各类裂纹一次应力相应的薄膜应力 P_m 和弯曲应力 P_b。

第三步：对薄膜应力 P_m、弯曲应力 P_b、裂纹尺寸 a 和 $2c$、断裂韧性 K_{mat} 进行修正。

依据失效后果严重程度，选择相应的分安全系数，包括应力分安全系数 PSF_s、断裂韧性分安全系数 PSF_k、缺陷尺寸分安全系数 PSF_a。

对相应参数进行修正：

$$\diamond P_m = P_m \times PSF_s$$

$$\diamond P_b = P_b \times PSF_s$$

$$\diamond K_{mat} = \frac{K_{mat}}{PSF_k}$$

$$\diamond a = a \times PSF_a$$

$$\diamond 2c = 2c \times PSF_a$$

第四步：根据修正后的薄膜应力 P_m 和弯曲应力 P_b 计算参比应力 σ_{ref}^P。

第五步：根据一次应力计算得到的 σ_{ref}^P，计算失效评估图的横坐标载荷比 L_r^P。

$$L_r^P = \frac{\sigma_{ref}^P}{\sigma_y} \tag{7-56}$$

第六步：如果存在二次应力，输入二次薄膜应力 P_m^s 和二次弯曲应力 P_b^s，根据第三步的方法进行校正，再根据第四步的方法计算二次应力相应的参比应力 σ_{ref}^{SR}。

第七步：计算各类裂纹一次应力相应的应力强度因子 K_I^P，如果计算得到的 $K_I^P < 0.0$，则按照 $K_I^P = 0.0$ 处理。

第八步：如果存在二次应力的情况，根据第七步的方法计算二次应力相应的应力强度因子 K_I^{SR}，如果 $K_I^{SR} < 0$，则按照 $K_I^{SR} = 0$ 处理。

第九步：计算塑性交互作用因子 Φ。

① 如果 $K_I^{SR} = 0$，那么 $\Phi = 1.0$，进入第十步；否则，根据 σ_{ref}^{SR} 与 σ_y 计算 L_r^{SR}。

$$L_r^{SR} = \frac{\sigma_{ref}^{SR}}{\sigma_y} \tag{7-57}$$

② 确定 ψ 和 ϕ，采用下式计算 Φ/Φ_0：

$$\Phi/\Phi_0 = 1 + \psi/\phi$$

当 $0 < L_r^{SR} \leq 4.0$ 时： $\Phi_0 = 1.0$，$\Phi = 1 + \psi/\phi$

当 $L_r^{SR} > 4.0$ 时： $\Phi = \Phi_0(1 + \psi/\phi)$，$\Phi_0 = \left(\frac{a_{eff}}{a}\right)^{0.5}$ $\tag{7-58}$

其中： $a_{eff} = a + \left(\frac{1}{2\pi\tau}\right)\left(\frac{K_I^{SR}}{\sigma_y}\right)$

第十步：计算 K_r。

$$K_r = \frac{K_I^P + \Phi K_I^{SR}}{K_{mat}} \tag{7-59}$$

第十一步：进行评估。

① 确定失效评估图 L_r^P 轴的截止线。

② 将 (K_r, L_r^P) 点画在失效评估图上，对该点进行评估。如果该点在失效评估图的下方

或者线上，则该裂纹可以接受；否则，该裂纹不能通过二级评价。

6. BS 7910

针对裂纹型缺陷的评价，BS 7910《金属结构中缺陷验收评定方法导则》依据缺陷的形式和位置将管道所含的缺陷分为 10 种，评价方法分为三个级别，即 1 级、2 级和 3 级，均采用了失效评估图技术。当材料的性能数据较少时，采用 1 级评价；2 级评价为标准评价方法；3 级评价较为繁琐，在此不再赘述。

1）一级评价

一级评价的评估曲线如图 7-9 所示。以 $(S_r，K_r)$ 为坐标的评估点落在安全区时，缺陷在管道工作压力下可以接受；否则，该缺陷不能通过一级评价。即缺陷要通过一级评价，必须同时满足下述两个条件：

（1）$K_r < 0.707$；

（2）$S_r < 0.8$。

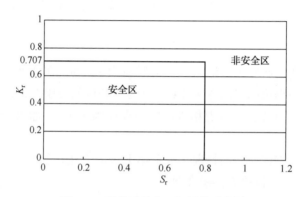

图 7-9　裂纹型缺陷一级评价示意图

其中，K_r 为韧性比，S_r 为载荷比，计算公式如下：

$$K_r = \frac{K_I}{K_{mat}} \tag{7-60}$$

$$S_r = \frac{\sigma_{ref}}{\sigma_f} \tag{7-61}$$

式中：K_I 为应力强度因子，$K_I = Y\sigma\sqrt{\pi a}$；$K_{mat}$ 为材料的断裂韧性；σ_{ref} 为参比应力；σ_f 为流变应力，$\sigma_f = \min\left[\frac{\sigma_y + \sigma_u}{2}，1.2\sigma_y\right]$。

2）二级评价

二级评价的评估曲线如图 7-10 所示，从图中可以看出，与一级评价相比，二级评价的安全区域更大，评价结果的保守程度有所降低。以 $(L_r，K_r)$ 为坐标的评估点落在安全区时，缺陷在管道工作压力下可以接受；否则，该缺陷不能通过二级评价。即缺陷要通过二级评价，必须同时满足下述两个条件：

（1）$K_r < (1 - 0.14L_r^2)\{0.3 + 0.7\exp(-0.65L_r^6)\}$；

（2）$L_r < L_r^{max}$。

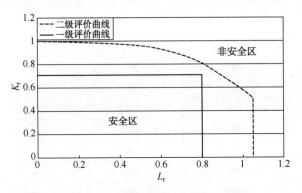

图7-10　裂纹型缺陷二级评价示意图

其中，K_r为韧性比，L_r为载荷比，计算公式如下：

$$K_r = \frac{K_I}{K_{mat}} \tag{7-62}$$

$$L_r = \frac{\sigma_{ref}}{\sigma_f} \tag{7-63}$$

$$L_{rmax} = \frac{\sigma_y + \sigma_u}{2_u} \tag{7-64}$$

式中：K_I为应力强度因子，$K_I = Y\sigma\sqrt{\pi a}$，$Y\sigma = (Y\sigma)_P + (Y\sigma)_S$；$K_{mat}$为材料的断裂韧性；$\sigma_{ref}$为参比应力；$\sigma_f$为流变应力，$\sigma_f = \min\left[\dfrac{\sigma_y + \sigma_u}{2}, \ 1.2\sigma_y\right]$。

在进行裂纹型缺陷的可接受性评价时，BS 7910对评价对象的壁厚B与内半径r_i的比率作出了严格的限制，只能适用于$0.1 \leqslant B/r_i \leqslant 0.25$的厚壁管道。

7.5　材料表征

本节研究了API 5L X52管线钢管的材料性能。主要采用拉伸试验和夏比冲击试验测试材料的性能。

7.5.1　拉伸试验

采用SHT 4106型拉伸试验机，依据GB/T 228.1—2010《金属材料 拉伸试验 第1部分：室温试验方法》对1#~4#钢管进行拉伸性能测试。拉伸试验取全壁厚板状拉伸试样，试样规格为300mm×50mm（长×宽）。试验结果如表7-3所示。

表7-3　拉伸性能测试结果

管　　号	屈服强度/MPa	抗拉强度/MPa	屈强比/%	延伸率/%
	380	495	0.77	39.5
1#横向	388	496	0.78	38.0
	392	496	0.79	38.5

续表

管　　号	屈服强度/MPa	抗拉强度/MPa	屈强比/%	延伸率/%
2#横向	383	545	0.70	43.5
	379	542	0.70	42.5
	386	544	0.71	41.0
3#横向	392	548	0.72	38.0
	407	550	0.74	39.0
	391	549	0.71	40.0
4#横向	395	547	0.72	41.5
	386	547	0.71	43.0
	400	548	0.73	43.0

从表7-3可以看出，钢管横向屈服强度在379~407MPa之间，平均值为480MPa；抗拉强度在495~550MPa之间，平均值为588MPa。

对X52材料的应力-应变数据进行分析，如图7-11所示。

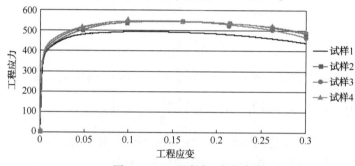

图7-11　工程应力-应变曲线

在依据失效评估图预测管道的失效评估图时，需要用到真实的应力应变曲线。工程应变与真实应变之间的关系如式(7-65)所示：

$$\varepsilon_T = \ln(1+e) \tag{7-65}$$

真实应力可根据工程应力采用式(7-66)计算：

$$\sigma_T = \sigma_{Eng}(1+e) \tag{7-66}$$

X52管道的真实应力-应变曲线如图7-12所示。

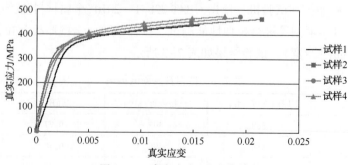

图7-12　真实应力-应变曲线

7.5.2 夏比冲击试验

在缺乏断裂韧性数据时，可采用 CVN 数据，根据它们之间的经验关系式进行估算。影响夏比冲击功的因素如下：

（1）温度 冲击过程中吸收能量最多的是塑性变形和 V 型缺口的屈服。温度会影响管材的屈服强度和韧性，因此也就影响了冲击功数值。

（2）缺口 缺口直径和深度对冲击功影响非常大。

（3）试样尺寸 根据 ASTM E8M 标准要求，全尺寸试样的壁厚应该是 10mm。既然钢管的壁厚不会影响测试的全尺寸试样，也可以采用非全尺寸试样。非全尺寸试样的吸收能要小于全尺寸试样。根据 API 579，对于管线钢管，非全尺寸与全尺寸试样的冲击功没有精确的关系。但是，下述公式可用于重新确定全尺寸试样冲击功的上限值和下限值：

$$CVN_{US} = CVN_{US}^S \left(\frac{t_c}{t_c^S} \right)$$

$$CVN = CVN^S \left(\frac{t_c}{t_c^S} \right) \qquad (7-67)$$

采用 PSW750 型冲击试验机，依据 GB/T 229—2007《金属材料 夏比摆锤冲击试验方法》对 1# ~4# 钢管母材进行夏比冲击试验。试验温度选择 20℃、0℃、−20℃、−40℃ 的系列温度，试样采用 7.5mm×10mm×55mm 的夏比冲击试样(3/4 全尺寸夏比冲击试样)。试验结果如表 7-4 所示。

表 7-4 夏比冲击测试结果

试样		温度/℃	夏比冲击功/J			剪切面积/%		
编号	规格/mm							
1#横向	7.5×10×55	20	67.0	73.0	74.0	40	45	50
		0	58.0	56.0	59.0	35	35	35
		−20	41.0	35.0	14.0	25	25	15
		−40	5.0	4.0	3.0	0	0	0
2#横向		20	107	110	103	65	70	65
		0	92.0	64.0	94.0	40	35	45
		−20	55.0	51.0	17.0	25	25	15
		−40	22.0	47.0	12.0	15	20	10
3#横向		20	88.0	95.0	92.0	45	50	50
		0	94.0	28.0	81.0	50	25	45
		−20	17.0	13.0	48.0	15	10	25
		−40	9.0	25.0	14.0	5	10	5
4#横向		20	111	104	108	70	50	60
		0	99.0	96.0	87.0	40	40	40
		−20	94.0	60.0	78.0	40	30	35
		−40	15.0	35.0	17.0	10	15	10

从表7-4可以看出，钢管母材夏比冲击功随着试验温度降低而降低。其中，1#钢管-40℃时夏比冲击功最低达到3J，剪切面积为0%；2#钢管-40℃时夏比冲击功最低达到12J，剪切面积为10%；3#钢管-40℃时夏比冲击功最低达到9J，剪切面积为5%；4#钢管-40℃时夏比冲击功最低达到15J，剪切面积为10%。

7.5.3 失效评估图

依据材料真实的应力应变曲线，得到的失效评估图如图7-13所示。

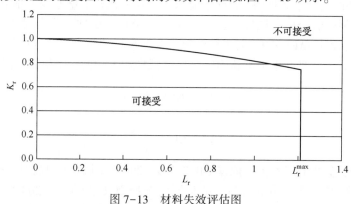

图7-13 材料失效评估图

7.6 剩余寿命预测

7.6.1 基于API 579剩余寿命预测方法

对于含腐蚀缺陷管道的剩余寿命预测，API 579将腐蚀缺陷分为均匀腐蚀和局部腐蚀，并提出了较为简单的预测方法。

1. 均匀腐蚀缺陷剩余寿命预测

1) 一级评价

一级评价中，剩余寿命预测公式如下：

$$R_{life} = \frac{t_{am} - t_{min}}{C_{rate}} \tag{7-68}$$

式中：t_{am}是腐蚀区域壁厚测量平均值，mm；t_{min}为最小要求壁厚，mm；C_{rate}为腐蚀速率，mm/a。

2) 二级评价

二级评价中，剩余寿命预测公式如下：

$$R_{life} = \frac{t_{am} - 0.9 \times t_{min}}{C_{rate}} \tag{7-69}$$

2. 局部腐蚀缺陷剩余寿命预测

1) 一级评价

在进行剩余寿命预测前，对评价参数重新进行表征：

$$R_t \rightarrow \frac{t_{mm} - (C_{rate} \times time)}{t_{min}} \tag{7-70}$$

$$s \rightarrow s + C_{rate} \times time \tag{7-71}$$

$$c \rightarrow c + C_{rate} \times time \tag{7-72}$$

然后，对时间 time 设定一个初始值，得到修正后的参数，将这些参数带入剩余强度评价模型，如果缺陷可接受，则在 0.1 年基础上，对 time 给一个增量；持续迭代，直到缺陷不可接受，则迭代前一次的 time 为管道的剩余寿命。

2）二级评价

在进行剩余寿命预测前，对腐蚀裕量 CA_e 进行修正

$$CA_e = t_{nom} - t_{mm} + C_{rate} \times time \tag{7-73}$$

当 $MAWP_t = P$（P 为工作压力）时，time 的值即为管道的剩余寿命。

$$MAWP^C = \frac{\sigma_y \times F \times E \times t_c}{R + 0.6 \times t_c} \tag{7-74}$$

$$MAWP^L = \frac{2 \times \sigma_y \times F \times E \times (t_c - t_{sl})}{R - 0.4 \times (t_c - t_{sl})} \tag{7-75}$$

$$MAWP_t = \min\left[MAWP^C, \ MAWP^L\right] \tag{7-76}$$

式中：$t_c = t_{nom} - LOSS - CA_e$。

7.6.2 基于裂纹疲劳扩展速率的剩余寿命预测方法

基于裂纹疲劳扩展速率的剩余寿命预测方法主要考虑了裂纹的疲劳扩展对管道剩余寿命的影响。在进行管道疲劳寿命预测时，首先判断原始缺陷在给定载荷和管材性能的条件下是否发生扩展，如果不发生扩展，则为无限疲劳寿命；否则，在原始缺陷的基础上给出一定裂纹尺寸的增量，采用裂纹长度和深度同时扩展的机制，根据 Paris 公式求出寿命增量，并且每一步寿命数值积分时均以 FAD 图的双参数（L_r 和 K_r）作为失效条件的判据，将累加法和逼近法相结合进行疲劳寿命预测。具体思路如图 7-14 所示。

7.7 弯头缺陷剩余强度评价

7.7.1 适用范围

本方法基于塑性极限分析理论，使用理想弹塑性材料模型，确定结构的塑性极限载荷；进而通过相应的安全系数，确定结构的许用工作载荷；可用于防止因壁厚减薄造成承载能力下降，最终导致结构发生塑性失稳垮塌失效的静态载荷下的结构剩余强度评价。

当发现埋地管道弯头管件本体存在因腐蚀、冲蚀等原因造成壁厚减薄时，可采用本部分所给出的评价方法，计算含壁厚减薄管件的许用工作压力，从而对其剩余强度进行评价。

本方法适用于钢制埋地管道，管道材料应具有良好的塑性和韧性。使用本方法进行评价前，应首先检查确认管道材质证书满足国家相关法规、标准要求，然后进一步排除服役

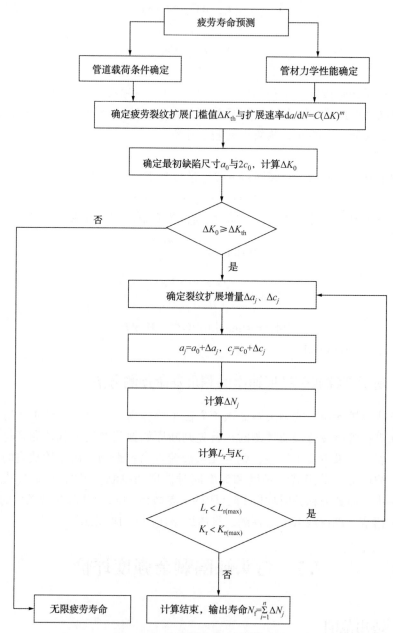

图 7-14　疲劳剩余寿命预测框图

历史或后续服役期间管道发生材料劣化、应力腐蚀的可能。如不能满足上述要求，评价人员应根据"材料适用性评价"的要求，确认管道材料的适用性和材料的关键性能参数。

　　本方法适用于回填条件符合要求、土壤对管体支撑良好、管体以承受内压载荷为主的埋地管道管段。本方法不适用于承受明显弯矩载荷的跨（穿）越管段、地基沉降区管段以及因地质条件恶化而形成的悬空管段。

　　本方法适用于全焊透结构的 90° 弯头，管件最小剩余壁厚应大于 2mm；本方法不适用于径比(外径比内径)大于 1.25 的厚壁管道。

本方法适用于具有一定体积的腐蚀减薄缺陷，而不适用于裂纹和点腐蚀缺陷。对于因机械损伤导致的壁厚减薄，如机械损伤区域满足无明显塑性变形，且损伤区经打磨圆滑处理、无应力集中部位的条件，可参考使用本方法确定其剩余强度。

本方法适用于工作温度低于 300℃ 的管道。对于工作温度高于 300℃ 的管道，应首先进行材料适用性评价，确定管线材料强度参量后，可参考使用本方法评价其剩余强度。

本方法不适用于承受疲劳载荷、动态冲击载荷的管道。

7.7.2　评价步骤

（1）潜在失效模式分析及方法适用性判断

应根据存在的缺陷类型及运行工况，分析评价对象的潜在失效模式；判定本方法的适用性。

（2）评价输入数据的准备

使用本方法进行弯头管件剩余强度评价，须准备以下输入数据：

① 管件规格、公称直径、公称壁厚、设计压力、设计温度、水压试验压力、介质条件、焊接接头系数；

② 管件材料牌号、屈服强度、抗拉强度；

③ 管道的实际工作条件：最高工作压力、工作温度、压力和温度的波动情况、累积运行时间；

④ 管道的检验数据：历次检验所获得的实测壁厚数据；

⑤ 评价人员可收集以下数据，以提高分析评价的全面性和评价计算结果的准确性：管道材料拉伸、冲击实验数据；管道材料的金相检查数据；管道材料硬度实测数据；管道设计计算书；管道有限元应力分析结果；管道运行和故障记录、管道失效案例及失效分析报告。

7.7.3　建立评价模型

根据不同级别的评定要求，确定管件本体的计算壁厚。对于腐蚀、冲蚀减薄的问题，还应确定管体腐蚀速率，建立管件本体的计算壁厚与预期继续运行时间的关联关系。

根据不同级别的评定要求，确定局部减薄型缺陷的几何尺寸。对于腐蚀、冲蚀减薄的问题，还应确定管体腐蚀速率，建立局部减薄型缺陷深度与预期继续运行时间的关联关系。

确定材料流变应力 σ_{f}：

$$\sigma_{\mathrm{s}} = \phi \frac{\sigma_{\mathrm{s}} + \sigma_{\mathrm{b}}}{2} \qquad (7\text{-}77)$$

式中　σ_{s}——评价工况温度下材料的屈服强度，$\sigma_{\mathrm{s}} = R_{\mathrm{ef}}$ 或 $\sigma_{\mathrm{s}} = R_{\mathrm{p0.2}}$；

　　　σ_{b}——评价工况温度下材料的抗拉强度，$\sigma_{\mathrm{b}} = R_{\mathrm{m}}$；

　　　ϕ——管道焊接接头系数，当减薄部位位于焊缝时应考虑该系数，否则 $\phi = 1.0$。

确定工作压力 P_{w} 及相应的安全系数 n_{p}。

管道可能运行于多种工况条件下，评价人员可选择全部或典型工况，确定工作压力及相应的安全系数。

确定的工作压力应包括但不限于以下工况：

① 实际最高工作压力；

② 耐压试验压力，当评价人员预计管道在后续运行中有可能进行耐压试验时；

③ 预计的最高工作压力，当评价人员预计管道在后续运行中有可能承受高于实际最高工作压力的压力时。

对于所确定的工作压力，评价人员应根据相应工况条件下管道失效后果的严重性，确定评价计算安全系数：

① 安全系数最低不得低于 1.2；

② 安全系数最高不建议超过 1.8；

③ 对于失效后果一般的管道，安全系数可取 1.25；

④ 对于失效后果严重的管道，安全系数可取 1.50；

⑤ 以水为介质的耐压试验，可按失效后果一般考虑；以气体为介质的耐压试验，应按失效后果严重考虑；

⑥ 当工作介质为易燃、易爆、有毒液体，或气体、液化气体，或有一定温度的介质时，建议按失效后果严重考虑安全系数。

各工作压力应满足：

$$P_w < [p] = p_L / n_p \tag{7-78}$$

式中 $[p]$——某一工况条件下的许用内压载荷；

p_L——含缺陷弯头的极限内压，在下一步骤中计算。

7.7.4   计算极限内压

1. 管件本体几何模型参数

弯头评价所需本体几何参数为管道公称直径 d_0、名义壁厚 t 和弯曲半径 R，如图 7-15 所示。

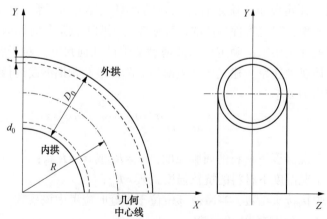

图 7-15   管件本体几何模型参数

2. 确定管件本体计算壁厚

评价采用管件整体均匀减薄模型，以管件实测最小壁厚作为管件名义壁厚。对于弯头，采用等厚模型，名义壁厚取单一值。管件本体的计算壁厚按下式确定：

$$t_c = t - nc \qquad (7-79)$$

式中　t_c——计算极限载荷时所用壁厚；

　　　t——管件本体的名义壁厚，$t = t_{min}$，t_{min} 为检验所得的最小实测壁厚；

　　　n——预期的继续运行周期；

　　　c——继续运行期间的腐蚀速率。

3. 计算极限内压载荷

对于弯头管件，按下式计算其极限内压载荷：

$$P_L = \frac{2\sigma_f t_c}{r_m} \cdot \frac{G}{\sqrt{\left(\dfrac{R}{R-r_m}\right)^2 + \dfrac{R}{R-r_m} + 1}} \qquad (7-80)$$

式中　r_m——弯头平均半径，$r_m = \dfrac{d_0 - t_c}{2}$；

　　　G——弯头两端直管段对弯头的增强系数，按下式计算：

$$G = \begin{cases} 0.2840k + 0.8727R/d_0 = 1.0 \\ 0.1872k + 0.8315R/d_0 = 1.5 \end{cases} \qquad (7-81)$$

式中：k 为弯头径比，$k = \dfrac{d_0}{d_0 - 2t_c}$。

7.8　几何凹陷评价

7.8.1　凹陷的类型

根据凹陷的几何特征及其对管道损伤的影响，可将其归为不同的类型。正确理解凹陷的分类有助于了解其特性及对管道的主要影响，以便作出正确的危险识别和风险评价。研究中较为常见的凹陷类型有以下几种：

（1）平滑凹陷　变形区域中管壁曲率变化较为平缓，管壁曲率直接影响到凹陷区域的应变，所以平滑凹陷的应变相对较小一些；

（2）曲折凹陷　与平滑凹陷相反，变形区域中管壁曲率变化梯度较大，甚至产生尖角等突变，所以该类凹陷的应变相对较大一些；

（3）单纯凹陷　没有壁厚减薄（如沟槽和裂纹）和其他缺陷（如焊缝）的平滑凹陷，该类凹陷最简单，关于单纯凹陷的研究工作也最多，例如目前的基于应变的评价方法多限于此类凹陷；

（4）非约束凹陷　外载撤去后在自身弹性恢复和内压作用下能够回弹的凹陷，该类凹陷通常位于管道的顶部，在内压波动影响下易引起管道的疲劳损伤；

（5）约束凹陷　与非约束凹陷相对应，即不能回弹的凹陷，例如受管底土壤、岩石等硬物作用导致的凹陷，由于管底的硬物一般无法撤去，所以约束凹陷通常位于管道底部，且对疲劳问题不敏感；

（6）管顶凹陷　位于管道的上部，即管道环向圆周上 2/3 位置（顺时针从 8 点钟方向到 4 点钟方向位置），一般与非约束凹陷相对应；

（7）管底凹陷　位于管道环向圆周下 1/3 位置（顺时针从 4 点钟方向到 8 点钟方向位置），一般受到下部硬物挤压而形成，与约束凹陷相对应；

（8）焊缝凹陷　位于焊缝或其周边，在焊缝的联合作用下，此类凹陷对管道影响较大，目前一般直接采取修复或替换管段的措施；

（9）划伤凹陷　外部物体接触导致管道表面金属损失的凹陷，与焊缝凹陷一样结构较为复杂，工程评价较为困难，目前的维护方法与焊缝凹陷类似。

7.8.2　基于应变的凹陷管道评价方法

目前对管道凹陷的评价主要采取基于深度和基于应变的判断方法。基于深度的判断方法简单直观，因此传统评价方法仍将其作为主要评价指标。例如业界大多采用 6% 作为修复凹陷管道的临界值，当凹陷最大深度与管径的比值超过 6% 时需要采取修复措施，否则可以忽略凹陷的影响或者采取定期监测的措施。随着研究和现场应用的不断深入，发现基于深度的评价方法并不能准确反映管道的实际工作状态，甚至带来较大的误差，因此基于应变的评价方法至关重要。

凹陷的应变分为环向应变和轴向应变，每个方向应变又由薄膜应变和弯曲应变组成，如图 7-16 所示，薄膜应变由管道环向或轴向的拉伸/压缩而产生，弯曲应变由于管壁的局部弯曲而产生，根据定义可知：弯曲应变关于管壁中性面对称分布，管壁上、下表面的应变则为薄膜应变和弯曲应变的和。

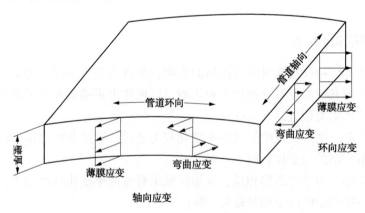

图 7-16　凹陷区域的应变组成

目前关于凹陷应变的求解主要采取如下方法：弯曲应变由管壁的曲率半径直接求得，管壁的曲率半径可由所模拟凹陷轮廓计算得出；而薄膜应变的求解目前也提出了一些计算方法，但还需要更进一步完善。

ASME B31.8 给出的凹陷环向弯曲应变、轴向弯曲应变以及轴向薄膜应变计算公式如下:

$$\varepsilon_1 = \frac{t}{2}\left(\frac{1}{R_0} - \frac{1}{R_1}\right), \quad \varepsilon_2 = -\frac{t}{2}\frac{1}{R_2}, \quad \varepsilon_2 = \frac{1}{2}\left(\frac{d}{L}\right)^2 \tag{7-82}$$

式中 ε_1——环向弯曲应变，mm/mm；

ε_2——轴向弯曲应变，mm/mm；

ε_3——轴向薄膜应变，mm/mm；

t——管道壁厚，mm；

R_0——管道内半径，mm；

R_1——管道横截面曲率半径，mm；

R_2——管道轴向面曲率半径，mm；

L——凹陷长度，mm；

d——凹陷深度，mm。

两个曲率半径的定义如图 7-17 所示，对于环向曲率半径，当曲率圆圆心在管道轴线一侧时取正值，否则取负值；而对于轴向曲率半径，一般均为内凹，取为正值。

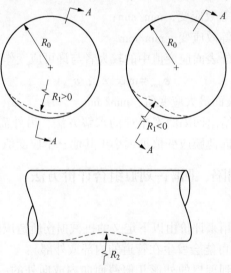

图 7-17 曲率半径的定义

ASME B31.8 并未给出凹陷长度 L 的确定方法，常见的凹陷长度存在两种定义：①凹陷两边形状没有改变(即径向位移为 0)的两个最近的横截面的距离；②深度大于 1/2 凹陷深度的轴向范围内的长度(见图 7-18)。

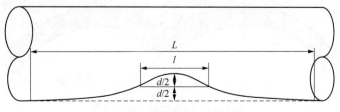

图 7-18 凹陷长度的定义

对于第一种定义，实际中在凹陷较远处可能仍存在较小径向位移，较难定位径向位移完全为0的分界点，且径向位移的较小变动即可能导致所定义凹陷长度的大范围变化；而对于第二种定义则不存在该问题，测量方便且准确。经国内外一些学者的研究验证，将凹陷长度定义为凹陷深度1/2范围内的轴向长度较为合理，因此本书采用第二种凹陷的长度定义。

凹陷处的总等效应变被定义为：

$$\varepsilon_{\text{eff}} = \sqrt{\varepsilon_x^2 - \varepsilon_x \varepsilon_y + \varepsilon_y^2} \tag{7-83}$$

式中　ε_{eff}——凹陷处总等效应变，mm/mm；

　　　ε_x——管道轴向总应变，mm/mm，$\varepsilon_x = \pm\varepsilon_2 + \varepsilon_3$；

　　　ε_y——管道环向总应变，mm/mm，$\varepsilon_y = \pm\varepsilon_1$，"$\pm$"分别表示所求轴向应变和环向应变为管道内表面或者外表面应变。

将式(7-82)中各应变值代入式(7-83)得到管道内、外表面的等效应变值：

$$\varepsilon_{\text{in}} = [\varepsilon_1^2 - \varepsilon_1(\varepsilon_2 + \varepsilon_3) + (\varepsilon_2 + \varepsilon_3)^2]^{\frac{1}{2}}$$
$$\varepsilon_{\text{out}} = [\varepsilon_1^2 - \varepsilon_1(-\varepsilon_2 + \varepsilon_3) + (-\varepsilon_2 + \varepsilon_3)^2]^{\frac{1}{2}} \tag{7-84}$$

式中　ε_{in}——管道内表面等效应变，mm/mm；

　　　ε_{out}——管道外表面等效应变，mm/mm。

评价凹陷时，取内、外表面应变值中的较大者与许可应变作比较：

$$\varepsilon_{\text{max}} = \max\{\varepsilon_{\text{in}}, \varepsilon_{\text{out}}\} \tag{7-85}$$

式中　ε_{max}——管道内外表面最大应变值，mm/mm。

但 ASME B31.8 并未给出凹陷曲率半径的求解方法，另外需要注意的是该方法并未涉及环向薄膜应变，因为环向薄膜应变值远远小于其他三个应变值，为简化计算而被忽略。

7.8.3　API 579 凹陷、凹陷-划痕组合评价方法

1）适用性

这部分的程序，可以用来评价由以下定义的机械损伤所造成凹陷、凹陷-划痕组合的构件(凹陷、凹陷-划痕组合可能会发生在管道的内部或外部)：

(1) 凹陷　外形截面到理想的外形几何截面向内或向外的一个偏移，其特征是有一个小的局部半径或缺口(见图7-19)。

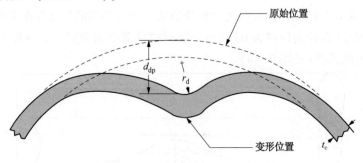

图 7-19　凹坑与划痕缺陷组合

（2）划痕　由机械作用造成的材料从构件的表面去除和/或迁移，意味着会降低壁厚；裂缝的长度远远大于宽度，可能是由于加工硬化形成的缺陷。裂缝的几何形状与槽相似。

由机械损伤所造成的凹陷在其形成过程中，与其他物体接触时在凹陷处常常会造成划痕，例如，挖掘机械在碰到管道时造成的划痕，由于机械损伤的特性，划痕通常与凹陷连在一起。

（3）凹陷-划痕组合　凹陷-划痕组合通常出现在管道局部变形区域（见图7-20）。

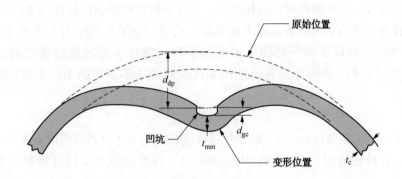

图7-20　凹坑与划痕尺寸

如果凹陷-划痕组合不能满足本部分的验收判据，API 579 还提供了最大允许工作压力（$MAWP$）的计算方法及其相应的温度。对于承压设备，该计算方法可以用来确定设备降压运行的最大允许工作压力。

该部分的 1 级或 2 级评价程序仅适用于满足以下所有条件：

（1）原始设计符合 GB 50251《输气管道工程设计规范》或 GB 50523《输油管道工程设计规范》。

（2）材料具有足够的断裂韧性。如果存在有关材料韧性的不确定性，那么不能使用该部分评价程序。此外，在本部分适用的评价程序所规定的具体的韧性要求也需得到满足。冷加工制造过程中的变形是造成凹陷和划痕的另一个因素，如果构件是由于在操作过程中受温度变化引起的脆化和/或过程环境的影响（如氢脆），应该进行 3 级评价。

（3）被评价构件还需满足下列要求：

① 被评价的构件为柱状壳体时应满足：

$$168\text{mm}(6.625\text{in}) \leqslant D \leqslant 1050\text{mm}(42\text{in}) \tag{7-86}$$

$$5\text{mm}(0.20\text{in}) \leqslant t_\text{c} \leqslant 19\text{mm}(0.75\text{in}) \tag{7-87}$$

② 被评价构件只受内压（即忽略其他任何附加荷载）。

③ 被评价构件材料与规定的碳钢最小屈服强度（$SMYS$）满足公式（7-88），极限拉伸强度（UTS）满足公式（7-89）。$SMYS$ 的限制仅适用于凹陷-划痕组合的静态评价，UTS 的限制仅适用于凹陷和凹陷-划痕组合的疲劳评价。

$$SMYS \leqslant 482\text{MPa}(70\text{ksi}) \tag{7-88}$$

$$UTS \leqslant 711\text{MPa}(103\text{ksi}) \tag{7-89}$$

2）FFS 评价所需要的数据及其测量方法

检测技术和尺寸测量需求的建议：凹陷的最大深度是所测量的凹陷区域相对于柱状构件经线直边的偏移，需要注意的是应该采取措施来建立凹陷轮廓轴向和圆周方向的测量数据来进行 3 级评价，只有最大凹陷深度时使用 1 级和 2 级评价。完整的凹陷测量数据可以使用 3 级评价。

以下所列的是对凹陷的评价所需的数据及其测量方法：

（1）在加压条件下凹陷深度（d_{dp}）及无压条件下凹陷深度（d_{d0}）　应确定在加压和无压条件的最大凹陷深度，这些值都可以直接测量。应考虑构件在测量以前存在更高内压的情况，或在以后构件存在比当前内压更高压力的风险。或者，如果工作压力大于或等于最大允许工作压力的 70%，加压条件下的凹陷深度和不加压条件下的凹陷深度之间的关系由公式（7-94）确定。否则，在加压条件下的凹陷深度应等于不加压的条件下的凹陷深度，即 $d_{dp} = d_{d0}$。

$$d_{dp} = 0.70 d_{d0} \qquad (7-90)$$

（2）最小抗拉极限强度（σ_{uts}）　最小抗拉强度极限是基于材料规格所定义的。如果材料规格不明确，评价中所用的 $\sigma_{uts} = 414\text{MPa}(60\text{ksi})$，这类信息是 2 级评价和 3 级评价所必需的。

（3）构件的交变载荷（P_{max} 和 P_{min}）　如果构件是由一个最大和最小压力为代表的周期性变化的压力作用，应确定最大和最小压力，这类信息是 2 级评价和 3 级评价所必需的。

（4）凹陷与焊缝的间距（L_W）　应测量凹陷的边缘和与之最近的焊缝之间的距离，必须详细注明怎样测量这一距离，并提供检测方法的概要说明。

（5）凹陷到主构造不连续的间距（L_{msd}）　应测量凹陷的边缘和最近的主构造不连续性之间的距离，必须详细注明怎样测量这一距离，并提供检测方法的概要说明。

以下所列的是对凹陷-划痕组合的评价所需的数据及其测量方法：

（1）在加压条件下凹陷深度（d_{dp}）及无压条件下凹陷深度（d_{d0}）　应确定加压和无压条件的凹陷最大深度，可直接测量。

（2）划痕深度（d_g）　应测量划痕的最大深度，方法同凹槽的测定方法。

（3）规定的最小屈服强度（σ_{ys}）　规定的最小屈服强度，根据材料规格确定。

（4）规定的最小抗拉强度（σ_{uts}）　规定的最小抗拉强度是基于材料规格所定义的，如果材料规格不明确，评价中应使用 $\sigma_{uts} = 414\text{MPa}(60\text{ksi})$，这类信息是 2 级评价和 3 级评价所必需的。

（5）构件的交变载荷（P_{max} 和 P_{min}）　如果构件是由一个最大和最小压力为代表的周期性变化的压力作用，应确定最大和最小压力，这类信息是 2 级评价和 3 级评价所必需的。

（6）凹陷-划痕组合焊接点的间距（L_w）　应测量凹陷的边缘和与之最近的焊缝之间的距离，必须详细注明怎样测量这一距离，并提供检测方法的概要说明。

（7）凹陷-划痕组合与主构造不连续性的间距（L_{msd}）　应测量凹陷的边缘和最近的主构造不连续性之间的距离，必须详细注明怎样测量这一距离，并提供检测方法的概要说明。

3）评价技术及可接受准则

局限于碳素钢圆柱壳体远离结构上不连续处的凹陷，可接受的准则是限制构件上的最大凹陷深度与构件的外直径的比值在一定范围内。

4）凹陷评价步骤

（1）第一步，确定段凹陷所需测定的参数与 D、FCA、t_{rd} 或者 t_{nom}、$LOSS$。

（2）第二步，根据式（7-91）或者式（7-92）确定评价中的壁厚。

$$t_c = t_{nom} - LOSS - FCA \qquad (7-91)$$

$$t_c = t_{rd} - FCA \qquad (7-92)$$

（3）第三步，如果满足式（7-93）和式（7-94），计算第四步；否则，一级评价不满足。

$$L_{msd} \geq 1.8\sqrt{Dt_c} \qquad (7-93)$$

$$L_w \geq \max[2t_c,\ 25mm(1in)] \qquad (7-94)$$

（4）第四步，如果构件不是循环运行的或者满足式（7-99），进入第五步；否则，一级评价不满足。

$$d_{dp} \leq 0.07D \qquad (7-95)$$

（5）第五步，确定构件的 $MAWP$，使用第二步中确定的厚度。如果 $MAWP$ 最大允许工作压力大于或等于目前的设计压力，则该构件是可以继续运作；否则，一级评价不满足。

5）凹陷-划痕组合评价步骤

运用一级评价程序确定凹陷-划痕组合的可接受性如下：

（1）第一步，确定段凹陷-划痕组合需要测量的参数，同时确定 D、FCA、t_{rd} 或者 t_{nom}、$LOSS$。

（2）第二步，根据式（7-91）或者式（7-92）确定评价中的壁厚，并在评价中运用等式（7-96）确定划痕深度。

$$d_{gc} = d_g + FCA \qquad (7-96)$$

（3）第三步，如果如下要求满足进入第四步；否则，一级评价不满足。

$$t_{mm} - FCA \geq 2.5mm(0.10in) \qquad (7-97)$$

$$L_{msd} \geq 1.8\sqrt{Dt_c} \qquad (7-98)$$

$$L_w \geq \max[2t_c,\ 25mm(1in)] \qquad (7-99)$$

（4）第四步，确定周向应力 σ_m^c，对于构件使用第二步计算得来的壁厚。

（5）第五步，确定划痕深度与壁厚的比 d_{gc}/t_c，凹陷深度与构件直径的比 d_{dp}/D。运用这些数据与周向应力 σ_m^c，在图7-21中确定第四步。如果这些点（构件的周向应力以及最小屈服强度）与曲线的交点在曲线上或在该图中的曲线下方，并且构件不是在交变应力条件下服役，进入第六步；否则，1级评价不满足。

（6）第六步，确定构件的 $MAWP$（见 API 579 附件 A），使用第二步中求的厚度。如果 $MAWP$ 最大允许工作压力大于或等于目前的设计压力，则该构件可以继续运作；否则，一级评价不满足。

如果该构件没有满足第1级评价要求，那么以下或它们的组合应当被考虑：修理，更换或废弃构件；通过修复技术调整 FCA。

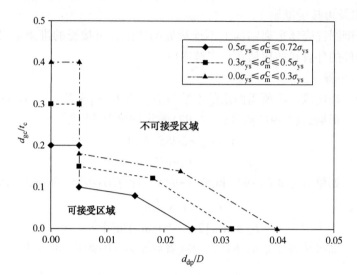

图 7-21   含划痕的凹陷 1 级评价图

第8章　管道完整性与安全评价

8.1　完整性超级评价软件

8.1.1　概述

中国石油大学（北京）管道技术与安全研究中心与美国材料力学工程技术学会（IMMMETS）组织国内多家完整性技术团队成功开发了管道完整性与安全超级评价系统V4.0(Pipeline Integrity and Safety Super-Assessment System V4.0)，该系统是国际上覆盖标准最多、功能点最多、适用于各类输送介质管道完整性和安全的评估软件，具有较好的界面和良好的计算精度。该软件开发范围包括多项评价标准，如 DNV RP-F101、ASME B31G、RSTRENG、Modified B31G 以及美国石油学会 API 579、英国 BS 7910、美国石油学会 API 1104 等标准，并参考了英国中央电力局 CEGB-R6、德国 GKSS 研究中心 EFAM-ETM 的工程缺陷评定方法、欧洲共同体结构完整性评价方法 SINTAP，主要模型依据是上述标准中的经典计算算法。

管道完整性与安全超级评价系统是对含有缺陷管道能否适合于继续使用的定量工程评价。该系统以"适用性"或"合于使用"为原则，以断裂力学（包括概率断裂力学）、弹塑性力学、材料科学、可靠性系统工程为基础，兼顾结构的安全可靠性和经济性，可获得巨大的经济效益。

对缺陷评价分为四种处理情况：

（1）对安全生产不造成危害的缺陷允许存在；

（2）对安全性虽不造成危害但会进一步发展的缺陷要进行寿命预测，并允许在监控下使用；

（3）若含缺陷构件降级使用时可保证安全可靠性要求，可降级使用；

（4）对含有对安全可靠性构成威胁的缺陷的构件，应立即采取措施，返修或停用。

管道完整性与安全超级评价系统 V4.0（以下简称超级评价系统）可以对油气管道中的裂纹型、体积型和几何缺陷进行安全评定。裂纹型缺陷又可分为长大型和非长大型缺陷。对于非长大型缺陷主要是对管道的剩余强度进行评价，评价管道母材和焊缝在当前运行工况条件下能否安全运行，提供管道升压、降压和维修、更换指南。对于含长大型缺陷管道除按非长大型缺陷进行评价外，还根据缺陷的长大规律对管道剩余寿命进行预测，确定管道的检测与维修周期。对于体积型缺陷可以进行管道结构的极限承载能力分析和安全评价。此外，根据用户不同要求，超级评价系统还可以用来确定管道母材和焊缝在不同工况下的临界缺陷尺寸，通过疲劳强度分析，分析管道免于脆断的韧性要求等。

　　该软件系统同时也考虑氢致开裂断裂完整性评价判据，通过研究氢浓度对管道断裂的影响，重新建立了管道新的失效评定关系，并给出失效评定图，确定在一定输送压力和H_2S含量下，含裂纹缺陷管道的安全度和安全范围，并在软件中给出了安全系数。

　　该软件系统的寿命预测模块是基于内检测数据对齐理论，同时考虑材料疲劳模型，综合给出缺陷多轮内检测数据的发展速率与疲劳扩展速率，自动剔除内检测数据中的不正确数据，通过整体对齐和疲劳强度理论精确地预测管道的剩余寿命。

8.1.2　软件模块和模型

1. 软件系统模块

　　（1）管道 API 579 适用性评价软件（API 579 for Pipeline System）；

　　（2）管道国际缺陷评价软件（DNV RP-F101/ASME B31G）（Pipeline Defects Assessment based on International Standards）；

　　（3）管道焊缝评估系统软件（Pipeline Welding Assessment System）；

　　（4）管道 BS 7910 评估软件（BS 7910 Assessment Software）；

　　（5）管道氢致开裂完整性评价与寿命预测系统（Pipeline HIC Assessment and Life Predict System）；

　　（6）管道内检测数据对齐与评价系统（Pipeline ILI Data Alignment and Assessment System）；

　　（7）管道焊缝底片缺陷自动识别系统（Pipeline Welds Image Recognition and Assessment System）。

　　上述模块全部集成在一个平台上，形成超级评价软件包，其界面如图 8-1 所示。

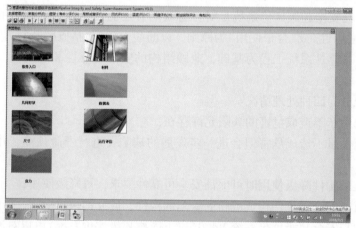

图 8-1　软件系统界面

2. 软件使用的模型

　　（1）断裂评估模型；

　　（2）寿命疲劳模型；

　　（3）凹陷评估模型；

　　（4）腐蚀评估模型；

　　（5）缺陷定性评估模型；

（6）缺陷定量评估模型；

（7）ASME B31G 评价模型、RSTRENG 评价模型、Modified B31G 评价模型；

（8）DNV RP-F101 评价模型；

（9）氢致开裂评价模型；

（10）HIC 评估模型；

（11）管道焊缝底片缺陷识别模型；

（12）基于内检测数据的自动对齐模型；

（13）管道材料疲劳模型；

（14）管道应力应变场力学模型。

8.1.3 软件功能及特点

管道完整性与安全超级评价系统 V4.0 软件可以对油气管道中的裂纹型和体积型缺陷以及凹坑进行安全评定。主要功能包括体积型缺陷极限承载能力分析、裂纹型缺陷剩余强度评定、含缺陷管道剩余寿命预测、温度使用范围评估、凹坑缺陷可修复性评估、氢致开裂断裂评估、焊缝底片缺陷自动识别评估等，具体如下：

（1）含体积型缺陷管道结构的极限承载能力分析和安全评价；

（2）确定管道在不同工况下的临界缺陷尺寸，分析管道免于脆断的韧性；

（3）含体积型缺陷管道极限承载能力分析；

（4）含裂纹型缺陷管道剩余强度评定；

（5）含缺陷管道剩余寿命预测(疲劳)；

（6）几何变形评价；

（7）DNV RP-F101 许用应力法和分安全系数体积型方法评价；

（8）ASME B31G 方法体积型缺陷评价；

（9）RSTRENG 方法体积型缺陷评价；

（10）Modified B31G 体积型缺陷评价；

（11）焊缝 NDT 缺陷评价；

（12）服役温度下材料性能评价；

（13）焊缝底片识别与评价；

（14）基于数据对齐的腐蚀寿命预测评价。

1. 体积型缺陷极限承载能力分析

含体积型缺陷管道一般是塑性失稳失效，极限承载能力(或极限载荷)是衡量该类结构的重要指标。评价点(K_r, L_r)一般落在接近评价曲线右下角的区域(即塑性失稳区)。

极限承载能力与管道参数及管材性能有关。缺陷尺寸和分布形态(位置、走向)的影响很大。一般缺陷尺寸越大，管道的极限承载能力越低，结构的安全性越低。

2. 裂纹型缺陷剩余强度评定分析

含裂纹型缺陷管道随着服役条件变化，容易发生断裂失效事故。评价点(K_r, L_r)一般落在评价曲线左上角或中部区域(即单纯断裂以及断裂/塑性失稳混合区)。

对于非长大型缺陷或者是长大型缺陷的现状可以进行管道的剩余强度评价，解决管道在当前运行工况条件下能否安全运行，提供管道升压、降压和维修、更换指南。

3. 含缺陷管道剩余寿命预测分析

对于含长大型缺陷管道，可以根据缺陷的长大规律对管道剩余寿命进行预测，确定管道的检测与维修周期。

（1）剩余寿命可用合理的确定性参数加以计算　如有均匀腐蚀时能计算出未来的腐蚀裕量（FCA），而剩余寿命就等于用假定的腐蚀速度除以未来的腐蚀裕量。该腐蚀速度是根据过去的壁厚数据、腐蚀设计曲线或按相同服役条件下构件的腐蚀经验确定出来的。

（2）用合理的确定性参数不能确定出剩余寿命　如应力腐蚀开裂机制并没有可靠的应力增长速度的数据可利用，而氢鼓泡损害也不能建立起未来损害的速度。在这些情况下，应当采用补救措施，如使用衬里或涂层以隔绝环境、阻止鼓泡的钻进或对构件的损害以及在役监测等措施。

（3）没有或几乎没有剩余寿命　为了能继续以后的操作，可采用一些必要的补救措施，对已损害的构件进行修复、使用衬里或涂层以隔绝环境以及经常地监测等。

针对母材和焊缝裂纹扩展的寿命评价，软件提供了三种裂纹扩展机理：疲劳、环境裂纹、蠕变裂纹增长，可以计算管道寿命，也可以计算临界裂纹尺寸。

4. 形成评价数据库

将评价计算基本情况写入数据库中，便于统计查询。基本要素如下：管线名称、管线外径、管线起点位置、管线终点位置、建设时间、管段评价位置桩号、评价人员、输入评价日期、结构类型、材料类型、母材或焊缝、分析类型、缺陷深度、缺陷长度、缺陷宽度、安全评价结论等。

5. 评价报告自动输出

该软件系统可自动生成完整性评价报告，评价报告可给出评价输入数据表格、评价参数使用过程、评价报告结论等，方便评价人员编制报告时使用。

6. 评价人员易入门

该系统是一款适用于自学习的软件系统，入门操作简单，无需操作人员了解断裂力学、材料力学等相关专门知识，只需知道材料、缺陷尺寸、运行压力、设计压力、管体尺寸即可进行完整性评价，如图8-2所示。

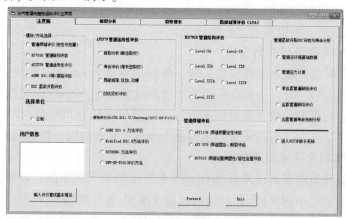

图8-2　功能界面

8.2 管道内检测缺陷完整性评价

本节以某企业 ϕ1016 管道为例详细介绍管道内检测缺陷完整性评价。

8.2.1 管道内检测情况概述

某管道企业重视完整性管理工作，2012 年该管道公司有计划地建立了管道基础数据库，并针对内检测数据开展管道完整性评价。本节主要是针对 2012 年该公司实施取得的 HM-AQ 段管道内检测数据，开展管道完整性评价，通过使用 DNV、RESTRENG 等国际标准软件进行科学评价，给出评价修复建议。

通过内检测可得出该段总长度为 113.1km，查出管道的缺陷包括金属损失、凹坑、焊缝异常以及接近管道的异常物。

1. ϕ1016 天然气管道金属损失缺陷情况分布

共查出 4521 个金属损失点，超过 10%壁厚损失的缺陷点共有 715 个，最大金属损失为壁厚的 36%，为外部金属损失。其分布图如图 8-3 所示。

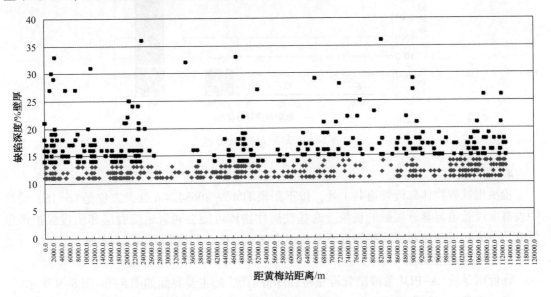

图 8-3 检测段 ϕ1016 管道金属损失缺陷(大于 10%壁厚)分布

2. 焊缝异常分布

检测出管道焊缝异常为 79 处，其中焊缝异常长度大于 100mm 共 21 处，统计情况如图 8-4 所示。

缺陷按百分比分布如图 8-5 所示。

3. 凹坑

检测出凹坑为 1 处，最大变形量为 3.12%D，距离 HM 站 19774.0m 处，检测到的凹坑深度为 31.71mm，轴向长度为 1477mm，环向宽度为 462mm。

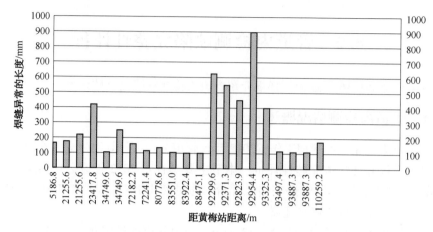

图 8-4　焊缝异常分布(缺陷长度大于100mm)

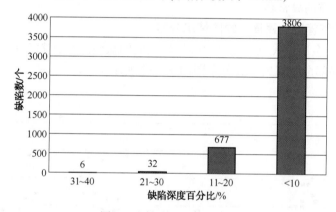

图 8-5　缺陷按百分比分布

4. 异常点

检测出铁磁物体靠近管道共 1 处，位于距离 HM 站 80684.4m 处，方位是 06:15，检测中没有发现管道与套管接触的现象。这些铁磁性物体可能会对管道防腐层和阴极保护产生影响，分为接近和接触，这些靠近不明物体应详细分析，开挖验证情况后处理。

5. 管道完整性评价

评价用系统"A-PIM 含缺陷管道完整性评价系统"的主要界面如图 8-6~图 8-9 所示。

(1) 主界面(见图 8-6);

(2) 建立评价项目界面(见图 8-7);

(3) 评价管理界面(见图 8-8);

(4) 评价结果显示界面(见图 8-9)。

8.2.2　剩余强度评价

管道设计压力为 10MPa，允许的最大操作压力为 10MPa。分别使用 RSTRENG 方法(修正的 ASME B31G 方法)、DNV RP-F101 分项安全系数方法以及 DNV RP-F101 许用应力法进行了评价。当缺陷承压能力大于 10MPa 时，则认为安全；否则，给出可以安全运行的最大操作压力。对于所提供的缺陷检测数据，我们筛选出其中缺陷深度大于10%壁厚的缺陷利用编制的程序进行了剩余强度评价。

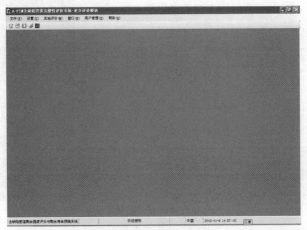

图 8-6　主界面

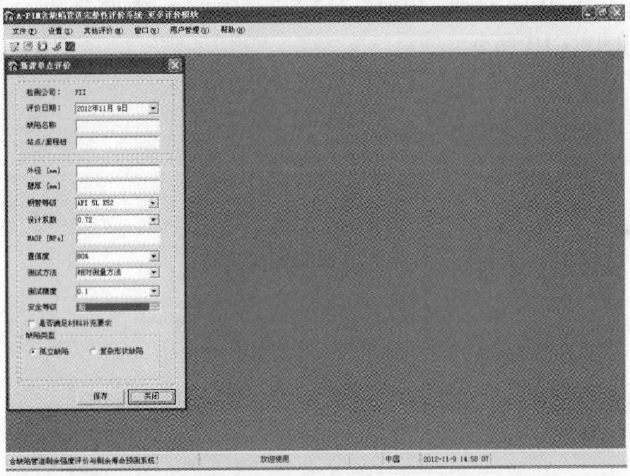

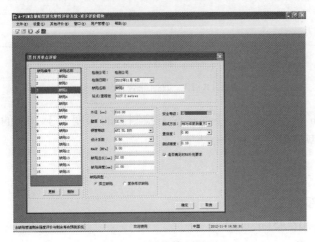

图 8-7　评价项目界面

图 8-8　评价管理界面

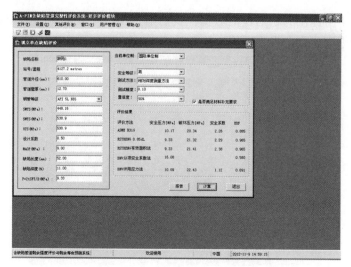

图 8-9　评价结果显示界面

　　检测发现的深度大于 10% 的缺陷共计 715 个，按照上述所给的三种评价方法的流程进行了评价，其结果如图 8-10 所示。

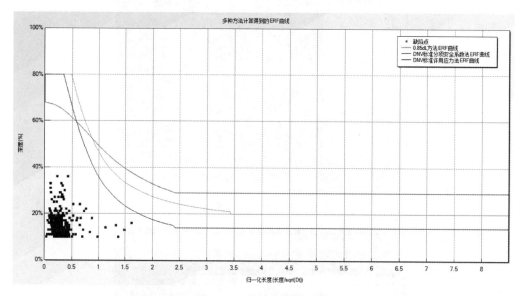

图 8-10　数据综合评价图

　　考虑到 17.5mm 的名义壁厚，下面选取了检测到的深度大于 10% 的 3 个典型体积型缺陷，分别列出各典型缺陷的详细评价结果。

1. 缺陷 1

缺陷信息如下：

（1）类型：外部金属损失；

（2）方向角度：07:45(o'clock)；

（3）轴向长度：49mm；

（4）环向宽度：33mm；

（5）深度：30%壁厚；

（6）所处管段名义壁厚：17.50mm；

（7）距发球端绝对距离：1715.5m；

（8）该缺陷位于环焊缝上。

评价结果：

1）RSTRENG方法（修正的ASME B31G评价方法）（见图8-11）

（1）安全操作压力：11.275MPa；

（2）失效压力：18.748MPa。

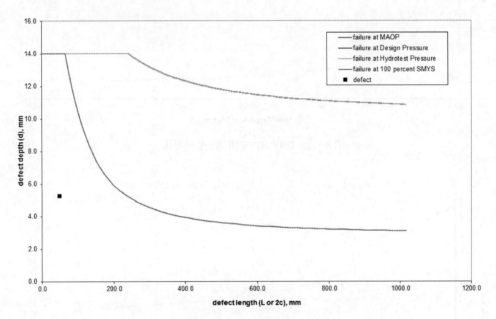

图 8-11　RESTRENG 方法

缺陷按此方法评价是可接受的。

2）DNV RP-F101许用应力评价方法（见图8-12）

（1）安全操作压力：10.634MPa；

（2）失效压力：17.683MPa。

缺陷按此方法评价是可接受的。

3）DNV RP-F101分项安全系数评价方法（见图8-13）

安全操作压力：14.398MPa。

缺陷按此方法评价是可接受的。

2. 缺陷2

缺陷信息如下：

（1）类型：外部金属损失；

（2）方向角度：06：30（o'clock）；

（3）轴向长度：54mm；

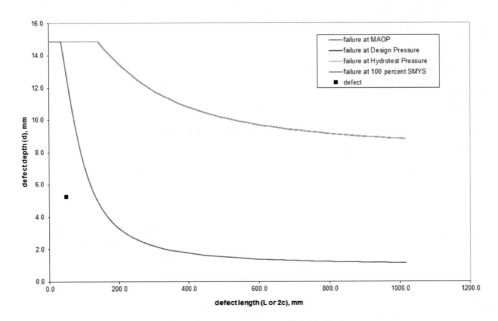

图 8-12　DNV RP-F101 许用应力法

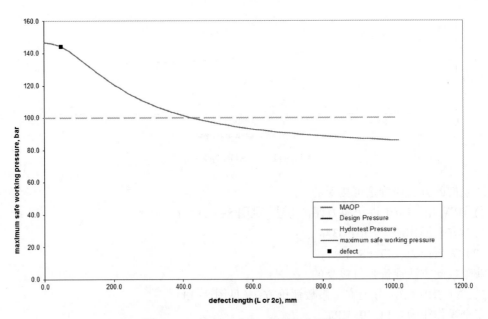

图 8-13　DNV RP-F101 分项安全系数法

（4）环向宽度：73mm；

（5）深度：20%壁厚；

（6）所处管段名义壁厚：17.5mm；

（7）距发球端绝对距离：2604.3m。

评价结果：

1）RSTRENG 方法（修正的 ASME B31G 评价方法）（见图 8-14）

（1）安全操作压力：11.318MPa；

（2）失效压力：18.82MPa。

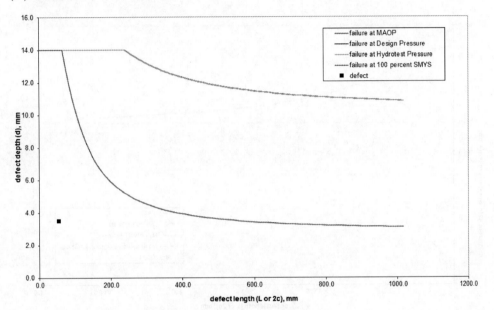

图 8-14　RESTRENG 方法

缺陷按此方法评价是可接受的。

2）DNV RP-F101 许用应力评价方法（见图 8-15）

（1）安全操作压力：10.661MPa；

（2）失效压力：17.728MPa。

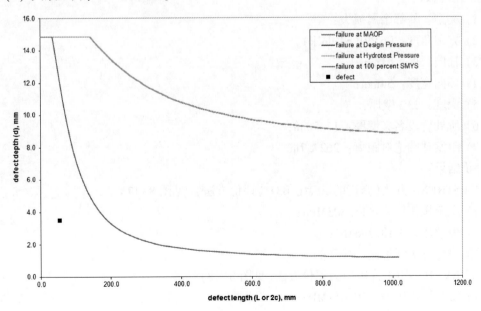

图 8-15　DNV RP-F101 许用应力法

缺陷按此方法评价是可接受的。

3)DNV RP-F101 分项安全系数评价方法(见图 8-16)

安全操作压力：14.475MPa。

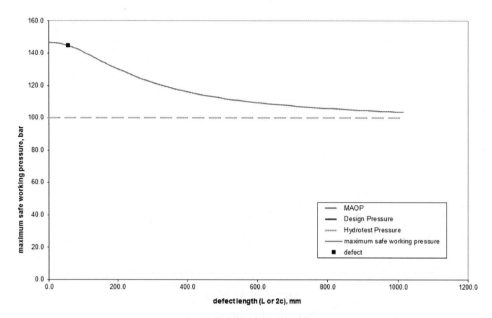

图 8-16　DNV RP-F101 分项安全系数法

缺陷按此方法评价是可接受的。

3. 缺陷 3

缺陷信息如下：

(1) 类型：外部金属损失；

(2) 方向角度：06:30(o' clock)；

(3) 轴向长度：41mm；

(4) 环向宽度：54mm；

(5) 深度：33%壁厚；

(6) 所处管段名义壁厚：17.5mm；

(7) 距发球端绝对距离：2627.7m。

评价结果：

1) RSTRENG 方法(修正的 ASME B31G 评价方法)(见图 8-17)

(1) 安全操作压力：11.303MPa；

(2) 失效压力：18.796MPa。

缺陷按此方法评价是可接受的。

2) DNV RP-F101 许用应力评价方法(见图 8-18)

(1) 安全操作压力：10.651MPa；

(2) 失效压力：17.712MPa。

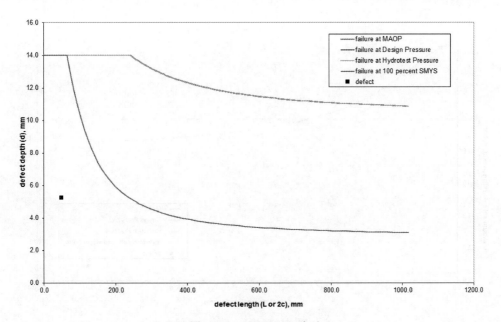

图 8-17 RESTRENG 方法

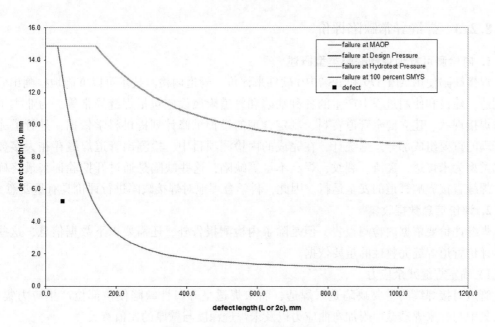

图 8-18 DNV RP-F101 许用应力法

缺陷按此方法评价是可接受的。

3) DNV RP-F101 分项安全系数评价方法(见图 8-19)

安全操作压力：14.445MPa。

缺陷按此方法评价是可接受的。

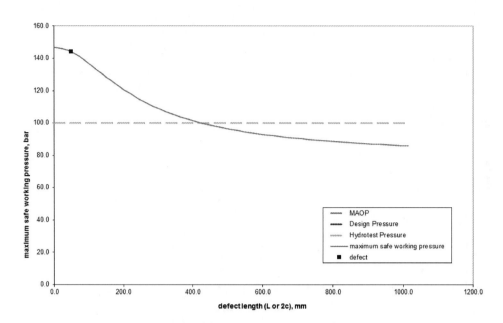

图 8-19　DNV RP-F101 分项安全系数法

8.2.3　焊缝异常缺陷评价

1. 内检测可发现焊缝缺陷类型概述

焊接缺陷使用 API 579 和 BS 7910 软件来评价，管道内检测技术可以准确地检测出管道在制造、建设和使用过程中产生的各种缺陷和管道附属设施包括焊缝异常等，为业主了解管道焊接现状、建立健全管道资料、制定合理的维护维修计划提供科学依据，是管道完整性管理的重要组成部分。据统计，在完成的内检测项目中，检测出管道焊缝存在大多数的缺陷类型为未焊透、夹渣、裂纹、焊高不足等缺陷，这些缺陷是通过开挖验证来最终确定的，焊缝直接影响管道的安全运行。因此，科学合理地对焊接缺陷进行评价具有重要意义。

2. 评价信息数据收集

焊缝评价要依据内检测报告，但是除了内检测报告外，还需要以下数据信息，这些信息是评价管道焊缝完整性的重要依据。

1) 确定焊缝残余应力

管道对接焊缝的主要缺陷是未焊透，而未焊透呈开口性缺陷使该部位产生应力集中。应力集中与在未焊透截面附加弯曲应力以及未焊透深度与壁厚的比值有关。

根据环缝未焊透根部应力集中处的应力计算公式，在内压为 P 时：

$$\sigma_{ZN}\text{根} = \alpha_1(\sigma_{ZMN} + \sigma_{ZBN}) = \alpha_1\left[\frac{(1+\lambda)S}{(1+\lambda)S - a} + \frac{3a}{(1+\lambda)S - a}\right]\sigma_{ZM}$$

$$= \alpha_1\frac{(1+\lambda)S + 3a}{(1+\lambda)S - a}P\frac{D_i + S}{4S} \tag{8-1}$$

式中　σ_{ZMN}——未焊透截面的轴向拉应力，MPa；

σ_{ZBN}——未焊透截面的弯曲应力，MPa；

σ_{ZM}——波膜应力，MPa；

α_1——应力集中系数，$\alpha_1 = 2$；

S——管道的壁厚，mm；

a——未焊透深度，mm；

L——未焊透长度，mm；

D_i——管道内径，mm。

$$\lambda = \frac{S}{L} = \frac{12.7}{\pi \times 574.6} = 0.007 \tag{8-2}$$

若根部应力集中处的应力小于许用应力，则可以使用。

2）确定管道焊接参数

对于管道焊接缺陷，在评价时需要了解焊条材料的力学性能，如屈服强度、泊松比等、焊接过程的热输入值等。

热输入值可通过焊接时的电流、电压、焊接速度和焊接方式进行计算。

3）收集管道全尺寸爆破信息

对于重要管段，收集相关失效段的爆破实验相关信息，获得全尺寸爆破压力、加载过程的信息以及变形信息。

3. 焊接缺陷评价方法

1）裂纹和未焊透型缺陷评价

对于裂纹和未焊透型缺陷可采用 API 579 和 BS 7910 进行评价：

BS 7910 是英国燃气开发的金属结构可接受性的评价标准，主要是为碳钢和铝合金焊接结构开发的，该标准适合于金属结构的设计、建设、运行全生命周期。该标准可在如下几个方面进行评价：

（1）裂纹在 Ⅰ／Ⅱ／Ⅲ 型和剪切载荷作用下的评价；

（2）海洋结构管接头评价程序；

（3）压力容器和管道断裂评价程序；

（4）结构不对中应力分析；

（5）焊缝错边缺陷评价；

（6）爆破之前泄漏评价程序；

（7）管道和压力容器腐蚀评价；

（8）断裂、疲劳、蠕变评价；

（9）焊接接头焊接强度不匹配评价；

（10）冲击功表示管道韧性结果的使用；

（11）可靠性、分安全系数、实验次数和保守系数；

（12）焊缝断裂韧性的确定；

（13）应力强度因子方法；

（14）确定管道可接受缺陷的 LEVEL-Ⅰ A/B、LEVEL-Ⅱ A/B、LEVEL-Ⅲ A/B/C 程序；

（15）残余应力的计算；

（16）疲劳寿命估计的数值方法；

（17）高温断裂扩展评价；

（18）高温失效评价程序。

API 579 评价标准中的适用性（FFS）评价规范已发展成评价构件单一或多重损害机理导致的缺陷，包括焊缝的各种缺陷，构件的定义为按照国家标准或规范设计的承压部件，设备被定义成构件的组合。因此，该标准覆盖的压力设备包括构件压力容器、管道和储存罐罐壳层的所有的压力容器。对于固定和浮动的顶部结构以及罐底板的适用性（FFS）也包含在标准中。

（1）标准中的适用性（FFS）评价规范是在假定构件是按现行的规范和标准设计和生产出来的。

（2）对没有按照最初设计标准设计和建造的设备构件，标准中的原则可以用来评价实际损害和与最初设计有关的竣工情况。这种类型的适用性（FFS）评价将由知识渊博和标准设计要求方面有经验的专家实施。

（3）描述适用性（FFS）评价规范文件的每一节包括说明规范的适用性和局限性的一段。分析规范的局限性和适用性在相关的评价级别中说明。

DNV 腐蚀管道评价标准对含机械腐蚀缺陷（包括单个缺陷、相互作用的缺陷和复杂形状缺陷）的管道，做了超过 82 次的爆破试验，得出了有关爆破的数据库和有关管道材料性质的数据库。另外，通过三维非线性有限元分析得出了一更为综合的数据库。提出了预测含腐蚀管道剩余强度的准则，此腐蚀管道含有单个缺陷、相互作用缺陷和复杂形状缺陷。使用了概率的方法修正规范并确定分项安全系数。提出的方法适用于评价下列类型的腐蚀缺陷：

（1）母材的内部腐蚀；

（2）母材的外部腐蚀；

（3）焊缝上的腐蚀；

（4）环缝焊接的腐蚀；

（5）相互作用的腐蚀缺陷群；

（6）为了修理而磨掉缺陷所形成的金属损失（假如磨后留下的缺陷是光滑的形状，并且原始缺陷经过适当的 DNT 方法核实）。

2）评价技术和准则

适用性（FFS）评价规范提供了三级评价。在每节中包括的逻辑框图图示了这些评价等级是如何关联的。每个评价等级提供了一种平衡，这种平衡是保守性、评价要求的信息数量、进行评价人员素质和将要进行的分析的复杂性之间的平衡。如果实际的评价等级不能提供可接受的结果或者不能给出清晰的程序步骤，专业人员通常的顺序是从一级到三级进行分析（除非由评价技术直接决定的情况下）。下面是每个评价等级和它指定用法的综述。

（1）第一级　这一级别包含的评价规范目的是提供保守的筛选准则。保守的筛选准则是利用最小数量的检测或构件信息。通过现场检测或工程人员可以进行第一级评价。

（2）第二级　这一级别包含的评价规范目的是提供一个更细致的评价。这种评价产生的结果比第一级评价的结果更精确。在第二级评价中，需要和第一级评价要求相似的检测信息。然而，更多的详细计算用于评价中。在进行适用性(FFS)评价时，第二级评价一般能够典型地被现场工程师或有经验和渊博知识的工程专家进行。

（3）第三级　这一级别包含的评价规范目的是提供一个最细致的评价。这种评价产生的结果比第二级评价的结果更精确。在第三级评价中要求有最详细的检测和构件信息，以及在数学技术基础上的推荐分析如有限元方法。在进行适用性(FFS)评价中，第三级分析主要由有经验和渊博知识的工程专家实施。

3）焊高不足的一、二级评价

对于焊高不足的缺陷管道，根据 API 579《含缺陷管道适用性评价方法》第一部分"体积型缺陷强度计算"，通过检测出腐蚀区域的尺寸，利用管道运行压力和管材强度数据就可确定管道的剩余强度因子(RSF＝缺陷部位极限载荷与无缺陷部位极限载荷的比值)，若大于规定的许用剩余强度因子($RSFA$)，则管道在规定压力下运行是安全的。

另外根据 ASME B31G《确定含缺陷管道剩余强度手册》、DNV RP－F101《管道腐蚀评价》的要求，采用许用应力法和分项安全系数法进行评价，针对相互作用的复杂缺陷，给出每一段和每一个缺陷点的承压能力，据此选择相应的计算评价软件对管道剩余强度进行评价和计算。

4）焊高不足缺陷的三级评价

在评价过程中，该项目需要对比较最严重的缺陷点除进行一级和二级评价外，还要进行 ABQUS、ANSYS 有限元缺陷三级评价模拟。腐蚀缺陷金属损失的有限元模型，使用典型的固体二阶元，如 20 节点六面体元。通过将缺陷形状的简化，金属损失黏结处网格划分稠密、网格优化的面积扩展，可精确计算腐蚀点处应力。如果缺陷不受支撑条件和约束条件的影响，经有限元模拟的缺陷可被放置在沿着管道的圆周方便的位置，如图 8-20 所示。

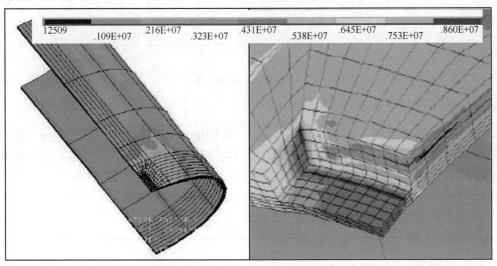

图 8-20　管道缺陷 ABQUS 评价

缺陷形状可被简化，其最大尺寸(长度、宽度和深度)需要被保留，缺陷形状和尺寸测量中，一些不确定的因素需被考虑。同时在缺陷周围壁厚测量的最小值应被考虑。

粗糙单元网格的使用将会减少计算价格和缺陷模拟的时间，但是其可能会得出较低的精度，粗糙的单元划分可能会得到非保守的失效压力值，敏感性和收敛性需要使用详细的网格设计和分析程序。

粗糙的有限元网格可用于远离缺陷的管道壁，网格密度应逐渐向包含缺陷部分的局部面积增加，在缺陷最小连接处，推荐使用4层单元。特别是在最小连接处，应避免单元的失真。

5) 对于未焊透、焊缝裂纹的评价

焊接缺陷产生的应力集中是焊缝强度降低的主要原因。未焊透或未融合属于平面缺陷，它比立体缺陷对应力增加的影响要大得多，对结构的直接危害是减少焊缝面积，增大应力，成为裂纹的诱发因素。现场及室内检测表明，管道焊缝中存在的缺陷，尤其是裂纹类缺陷，是影响管线安全运行的主要原因。

失效评定图包含材料从脆性断裂到塑性失稳破坏的失效特性。目前认为，采用失效评定图对于此类型的缺陷进行评价是最可靠的评价方法。新 R6 标准是该标准的第三次修订版，它可以完成从脆断、弹塑性断裂到塑性失稳三种失效模式的评定。图 8-21 是新 R6 标准选择的通用失效评定图。

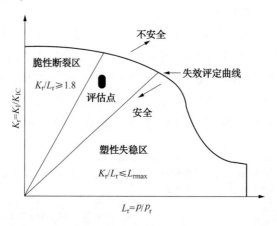

图 8-21　失效评定图

4. 总结

所有焊缝异常缺陷点，需进一步开挖验证，并使用相控阵焊缝探伤技术进行三维扫查，确定焊缝在超声检测下是否合格，同时调取焊缝射线拍片数据进行分析，再开展修复工作，如果验证与检测结果一致，采取如下处理措施：

(1) 建议对表 8-1 中的焊缝异常尽快开挖验证(长度超过 250mm)。

表 8-1　焊缝异常尽快开挖验证

编　号	焊缝号	绝对距离/m	焊缝异常长度/mm	始终点位
1	20740	23417.8	420	01：00

续表

编　号	焊缝号	绝对距离/m	焊缝异常长度/mm	始终点位
2	30860	34749.6	250	06：45
3	81200	92299.6	625	08：15
4	81260	92371.3	550	07：45
5	81640	92823.9	450	08：45
6	81750	92954.4	900	02：30
7	82070	93325.3	400	08：00

（2）如果开挖检测中，发现焊缝中存在表面或根部未融合缺陷以及其他缺陷，应进行修复。

8.2.4　内检测凹坑缺陷的完整性评价

1. 情况说明

HM-AQ 段管道在内检测过程中发现 1 处凹坑缺陷，为了确定凹坑对管道所受应力的影响，对管道允许的最大缺陷深度进行分析计算，以消除管道本体面临的风险因素，确保管道安全运行。

2. 典型的凹坑缺陷参数

管材均为 API X70 钢，管径为 $\phi1016$，设计压力为 10MPa，运行压力为 10MPa。凹坑缺陷参数见表 8-2。

表 8-2　HM-AQ 段凹坑缺陷参数（2%管道直径以上）

编号	上游环焊缝	轴向长度	环向长度	深度	深度百分比	方位	壁厚
A1	17510	1477mm	462mm	31.70mm	3.12%	06：15	17.5mm

3. 评价依据

针对气体管道凹坑的修复判定准则，国内目前没有标准可依，但国外有所规定：

（1）美国联邦法规 49 CFR 192 部分中的气体输送管道部分。

（2）ASME B31.8《气体输送和分配管道系统》给出了气体管道的凹坑修复判定准则。

49 CFR 192 将凹坑修复等级划分为立即修复、1 年内修复、继续监控和不需要修复四类，而 ASME B31.8 分为需要修复和不需要修复两类。

两个标准均将凹坑深度划分为 2%管道直径和 6%管道直径两个等级，且将管道运行应力水平划分为 20%$SMYS$ 管道直径和 40%$SMYS$ 两个等级。

49 CFR 192 仅对运行应力水平小于 20%$SMYS$ 的凹坑不要求修复，ASME B31.8 除此之外，针对深度小于 2%管道直径以及深度小于 6%管道直径且运行应力水平小于 40%$SMYS$ 的两类普通凹坑也不要求修复。两个标准的比较见表 8-3。

表 8-3　气体管道凹坑国际标准修复准则

修复准则依据	49 CFR 192(美国联邦法案)	ASME B31.8
修复相应方式	依据深度和应变要求修复管道,分为立即修复、1 年内修复、继续监控和不需要修复	依据深度和应变要求修复管道,分为需要修复、不需要修复
凹坑规定等级	2%管道直径和 6%管道直径	2%管道直径和 6%管道直径
压力等级	20%SMYS 和 40%SMY	20%SMYS 和 40%SMYS
修复标准	运行应力水平小于 20%SMYS 的凹坑不要求修复	运行应力水平小于 20%SMYS 的凹坑不要求修复
	应变超过临界应变水平的凹坑要求修复	深度小于 2%管道直径不要求修复
	立即修复: (1) 凹坑内部有金属损失、有裂纹扩展、有应力持续升高的迹象的需要立即修复的 (2) 评价人员根据设计、施工各种环境分析确定不满足使用需求,需要立即修复的	建设期(需要修复): (1) 所有凹坑在纵焊缝和环焊缝影响弯曲都要切除 (2) 所有深度超过 2%管道直径的凹坑(300mm 以上)且运行在 40%SMYS 水平以上的管道均须切除,不允许打补丁 运行期(需要修复) (1) 要考虑通过内检测,凹坑处应变
	一年内修复: (1) 光滑的凹坑在上部 8:00~4:00 位置,有深度达 6%管道直径的凹坑 (2) 深度大于 2%管道直径的凹坑在环焊缝或直焊缝上,影响管子弯曲	6%是临界极限(应变测量方法见 ASME B31.8 附录 R) (2) 凹坑内部包含有腐蚀,且腐蚀具有一定的风险性,较危险 (3) 凹坑深度超过 6%管道直径 (4) 凹坑内部有应力腐蚀开裂或其他裂纹
	监测: (1) 深度超过 6%管道直径的凹坑在管道底部 8:00~4:00 位置(下部 1/3) (2) 光滑的凹坑在上部 8:00~4:00 位置,有深度达 6%管道直径的凹坑,工程分析不超过临界应变 (3) 深度大于 2%管道直径的凹坑在环焊缝或直焊缝上,影响管子弯曲,且工程分析不超过临界应变	(5) 如果凹坑深度超过 2%管道直径,且应变不超过 4%,除了特殊评价安全的除外,凹坑影响了环焊缝和直焊缝的韧性 (6) 焊缝处应变超过 4%的凹坑 (7) 任何深度凹坑影响了材料韧性,使材料的脆性有增强的趋势 修复方法: 非金属复合材料修复凹坑不被接受

4. 应变准则

凹坑处的应变可以通过分析内检测数据或者现场开挖验证时的外检测手段得到,ASME B31.8 附录 R 给出了管道凹坑处应变的计算方法,如图 8-22 所示,R_0 是管道的初始半径,等于管道直径的一半,R_1 为凹坑处管道横截面方向的曲率半径,该曲率半径如果与管道初始半径方向一致,则为正值,如果与管道初始半径方向相反,则为负值。R_2 为凹坑处管道纵断面方向的曲率半径,该曲率半径一般为正值。凹坑处管道周向弯曲应变、轴向弯曲应变、轴向拉伸应变分别为:

$$\varepsilon_1 = \frac{1}{2}t\left[\frac{1}{R_0} - \frac{1}{R_1}\right] \tag{8-3}$$

$$\varepsilon_2 = \frac{1}{2}\frac{t}{R_2} \tag{8-4}$$

$$\varepsilon_3 = \frac{1}{2}\left(\frac{d}{L}\right)^2 \tag{8-5}$$

式中：t 为管道壁厚，mm；d 为凹坑深度，%管道直径；L 为凹坑长度，mm。

则凹坑处管道内表面应变和外表面应变为：

$$\varepsilon_t = \sqrt{\varepsilon_1^2 - \varepsilon_1(\varepsilon_2 + \varepsilon_3) + (-\varepsilon_2 + \varepsilon_3)^2} \tag{8-6}$$

$$\varepsilon_0 = \sqrt{\varepsilon_1^2 + \varepsilon_1(-\varepsilon_2 + \varepsilon_3) + (-\varepsilon_2 + \varepsilon_3)^2} \tag{8-7}$$

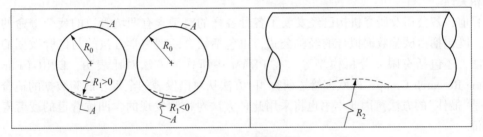

图 8-22　应变测量图

5. 评价结论

根据 49 CFR 192 和 ASME B31.8，该管道凹坑在管道下部，由于目前凹坑尺寸验证未知，开挖后如满足如下条件需要修复，否则不需要修复：

（1）凹坑内部包含有腐蚀，且腐蚀具有一定的风险性，较危险。

（2）凹坑深度超过 6%管道直径。

（3）凹坑内部有应力腐蚀开裂或其他裂纹。

（4）凹坑处应变 6%是临界极限。

（5）光滑的凹坑在上部 8:00~4:00 位置，有深度达 6%管道直径的凹坑。

（6）深度大于 2%管道直径的凹坑在环焊缝或直焊缝上，影响管子弯曲。

按照目前检测结果，检测公司提交的检测报告中未发现在凹坑中有腐蚀的信号显示，由于漏磁检测设备的特点所限，该管道应力腐蚀裂纹信号可能无法检出。

建议进一步开挖验证管道凹坑尺寸，确定其底部是否存在腐蚀与应力腐蚀。

综上所述，如果经开挖检测，管道凹坑底部不存在应力腐蚀裂纹和腐蚀，不影响管道韧性，则此管道凹陷不需要修复。

8.2.5　疲劳评价

1. 概述

本节将评价管道运营商提供的 HM-AQ 段管道压力循环数据，以判定压力波动引起的凹坑的疲劳裂纹增长是否对管道完整性构成威胁。本项评价将采用的是 PDAM 中利用普通凹坑疲劳模型的筛选评价法。本项评价将判定是否存在凹坑疲劳引起管道失效的风险，以及是否有必要进行进一步更详细的评价。

2. 评价算法说明

凹坑局部存在很高的应力与应变。如果存在压力波动，凹坑位置会有很大的交变应力存在。目前，世界上的很多研究组织已经进行了大量的管道压力波动导致的全尺寸管道疲劳试验。试验结果表明，存在凹坑的管道的疲劳寿命要短于完整管道，并且凹坑深度越深其疲劳寿命越短。同时，试验还表明如果凹坑在焊缝上或者凹坑含有缺陷，则其疲劳寿命更短。

评价需要注意的另外一点是，如果压力波动导致的最大应力很高，凹坑可能会被压力推出，从而使管道恢复圆形。这样，凹坑导致的疲劳寿命损失就不存在了。因此，对于纯凹坑(即凹坑位置管道壁厚没有发生变化且不含缺陷)而言，其疲劳寿命与最低应力存在一定的相关性。

目前，各公司及研究机构已经发展了各种各样的对于含有凹坑管道的疲劳寿命的评价方法，既包括由试验数据拟合的经验公式，也包括结合断裂力学方法的与试验数据的半经验方法，还包括有限元分析模型等。在 PDAM 中所作的方法对比表明，EPRG(European Pipeline Research Group，即欧洲管道研究组)方法从对已发表的全尺寸试验数据的适合程度而言是"最佳"的方法。因此本书也将采用此种方法对检测发现的含凹坑管道的疲劳寿命进行评价。

EPRG 方法使用完好管道的 $S-N$ 曲线，结合凹坑导致的应力集中系数计算了凹坑的疲劳寿命。这种 $S-N$ 曲线是由 DIN 2413 标准给出的，该方法考虑了平均应力的影响并与管线钢的极限拉伸强度有一定的相关性。

EPRG 准则中对于评价机械损伤，推荐了一个取值为 10 的安全系数应用于疲劳寿命的预测。其具体评价方法如下：

纯凹坑的疲劳寿命 N 由以下公式给出(没有包含安全系数)：

$$N = 1000 \left[\frac{(\sigma_U - 50)}{2\sigma_A K_s} \right]^{4.292} \tag{8-8}$$

其中：

$$2\sigma_A = \sigma_U \left[B \left(4 + B^2 \right)^{0.5} - B^2 \right] \tag{8-9}$$

$$B = \frac{\dfrac{\sigma_a}{\sigma_U}}{\left[1 - \left(\dfrac{\sigma_{max} - \sigma_a}{\sigma_U} \right) \right]^{0.5}} = \frac{\dfrac{\sigma_a}{\sigma_U}}{\left[1 - \dfrac{\sigma_a}{\sigma_U} \left(\dfrac{1 + R}{1 - R} \right) \right]^{0.5}} \tag{8-10}$$

$$R = \frac{\sigma_{min}}{\sigma_{max}} \tag{8-11}$$

$$K_s = 2.871 \sqrt{K_d} \tag{8-12}$$

$$K_d = H_o \frac{t}{D} \tag{8-13}$$

公式中出现的各个参数的物理意义如下：

N——至失效发生时的疲劳周次；

σ_U——极限拉伸强度，N/mm^2；

σ_a——名义循环应力幅值，N/mm^2；

$2\sigma_A$——对应于应力比 $R=0$ 时的等效循环应力幅值，N/mm^2；

σ_{max}——应力循环中的最大应力，N/mm^2；

σ_{min}——应力循环中的最小应力，N/mm^2；

H_o——无内压时测量的凹坑深度，mm；

t——管壁厚度，mm；

D——管道外径，mm。

3. 凹坑疲劳评价

本次检测发现的凹坑数据见表 8-4。

表 8-4　HM-AQ 段凹坑缺陷列表 (2%管道直径以上)

编　号	上游环焊缝	轴向长度	环向长度	深度	深度百分比	壁厚
A1	17510 个	1477mm	462mm	31.70mm	3.12%	17.5mm

本次评价管段的管材均为 API X70 钢，管道外径为 $\phi1016$，评价部位的壁厚为 17.5mm，其设计压力为 10MPa，运行压力为 10MPa。

根据业主提供的 HM 站及安庆站的压力波动数据，2010 年至 2013 年，以每半月记录的管道的压力最大波动范围值分别为 0.72MPa、0.93MPa、1.08MPa 及 0.53MPa。从保守角度出发，计算采用了管道运行压力为 10MPa，选用的半月压力波动数据为 1.08MPa，利用式 (8-8) 计算得到的凹坑疲劳寿命 (考虑安全系数的下界寿命) 为 51516 次循环。每半月压力波动一次，相当于每年压力波动 24 次，由此凹坑寿命相当于 2146 年，可视为无限寿命或管道设计寿命期内凹坑不会由于疲劳失效。

8.2.6　结论和建议

通过评价可以得出，HM-AQ 段管道总体情况良好，主要得出如下结论：

(1) HM-AQ 段管道的总的金属缺陷分布为：金属损失缺陷点为 4521 个，最大为 33% 的内部金属损失，但深度超过 10%管道直径为 715 处，所有金属损失缺陷不需要修复。

(2) HM-AQ 段检测出超过 2%管道直径的凹坑缺陷为 1 处，由于国内没有规范，需参考国外相关规范、标准来评价，根据美国机械工程学会和美国运输部规定的标准，如与提交的检测报告数据相符，则不需要修复。如果开挖发现凹坑底部存在严重腐蚀或尖锐尖角或裂纹存在，则需要进行修复，修复方法采用夹具注环氧方法或复合材料碳纤维补强技术。

(3) 管道焊缝异常缺陷 79 处，其中焊缝异常长度大于 150mm 的有 12 处，需进一步对 12 处焊缝异常缺陷开挖验证，并请管道施工方、无损检测方反馈 X 射线底片情况，开挖后使用 TOFD 和 C 扫描设备进行探伤方法检测，如发现射线、超声超标不合格缺陷，需尽快视情维修。

(4) HM-AQ 段检测出铁磁物体靠近管道共 1 处，检测中没有发现管道与套管接触的现象。这些铁磁性物体可能会对管道防腐层和阴极保护产生影响，需要对靠近不明物体进行分析，必要时开挖验证后处理。

（5）管道缺陷的疲劳寿命计算分析，采用业主提供的半月波动范围值，对检测发现的凹坑进行疲劳分析，表明该凹坑在管道设计寿命期内不会由于管道压力波动疲劳发生失效。

（6）从检测数据分析来看，管道总体情况反映较好，内外部腐蚀环境不明显，没有必要调整检测周期，按照 SY/T 6597《油气管道内检测技术规范》的规定，周期性开展管道内检测工作，管道再检测的周期一般定为 5~8 年。

8.3　基于内检测数据对齐的完整性评价

管道缺陷一直是威胁管道运行安全的首要因素，过去一直处于可抢修不可预测的状态，但随着管道内检测技术的日趋成熟，目前已实现利用几何检测、漏磁技术和超声波等技术对管道内、外壁的腐蚀和裂纹情况进行检测，从而获取海量的管道缺陷数据，再结合各类缺陷评价模型对管道的损坏程度进行缺陷评价，进而针对性地实施管道维修维护，达到预防和控制的作用。

目前管道内检测及其评价技术已成为管道完整性管理不可缺少的重要环节，在保护管道安全运行、减少事故方面发挥着越来越重要的作用。国内大部分管道运营企业已积累了海量的检测成果，并依据检测报告对重大缺陷点进行了及时维修，已从过去的不足维护、过剩维护转变为科学的视情维护，避免或减少了管道事故，指导各单位经济、可靠地维护管道。

管道运营企业在对已拥有的管道内检测数据进行管理和应用方面，将缺陷点的检测、评价、修复等各环节的成果都利用 Excel 文件进行存储和管理，是一种较为简单的文件管理模式。在实际应用中也暴露出前后环节信息不一致、再次内检测时无法有效利用历史数据等问题，降低了完整性管理的循环效果；同时对缺陷点的完整性评价也缺乏有效工具，只能针对重大缺陷点进行逐一计算，未发挥海量检测成果的优势，缺少对缺陷发展趋势的评价。

因此研究内检测数据比对与评价技术方法，利用数据库实现海量内检测数据的有序存储和管理，并集成 ASME B31G、RSTRENG 等多种评价模型，对每一个缺陷进行完整性评价，从而充分发挥内检测成果的价值，提高评价的及时性和准确性，进一步提高管道安全管理的水平。

8.3.1　内检测数据管理

随着管道完整性管理的成熟和深入，越来越多的管道已实施或计划实施管道内检测，服役时间较长的管线已实施多次内检测，管理和利用好这些珍贵的管道体检报告，让其更好地融入完整性循环中，不断提高管道精细化管理水平，成为管道完整性管理需要解决的重要问题之一。数据的价值在于统计分析和应用，看似复杂庞大的管道数据中蕴含着对于管道管理的重要价值，因此需对其进行深度挖掘和应用：以内检测数据为基础，与其他管道数据进行校准、整合、对齐。

目前国内能提供长输管道内检测的厂家较多（如 PII、中油检测、Rosen 等），各检测商掌握的技术水平存在一定差异，对缺陷类型、管道设备的识别详细程度也存在一定差异。如进行漏磁检测时发现的金属损失，一些检测商能识别 11 种类型，另一些检测商只能识别 2 种类型。因此需要参照 ASME、API 等标准结合实际检测发现的特征类型，建立一套分类准确又详细的类型标准，并将每个检测商提供的类型与标准类型建立对应关系，以为后期完整性评价提供规范的内检测数据。

针对各内检测成果都采用 Excel 文件存储，但存在格式不统一、特征类别不统一的问题，对各检测商提供不同检测方法的内检测成果进行统计分析，结合国内外检测特征分类标准，建立基于英国标准学会对缺陷类型的分类标准，制定统一的内检测数据成果模板，形成检测成果的标准格式，并基于此标准格式进行数据读取和转换，包括检测成果、壁厚变化、标志盒，并以阈值方式明确特征类别。

利用数据库技术将分散的内检测数据进行统一存储，并基于 APDM 管道模型建立与其他管道设备设施之间的关联，可有效保存海量的内检测原始数据及后期每一个应用环节的过程和结果数据，确保每一个缺陷点从发现到评价、修复甚至再次发现都会记录在案，从而实现缺陷点的全生命周期管理。

数据库作为中间媒介，将内检测项目的基本信息、分段信息存储到管道完整性数据库，并为每个项目的基本信息、分段信息建立唯一编号，使所有后续环节产生的数据，如内检测数据、缺陷点、开挖单、维修单等，均与分段编号进行关联，并赋予每一条检测记录唯一 ID，将此 ID 作为串联对齐、评价的纽带，确保对齐、评价的交叉进行。为实现对海量检测数据的管理，研究 Oracle 的分区表技术，并参照 APDM 模型历史数据管理模型，建立检测工程索引、最新检测/历史检测分离管理的模式，管道管理应用和 GIS 系统的缺陷点图形化显示需求，基于 APDM 模型规则的海量内检测及评价数据的存储和管理，建立缺陷点和管道设备设施之间的关联，同一管线多次检测的存储机制，确保最新一次检测数据的快速提取。

以陕京管道内检测数据为例，从图 8-23 和图 8-24 中可以直观地看出缺陷损失统计分析情况。

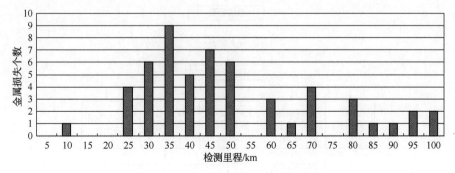

图 8-23　金属损失（25%壁厚）分布图

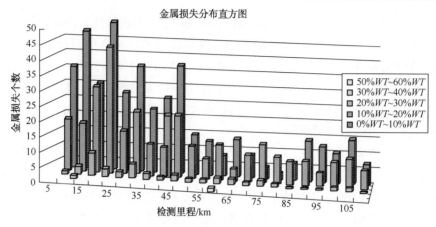

图 8-24　金属损失统计分布图

8.3.2　内检测评价流程及方法

目前完整性评价模型发展已较为成熟，针对不同管材的腐蚀、制造、环向缺陷，提供包括 ASME B31G、RSTRENG 0.85dL、SHELL 92、PCORRC 等 10 多种评价模型，且随着管材的发展评价模型还在不断增加和优化。同时随着管道内检测技术的发展，检测精度越来越高，发现的缺陷点也更加详细，一次内检测常常能提供 10 多万个缺陷点。

如采用以往的人工评价模式，只能限于对较严重缺陷点(如深度大于 20%壁厚)进行评价，而忽略了其他缺陷点的评价。因此需研究利用并行运算技术，实现对所有缺陷点的快速评价，必要时可采用不同评价模型分别进行评价，之后利用程序对评价结果进行比选，从而更科学、更全面、更快速地制定维修策略。

1. 内检测评价流程

内检测评价流程如图 8-25 所示。

图 8-25　内检测评价流程图

2. 内检测评价方法

1）剩余强度评价

主要目的是计算缺陷处的剩余强度，包括 5 种方法，即 ASME B31G 方法、RSTRENG 0.85dL 方法、RSTRENG 有效面积方法、DNV 许用应力法和 DNV 分项安全系数法。评价工作开始后，选择需使用的方法，然后进行评价，如图 8-26~图 8-28 所示。

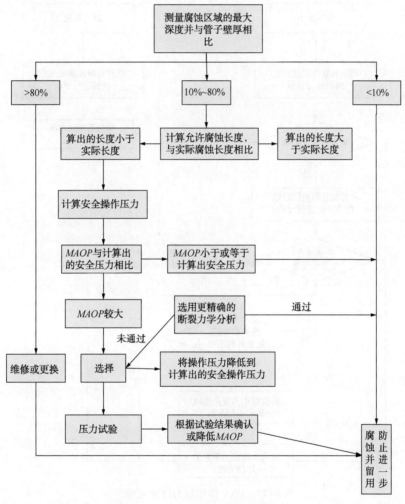

图 8-26　ASME B31G 评价流程图

2）金属损失（腐蚀）缺陷评价

（1）剩余强度计算：根据对管道运行安全的影响等级，按照最大深度、压力判定比、轴向长度等因素对缺陷进行等级划分，给出修复列表。

（2）采用 RSTRENG 有效面积法、ASME B31G 体积型缺陷评价法、RSTRENG 0.85dL 修正算法、DNV RP-F101 评价（包括分项安全系数法和许用应力法两种）模型进行剩余强度计算和分级排序。

（3）制造缺陷完整性评价：采用 SHANNON 方法进行评价，按照设计压力计算修复点。

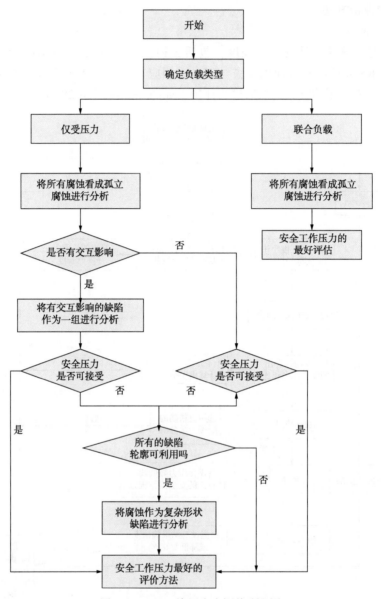

图 8-27　DNV 许用应力评价流程图

3）螺旋焊缝缺陷评价

（1）根据对管道运行安全的影响等级，依据缺陷承压强度、缺陷最大深度、存在应变的螺旋焊缝缺陷进行等级划分，给出修复列表。

（2）螺旋焊缝缺陷失效计算：采用 API RP 579、BS 7910 对脆性断裂、气泡与起层、焊接未对正与壳体变形以及裂纹型缺陷进行评价。

（3）螺旋焊缝缺陷的失效评估：采用 BS 7910 的 1A 级 FAD 评价方法进行评价。

（4）螺旋焊缝缺陷剩余强度评价：根据内检测结果来确定缺陷长度、深度以及缺陷位置的数据估计值，评价剩余强度。

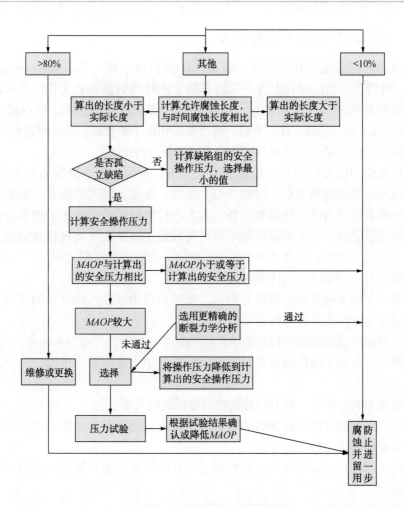

图 8-28　RSTRENG 评价流程图

4）环焊缝缺陷评价

（1）采用 BS 7910 模型分析，对存在应变的环焊缝缺陷，立即修复；与螺旋焊缝缺陷和腐蚀缺陷的修复计划结合开展环焊缝缺陷的修复。

5）凹陷缺陷及椭圆变形缺陷评价

（1）统计变形检测器记录的 CaliPPer 数据中凹陷、椭圆变形缺陷数量。

（2）对凹陷缺陷，采用缺陷评估手册 PDAM 的疲劳参考评价方法，区分出普通凹陷、与金属损失相关的凹陷、与螺旋焊缝相关的凹陷、与焊缝和金属损失相关的凹陷，并根据等级划分，给出修复列表。

（3）对椭圆变形，采用 BS 7910 进行评估。

6）外接金属物等其他缺陷分析评价

（1）外接金属物分析　划分为靠近管道或接触管道两类进行统计。

（2）偏心套管状态分析　划分为靠近管道或接触管道两类，对接触的需要立即修复。

（3）修复补丁状态分析　划分为修补壳和修复补丁两类进行统计。

8.3.3　内检测数据对齐技术方法

国外管道内检测数据对齐工作开展较早，目前 BOW、BP、Enbridge、Singapore Gas Company 等国外管道公司已经有上百条管道开展了内检测数据对齐工作。多次内检测数据对齐是管道数据管理的关键技术之一，是从数据到信息的关键步骤。以内检测数据产生 IMU 和 ILI(In-Line Inspection)数据为例，满足缺陷评价中的数据需求，可避免发生误开挖；满足修复中缺陷定位的需求，可对管道缺陷发展趋势进行预测。

多次内检测检测里程数据和管道焊缝对齐分析，是管道内检测数据对齐的关键步骤。同一缺陷在每次检测的检测里程、时钟方位、长度、宽度、深度等存在一定差异，不能简单地依据某一参数识别为同一缺陷和设备。多次内检测缺陷数据基于里程和方位的双容差对齐技术，利用缺陷群、与上游焊缝距离等关键数据，辅助人工实现快速缺陷点匹配，提供图形化的分段对齐功能，以及基于数据列表的同一管段上的缺陷对齐。

内检测数据对齐分析时，具体要求如下：

（1）应以相邻两个阀室间的管段为单元，按照高后果区、风险评价的结果、内检测的缺陷分布等要素选择优先对齐分析的管段。

（2）重点分析区域应按照内检测报告的缺陷数量、性质、尺寸等来确定。

（3）对齐分析应基于内检测报告，对于分析过程中出现的异常情况，进一步分析原始信号。

内检测数据对齐分析时，应对内检测性能指标进行分析：

（1）基于一定量的开挖验证获取的管道本体缺陷数据，对内检测报告的缺陷漏检、误报、尺寸量化精度情况进行对齐分析。

（2）对内检测的性能指标如缺陷检测概率、缺陷误报概率、缺陷识别概率、尺寸量化精度进行计算。

内检测数据对齐分析时，应按照不同情况进行分析：

（1）针对金属损失特征数据，应对匹配、不匹配、新增的特征分别进行分析，筛选出腐蚀特征。

（2）针对匹配特征，应计算单管节的最大生长速率并确定其位置。对于已修复缺陷，应分析其尺寸及类型变化，并与上一次内检测原始信号进行对齐。

（3）针对不匹配特征，应确定单管节上的特征最大尺寸。

（4）针对新增特征，识别出单管节上的特征最大尺寸。

（5）腐蚀增长速率可采用概率统计方法进行计算，亦可采用其他腐蚀增长速率计算模型进行计算。

内检测数据对齐分析时，应对腐蚀活性进行分析：

（1）宜通过缺陷增长显著性分析，识别出活性腐蚀点。

（2）缺陷增长显著性分析，可按基于计算前后两次检测缺陷真实尺寸分布概率密度函数的重合系数进行计算。

（3）如相同管段缺陷数量、深度或累积面积增加，可认为该管段为活性腐蚀区。

（4）识别为活性的腐蚀点，可通过现场开挖验证识别结果的准确性。

内检测数据对齐技术实现方法：按照分段→焊缝→缺陷的总体路线进行对齐。

（1）通过 IMU 坐标识别管道改线段。

（2）按照标志盒、阀门等地面特征点实现分段。

（3）按照短管节、壁厚变化等特征确定焊缝对齐起点，顺延按管长进行匹配。

（4）基于提供的匹配列表将可用的多次内检测数据采用"橡皮筋技术"进行对齐，对缺陷按照与上游焊缝距离、时钟方位等特征进行对齐，如图 8-29 所示。

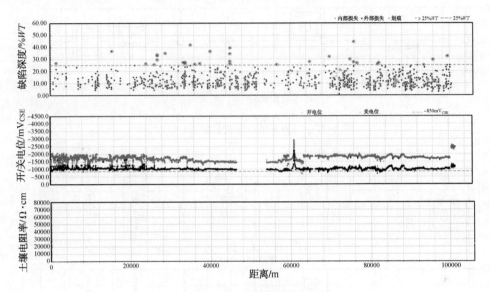

图 8-29　内检测数据对齐

多次内检测数据对齐如图 8-30~图 8-34 所示。

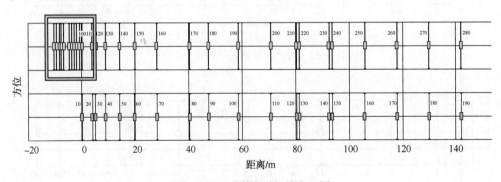

图 8-30　两次检测起始点不同

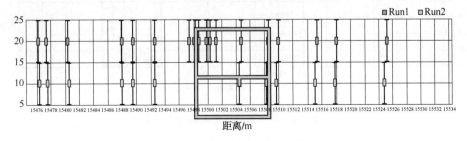

图 8-31　两次检测对齐遗漏焊缝

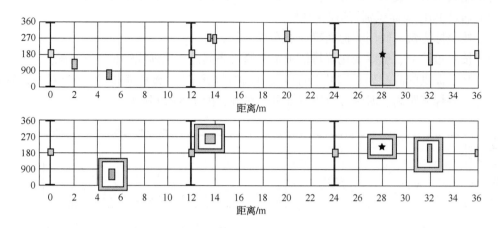

图 8-32　对齐未能匹配的特征点(一)

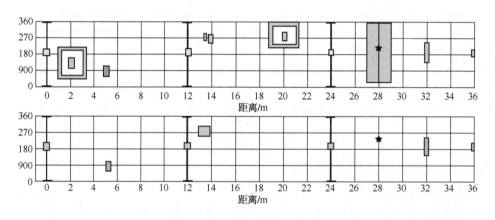

图 8-33　对齐未能匹配的特征点(二)

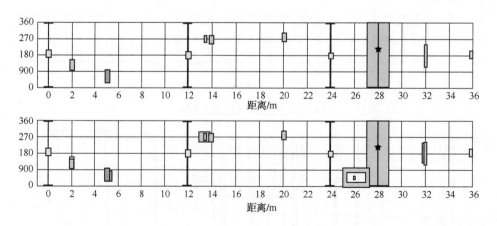

图 8-34　对齐未能匹配的特征点(三)

管道基线内检测可发现大量小缺陷,一般不会进行修复,当再次内检测时将会再次检测出此缺陷点,通过多次内检测数据对齐技术,能获取其不同时期的缺陷长、宽、高等数据,通过剩余强度等评价模型,可掌握缺陷发展趋势,从而准确预判修复时间或下次内检测时间,进而实现对海量小缺陷点的精细化管理。

8.3.4 关键技术及创新点

1. 多次内检测数据对齐图形化显示技术

海量的内检测数据,必须将其以一维条带图形进行显示,并利用 2 个条带分别显示内检测+管道竣工或两次内检测数据,方可提供有效的 UI 对齐工具,减少人工对齐工作量。

存在以下两个关键要求:

(1) 现有第三方 Chart 组件可支持一维数据显示,但不支持多 Chart 联动,GIS 组件偏向二维/三维数据显示,因此无现成条带组件,需采用图形显示底层 GDI 技术,封装点、线显示,支持条带缩放、移动等视图操作。

(2) 两个条带应同步联动,当一个条带移动/切换显示范围时,另一个条带应同步切换显示,以确保两套数据始终处于对比模式。

2. 海量内检测数据的并行计算

由于缺陷评价模型的复杂性,每个内检测段中发现的缺陷,少则上千,多则上万,且随着检测技术的不断发展,检测精度越来越高,缺陷数据将不断增长,而每个单点的缺陷评价,至少需要 0.2s,如采用传统的串行计算少则需要 3min,多则 1~2h。

为加快缺陷评价运算速度,采用了最新的 Task 机制,将缺陷依据壁厚+特征类别进行分组,分解到不同的 Task 中进行计算,充分利用每个 CPU 的计算能力,最终达到在 3~5s 内完成上千缺陷的评价。

8.4 并行埋地敷设管道安全评价

管道敷设方式一般采取单根管道埋地的独立敷设方式,但随着经济发展和地理环境的限制,路由紧张局面必须采取并行敷设和同沟敷设。国外长输油气管道采取并行的工程实例较多,其中著名的有俄罗斯中亚-中央输气管道,线路平均长度达到 2800 多公里。

天然气是一次性能源中相对清洁的产品,消费规模也迅速扩大。近年来,我国探明天然气储量持续增长。新增探明储量主要位于鄂尔多斯、塔里木、准噶尔盆地及四川盆地。管道敷设也从单根管线发展到多条管线并行敷设、联合运行的局面。例如,陕京二线和三线并行段达到 460km 以上,途经很多地形复杂区域,有的地段间距不足 5m,具有极高的施工难度和巡线难度。

除此以外,输油管道也有并行敷设的情况。例如,目前西气东输二线在新疆、甘肃和宁夏境内分别与已建的独鄯成品油管道、西部管道和西气东输一线长距离并行敷设,同时还要考虑与正在规划的独乌鄯原油管道、鄯乌输气管道、西气东输三线等管道并行。此外,庆铁线与庆铁复线(八三管道)也是并行敷设,管道起点为大庆市林源,终点为铁岭输油站,全长 516.34km。

　　埋地管道不同于地上管道，其发生失效后泄漏引发管道爆炸的几率远低于地上管道。但由于土壤对爆炸空间的限定，埋地管道发生爆炸后，爆轰现象形成的冲击波受到土壤持续反射作用，冲击波超压迅速上升，比地上管道爆炸的产生的冲击波超压高一个数量级。但由于土壤对冲击波压力和冲量的传递比空气慢，因此冲击波对并行管线的破坏是一个缓慢的过程。随着并行间距的增加，爆炸能量逐渐被土壤吸收，冲击波对并行管线的破坏能力也迅速下降。因此，埋地管道爆炸与地上管道爆炸相比，其对并行管线的破坏程度、作用时间、变形规律存在很大差异。

　　国内有关设计标准规定了管道并行间距为 6m，并行管道的间距是否符合风险后果的要求，需要建立分析模型和力学仿真得到。

　　本节拟解决并行管道安全间距问题，建立风险评价模型，使用现代力学仿真技术，确定并行管道间距的合理范围，同时评价一条管道发生失效时对另一条管道的影响，通过并行管道的风险评价，可以在管道的运营和维护方面提供有力的帮助。

8.4.1　并行管道数学模型

1. 有限元模型

　　采用 Autodyn 软件对管道爆炸冲击进行数值模拟。结合 1016mm 管道敷设工况，确定物理模型参数，分析不同并行间距下埋地天然气爆炸对并行管道的冲击破坏效应。

　　管道泄漏时间取 $t = 180\text{s}$，转化为 TNT 当量 $W_{\text{TNT}}'' = 25.74\text{kg}$。初始化 TNT 当量球，取半径 156mm。建立二维楔形 TNT 爆炸模型：$156\text{mm} \times 1000\text{mm}$，计算时间为 0.25ms。空气材料 Air（理想气体），管线材料 Steel 4340，TNT 材料状态方程 JWL，土壤材料选用 CONC-35MPA，其状态方程为 P-alpha，强度模型为 RHT-concrete，GAS 材料基于 AIR 材料本构模型修改密度和内能。

　　总体物理模型设置为：两个内径 1197mm 的管道并行放置在土壤中，埋深 $H = 1.5\text{m}$。土壤除顶部与空气接触外，其余 5 面默认为无限边界。两个管道与土壤水平方向的边界距离均保持 $l = 2\text{m}$。两管道中心间距 S 分别设置为 2m、3m、4m、5m、6m、7m、8m，其中一个管道以等当量 TNT 球代替，如图 8-35 所示。

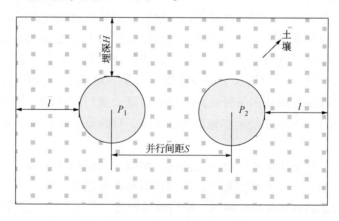

图 8-35　物理模型示意图

为提高计算效率,选取建立 1/2 管道、1/2 土壤和 1/4TNT 球物理模型。在 Workbench 中建立$(4m+S)\times 2m\times 2m$ 的土壤模型,并在管道位置预留两个圆柱孔洞。建立 Pipeline 模型和 Gas 模型,填充进土壤圆柱孔洞中,设置接触对,如图 8-36 所示。

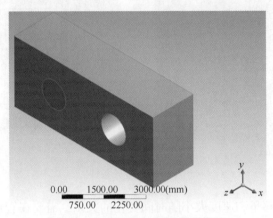

图 8-36 Workbench 埋地管道模型

将上述空间模型通过 Explicit Dynamics 模块导入 Autodyn 软件,确定 Grid、Ini. Cond 条件和边界条件,修正 GAS 材料状态方程参数和强度模型参数。添加 Air 和 TNT 材料,建立 Space 的 Euler-FCT 模型,覆盖整体土壤模型。将计算后的二维楔形 TNT 爆炸模型导入进 Space 模型。球心坐标选取原爆破并行管线的轴心,如图 8-37 所示。

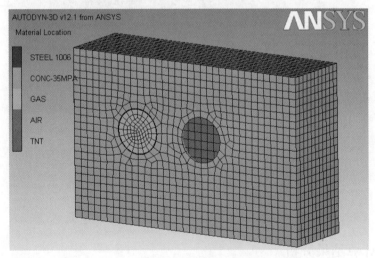

图 8-37 空间模型示意图

2. 边界条件及接触

土壤模型除地表表面外,其余 5 面为半无限体,均设置为 Flow out 边界。土壤地面添加 $V_Y = 0m/s$ 约束。管道内压为 6MPa,$Z = 0$ 端轴向位移 $V_Z = 0m/s$,如图 8-38 所示。

接触对的设置同时考虑管道内部与 Gas、外部与空气的接触。此处设置内部接触对为 Trajectory 接触,保证能量守恒和动量守恒,并随时跟踪模型中节点与面的接触。设置外部接触为流固耦合，保证能量传递的准确性。

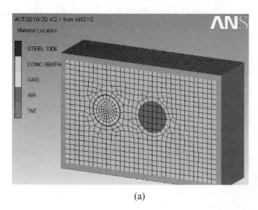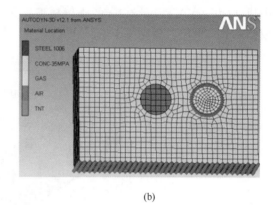

图 8-38　边界条件

为跟踪管道管壁位移量和速度大小随时间变化的关系，需要在管道模型上添加一定数量的 Gauge 点，其位置极坐标以 X 轴为原点，每隔 45°选取一系列 Gauge 点，如图 8-39 所示。

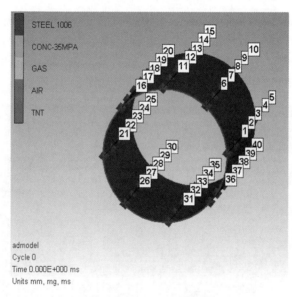

图 8-39　Gauge 点分布图

8.4.2　计算结果分析

由于埋地管道同时受管道爆炸和土壤变形挤压作用，容易产生大变形破坏甚至出现管道压裂现象。因此对埋地管道的失效分析不同于地上管道，须根据管道被破坏的形式分为压裂失效和大变形破坏两大部分。下面以并行间距为 2m、3m、4m、5m、6m、7m、8m 的埋地管道受爆炸冲击的最终计算结果，分别探讨其破坏规律。

1. 并行间距 2m

该物理模型中的 Gauge 点分布如图 8-40 所示。

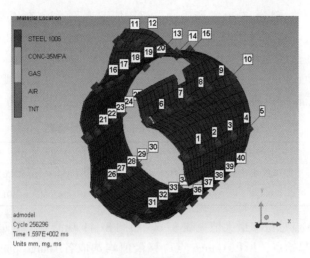

图 8-40　2m 并行间距管道 Gauge 点分布图

　　各系列 Gauge 点随时间推移所受冲击压强及积分变化变化曲线如图 8-41 所示。总计算时间为 160ms。埋地管道发生爆炸时，近爆炸源土壤发生液化现象，冲击超压直接透过土壤传递给近距离并行管线，管道同时受爆炸超压和土壤塑性变作用，发生大变形甚至破裂失效。

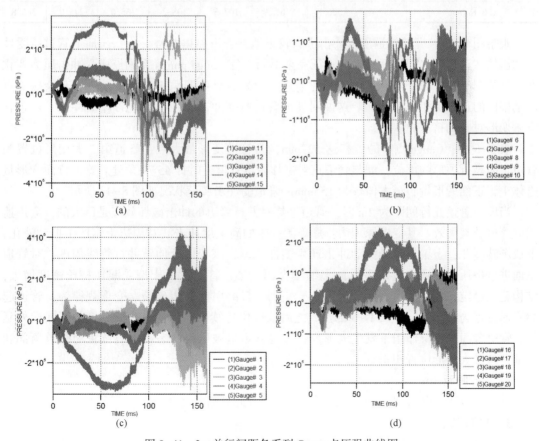

图 8-41　2m 并行间距各系列 Gauge 点压强曲线图

由图 8-41 可看出，管道 $Z=0$ 端所受冲击超压依旧大于管道 $Z=2m$ 端，即管道远离爆炸源部位所受超压大于靠近爆炸源部位，这一点与地上管道一致，均是由冲击波在传递过程中发生折射、振荡造成的。

系列 Gauge 点中均以管道尾端 Gauge 点所受压强最大，且振荡最明显。故表 8-5 数值只用来代表各系列 Gauge 点所受冲击压强数量级，具体数值只作为参考。

表 8-5　Gauge 点所受冲击压强超压最值表

Gauge 点	1~5	6~10	11~15	16~20	21~25	26~30	31~35	36~40
正超压/MPa	425.9	162.2	327.4	245.6	354.0	245.2	156.2	243.3
负超压/MPa	−338.1	−231.5	−392.7	−243.6	−282.3	−391.8	−211.8	−218.1

其各系列 Gauge 点总位移最大值见表 8-6。由图 8-41 观测到，管道最大变形位置为各 Gauge points 系列的起始点，所以 Gauge 点位移最值均选取各 Gauge points 系列起始点的位移值。另外，管道上各探测点的位移变化曲线呈波动现象，并非持续增长，因此这里的总位移最大值只作为探测点总变形量的一个参考值，与最终变形量无直接关系。

表 8-6　Gauge 点总位移最大值

Gauge 点	1~5	6~10	11~15	16~20	21~25	26~30	31~35	36~40
总位移/mm	257.4	526.8	461.3	107.5	108.2	155.0	243.0	365.8

观察图 8-41，埋地管道所受冲击压力较于地上管道显得非常平稳，与地上管道所受冲击超压的在正负压之间循环波动的特征完全不同。各 Gauge points 系列点所受冲击压力变化曲线特征明显，除每个 Gauge 点系列的第一点、第二点依旧呈正负相波动外，其余探测点波动幅度的正相负相界限明显。这说明埋地管道所受冲击压强不仅包含爆炸冲压，还包含土壤变形对它的挤压力。

表 8-6 中，Gauge 点 6 的位移达 527mm，为管道变形最大点，管道第二大变形位置为管道正面靠近顶部的部位，即与管道正对爆炸源位置呈逆时针 45° 夹角处。管道背面变形量整体小于正面变形量，最大值仅为 155mm。管道受冲击载荷状况如图 8-42 所示。

当埋地管道并行间距为 2m 时，管道爆炸对并行管道的冲击破坏效应是巨大的，会迅速引起管道破裂失效。其变形原理为：爆炸源产生的高强度冲击波对周边土壤产生振动液化，形成爆破漏斗；土壤持续受振动冲击产生塑性变形，该变形延伸至并行管线周围，对管道正面进行挤压，导致管道水平方向上继续大幅变形；管道背面土壤受漏斗挤压密度增大，结构趋于稳定，导致管道背面变形远小于正面，最终引起管道破裂。变形规律为：管道起始变形位置为正面 Gauge 点 1~5 部位，之后该部位持续凹陷；管道顶部和底部不断向外延伸，管道背面受土壤作用不发生大形变；最终管道呈被压裂状态，破裂位置为管道顶部和底部，与最大变形位置相垂直。

2. 并行间距 3m

其分析方法与并行间距 2m 的分析方法相似，此处略。

3. 并行间距 4~6m

其分析方法与并行间距 2m 的分析方法相似，此处略。

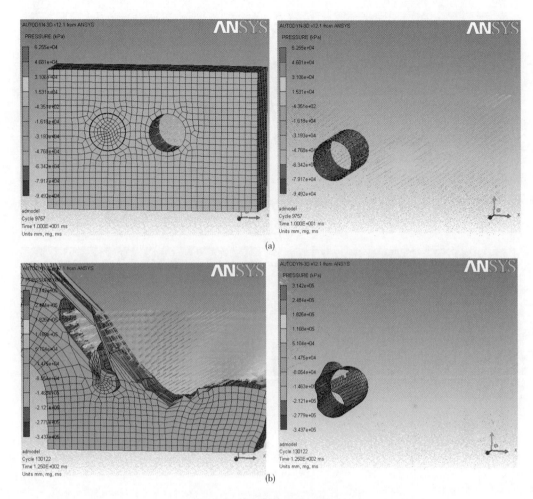

图 8-42　管道受冲击变形过程

并行间距为 4~6m 时，埋地管道受并行管线爆炸冲击作用下，其变形和失效规律为：管道最大变形位置为管道正面靠近顶部处和背面靠近底部处，亦是管道破裂部位。其变形原因主要由土壤变形引起，具体过程与 3m 系列类似，爆炸冲击已无法对管道产生直接作用。爆炸能量释放进空气中后，管道受土壤挤压作用仍持续变形。

4. 并行间距 7~8m

当并行间距 $S \geqslant 8m$ 时，管道不再产生破裂失效现象。这里从压力和变形量角度分析其受冲击破坏效应。

图 8-43 为 8m 并行间距下管道变形过程。当 $t = 80ms$ 时，土壤开始形成爆破漏斗。之后，漏斗体积不断扩大，但由于最终漏斗口径是一定的，其形成的土壤堆积与并行管道仍存在很大距离，所以爆破漏斗不再对并行管线的变形起决定作用。之后，地表土壤不断被掀飞，管道变形受土壤整体黏弹性变形作用，其大变形位置依然为管道正面靠顶部位置，但该变形量不会引起管道破裂失效。

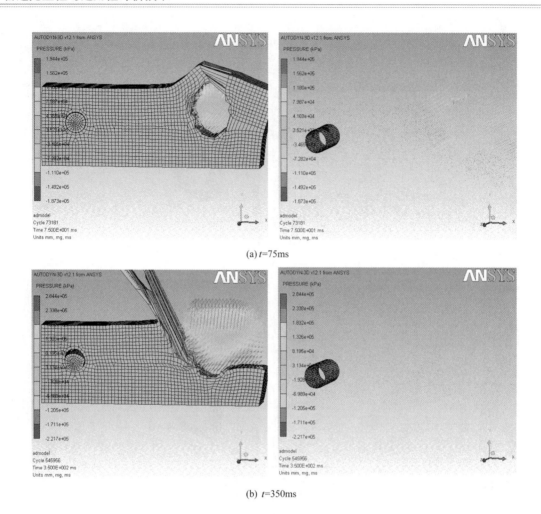

(a) t=75ms

(b) t=350ms

图 8-43　管道变形过程

　　综上所述，在并行间距大于等于 8m 时，管道不再发生破裂，其变形应力来自土壤黏弹性变形应力。最大变形位置为管道正面靠近顶部位置。虽然该变形量不会导致管道破裂，但已超出管道椭圆化设计准则。为保证埋地并行管道安全，其敷设间距应当大于等于 8m。

8.4.3　模型有效性验证

　　TNT 当量法为蒸气云爆炸(Unconfined Vapor Cloud Explosion，UVCE)模拟方法中的典型模型，其原理是把气云爆炸的破坏作用转化成 TNT 爆炸的破坏作用，从而把蒸气云的量转化成 TNT 当量。

　　当埋地管道泄漏爆炸时，不考虑地表上已逸出可燃气体，在土壤所包含的气相进入饱和状态时，计算埋地管道的总泄漏量 Q 并转化为 TNT 当量 W_{TNT}，对埋地管道爆炸冲击能量进行预测。

$$W_{TNT} = \frac{aW_f Q_f}{Q_{TNT}} \qquad (8-14)$$

式中　　W_{TNT} ——蒸气云的 TNT 当量，kg；

　　　　W_f ——蒸气云中燃料的总质量，kg；

　　　　a ——蒸气云当量系数，统计平均值为 0.04；

　　　　Q_f ——蒸气的燃烧热，J/kg；

　　　　Q_{TNT} ——TNT 的爆炸热，J/kg（4230~4836kJ/kg，一般取平均 4500kJ/kg）。

取泄漏时间 $t = 180$s，其他参数与地上管道设定一致，代入式（8 - 14）中得 $W_f =$ 1072.81kg，转化为 TNT 当量为 $W_{TNT} = 25.74$kg。

土壤中的爆炸冲击波波阵面峰值压力 p_m、比冲量 i、冲击波作用时间 t 与爆炸特征长度 Z 之间的关系为：

$$\begin{cases} p_m = k\left(\dfrac{\sqrt[3]{W_{TNT}}}{Z}\right)^{\alpha} \\[2mm] \dfrac{i}{\sqrt[3]{W_{TNT}}} = l\left(\dfrac{\sqrt[3]{W_{TNT}}}{Z}\right)^{\beta} \\[2mm] \dfrac{t}{\sqrt[3]{W_{TNT}}} = a + b\dfrac{Z}{\sqrt[3]{W_{TNT}}} \end{cases} \qquad (8-15)$$

式中：k、α、β、l、a 和 b 为 TNT 装药的试验常数。针对陕京二线埋地敷设管线土壤主要为天然气组合砂，这里取 $k = 230$，$\alpha = 2$，$\beta = 1.10$，$l = 0.075$，$a = 0.004$，$b = 0.016$。

埋地管道不同于地上管道，当并行间距小于 8m 时，管道会发生破裂失效，且其变形应力来自土壤塑性变形应力作用，该数值无法用理论验证。当并行间距达到 8m 后，管道变形力来自土壤黏弹性，可直接计算其理论超压值。

将埋地管道爆炸的 TNT 当量值 $W_{TNT} = 25.74$kg 代入式（8-15），得

$$p_m = 230 \times \left(\frac{25.74^{\frac{2}{3}}}{8}\right)^2 = 273.12\text{MPa}$$

该值与 Gauge 点 6 所受正超压均值误差为：

$$\Delta f = \left|\frac{273.12 - 225.3}{225.3}\right| \times 100\% = 21.23\%$$

表明埋地管道爆炸模型建立合理，计算结果具备有效性。

8.4.4 评价结果分析

本节以埋地管道为研究对象，建立地下管道爆炸对并行管线的冲击模型，通过对不同间距系列管道变形分析，得到以下冲击破坏规律：

（1）在并行间距不大于 3m 时，埋地管道变形前期受爆炸冲击超压影响，后期主要由土壤变形挤压造成。管道正面全部受土壤挤压产生大变形，管道正面集体向 X 轴负方向移动，管道相对变形量最大点为管道顶部和底部，导致这两个部位发生破裂。

（2）并行间距为 4~6m 时，埋地管道的变形原因主要由土壤变形引起，具体过程与 3m 类似，爆炸冲击已无法对管道产生直接作用。管道最大变形位置为管道正面靠近顶部处和背面靠近底部处，亦是管道破裂部位。爆炸能量释放进空气中后，管道受土壤挤压作用仍

持续变形。

（3）并行间距大于等于 8m 时，管道不再发生破裂，其变形应力来自土壤黏弹性变形应力。最大变形位置为管道正面靠近顶部位置。虽然该变形量不会导致管道破裂，但已超出管道椭圆化设计准则。

综上所述，相比于地上管道，埋地管道虽然发生爆炸的概率较低，但其爆炸冲击将引起并行管线发生大形变甚至破裂失效。为保证埋地并行管线的稳定运行，其敷设间距必须大于 8m。如果敷设环境特殊，如并行间距小于 6m，必须在两个管道之间设置防护板，隔离两管道间的土壤变形。

8.5　重载碾压管道安全评价

管道主要用于输送高压的原油、天然气、成品油等易燃、易爆等物质，一旦泄漏将对人民的生命、财产及自然环境造成灾难性的后果，因此，必须确保管道的安全运行。

随着经济的快速发展，与设计时相比，管道经过区域发生了较大变化，某些原无车或很少车辆通过的小路变成了繁忙的交通主干道，重车碾压时有发生，严重威胁了管道的安全运行。

8.5.1　车辆载荷规律现场测试分析

1. 测量仪器

CTY-202P 型智能振弦测试仪（见图 8-44），适用于各种单线圈激励式振弦（钢弦）传感器的数据采集测量，能对各种振弦式传感器（如钢筋计、轴力计、压力计）、土压力盒、应变计等进行频率和物理量的测量，它不仅能向普通钢弦频率计那样测量振弦传感器的频率（H_z）值，还能直接测量所要观测的物理量，如压力（kN）、应力（MPa）等。

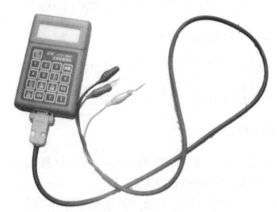

图 8-44　CTY-202P 型智能振弦测试仪

JXY-4 型双膜土压力盒适用于各种土体压力测量，具有稳定性好、不受导线长度影响、适合长期观测等优点（见图 8-45）。所有压力盒在使用前都必须进行标定，测试用压力盒的标定结果见表 8-7。

图 8-45 JXY-4 型双膜土压力盒

表 8-7 JXY-4 型土压力盒标定数据(0.3MPa)

序 号	编 号	初始频率/Hz	标定系数/(Hz²/MPa)
1	2001	1337.0	8510
2	2002	1367.7	8245
3	2003	1318.2	8155
4	2004	1319.1	8137
5	2005	1454.9	8508

2. 测点布置

考虑管道的安全性,设计两个主要测试点,测试点平面布置如图 8-46 所示。

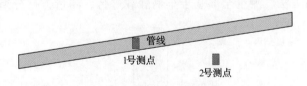

图 8-46 现场测试点布置

考虑到管道的安全,在现场土层调查的基础上,最后确定在管道上方布置一个对比压力盒,其余压力盒埋设在距管道 6m 的侧边。根据测试目的,制定压力盒埋设参数见表 8-8。

表 8-8 压力盒埋设深度

编 号	2001	2002	2003	2004	2005
深度/m	0.5	2.0	1.5	1.0	0.5

压力盒具体布置如图 8-47 所示。

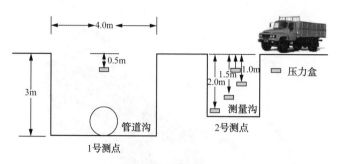

图 8-47　压力盒埋设参数

3. 土层压力测量

压力盒埋设完成后，为确保压力测量结果与管道上方土层压力规律的一致性，设置了大于 15 天的测量间隔期。在间隔期内，通过车辆的不断碾压，加上雨水作用，压力盒上覆土层参数已与管线上方土层参数近似。

为研究行车载荷在土层中的传递规律，选择重型和轻型两种类型的车辆进行测量试验。根据现场的统计，重型拉煤车一般载重 50~80t（不带挂型），这里选择 80t 三轴拉煤车作为试验重型车辆，选择 10t 作为轻型车辆。重型车辆参数见表 8-9。

表 8-9　试验重型车辆参数（80t）

车辆参数			轮胎参数					
自重	装煤	轴数	轮宽	直径	轴距	接地长度	最大负荷
10t	70t	3 个	25cm	105cm	120cm	30cm	740kPa

4. 压力测量方案

为全面分析车辆载荷在土层中的传递规律，采用了纵横向联合测试技术方案，即同时测量轮胎纵向和横向土层压力（见图 8-48）。为简化双轴双轮组带来的压力叠加效应分析，采用了合力测量分析方法。测量全部基于车辆静载进行，测量数据分组保存，最后导入计算机进行分析处理。

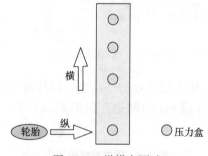

图 8-48　纵横向测试

5. 测量结果分析

1）土层碾压密实对载荷传递的影响

在压力盒埋设过程中进行上覆土层人工密实，最后采用装载机进行碾压密实。埋设完成后，进行土层初始压力测量。经过大于半月的碾压，测点土层参数与管道上覆土层参数接近时，再次进行土层压力测量，两次的测量结果见表8-10。

表8-10　土层压力测试结果

压力盒编号	无车辆碾压		装载机碾压	
	7月21日	8月8日	7月21日	8月8日
2002	0.0121	0.0118	0.0161	0.0156
2003	0.0209	0.0229	0.0298	0.0305
2004	0.0176	0.0214	0.0219	0.0244
2005	0.0116	0.0239	0.0170	0.0244

土层压力测量结果对比如图8-49和图8-50所示。

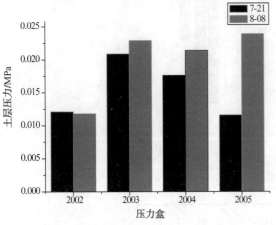

图8-49　无车辆碾压时土层压力测量结果比较　　　图8-50　装载机碾压时土层压力测量结果比较

从图8-49和图8-50可以看出，土层密实度对载荷传递有很大影响，例如无碾压时2005#土层压力密实前后相差一倍。通过对比，可以得出密实度的影响随深度增加而减小，这正是车辆碾压土层密实的规律，即表层土受压载荷大，密实度高，随着时间推移，在外部载荷作用下，加上土层自身固结作用，上部土层逐渐形成密度递减的板层，而最上部的密实层正是车辆载荷的承受层。另外，土层压力并非呈简单的深度递增规律，它还受到土层结构的影响。但在一定深度范围内，土层压力与深度的线性关系还是明显的，特别是在没有形成土层结构的条件下。

2）车辆载荷纵向传递规律

纵向测量分析主要研究原状土层（原状指经过一段时间后恢复至仪器测埋设坑开挖前管道上方覆土状态和土层结构）中载荷的传递特征。这里针对埋设最深和最浅的2002#和2005#进行分析。图8-51给出了车轮距2002#压力盒纵向不同位置时的土层压力，图8-52给出了车轮距2005#压力盒纵向不同位置时的土层压力。

分析图8-51和图8-52可以得出，随着车轮作用点距压力盒水平距离的减小，土层压力逐渐增大，当载荷作用在压力盒正上方时达到最大值。这与我们传统的认识是一致的。

对比图 8-51 与图 8-52,发现压力与距离的关系与深度有关,在深度较浅时(如 2005#),随着距离增大,压力开始急剧减小,然后逐渐趋缓;在深度较深时(如 2002#),随着距离增大,压力变化总体平缓。这与纵向土层的上密下疏结构特征有关,造成载荷上部作用范围小,压力变化剧烈,下部作用范围大,压力变化平缓。从作用范围看,影响 0.5m 深度范围的车轮距离为 30~40cm,影响 2.0m 深度范围的车轮距离为 140~160cm。对测量结果进行综合分析,得出纵向车辆载荷作用范围如图 8-53 所示。在 0~1.5m 埋深范围内,载荷近似线性递减;超过 1.5m 深度后,递减逐渐趋缓。

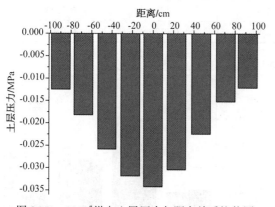

图 8-51　2002#纵向土层压力与距离关系柱状图

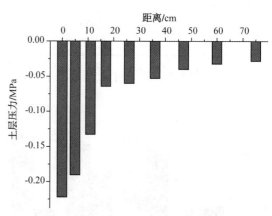

图 8-52　2005#纵向土层压力与距离关系柱状图

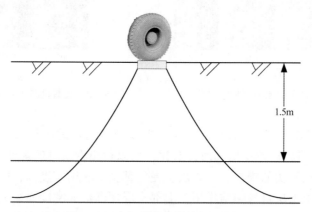

图 8-53　车辆载荷扩散特征示意图

3)车辆载荷横向传递规律

横向测量分析主要研究扰动土层中载荷的传递特征。这里针对轮载分别作用在 2002# 和 2005#压力盒上方位置时的土层压力进行分析。土层压力测量结果见表 8-11。

表 8-11　土层应力测量结果　　　　　　　　　　　MPa

压力盒编号	载荷点 2002#		载荷点 2005#	
	重车 80t	轻车 10t	重车 80t	轻车 10t
2002	0.0342	0.0156	0.0295	0.0148
2003	0.0731	0.0305	0.0886	0.0348

续表

压力盒编号	载荷点 2002#		载荷点 2005#	
	重车 80t	轻车 10t	重车 80t	轻车 10t
2004	—	0.0244	0.1457	0.0602
2005	—	0.0244	0.2151	0.1163

根据车辆载荷在土层中传递的一般规律，通过对 2003# 和 2004# 测量值的回归分析，可得出应力沿深度方向变化的关系式：

重车：

$$P = -0.1142h + 0.2599 \qquad (8-16)$$

轻车：

$$P = -0.0508h + 0.111 \qquad (8-17)$$

式中 P——地层应力，MPa；

h——土层深度，m。

根据式(8-16)，令 $P=0$ 计算得出 $h=2.28$m，表示重车载荷作用的深度范围为 0~2.28m；同理，根据式(8-17)，令 $P=0$ 计算得出 $h=2.18$m，表示轻车载荷作用的深度范围为 0~2.18m。可以看出，重车和轻车载荷对地层的作用深度接近，均小于 2.5m。

比较 2002# 纵向和横向距离 0.66m 时的测量结果，纵向时为 0.0192MPa，横向时为 0.0295MPa，说明车辆载荷的影响程度在扰动地层中大于原状地层，主要原因是扰动地层在回填过程中人工振捣密实，整体均质性好，载荷传递较集中，而原状地层由于密实度不同，上部形成硬层结构，导致载荷发生界面扩散传递。总体而言，横向车辆载荷传递规律与纵向类似，只是范围边界直线段更长。

根据已有研究成果，对于均质密实地层，车辆轮胎作用在土层中的垂直应力可近似用下面的公式进行计算：

$$\sigma_Z = \frac{P}{1 + 2.5\left(\dfrac{Z}{D}\right)^2} \qquad (8-18)$$

式中 σ_Z——土层深度 Z 处车辆附加应力，kPa；

P——轮压，kPa；

Z——轮胎作用土层深度，m；

D——当量圆直径，m。

取重型车辆轮压 $P=800$kPa，当量圆直径取标准值 $D=0.21$m，则土层垂直应力分布如图 8-54 所示，规律性与图 8-53 近似。从图 8-54 可以发现，车辆载荷在土层中产生的附加垂直应力在 0.5m 深度处约为 0.052MPa，远小于实测的 0.215MPa，这一差异说明土层结构影响应力分布，同时超载对地层产生的附加应力远大于正常车辆载荷，这也就是超载对道路造成危害的原因。

4）车辆载荷传递规律分析结论

（1）车辆载荷在原状地层和扰动地层的传递规律不完全相同，主要与地层的密实度和均质性有关；

（2）对于典型场重型车辆，车辆载荷对地层的影响深度小于 2.5m（均质密实地层）；

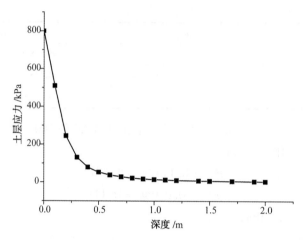

图 8-54 车辆载荷引起土层应力分布规律

（3）对于典型煤场重型车辆，车辆载荷引起 0.5m 深度地层最大应力为 0.215MPa，1.0m 处最大应力为 0.1632MPa，1.5m 处最大应力为 0.0966MPa，2.0m 处最大应力为 0.0342MPa。

6. 土层参数分析

由于管道沿线土层参数变异性很大，因此这里仅对试验场地土层参数进行分析。考虑到参数的实用性和可靠性，运用数值反分析方法确定土层参数。数值计算采用最新的岩土工程计算分析软件 $FLAC^{2D}$（V5.0）。土层材料计算采用 Mohr-Coulomb 模型。模型网格和边界条件如图 8-55 所示，竖向应力云图如图 8-56 所示。

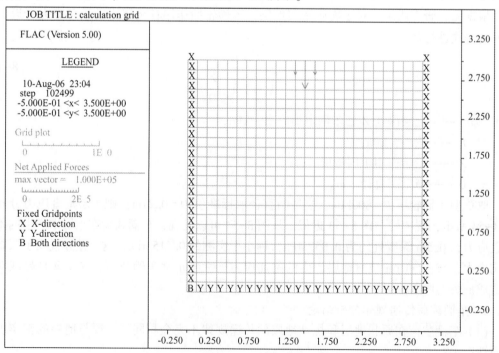

图 8-55 计算分析模型网格与边界条件

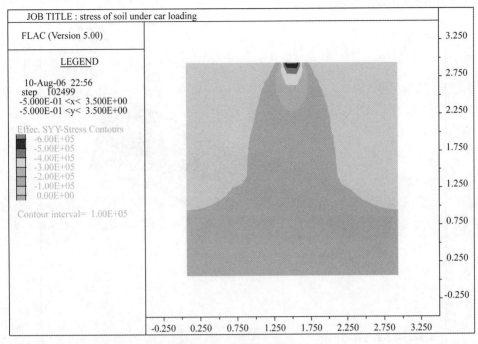

图 8-56　垂直应力云图

通过计算，最后确定土层参数见表 8-12。

表 8-12　土层参数反分析结果

密　度	弹性模量	内聚力	内摩擦角	泊松比
1750kg/m³	8.1MPa	8000Pa	20°	0.32

8.5.2　车辆载荷对管道影响的数值计算分析

采用数值计算可对不同工况下车辆载荷对管道的影响进行有效分析。这里采用商业有限元软件 ANSYS 进行计算分析。计算模型中土层参数见表 8-12，管道参数见表 8-13。

表 8-13　X70 钢材料参数

壁　厚	外　径	屈服强度	抗拉强度	弹性模量	泊松比
14.6mm	1016mm	485MPa	570MPa	209GPa	0.3

由于货车种类多样，且目前都存在严重超载的现象，因此在计算分析时，车辆载荷取远大于实际的数值100t，且载荷集中作用在后轴上，这样可分析极端状况下车辆载荷对管道的影响。另外，管道埋深取值1.0m，管道内气压取值0MPa。

考虑计算模型的对称性，取计算实体范围的一半进行建模，计算模型长度为20m，宽度为2m，深度为4m。计算模型及其网格划分如图 8-57 所示。

分析主要从车辆载荷导致的土层应力和位移两方面进行。图 8-58 为土层垂直应力(局部)的等值云图。从应力计算结果看，车辆载荷导致的土层应力沿深度方向衰减很快，在管道上侧位置土层垂直应力约为0.027MPa。图 8-59~图 8-60 分别为位移矢量图和垂直位移等值云图。

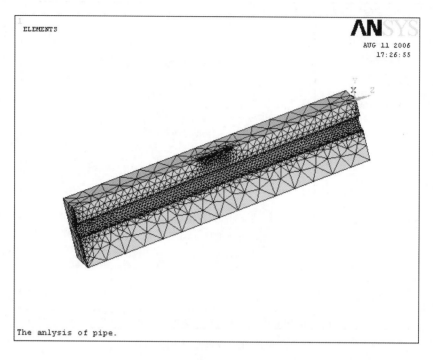

图 8-57　模型及其单元网格划分

从位移计算结果得出，土层表面最大位移约为 2.5cm，车辆载荷导致的管道位移约为 0.4mm。

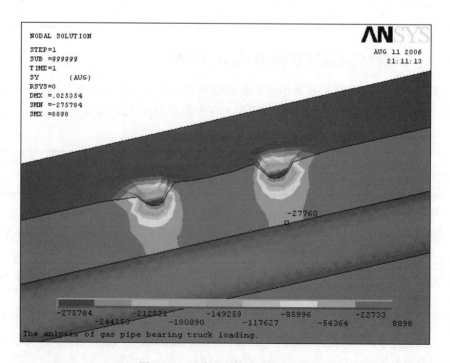

图 8-58　垂直方向应力云图(局部)

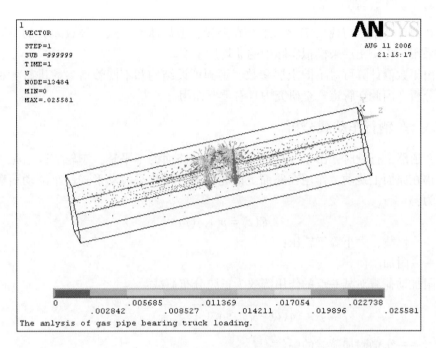

图 8-59　位移矢量图

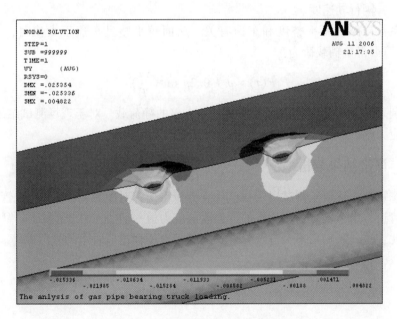

图 8-60　垂直位移等值云图(局部)

通过数值计算结果可得出如下结论:

(1) 对于 100t 的拉煤重型车,载荷引起的土层应力,在 1m 深度处约为 0.027MPa。

(2) 计算得出的土层表面位移约为 2.5cm,而实际煤场经过碾压密实后,在车辆载荷作用下土层位移一般很小。

（3）数值计算结果与现场实测结果存在差异，但规律性一致。导致差异的主要原因是数值计算采用了均质土层来模拟实际中的非均质土层。

（4）由于数值计算可对不同土层参数、不同埋设结构和不同管道参数进行各种工况的快速方便分析，因此在管道安全研究中具有重要作用。

8.5.3 车辆行车动载分析

车辆在道路上行驶时，由于车身自身的振动和路面的不平整，车轮实际上是以一定的频率和振幅在路面上跳动，作用在路面上的轮载时大时小呈波动形式。车辆动荷载对某一点的作用为：

$$F(t) = p + q(t) \tag{8-19}$$

式中 p ——恒载，大小等于轮压；

$\quad q(t)$ ——附加动荷载。

车辆附加动荷载对某一点的作用等效为正弦分布荷载：

$$q(t) = q_{max} \sin^2 \left(\frac{\pi}{2} + \frac{\pi t}{T} \right) \tag{8-20}$$

式中 q_{max} ——车辆附加荷载的幅值；

$\quad T$ ——荷载周期，$T = 12L/v$，其中 L 为轮胎接触面积半径，一般取 15cm，v 为车辆行驶速度。

动荷载系数与路面不平整度和车速有关，路面较平整且车速不太快时，一般不超过1.3。通过计算可得车辆载荷为：

$$F(t) = p + 0.2p \sin^2 \left(\frac{\pi t}{T} \right) \tag{8-21}$$

考虑不利条件，车辆动荷载近似为 1.1~1.3 倍的静荷载。对于现场测试结果，0.5m 深度最大土层应力乘以 1.3，则最大土层应力为 0.28MPa。

8.5.4 评价结果分析

通过现场重型车辆碾压测试以及数值计算分析得出，对埋深大于 1.5m 且管道上覆土层均匀密实的管道，由车辆载荷而导致的管道附加应力值一般小于 0.1MPa，与管道强度及管道内气压相比，这一影响是不会危及管道安全的，也不会造成管道的疲劳破坏。

第9章 管道腐蚀评价技术

9.1 管道腐蚀机理

9.1.1 管道应力腐蚀开裂(SCC)问题

1. 国外管道 SCC 失效问题频发

1965~2010 年，美国累计有 460 多条管线发生了起源于外表面的应力腐蚀开裂，其中有少部分是氢致开裂(HIC)的案例。1995 年俄罗斯中部、北部和西伯利亚地区相继发生管道应力腐蚀开裂失效事故，其中裂纹多数位于防腐层缺陷处的金属表面。2007~2009 年，有关资料显示加拿大发生了 32 起近中性应力 pH 值应力腐蚀开裂事故，管线的破裂和爆炸引起的严重后果迫使加拿大国家能源局组织多家研究机构进行管道外部应力腐蚀开裂的调查和研究。

1995 年，英国燃气公司最早在对管线的应力腐蚀开裂的调研报告中，指出了发生应力腐蚀开裂的现场条件，并从防腐层和阴极保护、管道钢强度等级和质量、管道的应力水平和循环应力三个方面，指出了欧洲管线发生土壤应力腐蚀开裂的潜在风险。一些研究者还设计了土壤风险评价模式，这些模式划分特定泥土条件下的应力腐蚀风险评分，其数据处于不断的更新之中。加拿大的研究机构用全尺寸管段进行了长达 1 年的模拟实验，以探讨应力波动对管道的影响。美国气体研究院联合美国和加拿大的多家管道公司和研究机构，在 1995 年开始了探讨土壤应力腐蚀机理的研究，其目的是防止和最大限度地减少埋地管线应力腐蚀开裂，并企图开发能抵抗应力腐蚀开裂的管道用钢材。

从国外情况看，输气管道的外部应力腐蚀是当今石油天然气工业面临的严重问题之一。从 20 世纪 60 年代后期在美国的输气管线中发现首例管道外部应力腐蚀以来，已经在美国、加拿大、苏联、欧洲、澳大利亚、伊朗和巴基斯坦等几乎遍及世界各地的国家中发现了土壤环境造成的应力腐蚀。所以对于埋地输气管线而言，潜在的管道外部应力腐蚀具有普遍性。根据应力腐蚀开裂的不同机理，存在两种形式的应力腐蚀开裂，即高 pH 值和近中性 pH 值的应力腐蚀开裂。两者的主要差别是裂纹的形貌不同，高 pH 值的应力腐蚀开裂是晶间型裂纹，而近中性 pH 值的应力腐蚀开裂是穿晶型裂纹，并具有明显的二次腐蚀特征。

2. 典型失效案例

1) Enbridge 管道公司原油管道泄漏

2013 年 2 月 8 日，Enbridge 管道公司用于运输从加拿大 Norman Wells 西北地区到 Zama Alberta 的 21 号低硫原油管道泄漏。泄漏发生位置管道钢级为 359，公称壁厚为 6.9mm。该管段由 IPSCO 有限公司制造，采用的是高频电阻焊直焊缝管，外敷聚乙烯，也就是"黄夹克",在 1984 年 3 月进行打压试验,试验压力为最大运行压力 9896kPa。裂纹形貌为晶间开裂,贯穿 89% 的管道壁厚,与内部应力腐蚀开裂一致。焊接残余应力是最可能引起开裂行为的拉伸应力。运输安全局在 2014 年 2 月 14 日向国家能源局发布了安全报告,通知其 Enbridge 试验和分析测量过程的初步结果,其中包括甲醇对管线钢晶间应力腐蚀开裂(SCC)的萌生影响。作为应对措施,国家能源局指出,甲醇作为干燥介质已经成功用于管道投产期间,需要进一步地分析确定引起开裂的其他因素。同样 Enbridge 也指出结果显示当某位置承受足够高的应力时,使用甲醇可能引起应力腐蚀开裂,而水的 pH 值低于抑制应力腐蚀开裂的数值。

2)TransCanada 管道公司天然气管线破裂

2009 年 9 月 26 日,TransCanada 管道公司在加拿大安大略省 Marten 河附近的 100-1 天然气管线发生破裂。由于管道压力低,112 号压缩机站上游的干线 112-1 号阀门自动关闭,接着该管道位于卡尔加里的天然气控制室监测到此次事件。事件发生时,TransCanada 管道公司正在输送低硫天然气,泄漏的气体没有发生燃烧。100-1 管线外径为 762mm,最大允许运行压力为 6892kPa,位于一类地区,管材等级为 X52,壁厚为 9.53mm。调查发现了其中一个碎片表面上的硬点,该硬点被确定为破裂开始位置。制造时由于钢板局部淬火,随后立即进行钢表面热轧而最终形成硬点。夏比冲击试验是确定材料破裂过程中吸收能量的标准方法,同时根据管线钢的夏比冲击试验结果可以确定材料韧性。通过该试验,确定了破裂点附近的管道韧性相对较差,导致破裂涉及的整个管节中发生大量脆性断裂。管道中的硬点、天然气内压造成的鼓胀应力和破裂位置上可能存在原子氢,是 TransCanada 管道公司(TCPL)100-1 管线破裂的原因,这与以前破裂事件的结果一致。

3)TransCanada 管道公司管道火灾爆炸

2011 年 2 月 19 日,TransCanada 管道公司位于加拿大安大略省 Beardmore 的一条天然气管道开裂泄漏并发生火灾爆炸,当时管道内正输送低硫天然气。在事发地点附近,有三条管道并行铺设,相互间距约为 10m。编号分别为 100-1、100-2 和 100-3,发生开裂的是 100-2 号管道。按照 CSA Z662 标准,100-2 管道所处位置确定为一类地区,壁厚为 9.13mm,外径为 914.4mm。初步现场检查完成后,对管道表面做磁粉检测,在管道开裂处以及上下游管道的焊口处发现大量的应力腐蚀裂纹簇。这些裂纹簇大都相对较小,没有明显地集中在单条裂纹附近。通过对裂纹簇的分析研究发现:管道轴向出现的近中性 pH 值 SCC 导致失效,本质上是穿晶型裂纹。SCC 大约位于管道 7:30 点钟(向下游看)位置,距上游环焊缝约 2m,管道开裂从失效点向上下游分别扩展了 1.8m 和 2m 并在焊趾处沿环焊缝周向扩展,随后继续向上游扩展了 4.1m。对开裂点上下游管道焊口整体检查后也发现了 SCC,说明外层防腐层出现了异常,导致管道开裂点的裂纹从起始点开始扩展。上下游接口处管材经检测发现符合当时制管时标准中的最低力学性能,同时也符合当今的制管标准。

SCC 降低了管体钢材的抗压能力,在正常操作压力下产生了永久性的局部屈服。管体上相对一致的 SCC 裂纹阶梯增长表明裂纹在管体上扩展较早。100-2 管线外表面使用沥青层加玻璃纤维,后来又使用强制电流阴极保护(以下称 CP)系统来进一步保护管道免受腐蚀。随着时间推移,在外力作用下,外部沥青釉层可能退化并与管道脱连。发生防腐层脱连时,只要 CP 系统电流能到达管道表面就能保护管道不发生腐蚀。然而特定环境下,脱连防腐层和土壤的绝缘性使得管道表面直接接触到腐蚀性的外部环境，同时屏蔽 CP 系统，让 SCC 进一步扩展。还有一些特殊情况，如增加管道上的 CP 电流值可保证其腐蚀防护的有效性，一旦 CP 电流超过特定值就会出现过保护的情况，并在管体表面产生氢气。氢气可以加速防腐层脱离管道，反过来进一步屏蔽 CP 系统对管道的保护作用。CP 系统受到屏蔽，加上地下水、分解出的气体和细菌进入防腐层与管道之间的空隙，产生了一个适合 SCC 生成的碱性环境。SCC 一旦生成，就会在管道正常使用的内压下随着时间的推移逐渐扩展。管体上的应力腐蚀裂纹降低了管道的承压能力，在正常操作压力下产生了局部的永久性屈服，最终导致管道开裂、爆炸和火灾。

3. 腐蚀评估模型

1）应力腐蚀开裂（SCC）问题

SCC 的敏感性与渗透到钢材内的氢的量有关，氢渗透量主要与水的 pH 值、H_2S 含量这两个环境参数有关，分析硫化物应力腐蚀所需的基本数据见表 9-1。典型情况下，已发现钢中的氢通量在 pH 值接近中性的溶液中最低，而在 pH 值较低和较高的溶液中都增加。较低 pH 值的腐蚀由 H_2S 引起，而高 pH 值的腐蚀则由高浓度的二硫化物离子引起。高 pH 值溶液中存在的氰化物可加剧氢渗透到钢材中，钢材对 SCC 的敏感性随 H_2S 含量增加而增大，已发现水中 H_2S 浓度低至 1ppm（1×10^{-6}）就足以引起 SCC。

SCC 的敏感性主要与硬度、应力水平有关，硫化物应力腐蚀的敏感性评估见表 9-2。随着硬度的增加钢对 SCC 的敏感性也增加，通常不用考虑在湿硫化氢环境下普遍用于炼油厂具有较低硬度的压力容器和管道的碳钢基体金属会出现 SCC。但是焊接熔敷金属和热影响区会含有高硬度区和高焊接残余应力，与焊缝相关的高残余拉伸应力增加钢对 SSC 的敏感性。焊后热处理减少了残余应力，并对焊缝熔敷金属和热影响区进行软化。

表 9-1　分析硫化物应力腐蚀所需的基本数据

基本数据	说　明
是否存在水（是或否）	确定设备和管道中是否有自由水。需考虑正常运行条件、启动、停机及工艺扰动等
水中的 H_2S 含量	确定水相的 H_2S 含量。如果不易取得分析结果，可以用 Petrie & Moore 方法来估算
水的 pH 值	确定水的 pH 值。如果不易取得分析结果，则由经验丰富的工艺工程师来估计
是否存在氰化物（是或否）	通过取样/现场分析确定是否存在氰化物。主要考虑正常运行和干扰运行条件，也要考虑启动、停机条件
最大布氏硬度	确定钢制设备和管道的焊缝上实测的最大布氏硬度。报告实测的布氏硬度读数，而不是从更精细的方法（如维氏、努氏等）转换的读数。当不能获得实际读数时，则使用制造规范允许的最大允许硬度
焊接是否经过 PWHT（是或否）	确定设备和管道的所有焊件在焊接后是否经过了正确的焊后热处理

表 9-2 硫化物应力腐蚀的敏感性评估

环境严重度				
水的 pH 值	水的 H₂S 含量			
	$<50\times10^{-6}$	$(50\sim1000)\times10^{-6}$	$(1000\sim10000)\times10^{-6}$	$>10000\times10^{-6}$
<5	低	中	高	高
5.5~7.5	低	低	低	中
7.6~8.3	低	中	中	中
8.4~8.9	低	中	中	高
>9.0	低	中	高	高

SSC 敏感性						
环境严重度	焊接态最大布氏硬度			PWHT 最大布氏硬度		
	<200	200~237	>237	<200	200~237	>237
高	低	中	高	无	低	中
中	低	中	高	无	无	低
低	低	低	中	无	无	无

气体管道高 pH 值 SCC 风险评估的初始管段在选择时应考虑管道工作压力、工作温度、与压气站的距离、管龄以及防腐层类型等，这些因素能够识别出大部分 SCC 的敏感位置，但并不包括全部。符合下列全部要素的管段则被认为是易出现高 pH 应力腐蚀开裂的管段：

（1）工作压力超过额定最小屈服强度的 60%；

（2）工作温度超过 38℃；

（3）该管段在压气站下游 32km 以内；

（4）管龄超过 10 年；

（5）不同于熔结环氧粉末类型的防腐层。

对于液体石油管道的高 pH 值 SCC 风险评估可应用同样的影响因素和方法，但要考虑将管段在泵站下游的合适距离作为选择敏感的管段的要素之一。对于近中性 pH 值 SCC，除了温度判据以外，可应用同样的因素和判据来选择进行近中性 pH 值 SCC 风险评估。

4. 未来我国管道失效预防的重点

通过案例分析，国外目前 SCC 失效已经占很大比重，同时失效前的运维过程不易被发现，主要通过超声波检测和试压评估的手段。甲醇对于管道应力腐蚀有一定的危害，在冬季运行期间，应减少甲醇使用量，并对其 SCC 危害的机理进行分析研究，科学评估其适用性。如果防腐层破损，则可能 CP 电流加大，一旦 CP 电流超过的特定值，就会出现过保护的情况，并在管体表面产生氢气。氢气可以加速防腐层脱离管道，反过来进一步屏蔽 CP 系统对管道的保护作用。CP 系统受到屏蔽，加上地下水、分解出的气体和细菌进入防腐层与管道之间的空隙，产生了一个适合 SCC 生成的碱性环境。

随着油气管道事业飞速发展，老旧管道的铺设未考虑应力腐蚀开裂与氢致开裂，运行条件比以往更加复杂，同时新管道的建设面临着如何预防应力腐蚀开裂与氢致开裂等管道腐蚀的影响。为了应对老旧管道与新建管道因腐蚀引起的管道失效，需在现有管道腐蚀预防与管理技术的基础上，加强应力腐蚀开裂与氢致开裂的预控技术。当前 SCC 现象的研究极为迫切，虽然国内案例较少，但其形成的可能性和形成的机制亟待研究，并应提前实施有针对性的预防措施，需要尽快制定符合国内埋地钢质管道应力腐蚀开裂的评价标准。随着酸性气田开发、含硫化氢管道的输送以及煤制气管道的建设和发展，HIC 问题逐渐引起重视，应系统研究。

9.1.2　管道氢致开裂(HIC)问题

1. 管道氢致开裂的表现形式

1）管道材料中氢的来源

在冶炼过程中进入炉内的水分会分解形成氢而进到液态金属中，炉中水分主要源于空气中的水蒸气和原料中所含的水分，炼钢时所加的铁锈是氢的重要来源，此外燃烧的碳氢化合物也可能代入氢，一般在液态金属中氢溶解度较大，而凝固后溶解度较低，给出氢的固溶度 C_H 与压力有关，其关系表达式为：

$$C_H = A \cdot P^{1/2} \exp(-\Delta E/RT) \tag{9-1}$$

此即为 Arrhennius 公式，式中 A 为常数，P 为氢压，ΔE 为氢由气态到固溶态的能量变化，其中在 α-Fe 中 $A = 41.8$，$\Delta E/R = 3280$。

在工业生产中，许多构件是在含氢与 H_2S 的环境中工作的，如石油和化学工业的反应塔、水煤气发生塔、输油输气管道等。氢分子和 H_2S 分子通过吸附可分解出原子氢，其进入金属的过程为：

$$H_2(气体) + M(金属) \Leftrightarrow H_2 \cdot M \Leftrightarrow 2H \cdot M \tag{9-2}$$

$$H_2S(气体) + M(金属) \Leftrightarrow H_2S \cdot M \Leftrightarrow H \cdot M + HS \cdot M \tag{9-3}$$

根据 Lofa. Z. A 提出的 H_2S 加速 Fe 的阳极溶解原理和机理，提出了在 H_2S 存在条件下溶解过程的机理。

2）氢致不可逆损伤

钢中的白点缺陷又称发裂，是钢中氢引起的一种内部缺陷，可能引起重大的断裂事故，许多钢种在以较快速度冷却到室温后，表面产生约 $1\mu m$ 的细长裂纹。

钢中氢诱发裂纹是指试样在酸或 H_2S 水溶液中浸泡或严重电解充氢时所产生的裂纹，其出现与是否存在外加应力无关，其扩展方向和外应力无关，一般认为裂纹是由内部氢压引起的。对超高强度钢 30CrMnSiNi2A 在含 CS_2 的 0.5mol/L H_2SO_4 溶液中进行电解充氢实验表明，在试样表面上就出现了氢诱发裂纹，继续充氢裂纹不断长大，一旦停止充氢，裂纹停止长大，不再出现新的裂纹。分析了重轨钢氢脆的表现形式及规律，利用充氢实验(在扫描电镜下观察)测得了重轨钢不可逆氢损伤的临界氢浓度的平均值为 $C_0(P) = (2.07 \pm 0.49) \times 10^{-4}\%$，产生不可逆氢损伤的临界总浓度为 $C_0(P) = (3.13 \pm 0.59) \times 10^{-4}\%$，并得出不可逆氢脆不能使动态充氢的塑性有一个明显的下降。

3）可逆氢损伤

管道材料断裂时的延伸率($\delta\%$)和断面收缩率($\psi\%$)是衡量材料韧性的重要指标，很多材料中含有氢或在氢环境中拉伸时，$\delta\%$ 和 $\psi\%$ 都有所下降，其中 $\psi\%$ 变化更显著，因而常用其变化率来表征材料的氢脆敏感性。氢引起的塑性损失大小与很多因素有关。

当光滑试件所受外应力小于材料拉伸强度或含裂纹试样的应力强度因子 $K_I < K_{IC}$ 时，试样不会发生断裂，但是当试样中含有氢或环境中含有氢后，经过一段时间后，就可能发生断裂，这种在氢的作用下与时间有关的断裂称为氢致滞后断裂。滞后断裂的时间与应力的大小有关，应力越低时间越长，将发生氢致开裂的最低的应力和应力强度因子称为门槛应力 σ_{TH} 和 K_{TH}。氢致滞后开裂的扩展速度与应力强度因子有关，其扩展速度的变化可分为三个阶段，当 K_I 较低时扩展速度 da/dt 随 K_I 的增大而迅速增大，然后在一定范围内与裂纹扩展速度无关，当 K_I 接近材料断裂韧性 K_{IC} 时，裂纹扩展速度又迅速增加。第二阶段的裂纹扩展速度 da/dt 和氢致开裂的门槛值是评价材料氢致开裂的敏感性系数。关于氢致滞后开裂的扩展速度及其影响因素问题目前还没有得出一致的结论。

对于金属材料，当裂纹前端区域应力达到一定的值，材料就要发生屈服，因而要考虑塑性区的影响。吴世丁等用离子探针测定了充氢样品加载裂纹前端区域的氢浓度分配，结果表明，在裂纹前端有两个氢富集峰，离裂纹顶端近的氢浓度峰值对应着位错密度最大位置，是由于位错的陷阱作用而引起的氢富集，这是裂纹前端塑性变形的结果；另一峰值接近塑性区边缘，对应三向应力最大位置，是应力诱导扩散导致的氢富集。随着 K_I 的增加，裂纹顶端的峰值逐渐降低，远离顶端的峰值逐渐上升。

2. 管道氢致开裂的机理

1）氢压作用机理

如果材料中含有过饱和的固溶氢，氢原子在缺陷位置富集、析出、结合成氢分子，在恒温下产生很大的内压，在恒温下可表示为：

$$C_H = S\sqrt{P} \tag{9-4}$$

此即为 Sivert 定律，式中 C_H 为固溶氢浓度，P 为平衡氢压，S 为常数。在外应力作用下微裂纹能引起应力集中，而裂纹中的氢压又能协助外应力作用，使得材料在较低的外应力下发生断裂。对固溶氢导致氢损伤的现象，多半是因为金属中位错增殖，并促使位错的运动，氢和位错的交互作用使裂纹前沿塑性区及三向应力集中区发生氢富集，富集的氢引起原子键合力下降，在一定的应力状态下，因氢浓度达到临界值而致裂纹扩展。

氢压理论用来解释钢中白点（即发裂）、焊接冷裂纹、酸洗、H_2S 中浸泡或电解充氢时产生的氢损伤（如微裂纹、氢鼓泡）是很成功的，但它无法解释和应力及时间有关的氢致滞后开裂问题。

2）氢降低表面能机理

材料在发生断裂时，将形成两个新的表面，对于完全脆性材料，断裂时所需的外力做功应等于形成新表面所需的表面能，根据此关系，Griffth-Owen 推导了含裂纹试样的断裂判据。

$$\sigma_C = \sqrt{\frac{E(2\gamma + \gamma_P)}{\pi a}} \tag{9-5}$$

式中 γ_P 为每个裂纹尖端扩展单位长度时塑性能，对于平面应变问题则 E 用 $\dfrac{E}{1-\nu^2}$ 来代替，Orowen 估计金属 γ_P 大约比 γ 高出三个数量级，因此影响断裂的主要是塑性变形功。这给氢降低表面能理论提出了一个难题，因为氢在金属表面吸附时与金属表面原子虽然可能形成一定的化学键，从而使金属表面能有所降低，但这一降低相对塑性变形功对于临界断裂应力 σ_C 的影响是微不足道的。为了解决这一困难，C. J. McMahon 提出了塑性变形功 γ_P 与表面能 γ 有关，即表面能 γ 的降低会导致断裂时塑性变形功 γ_P 的降低，并给出关系式：

$$\frac{\mathrm{d}\gamma_P}{\gamma_P} = n\frac{\mathrm{d}\gamma}{\gamma} \tag{9-6}$$

式中：n 为数值系数，对于 Fe，$n = 7.5$。如果上式成立，则表面能的较小变化就能使塑性变形功大大降低，而且 $\gamma \to 0$ 时 $\gamma_P \to 0$。

3）氢降低原子键合力机理

氢降低原子键合力理论是指氢进入材料后，使材料的原子键合力下降，因而材料在较低的应力下就能开裂。氢降低原子间键合力理论是基于氢的 1s 电子进入过渡族金属的 d 电子带，增加了原子间排斥力的原因，这一观点引起了争论，首先还没有证明氢的 1s 电子能进入金属的 d 电子带，其次即使能进入 d 电子带也不一定降低原子键合力。通过研究氢作用下与键合力有关的物理量来解释该现象，根据弹性模量与原子间键合力近似成正比的关系，测定充氢前后弹性模量的变化，以此间接求得原子结合力的影响，指出充氢后弹性模量的变化由两部分组成，并给出关系式：

$$\Delta E = \Delta E(H) + \Delta E(\sigma) \tag{9-7}$$

式中：$\Delta E(H)$、$\Delta E(\sigma)$ 为与原子键合力有关的弹性模量增量和与充氢产生的内应力有关的弹性模量增量。

氢降低原子间键合力理论是一个很简单而直观的理论，特别是从应力的角度考虑常用此理论作定性的分析，但还没有公认的证据解释氢确实能降低原子间的键合力。

4）氢促进塑性变形机理

金属材料受到一定的应力作用后一般都要发生塑性变形，只有在塑性变形发展到一定程度以后才发生断裂。氢损伤开裂的过程也是如此，断裂过程不可能由于很少量氢的进入就完全地改变。氢促进塑性变形导致断裂理论就是基于这种考虑，即认为氢致开裂与一般断裂过程的本质一样，都是以局部塑性变形为先导，当它发展到临界条件就导致了开裂，而氢的过程只是促进了这一过程。这种观点提出的基础是陈奇志观察到不同条件下的氢致断口都存在大量韧窝和塑性变形，并发现充氢可以显著降低钢的扭转流变应力，因而认为氢损伤开裂是通过微塑性变形进行的，氢扩散到裂纹前端以后能促进塑性变形从而促进断裂过程。

针对这一机理，中外学者提出了氢促进位错发射和运动导致裂纹形核的理论，利用横位移加载台，在 TEM 中原位研究了油管钢在充氢和水介质中应力腐蚀前后裂尖位错组态的变化，结果表明，氢能促进位错发射、增殖和运动，并使无位错区扩大。用激光云纹干涉法原位测量了充氢前后加载缺口前端位移场的变化，结果表明，氢能使缺口前端塑性区及变形量增大。并给出了Ⅲ型裂纹裂尖开始发射位错的临界应力强度因子和切变模量的关系。

还有的学者提出了氢通过应力诱导扩散富集在晶界降低沿晶裂纹形核表面能；与此同时，通过氢促进局部塑性变形使应变局部化，从而降低塑性变形功，并给出氢损伤沿晶断裂的门槛值。

3. HIC 敏感性分析

氢致开裂（HIC）定义为将金属中不同平面上的邻近氢鼓包连接或连接到金属表面的阶

梯形内部裂纹。一般地,已经发现钢中氢通量在 pH 值接近中性的溶液中最低,而在 pH 值较低和较高的溶液中都将增加。在较低 pH 值下的腐蚀由 H_2S 引起,而在高 pH 值下的腐蚀则由高浓度的二硫化物离子造成。高 pH 值下出现的氢化物可进一步加剧氢渗透到钢材中。氢渗透随 H_2S 含量的增加而增大,水中含量低至 50×10^{-6} 的 H_2S 就足以引起 HIC。

　　HIC 的形成不需要外部施加的应力,开裂的驱动力是氢鼓泡中内压力的形成造成的氢鼓包周边的高应力。这些高应力场的相互作用容易导致连接钢中不同平面上的鼓泡的裂纹形成。氢鼓泡内压力的形成与钢材中氢的渗透通量有关,钢中的氢是由钢与湿硫化氢间的腐蚀反应产生的,而腐蚀反应的发生需要水的存在,最后的氢通量主要与环境参数 pH 值和水中的 H_2S 含量有关。分析 HIC 所需的基本数据见表 9-3,HIC 敏感性评估见表 9-4。

表 9-3　分析 HIC 所需的基本数据

基本数据	说　明
是否存在水(是或否)	确定设备和管道中是否有自由水。不仅要考虑正常运行条件,还要考虑启动、停机及工艺扰动等
水中是否存在 H_2S	确定水相的 H_2S 含量。如果不易取得分析结果,可以用 Petrie & Moore 方法来估算
水的 pH 值	确定水的 pH 值。如果不易取得分析结果,则由经验丰富的工艺工程师来估计
是否存在氰化物(是或否)	通过取样/现场分析确定是否存在氰化物。主要考虑正常运行和干扰运行,也要考虑启动、停机和工艺干扰等
钢板中的硫含量	确定钢制设备和管道的硫含量。该数据可从 MTR 的设备文件中得到。如果没有可咨询材料工程师,可从 ASME 所列钢材的规范中估计
钢材产品形式(板材或管材)	确定使用何种产品形式的钢材来制造设备/管道。大多数设备用轧制焊接钢板(如 A285、A515、A516 等)制造,但某些小直径设备则用钢管和管件制造。大多数小直径管道用钢管和管材(如 A105、A234 等)制造,但大多数的大直径管道(大于 16in 的管)用轧制和焊接钢板制造
是否进行过 PWHT(是或否)	确定设备和管道的所有焊件在焊接后是否经过了正确的焊后热处理

表 9-4　HIC 敏感性评估

	环境严重度			
水的 pH 值	水的 H_2S 含量			
	<50ppm	50~1000ppm	1000~10000ppm	>10000ppm
<5	低	中	高	高
5.5~7.5	低	低	低	中
7.6~8.3	低	中	中	中
8.4~8.9	低	中	中	高
>9.0	低	中	高	高

续表

环境严重度	HIC 敏感性					
	高硫钢（S>0.01%）		低硫钢（S=0.002%~0.01%）		超低硫钢（S<0.002%）	
	焊接态	焊后热处理	焊接态	焊后热处理	焊接态	焊后热处理
高	高	高	高	中	中	低
中	高	中	中	低	低	低
低	中	低	低	低	无	无

注：1ppm=10^{-6}。

4. 氢致开裂断裂模型

氢致裂纹扩展的位错模型如图 9-1 所示，式(9-8)为氢致开裂(HIC)过程区断裂判据。如果管道氢致开裂存在韧性断裂，并在断裂中是主要断裂模式，过程区断裂判据作为评价判据则是不合适的，需要以 J_{ISCC} 作为裂纹启裂的断裂韧性评价判据[见式(9-9)]。韧性断裂的扩展模式如图 9-2 所示。当韧性硬化材料处于氢环境下，其临界积分的表达式即为 J_{ISCC} 韧性断裂判据。

$$\sigma_{th}^* = \sigma_{max}^f - \frac{\mu \alpha C_H^*}{2(1-\upsilon)\pi l}\left[\left(1+\frac{2l}{d^*}\right)^{\frac{1}{2}} - 1\right] \tag{9-8}$$

式中：σ_{th}^* 为临界断裂应力；σ_{max}^f 为最大内聚应力；μ 为力学参数；α 为有量纲的常数；C_H^* 为临界氢浓度；υ 为力学参数；l 为裂纹的长度；d^* 为裂尖距位错距离。

$$J_{ISCC} = \frac{2A}{I_n}\tilde{\sigma}_\theta(n, 0)\cdot\tilde{u}_\theta(n, \pi)\frac{K_{ISCC}^2}{\bar{E}} \tag{9-9}$$

式中：J_{ISCC} 为临界 J 积分；A 为积分常数，$A=\int_0^1\left(\frac{1-t}{t}\right)^{\frac{1}{n+1}}dt$；$I_n$ 为与 n 有关的常数；$\tilde{\sigma}_\theta(n, 0)$ 为与 n 有关的无量纲函数；n 为硬化指数；$\tilde{u}_\theta(n, \pi)$ 为与 n 有关的无量纲函数；K_{ISCC} 为临界断裂应力强度因子；$\bar{E}$ 为平面应力或平面应变。

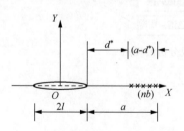

图 9-1 氢致裂纹扩展的位错模型

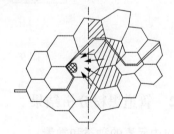

图 9-2 韧性断裂的扩展模式

9.2 管道黑粉成因与内外部腐蚀分析

本节以某管道为例，对管道黑粉成因及内外部腐蚀分析进行介绍。

某管道输气生产运行过程中发现管道内部存在许多黑色粉末(棕褐色有刺激性气味粉

末)积聚的现实问题，经检测分析后发现管道黑色粉尘中含有 Fe 元素，存在内部腐蚀的因素，通过检测黑粉化合物的成分和单质成分，研究天然气管道内部的腐蚀机理，针对 H_2S、CO_2 以及微生物腐蚀机理给出了腐蚀模型，建立了表征内部腐蚀的特征公式，定量给出了各相关腐蚀量的梯度关系。同时分析了管道内部 H_2S、CO_2 和细菌的腐蚀过程，以及管道外部氧浓差腐蚀过程，证明这四种腐蚀是导致输气管道失效的主要原因。

9.2.1   黑粉分析和研究

1. 无机组成分析

无机组成分析方法包括原子吸收(AAS)法、原子发射法、光电子能谱(XPS)法、X 射线衍射(XRD)法、电子探针法。

2. 有机组成分析

样品经过密封后，使用紫外线光谱法、红外光谱法、核磁共振法、色谱-质谱法以及其他方法分析黑粉的有机组成。

3. 分析流程

粉尘组成分析流程如图 9-3 所示。

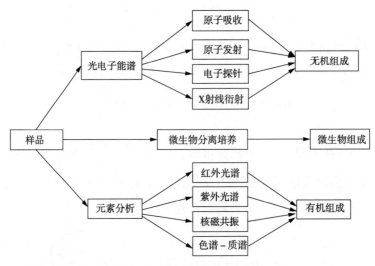

图 9-3   粉尘组成分析流程图

9.2.2   管道黑粉分析结果

1. 黑粉中元素的种类和数量

1）元素分析

粉尘由 C、O、S、N、Fe、Si、Ca、Mn 等元素组成，其中 C、O 含量较高，金属元素中铁的含量最高，为 18.54%，也恰好说明了粉尘的来源之一是管道腐蚀产物，Si 为 10.57%，Ca 为 0.72%，Mn 为 0.45%。

2）光电子能谱分析

测试包括元素 S、O、C、N、Si、Fe、Mn 和 Ca。

通过光电子能谱分析，获得元素分析结果见表9-5。

表9-5　元素含量

元　素	Fe	Mn	O	N	Ca	C	S	Si
含量/%	6.015	0.258	38.749	0.465	0.397	45.999	5.594	2.523

3）原子吸收

由原子吸收方法可得 Fe、Si、Ca、Mn 元素的含量分别为 18.54%、10.57%、0.72%、0.45%。这一结果与光电子能谱分析所得结果相符。

4）原子发射

通过原子发射分析得出样品含有的元素及其含量如图9-4所示。

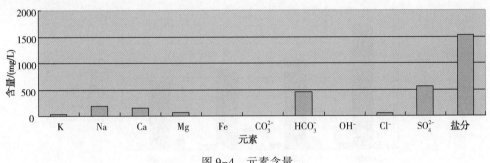

图9-4　元素含量

5）X 射线衍射

X 射线衍射的结果表明，粉尘主要由含铁矿物组成，这与前面分析所得在金属元素中铁含量最多的结论是一致的。

6）电子探针

样品的电子探针所测结果如图9-5所示。

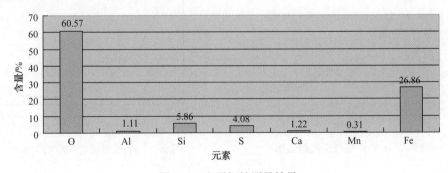

图9-5　电子探针测量结果

2. 黑粉的化学组成

1）无机化合物

综合原子吸收光谱、光电子能谱、X 射线衍射等的分析结果，可以得出粉尘样品的无机化合物为 S_8、$FeCO_3$、$FeOOH$、$CaSO_4$、MnO_2、硅酸根离子等单质及化合物。

2）有机化合物

综合元素分析法、紫外可见吸收光谱法、红外光谱法、核磁共振法、色谱-质谱法发现黑粉的有机组成主要为长链碳氢化合物。

3. 微生物分析及结果

普通细菌分离培养中共挑出 3 株菌：1 号菌属肉色诺卡氏菌；2 号菌属枯草芽孢杆菌；3 号菌属假单孢菌属。

从史塔克培养基中分离出的细菌是氧化硫硫杆菌，从里逊培养基分离到的细菌是氧化亚铁硫杆菌。

4. 组成与取样时间及取样地点的相关性

1）粉尘组成随取样时间的变化，如图 9-6 所示。

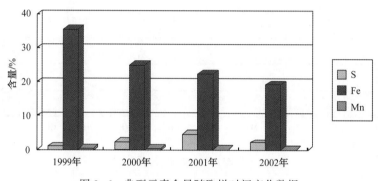

图 9-6 典型元素含量随取样时间变化数据

2）粉尘组成随取样地点的变化

元素 S、Fe 和 Mn 在不同取样地点含量不同，如图 9-7～图 9-9 所示。

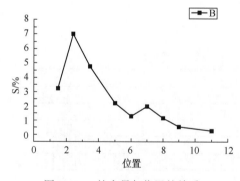

图 9-7 S 的含量与位置的关系

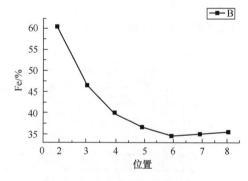

图 9-8 Fe 的含量与位置的关系

5. 无机离子与细菌的相互作用

细菌腐蚀是形成腐蚀的另外一个原因。它提供了适合硫酸盐还原菌（SRB）的厌氧条件，使得腐蚀加重。不同的是细菌腐蚀可导致电化学腐蚀发生，产生的黏液与其他物质一起形成黏膜附着在管线和设备上，造成生物垢，同时也产生氧浓差电池引起管道的电化学腐蚀。相对来说，SRB 细菌的腐蚀并不普遍，但一旦出现后果惊人。

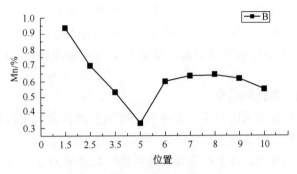

图 9-9　Mn 的含量与位置的关系

9.2.3　管道内部粉尘腐蚀机理

若管道输送介质为天然气，如果管道输送商品气脱硫脱水处理不好，混杂游离水，又混杂了 CO_2、H_2S 等酸性气体，在温度、压力、流速以及交变应力等多种因素的影响下，管道的内腐蚀就会十分严重，即使采取防腐措施也收效甚微。因此，对天然气管道内 CO_2、H_2S 腐蚀作用规律及腐蚀机理进行研究，是实施有效的内防腐措施的关键。

细菌腐蚀轻则导致覆盖层呈鳞片状剥落，重则使管表面或其设施的表面产生坑蚀，乃至穿孔。而此前，此种结果都被误认为是电化学腐蚀后果。细菌腐蚀常与 CO_2 和 H_2S 腐蚀相结合，导致氢致破裂（HIC）腐蚀等。已经查明，细菌群体的名目繁多，但主要是硫酸盐还原菌（SRB）和广酸菌（APB）。

细菌腐蚀不仅对管材，而且也对管输产品带来危害。由于细菌腐蚀后常产生有机酸或无机酸，致使天然气质量受到影响。

尽管微生物腐蚀的重要性毋庸置疑，但其机理却仍不清楚。尤其是微生物腐蚀是复杂的现象，很少是单一机理或单一种族的行为。受限于获取样品的难度，目前的大部分工作都是在实验室用细菌培养的方法研究细菌对金属的腐蚀情况。

管道试运前要进行水压试验，而试压用水大都取自附近河流、湖泊或其他水源。从这些水源取水进行化学分析表明，水中含有大量的各种各样的细菌，这种水如不加以处理，势必会将大量细菌带进管内。而且管周围的土壤和水中都有大量细菌滋长繁衍，管道外防腐层一旦破裂，细菌即乘虚而入在破损处安家落户，以致造成腐蚀。

本节通过对粉尘中组成组分的分离，重点进行了细菌分离和培养，在沉积物中发现了大量活性细菌的存在，通过沉积物的组成及其不同采样点含量的变化来研究微生物的作用机理。

本节通过对粉尘成分的分析，技术路线沿用从粉尘产物-机理的推断方法，使天然气管道内 CO_2、H_2S 腐蚀作用规律及腐蚀机理比较清晰，还分析了单相流和多相流含 CO_2 的腐蚀机理，以及 H_2S 的腐蚀机理，进一步得出了管道内部腐蚀产物的成因和腐蚀机理。

1. 粉尘形成机理

粉尘是由管输天然气所含的某些杂质与输送管道相互作用而产生的，粉尘中的成分主要是 S_8、$FeCO_3$、FeS、$FeOOH$、$CaSO_4$、$Fe(OH)_3$、MnO_2 及硅酸根离子等单质及化合物。

分析成分可进一步得出机理，通常情况下，铁的几种化合物表现形式与形成机理为：

（1）FeS 来自硫化氢应力腐蚀，由无机离子与 SRB 相互作用形成。

（2）$Fe(OH)_3$ 来自 CO_2 腐蚀和细菌所造成的氧浓差电池腐蚀，FeOOH 和 Fe_3O_4 由 $Fe(OH)_3$ 失水形成。

（3）$FeCO_3$ 是 CO_2 腐蚀的结果。

但是，由于自养型铁细菌的存在，它将氧化腐蚀为高价铁的化合物，所以腐蚀产物中含大量高价铁的化合物，可能有少量亚铁化合物。具体表现为：

（1）锰的转化与铁相似，许多细菌和真菌可以沉积出 MnO_2。

（2）S 可能来自 H_2S 的氧化，但是其细菌或化学氧化机理还不知道。由于其位于管道内，含氧少，其氧化反应难以进行，所以腐蚀产物中含大量单质 S_8。

（3）硫化物和水分的存在可以说是粉尘产生的源头，再加上氧气与多种微生物的存在，通过极其复杂的物理、化学、生化过程，产生硫化氢腐蚀、电化学腐蚀和微生物腐蚀等多种情况，从而形成粉尘这一极其复杂的腐蚀产物和化学分析体系。

2. CO_2 腐蚀机理

1）单相流管道 CO_2 腐蚀

单相流管道中金属发生 CO_2 腐蚀，整个腐蚀分为 CO_2 在水溶液中溶解并形成不同的参与腐蚀反应的活性物质、反应物通过流体传递到金属表面、阴极和阳极分别发生电化学反应及腐蚀产物向溶液中传递四个步骤，各步骤的物理及化学反应如下：

（1）CO_2 在溶液中的溶解

$$CO_2 + H_2O \longrightarrow H_2CO_3$$
$$H_2CO_3 \longrightarrow HCO_3^- + H^+$$
$$HCO_3^- \longrightarrow CO_3^{2-} + H^+$$

（2）反应物传递（溶液到金属表面）

$$H_2CO_3(溶液) \longrightarrow H_2CO_3(金属表面)$$
$$HCO_3^-(溶液) \longrightarrow HCO_3^-(金属表面)$$
$$H^+(溶液) \longrightarrow H^+(金属表面)$$

（3）金属表面的化学反应：

$$2H_2CO_3 + 2e \longrightarrow 2HCO_3^- + H_2$$
$$2HCO_3^- + 2e \longrightarrow H_2 + 3CO_3^{2-}$$
$$2H^+ + 2e \longrightarrow H_2$$
$$Fe \longrightarrow Fe^{2+} + 2e$$

（4）腐蚀产物的扩散（金属表面到溶液）

$$Fe^{2+}(表面) \longrightarrow Fe^{2+}(溶液)$$
$$CO_3^{2-}(表面) \longrightarrow CO_3^{2-}(溶液)$$

2）多相流管道 CO_2 腐蚀

对多相流条件下（整管流动或段塞流）暴露在 CO_2 环境中的腐蚀产物微观结构进行了研究，发现腐蚀产物具有四个特征：铁腐蚀产物形成膜结构；在铁素体中含有碳化铁；金属表面的晶体物质是碳酸铁；金属的腐蚀形态随流体状况的变化而变化。

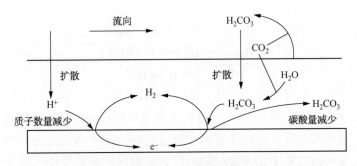

图9-10　多相流下 CO_2 系统的腐蚀示意图

图9-10显示了扩散层质子和碳酸的传质过程及金属表面发生的阴极反应。质子从很多区域通过边界层扩散到金属表面，碳酸的通量与 H_2CO_3 及 CO_2 水合物的扩散速度有关，其中氢离子和碳酸的扩散是控制反应进程的主要步骤。反应化学方程式如下：

$$CO_2 + H_2O \longrightarrow H_2CO_3$$

$$H_2CO_3 \longrightarrow HCO_3^- + H^+$$

$$H_2CO_3 + e \longrightarrow HCO_3^- + H$$

$$2H^+ + e \longrightarrow H_2$$

3. 硫化氢腐蚀机理

硫化氢只有溶解在水中才具有腐蚀性。H_2S 在水中发生离解：

$$H_2S \longrightarrow H^+ + HS^-$$

$$HS^- \longrightarrow H^+ + HS^{2-}$$

$$Fe \longrightarrow Fe^{2+} + 2e(阳极反应)$$

$$2H^+ + 2e \longrightarrow H_{ad} + H_{ad} \longrightarrow H_2(阴极反应)$$

$$\downarrow$$

$$H_{ad} \longrightarrow 钢中扩散$$

H_2S 离解产物 HS^-、S^{2-} 吸附在金属表面，形成吸附复合物离子 $Fe(HS)^-$。吸附的 HS^-、S^{2-} 使金属的电位移向负值，促进阴极放氢的加速，而氢原子为强去极化剂，易在阴极得到电子，大大削弱了铁原子间金属键的强度，进一步促进阳极溶解而使钢铁腐蚀。

4. H_2S 应力腐蚀开裂(SSCC)

在 H_2S 腐蚀引起的管道破坏中，H_2S 应力腐蚀开裂(SSCC)造成的破坏最大，所占比例也最大。金属管道在应力和特定的环境介质共同作用下所产生的低应力脆断现象，称为应力腐蚀开裂(SCC)，应力腐蚀开裂只有在同时满足材料、介质、应力三者的特定条件下才会发生。金属管道硫化物应力腐蚀开裂(SSCC)产生的条件，一是输送介质中酸性 H_2S 含量超过临界值；二是存在拉应力。

天然气管道硫化物应力腐蚀开裂过程是一个复杂的过程，它涉及电化学、力学及金属物理等多个层面。首先，该管道表面比较粗糙，存在划痕、凹坑和钝化膜的不连续性，由于其电位比其他部位低，存在电化学的不均匀性而成为腐蚀的活泼点，以致成为裂纹源。在 H_2S 的作用下，发生如下反应：

$$Fe \longrightarrow Fe^{2+} + 2e(\text{阳极})$$

$$H_2S \longrightarrow H^+ + HS^- (\text{阴极})$$

$$HS^- \longrightarrow H^+ + HS^{2-}$$

$$2H^+ + 2e \longrightarrow H_2 \uparrow$$

由于 H^+ 的存在而消除了阴极极化，有利于电子从阳极流向阴极，加强了腐蚀过程，即氢去极化腐蚀。这些裂纹源在电化学腐蚀和制造过程中产生的高应力作用下，表面这些点很快形成裂纹，这时应力集中于裂纹尖端，起到撕破保护膜的作用。在应力与腐蚀的交替作用下，致使裂纹向纵深方向发展，直至断裂。

5. 细菌腐蚀机理

细菌（微生物）腐蚀的基本原理是：微生物吸取 H^+，生成腐蚀代谢物，直接地影响到腐蚀的程度，而氧扩散或离子传输的还原作用则间接地影响到腐蚀，通常以附着在金属表面或埋藏在被称为生物膜的胶状有机母体中的微生物为媒介物。由于生物膜的存在大大改变了邻近金属的局部化学性质，从而加速了腐蚀过程。当低碳钢上出现生物膜时，其腐蚀速度呈指数上升。

好氧菌的腐蚀机理：① 利用新陈代谢形成的酸引起腐蚀；② 造成氧浓差电池引起腐蚀。

厌氧菌的腐蚀机理：参与阴极去极化过程。

常见的参与腐蚀的好氧菌有铁细菌和硫氧化菌，厌氧菌有硫酸盐还原菌等。

6. 腐蚀程度的表征

黑粉中铁元素的浓度变化与管壁腐蚀的程度和速度的关系为：

$$\frac{dF}{dt} = \frac{dC_{Fe}}{dt} - \frac{dC_{film}}{dt} \tag{9-10}$$

式中：F 为腐蚀程度；C_{Fe} 为 Fe 的浓度；C_{film} 为钝化膜的浓度；t 为时间。

腐蚀可以由三部分组成：H_2S 应力腐蚀、CO_2 的酸性腐蚀及微生物腐蚀。所以，$\frac{dC_{Fe}}{dt}$ 可表示为：

$$\frac{dC_{Fe}}{dt} = \frac{dC_{H_2S}}{dt} + \frac{dC_{CO_2}}{dt} + \frac{dC_{xijun}}{dt} \tag{9-11}$$

式中：$\frac{dC_{H_2S}}{dt}$、$\frac{dC_{CO_2}}{dt}$、$\frac{dC_{Fe}}{dt}$ 分别代表 H_2S 应力腐蚀、CO_2 的酸性腐蚀及微生物腐蚀的腐蚀速度。

在 H_2S 多应力腐蚀中，FeS 是腐蚀产物，可以用 FeS 的浓度变化来表征 H_2S 应力腐蚀的腐蚀速度及腐蚀程度。同理，在 CO_2 的酸性腐蚀机理中，可用 $FeCO_3$ 的浓度变化表征 CO_2 腐蚀的腐蚀速度机腐蚀程度。

微生物腐蚀主要是由铁细菌和硫酸盐还原菌的腐蚀造成，所以 $\frac{dC_{xijun}}{dt}$ 可表示为：

$$\frac{dC_{xijun}}{dt} = \frac{dC_{xijunFe}}{dt} + \frac{dC_{SRB}}{dt} \tag{9-12}$$

式中：$\frac{dC_{xijunFe}}{dt}$、$\frac{dC_{SRB}}{dt}$ 分别代表铁细菌和硫酸盐还原菌腐蚀的腐蚀速度。

FeOOH 表征铁细菌腐蚀的腐蚀速度和程度，可用管壁上的 FeS 表征硫酸盐还原菌腐蚀的腐蚀速度与程度，所以 $\frac{dC_{xijun}}{dt}$ 可以表现为：

$$\frac{dC_{xijun}}{dt} = \frac{dC_{FeOOH}}{dt} + \frac{dC_{FeS}}{dt} \tag{9-13}$$

综上所述，所研究体系腐蚀的速度及程度可表示如下：

$$\frac{dF}{dt} = \frac{dC_{FeS}}{dt} + \frac{dC_{FeCO_3}}{dt} + \frac{dC_{FeOOH}}{dt} + \frac{dC_{FeS}}{dt} - \frac{dC_{Fe}}{dt} \tag{9-14}$$

从式(9-14)中可以看出，只要检测出粉尘和钝化膜中有关元素及化合物的含量随时间的变化，就可以获得腐蚀的速度及腐蚀程度。

9.2.4 H_2S、CO_2 和细菌腐蚀等抑制措施

1. H_2S 应力腐蚀

减小钢中氧、硫等杂质含量，可增加抗硫化物应力腐蚀的能力。管道组织的不均匀性是产生应力的原因。可通过降低管道硬度，提高成分纯洁性、组织均匀性，减小介质浓度及增加管道的阴极保护等措施来减小应力腐蚀。

2. CO_2 腐蚀

尽量除去管道中所含水分及 CO_2、HCO_3^- 和 Ca^{2+} 等共存时钢铁表面易形成保护性能的表面膜，可降低腐蚀速度。当 $4<pH$ 值<6 时，H_2CO_3 在水溶液中主要以 HCO_3^- 形式存在，所以可以通过调节酸度来降低腐蚀。

3. 无机离子与细菌相互作用的腐蚀

通过研究，得出细菌腐蚀的产生原因，在管道试运前要进行水压试验，而试压用水中含有大量的各种各样的细菌，分为好氧菌和厌氧菌两种，在运行过程中，主要是厌氧菌作用，在内部没有足够清管和清洁的情况下，产生管内的细菌腐蚀。管道周围的土壤和水中都有大量细菌滋长繁衍，管道防腐覆盖层一旦破裂，就会造成细菌腐蚀。

这需要检验细菌的组分，使用适当的杀菌剂，其对浮游细胞有效，对固着细胞则无效，而固着细胞是造成腐蚀及形成沉淀的主凶，因此需要研制一种抗需氧和厌氧菌的杀菌剂。

4. 管道外部氧浓差腐蚀

外部氧浓差腐蚀是管道腐蚀的重要表现之一，由于在管道的不同部位氧的浓度不同，在贫氧的部位管道的自然电位(非平衡电位)低，是腐蚀原电池的阳极，其阳极溶解速度明显大于其余表面的阳极溶解速度，故遭受腐蚀。管道通过不同性质土壤交接处时，黏土段贫氧，易发生腐蚀，特别是在两种土壤的交接处或埋地管道靠近出土端的部位腐蚀最严重。对储油罐来说，氧浓差主要表现在罐底板与砂基接触不良之处，还有罐周和罐中心部位存

在透气性差别，中心部位氧浓度低，成为阳极被腐蚀。预防外部氧浓差腐蚀首先要保证防腐层完好，不发生破损，采用局部区域阴极保护设计的方式可以预防，但应充分考虑到站场设备管道密集、接地系统众多的特点。监测手段主要考虑加装埋地管线安装腐蚀监测系统，定期测试管体腐蚀情况。

9.3　管道杂散电流腐蚀评价与防护

我国管道建设日益增多，途经大中城市的铁路、公路网等国家设施，由于地理位置的限制，在油气管道与电力线路、电气化铁路的设计和建设过程中不可避免地出现了并行敷设的情况。例如，辽河油田盘锦到鞍山的天然气管道在投产 14 个月后就出现多起杂散电流引起的腐蚀穿孔事故，被迫长时间停产，开挖大修。郑州燃气公司电厂输气管道受电厂杂散电流的影响，也多次出现穿孔泄漏，严重威胁管道和人身的安全。由此可见，杂散电流对油气管道会产生强烈腐蚀作用。近年来，随着特高压输电线路的出现，以及高速铁路的建设，我国油气管道与电力线路、电气化铁路的里程迅速增加，由电力线路、电气化铁路产生的杂散电流会对油气管道产生巨大的危害。因此，开展杂散电流引起的油气管道的腐蚀与防护研究，对保障油气管道的安全运行具有十分重要的意义。

9.3.1　杂散电流的形成

杂散电流是指在规定电路或意图电路之外流动的电流，又称迷走电流。杂散电流主要表现为直流电流、交流电流和大地中自然存在的地电流三种状态，且各自具有不同的特点。直流杂散电流主要来源于采用直流牵引系统的地铁、邻近管道的阴极保护系统、直流电解设备、电焊机、直流输电线路；交流杂散电流主要来源于交流电气化铁路、高压交流输配电线路系统，通过阻性、感性和容性耦合在相邻的管道或金属体中产生交流杂散电流，但交流杂散电流对铁腐蚀较轻微，一般为直流腐蚀量的 1%；由于地磁场的变化感应出来的地杂散电流，一般情况下只有约 $2\mu A/m^2$，从腐蚀角度看并不重要。

地铁直流供电牵引系统产生的直流杂散电流以及特高压直流输电系统接地极在单极锁闭状态下的入地电流，是造成油气管道直流杂散电流腐蚀的主要来源，特别是在直流特高压输电线路单极锁闭状态下，放电电流可达 3000A 以上，影响距离超过 30～50km，对影响范围内的埋地钢质管道造成极大的腐蚀风险。

在地铁直流供电牵引系统中，列车所需要的电流由牵引变电所提供，通过架空线向列车供电，然后经行走轨回流至牵引变电所。理想情况下行走轨电阻为 0，行走轨对大地的泄漏电阻无穷大，此时经行走轨回流的电流等于牵引电流，即所有的电流都经行走轨回流至牵引变电所。但实际上行走轨的电阻不为 0，当有电流通过时就形成了电位差，并且行走轨对大地的泄漏电阻也不会为无穷大，这就不可避免地造成了部分电流不经行走轨回流，而是流入大地，然后通过大地回流至牵引变电所。若铁路附近有导电性能较好的埋地金属管道(燃气管道、输油管道、供水管道等)，则部分电流会选择电阻率较低的埋地金属管道作为电流回流路径，从牵引变电所附近的管道中流出回到牵引变电所。杂散电流形成原理如

图 9-11 所示，杂散电流形成原理等效电路如图 9-12 所示。

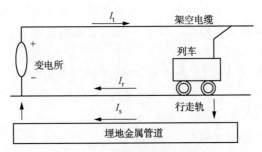

图 9-11　杂散电流形成原理

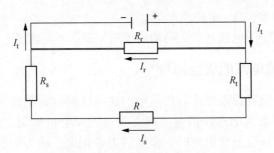

图 9-12　杂散电流形成原理等效电路

由图 9-12 可知：

$$I_s = \frac{I_t R_r}{R_r + R_t + R_s + R} \tag{9-15}$$

$$R = \rho \frac{l}{A} \tag{9-16}$$

式中　I_s——杂散电流，A；

　　　I_r——牵引电流，A；

　　　R_r——行走轨电阻，Ω；

　　　R_t——负荷端与大地之间的泄漏电阻，Ω；

　　　R_s——变电所与大地之间的泄漏电阻，Ω；

　　　R——土壤的横向电阻，Ω；

　　　ρ——土壤电阻率，$\Omega \cdot m$；

　　　l——负荷端与变电所之间的距离，m；

　　　A——土壤的横向面积，m^2。

由于 A 趋向无穷大，因此 R 趋向于零，则式(9-15)可以简化为：

$$I_s = \frac{I_t R_r}{R_r + R_t + R_s} \tag{9-17}$$

由式(9-17)可知，在牵引电流一定的情况下，杂散电流随着行走轨电阻的增大而增大，随着泄漏电阻的增大而减小。

　　杂散电流流入土壤以后就会产生地电场，土壤中不同地电位之间便有电流流动，两个不同区域之间电位差越大，电流就越大。当土壤全部都是均匀的介质时，电流分布也相对均匀。如果土壤中埋置有油气管道时，管道中的杂散电流密度与土壤中的杂散电流密度之比为：

$$\frac{j_0}{j} = \frac{4\delta\rho}{D\rho_0}$$

(9-18)

式中　j_0——管道中的杂散电流密度，mA/m^2；

　　　j——土壤中的杂散电流密度，mA/m^2；

　　　δ——管壁厚度，mm；

　　　D——管道内径，mm；

　　　ρ_0——管道电阻率，$\Omega \cdot m$。

　　因为$\rho \gg \rho_0$，所以杂散电流基本上沿油气管道流动，不再流经土壤。

9.3.2　直流杂散电流的腐蚀原理

　　直流杂散电流进入金属管道的地方带负电，这一区域称为阴极区，处于阴极区的管道一般不会受影响，当阴极区的电位值过大时，管道表面会析出氢，从而造成防腐层脱落。当杂散电流经金属管道回流至变电所时，金属管道带正电，成为阳极区，金属以离子的形式溶于周围介质中而造成金属体的电化学腐蚀。因此杂散电流的危害主要是对金属管道、混凝土管道的结构钢筋、电缆等产生电化学腐蚀，其电化学腐蚀过程发生如下反应。

1. 析氢腐蚀

阳极反应：$2Fe \longrightarrow Fe^{2+}+4e$

在无氧酸性环境中的阴极反应：$4H^++4e \longrightarrow 2H_2 \uparrow$

在无氧中性、碱性环境中的阴极反应：$4H_2O+4e \longrightarrow 4OH^-+2H_2 \uparrow$

2. 吸氧腐蚀

阳极反应：$2Fe \longrightarrow 2Fe^{2+}+4e$

在有氧酸性环境中的阴极反应：$O_2+4H^++4e \longrightarrow 2H_2O$

在有氧中性、碱性环境中的阴极反应：$O_2+2H_2O+4e \longrightarrow OH$

当油气管道受到杂散电流电化学腐蚀时，金属腐蚀量和电量之间符合法拉第定律：

$$m = KIt$$

(9-19)

式中　m——金属腐蚀量，g；

　　　K——金属的电化学当量，$g/(A \cdot h)$，铁取$1.047g/(A \cdot h)$；

　　　I——杂散电流，A；

　　　t——时间，h。

　　利用式(9-19)可以对杂散电流的危害作出大概的估计。经计算，1A的杂散电流可以在1年内腐蚀掉9.13kg的钢铁。

　　直流杂散电流腐蚀具有局部集中特征，当杂散电流通过油气管道防腐层的缺陷点或露铁点流出时，在该部位管道将产生激烈的电化学腐蚀，短期内就可以造成油气管道的穿孔事故。防腐层的缺陷点或露铁点愈小，相应的电流密度愈大，杂散电流的局部集中效应愈突出，腐蚀速度愈快。

9.3.3　直流杂散电流的防护

由于杂散电流对油气管道的安全存在着极大威胁，因此必须采取相应的措施对杂散电流进行防护。对杂散电流的防护应从以下两个方面着手：从源头上控制杂散电流的形成，减小杂散电流；对已产生的杂散电流采取排流或者其他方法降低杂散电流对油气管道的腐蚀危害。

1. 从源头上控制杂散电流的形成

由于行走轨本身具有电阻，当有电流流过时，就会产生电位差，而且行走轨对地的泄漏电阻不可能无穷大，因此会产生杂散电流。由式(9-19)可知，当牵引电流一定时，杂散电流随着行走轨电阻的增大而增大，随着泄漏电阻的增大而减小，因此要从源头上控制杂散电流的形成，必须减小行走轨电阻、增大泄漏电阻，可以采取以下几种方法：

（1）增加单根行走轨的长度，减少行走轨间的电阻。单根行走轨越长，行走轨之间的接头越少，行走轨的电阻就越小，从行走轨向外流失的杂散电流就越少。

（2）各段行走轨之间都应有畅通的电气连接，以减少行走轨之间的接缝电阻，保证低电阻的回流路径。

（3）缩短供电半径，增设变电所。当供电半径缩短以后，供电网络的电压降随之而降低，行走轨上的电位差也随之而降低，因此流过油气管道的杂散电流就会减少。

（4）增加行走轨对地的泄漏电阻。枕木的端面和道钉必须经过绝缘处理或设置专门的绝缘层，行走轨采用点支撑。

（5）增大油气管道的电阻。油气管道外部的覆盖层要求完整无针孔，与金属管道结合牢固，增大管道的电阻，减小杂散电流的流入量。

2. 排流防护措施

把油气管道中流动的杂散电流直接流回至电气化铁路的行走轨，需要将油气管道与铁路的行走轨用导线做电气上的连接，这一做法称为排流法。利用排流法保护油气管道不受杂散电流的危害，称为排流防护措施。排流保护法可以分为直接排流法、极性排流法、强制排流法和接地排流法。

（1）直接排流法　把油气管道与电气化铁路的负极或行走轨用导线直接连接起来。这种方法不需要排流设备，简单，造价低，排流效果好。但当管道的对地电位低于行走轨对地电位时，行走轨电流将流入管道内而产生逆流。因此这种排流方法只适合管地电位永远高于轨地电位、不会产生逆流的场所，而这种机会不多，因而限制了该方法的应用。

（2）极性排流法　由于负荷的变动、变电所负荷分配的变化等，管地电位低于轨地电位而产生逆流的现象比较普遍。为防止逆流，使杂散电流只能由管道流入行走轨，必须在排流线路中设置单向导通的二极管整流器、逆电压继电器等装置，这种装置称为排流器，这种防止逆流的排流法称为极性排流法。极性排流法安装方便，应用广泛。

（3）强制排流法　就是在油气管道和行走轨的电气接线中加入直流电流，促进排流的方法。在管地电位正负极性交变，电位差小，且环境腐蚀性较强时，可以采用此防护措施。通过强制排流器将管道和行走轨连通，杂散电流通过强制排流器的整流环排放到行走轨上，当无杂散电流时，强制排流器给管道提供一个阴极保护电流，使管道处于阴极保护状态。强制排流法防护范围大，铁路停运时可对油气管道提供阴极保护，但对行走轨的电位分布有影响，需要外加电源。

（4）接地排流法　此法与前3种排流方法不尽相同。管道上的排流电缆并不是直接连接到行走轨上，而是连接到一个埋地辅助阳极上，将杂散电流从管道上排出至辅助阳极上，经过土壤再返回到行走轨上。接地排流法使用方便，但效果不显著，需要辅助阳极，还要定期更换辅助阳极。

9.4　在役管道内涂层评价

油气管道内涂层的应用可增加输量，有证据表明，减阻内涂层有减缓腐蚀的作用。但由于管道内涂层所处环境复杂多变，评价在役管道内涂层需要提前了解评价目前状况对管道内涂层是否有危害以及内涂层能否继续有效发挥作用，这是急需解决的问题，以便给设计人员提供参考。

由于管道内涂层技术在我国应用时间短，推广程度不高，因此相应的关于在役管道内涂层评价技术基本为空白，非常有必要尽快提出一种方法来对管道内涂层进行评价，达到监测内涂层质量的目的。

通过系统研究和分析在役管道内涂层的失效原因、检测方法、寿命影响因素、延长寿命的方法和措施等内容，最终形成涂层失效分析、试验测试和评价标准，作为在役管道内涂层评价技术纲领性文件。在役内涂层评价的技术路线如图9-13所示。

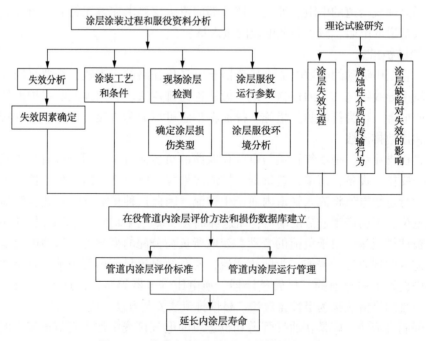

图9-13　管道内涂层评价方法整体技术方案

9.4.1　内涂层管道压降损失测试和表面调整技术

内涂层测试旋转柱体设备可模拟天然气管道运行操作，压力达30MPa，压力损失试验涉及涂层的不同使用方式、聚合物对流动阻力的影响，为了测试涂层的流动阻力，开发了旋转筒体设备连续评价涂层性能，测试不同涂层材料和不同气体类型的关系，以及彼此之间的相互作用对流动阻力的影响。

涂层表面适当的结构调整可以提高气体流量、流速，技术目标是短时期内实现该技术的产业化应用。

1. 技术程序

1）天然气终端低流动阻力内涂层测试

检测内容包括环氧涂层检测，范围是涂层膜厚度和极低表面粗糙度的聚酰胺11材料。测试设备将用于建立钢质管道、内壁涂层管道的物理粗糙度和水压粗糙度之间的关系以及焊接焊缝处的压力损失，雷诺数的范围从全稳流到全湍流。

2）旋转柱体设备测试环氧、非环氧涂层

测试气体和涂层间的交互作用，事实上，一些聚合物使用将会减小流动阻力，而一些化学物质却增加流动阻力，此项研究可检测其他类型的涂层、气体和化学物质。

3）内涂层表面结构调整引起的提高流量研究

尽管内涂层可以明显地减小流动阻力，但涂层表面因粗糙度和波动的影响，一定程度上限制了流体流动。超光滑技术应用到涂层表面可以进一步降低流动阻力，对于大的雷诺数，流动阻力减小20%，对于中等的Reynolds参数，流动阻力将进一步减小10%到20%。该技术将分为两个阶段实现：

（1）长度为3m、直径为14in的实验管道。

（2）长度为12m、直径为32in的工业管道。

2. 技术报告

（1）天然气终端环氧涂层、聚酰胺11涂层、管道内壁和焊接处的流动测试结果，涂层膜厚度影响和对环氧涂层和聚酰胺11涂层的比较研究报告。

（2）利用旋转筒体设备测试环氧涂层和非环氧涂层在不同气体和不同老化阶段的流动测试报告，气体和涂层间交互作用的评价，以及对供应商的推荐。

（3）建立天然气终端和旋转柱体设备测试过程中物理粗糙度和水压粗糙度之间的关系。

（4）内涂层流动测试和表面结构调整经济性分析。

（5）流动性测试、表面结构调整工程和经济性分析报告。

9.4.2　天然气管道压力损失测试

天然气管道压力损失是运营商主要关注的问题，而雷诺数是壁面粗糙度影响因素。在制造厂，管道的技术要求通常为$20\mu m$水压粗糙度。然而，在生产阶段，粗糙度很可能超过$50\mu m$，这取决于流体成分（水、二氧化碳），相对于高雷诺数光滑壁来说，其所占比例超过40%。

1. 流动阻力的测量

一般内涂层的性能评价可直接在一个管段上进行。但测试程序需要很长的管线，为了实现满流，大流量和被测流体的存储，需要一个增压站和一段很长的时间来稳定测试回路参数，但代价昂贵，涂层测试是要求在高剪切力条件下(高流速和压力)进行。

为了克服这些难题，需要设计一台试验设备，该设备需要少量体积的气体提供即时平衡测试条件，可在几个小时内可能获得 100 个测试数据，测试段安装小于 1h 内完成，该仪器可模拟天然气管道运输可在 25MPa 和 10m/s 的条件下操作运行。

在平衡条件下，阻力可被安装在设备旋转的驱动杆上的扭矩测量仪或安装在测试单元上的皮托管测得。测试单元位于旋转装置和一个固定的有内涂层的管段之间。通常在测试时，首先要用没有涂层的摩擦系数范围较大的钢管段比对测试，已测试了四十多种不同类型的带有涂层的管段，管道内涂层测试已经得到了一些结论，例如：管道内涂层的摩擦系数一般比钢管本身小；管壁的粗糙度相同，但涂层呈现出不同的摩擦系数值；一种涂层的摩擦系数不仅和管壁粗糙度有关，还和管壁的表面特性参数有关。因而，摩擦系数不仅和油膜厚度有关，还与涂层使用的方法有关；考虑到节省资金，有内涂层的管道不需要根据内涂层的粗糙度分级，而是根据钢管的涂层厚度分级，分为腐蚀防护型和减阻型。

2. 经济意义

管道内涂层的经济性评价是管道建设成本节约的重要环节，包括管道的设计压力和管径。以 170km 运行压力为 15MPa 供气管道为例，为了使生产成本最小化，把管径(32~40in)和下游增压站的分输压力(12~14MPa)这两个参数作优化调整，考虑到管材的成本、压缩机 30 年气体燃料的消耗以及内涂层的应用，经济评价结果如下所示。

在分输压力为 12MPa 的情况下。当管壁的水压粗糙度大于 $20\mu m$(管道腐蚀情况下)时，与两个小直径管道相比，大直径管道会更经济，因为相对地燃料消耗少(压力损失小)。

在 $20\mu m$ 时(管道轻微腐蚀)，36in 的管道被证明是最经济的。对这些管道应用内涂层技术能提供不同趋势：生产系统在管径为 40in 时变得不经济，在管径为 32in 时费用迅速减小，在管径为 36in 时是非常经济的(最佳的情况)。

把管壁粗糙度从 $20\mu m$ 减小到 $2\mu m$ 时，费用可以节省 12.5%。使用涂层结构化表面处理费用能节省 17%。

在分输压力为 14MPa 的情况下，当管壁的水力粗糙度大于 $20\mu m$(管道腐蚀情况下)时，大直径管道是最经济的选择，36in 的管道内涂层评价后是最经济的(水力粗糙度小于 $8\mu m$)。与前面情况相反，应用内涂层可以减小三种管径的总成本，当管壁粗糙度从 $20\mu m$ 减小到 $2\mu m$ 时，在管径为 36in 时费用能减少 11%。相对于光滑表面，由于结构化表面处理能从设计上把阻力减小 5% 和 10%，所以使用结构化表面处理费用分别能减少 15.5% 和 17%。

3. 涂层老化

涂层生产商和管道操作人员需要进行涂层的寿命测试。包括评价涂层热老化，涂层在不同气体浸泡下的起泡，以及不同化学制剂的抗蚀性，如蒸馏水、烃类、乙二醇、润滑油和甲醇等对涂层的老化影响。测试需要在苛刻环境和工艺条件下对涂层性能进行评价。进行热老化试验时，用有内涂层的试样来分析老化的影响和比较测试涂层之间的优劣。

4. 腐蚀测试

开展涂层腐蚀性测试，没有内涂层处理的焊缝表现出腐蚀，带有内涂层的管道表现出较小的腐蚀风险。对于大多数腐蚀产物和气体杂质，如果在高速高压气体下，携带的管道杂质将会引起管道内涂层的机械刮伤。

建立测试平台用于涂层平板，模拟管道内涂层的微粒腐蚀、结构化处理的表面也将根据其抗蚀性进行测试。

5. 磨损测试

管道内部经常使用清管器清管、注入腐蚀抑制剂或内检测，内检测的目的是用来评价腐蚀程度，会检测出管道壁厚损失或者凹坑、划痕。清管器的参数取决于用途，根据清管器的几何尺寸、长度以及设计使用的内涂层材料，需要许多种不同类型的清管器。在清管器选择中，应选择一些损伤较小的。目前已采用管道试验场设备模拟清管运行的操作，并进行多次磨损分析。

测试设备是在被测的涂层与磨损清管器之间加载一恒定的载荷，并通过一系列连续往复运动模拟磨损情况，使用同一清管器测试几种涂层，得出不同的结果。在考虑机械磨损的同时，也应对暴露在甲醇中的涂层及不同新旧涂层的抗磨性进行评价。

6. 管道涂层修复

旋转筒单元测试表明，光滑的管壁表面上的流体和减阻材料能使管道的摩擦系数减小很多。目前国内 20 世纪修建的天然气管道均没有内涂层，如果涂层用于管道内，能使输送气体流量增加。新建管道的内涂层已经应用于大部分长输管道。当涂层破损时，应采取相应的技术进行修复。

7. 结构化表面处理

结构化表面空气动力学的性能测试很重要，结构化表面处理发展现状的调查表明，结构横截面的外形，相对于光滑表面，可以实现减小阻力 7%～12%。对于常规的外形(二维表面)，性能的改进认为是可靠的，由于现在的测试比二十年前更广泛、全面，目前对结构做一些改进仍能进一步减小阻力，如在设计不同尺寸的二维结构时，要对不同尺寸进行紊流控制以减缓能量损耗和衰减，或者在设计三维结构时不仅要在横向上，还要在纵向上加强紊流控制。

靠近三角形微小结构的二次流，使用这种类型的微小结构阻力可减小 7%。

为了优化结构表面外形，有三种主要模型计算中可使用：一是计算流体动力学(CFD)-直接数值模拟(DNS)；二是大漩涡模拟(LES)；三是雷诺平均的非定常 Navier-Stokes 方程模拟(RANS)。目的是为了能够基于先前的实验来确定雷诺方程(RANS)的算法。流体模拟表明一些紊流模型也适用于预测结构表面的主要特征。

8. 管道减阻结构的加工制造

一种有效减小阻力的方法是把形状和尺寸的微小结构印在天然气管道内表面，用脉冲激光器加工天然气管道上的微小结构(见图 9-14)，但由于要克服许多技术上的问题，且把合适的微小结构涂覆在天然气管道管壁的专业工具开发相对花费昂贵，因此在内涂层减阻程序中，倾向于在

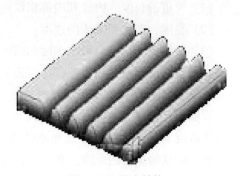

图 9-14　微小结构

平坦且环形的金属板上印出微小结构，集中力量进行模型复制，如能集中用于 12m 长的管道上，可适合大规模生产设计需求。

微小结构用 30μm 深的试样生产，这些尺寸使用于设计压力为 10MPa 的管道。

9.4.3　管道内防护与内涂层寿命延长

煤焦油类的产物被广泛应用在钢制管道的内表面，以防止腐蚀。其中一个被称为煤焦油磁漆的产品常应用于管道系统的诸多设备，其在管道内壁被加热涂敷，形成一种好的表面形态。加热目的是为了使煤焦油磁漆融化，以较高温度增加强度。其坚硬但易碎，需要额外的填充作为涂层，增加韧性以承受冲击和承担载荷。煤焦油磁漆提供了完好的防腐保护，但其有两个弱点：

（1）机械性能随温度变化较大。加热的时候应力相对较小，遇冷的时候抗冲击力差。
（2）当持续加热时，会导致弹性性能的丢失，容易开裂。

9.4.4　管道内涂层无溶剂增效涂层评价测试

20 年以前，通常采用外部防腐涂层天然气传输管道的保护，很少考虑采用给内部提高流动效率的涂层。本节介绍无溶剂型增效涂层的特性，给出管道输送压降、管道内表面粗糙度与天然气最大流量之间的关系。

1. 使用增效涂料的优点
（1）可减少管道压降，从而增加天然气的流动速率；
（2）可减少管道外径并达到相同流量的目的；
（3）可降低压缩气体的功耗，同一天然气流量下减少温室气体排放量；
（4）可减少在储存和运输过程中的管道内表面腐蚀；
（5）在管道检测时提供清洁光滑的表面；
（6）可减少管道水压试验时的清洗量，并节约后续流体静压力测试的成本；
（7）可减少污染和阀损坏的维修。

2. 摩擦阻力对管道中流体流动的影响
流体在管道中的流动要承受各种摩擦阻力，导致增加管道压降并降低输送能力。流体在管壁上之间会发生摩擦，在流体内部也会发生摩擦。管道内流体的流动主要因素包括：
（1）管道的长度、内径和内部粗糙度；
（2）黏度、密度和流体的速度；
（3）流体温度，其会影响黏度和密度的流体的变化；
（4）弯头、阀门和其他配件的管道的几何形状。

3. 表面粗糙度和层流和紊流的关系
管道内气体的流动可以是层流或紊流。在高流量的管道天然气的输送表现为紊流。管壁的紊流流动状况可以在管壁和流体表面形成分层膜，其将减少流体和管壁之间的摩擦，从而减少增加输送时的压降，该层膜的形成取决于在管壁表面粗糙度和流体分界面，并在一定程度与紊流的流速和流量有关。模的形成在管壁上是非常薄的，这种分层模突出干扰了分层膜上的气体流动模式，有效地形成与管壁之间的紊流模式，增加了壁管和流体之间的摩擦系数，结果是增加了管道压降并降低了输送能力。

4. 表面粗糙度

表面粗糙度通常用 R_a 或 R_{ZD} 参数来表示。R_a 通常为所有偏差的算术平均值（与预定基准面的偏差）。R_{ZD} 是五个连续长度的波峰和波谷的算术平均值，R_{ZD} 也被称为十点高度的平均，是由五个最高波峰和最低波谷的平均高差定义，该依据为德国标准 DIN 4768/1。

对于管内表面相对粗糙率是经常提到的，相对粗糙度是表面粗糙度除以管径的平均高度，其计算公式为：

$$k = R/D \qquad\qquad (9-20)$$

相对粗糙度用于计算摩擦因素。压降可以通过摩擦系数计算出来。Farshad et al（1999年）建议使用 R_{ZD} 以忽略中间的高度数据，这些数据最有可能影响湍流，与 R_a 相比这些数据更有用。因此测量表面粗糙度最重要的是确定设备测量参数。

钢管涂敷的工厂里面，涂层有一个相对的粗糙度误差为 $20\mu m$。但是，在运行中管子的相对粗糙度可能会超过 $50\mu m$，这都取决于在管子表面是否形成了腐蚀产物，焊接前管子存储的时间和条件，以及管子安装过程、试压过程和腐蚀性流体输送过程产生的腐蚀。对于稳定的输入和输出压力，使用管道软件，可以得出最大流量和管粗糙度的关系曲线。

下面的案例来自海底天然气管线的工程施工规范。管道长度为 145km，管径为 24in，压缩机出口压力为 194bar，末站到达压力为 119bar。这条管线的设计规范中内涂层为增效涂料（FEC），获得 $12\mu m$ 的相对粗糙度和 $328MMscf/d（9.3\times10^6 m^4/d）$ 的流速。图 9-15 显示了不同的最大流量时的粗糙度为 $4\sim50\mu m$ 的最大流速与表面粗糙度的关系。

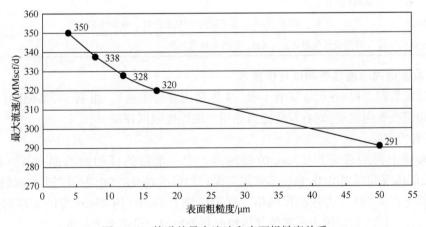

图 9-15　管道的最大流速和表面粗糙度关系

5. 经济分析

Nelson et al（2000年）报告中证明增效涂层可能会降低碳钢与流体之间摩擦系数的 50%，增加传输效率的 15%~25%。很多公司已进行了更多的深入研究，并对内部使用增效涂料提出了经济分析报告。这些报告也都得出了与 Nelson et al（2000年）报告基本相同的结果。

9.4.5　在役管道内涂层的评价

1. 内涂层常见缺陷及形成成因

内涂层的常见缺陷及形成原因见表9-6。

表 9-6　内涂层常见缺陷及形成原因

常见缺陷	形成原因
质点	管壁清理不干净、空气中微粒二次沉积
气泡或针孔	① 搅拌过程中进入的空气未能充分静止消泡；②喷涂过程中带入的压缩空气；③粗糙的底材，表面吸附的空气在涂装时，由于涂液润湿不良残留在底材表面上；④涂料黏稠、压力过小、喷涂时行进小车速度过快、喷嘴有阻挡物等原因使喷涂雾化效果不理想而产生气泡；⑤如有固体异物落在涂膜表面，它在下沉过程中由于"隧道"作用，也会产生气泡
缩孔或露底	存在一个与涂料的表面张力不同的不连续相——原因物质
凹坑	钢管在喷砂时液压油漏到管道表面，造成管道表面张力不均
橘皮	涂膜不能很好地流平
结皮或脱落	① 涂膜内部存在缺陷；② 涂膜承受着应力
流挂、流滴、流淌	分别与涂料在涂装过程和干燥过程中的流动性或流变特征有关，与基材处理也有关；与设备构造缺陷或喷枪磨损有较大关系；涂膜过厚
螺旋线	与喷涂设备有关
厚度偏差	① 喷涂时涂料的雾化效果差；② 喷涂时钢管的转速、喷枪运动速率和涂料喷涂在钢管轴向上的有效宽度的配合不当
涂料缺陷	除液态环氧两种组分混配以外，就是原材料自身存在问题，环氧树脂含量过少，低成本树脂或助剂含量过高
外力破损	吊装、堆放、运输过程中，由于受到锐/钝器击打、吊索刮擦等
二次污染	涂层表面黏附灰尘、飞虫、枯叶等外界杂质

2. 在役管道内涂层性能测试评价技术

提供试验管段2段(在役3年管1根、4年期闲置管1根)，根据SY/T 6530《非腐蚀性气体输送用管线管内涂层》对在役管道内涂层开展性能测试评价。

1) 附着力实验

在钢板样上距边缘至少13mm的范围内，用一个新的锋利的单面刀片，在涂层上25.4mm长度内等间隔划出16条线至金属表面，然后沿划线的90°方向划出相同的16条线。

在金属上产生225个方块涂层网格，每边长约1.6mm。用25mm宽的干净的塑料胶带覆盖在其表面。用大拇指用力压紧使其接触面颜色均匀，迅速揭去胶带。

检验切块：检验方形覆盖层块，覆盖层块不得有任何剥离，则为合格。

2) 剥离实验

钢板试样应放置于一平面上，涂层的一面朝上。用锋利的刀片，与表面成60°，推进刀片切屑层。涂层不应被以条状刮去，而应成片剥落。用大拇指和食指搓捻时，剥落片应成粉状颗粒。

3）磨损实验

磨损试验是将沙子从特定的高度沿导管流向下面的涂层直到能看见基底。当磨损使每处膜层足够薄时，即可测得涂层的耐磨性。

实验时将导管在容器上方垂直固定，下方将涂层面与垂直方向成45°，导管底部距涂层大于25mm。将试样平面放在测试位置，开始落沙直到在基材上磨损出4mm直径的小点。总的磨损区域应该为椭圆形，大约25mm宽，30mm长，最终在导管下方的金属面上磨出4mm的洞，测量落沙体积。

耐磨性的计算：

$$A = V/T \tag{9-21}$$

式中　V——磨损用沙的体积，L（保留一位小数）；

　　　T——涂层厚度，mil（保留一位小数，1mil=25.4μm）。

4）盐雾实验

实验按API RP 5L2附录1和ASTM D 117的要求进行。试验所要求的盐雾暴露试验仪由盐雾箱、盐溶液储槽、压缩空气供给系统、雾化喷嘴、试片支架、盐雾箱加热设备及必要的控制设备组成。

所用的盐溶液是由5份的氯化钠溶于95份水中制成。盐雾箱的暴露区温度应保持在35℃，喷嘴或喷雾的方向应加以控制，保证盐雾不能直接冲击试片表面。对内涂层而言，要求在涂敷的试片上沿对角线刻画X形线至裸露金属面，放入盐雾箱，将刻画的一面面对盐雾，试验时间为500h。试验结果应在试片从盐雾中取出干燥30min之后进行，涂层没有水泡，并且用透明塑料带在刻画线的两侧拉，造成的涂层剥离要求不超过3.2mm。

5）划伤实验

管段试样尺寸约为100mm×50mm×管壁厚度，试样的边长应平行于管道轴向，管段试样的厚度（至少3mm）应能够承受实验压力而不会产生形变。试样数均为9件。每件试样做一条划痕。划伤试验应在距试样边缘距离不小于12mm的范围内进行。试样宜以254mm/min的速度在划头下匀速水平移动，划痕长度约为75mm。划头负载有30kg、40kg、50kg。以划痕的中间点和距中间点两侧各25mm的两点为测量点。用划痕深度测厚仪测量划痕深度。采用电火花检漏仪对划痕进行漏点检测，电压值同划伤前的检漏电压值，检漏探头应与划痕底部完全接触。

实验结果：以不引起涂层产生漏点的划伤负载及其划痕深度表示其耐划伤性能，划痕深度以9条划痕深度的测量平均值表示，划痕深度精确到0.01mm。

6）气鼓泡实验

将钢板样放入适当的压力容器内。用于氮气加压至8.3MPa±0.5MPa。按照以下步骤进行试验：

（1）温度应调至25℃±6℃；

（2）压力保持24h，然后5s之内卸压；

（3）卸压后3min内检测涂层，如发现任何鼓泡，则视为不合格。

7）水压鼓泡实验

将钢板样放入适当的液压设备中，用CaCO₃的蒸馏水饱和溶液，加压至16.5MPa±3.4MPa，继续下面试验：

（1）温度保持在 25℃±3℃；

（2）压力保持 24h；

（3）迅速卸压；

（4）在 5min 内观察板样，如发现任何鼓泡，则视为不合格。

8）其他实验

柔韧性、反向碰撞、涂层粗糙度测定等。

3. 在役管道内涂层全尺寸测试技术

1）全尺寸实验装置

初步设计该实验装置由下面三个部分组成：

（1）空气加热循环系统　空气加热系统为独立安装，由防爆空气加热器、防爆风机、风管组成；试验中风机将加热后的热风通过风管将热风通入管道。

（2）全尺寸试验管拖动机构　用双作用液压缸牵引试验管子实现通过，该部分由钢管轨道、活动车架、液压系统(液压站、液压缸、液压回路)组成，管子拖动行程由液压缸调整，拖动速度由液压调速阀调速。

（3）电气自动控制系统　电气控制系统采用 PLC(西门子、OMRON)集中控制，低压电气元件全部采用施耐德产品，温度变送器采用日本 OMRON，通过以上配置提高试验设备可靠性和稳定性。

通过模拟屏设定和控制试验，模拟屏组态试验流程，显示拖动速度、拖动行程、试验管热风温度、循环状态、试验累计时间。可以选配远程控制监控功能，只需加装调制解调器即可，其与 PLC 通讯端口连接，前提是试验场必须有通信线路并建立宽带服务协议，联网后试件在准备就绪及试验装置开始运行后，只需在办公室即可随时监控试验过程及设备运行状况，并可随时修改试验参数。

2）全尺寸评价技术

（1）内涂层热风循环评价　采用常温与加温的空气介质通入管道内，对管内壁减阻涂层做交替循环试验。

（2）内壁减阻涂层耐磨评价　采用空气循环措施对内壁减阻涂层进行耐磨试验，在一个密闭的全尺寸管体内，或一段管体内通入带磨料的压缩空气，压缩空气流速与干线天然气管道运行速度相同。循环空气中带有与天然气管道内粉尘粒径相同的固体磨料(5～10μm精选石英砂粉末)。

（3）清管器通过涂层的磨损评价　采用与清管器几何尺寸、重量、钢刷这三方面相当的模拟体在全尺寸管道内通过试验，累计通过次数，检测内涂层剩余厚度及涂层状况。

9.5　阴极保护电位测量技术及效果评价

9.5.1　测量方法及效果评价

腐蚀是影响管道系统可靠性及使用寿命的关键因素，管道腐蚀所带来的种种隐患制约着油气管道的安全运行。为控制埋地金属管道在土壤中的电化学腐蚀，公认的做法是采用外防腐层和阴极保护的联合防护措施。其中外防护层是主要防腐手段，阴极保护作为防护层防腐的补充手段，为防护层缺陷处的管道外表面提供电化学保护。

一般来讲，阴极保护的有效性主要通过以下方面判断管道本体是否得到充分保护：

（1）NACE SP0169—2007《埋地或水下金属管线系统外腐蚀控制的推荐做法》建议"在通电的情况下，埋地钢铁结构最小保护电位为-0.85Vcse或更负，在有硫酸盐还原菌存在的情况下，最小保护电位为-0.95Vcse，该电位不含土壤中电压降（IR降）"。实际测量时，应根据瞬时断电电位进行判断。目前流行的通电电位测量方法简便易行，但对测量中IR降的含量没有给予足够重视。其后果是很多认为阴极保护良好的管道发生腐蚀穿孔。

这方面发生的事故有很多，如四川气田南干线，认为阴极保护良好，但实际内检测发现腐蚀深度占壁厚的10%～19%的点多达410处，个别位置的点蚀深度甚至达到50%。进行断电电位测量发现，很多点的保护电位（断电电位）没有达到-0.85Vcse。有效的方法应是考虑实际测量点的IR降，保护电位按0.85+IR降来确定。IR降可以通过通电电位减去瞬时断电电位来获得，也可以用瞬时通电电位减去结构自然电位来获得。

（2）瞬时断电电位与自然电位之差不得小于100mV。

（3）最大保护电位的限制应根据覆盖层及环境确定，以不损坏覆盖层的黏结力为准，一般瞬时断电电位不得低于-1.10Vcse。

可见，瞬时断电电位的测量对于油气管道腐蚀控制是非常重要的。但目前检测管道阴极保护电位，绝大多数还是采用人工巡线方法，工作人员依次经过管道的各个测试桩，利用万用表等设备检测管道的阴极保护电位并作记录。鉴于现有技术、装备以及日常管理人员素质的限制，较难实现断电测量。由于测量的管地电位数据包括土壤IR降，以此对阴极保护系统的运行及保护状况评价就会出现很大的偏差甚至错误，形成了腐蚀控制的隐患。

9.5.2 国内外相关标准差异分析

国内外阴极保护相关技术标准如表9-7所示，其相关阴极保护电位测量有关技术要求对比分析如表9-8所示。

表9-7 国内外阴极保护相关技术标准

	标准号	标准名称
管道公司在用标准	GB/T 21246	埋地钢质管道阴极保护参数测量方法
	GB/T 21448	埋地钢质管道阴极保护技术规范
	GB/T 21447	钢质管道外腐蚀控制规范
	GB/T 19285	埋地钢制管道腐蚀与防护工程检验
	SY/T 5919	埋地钢质管道阴极保护技术管理规程
	Q/SY GD 0191	油气管道干线阴极保护系统运行维护规范
国外相关标准	ISO 15589-1	石油和天然气工业 管道运输系统的阴极保护 第1部分：陆地管线
	NACE TM0497	埋地或水下金属管道系统阴极保护参数的测试标准
	NACE SP0169	埋地或水下金属管线系统外腐蚀控制的推荐做法

表 9-8　阴极保护电位测量有关技术要求对比分析表

序号	技术要求项	管地 ON 电位	管地 OFF 电位	现有技术现状执行难度
1	ISO 15589-1	每年一次	每三年一次	经济发达地区可行，荒漠山区较难
2	GB/T 21447	每年一次	未规定	经济发达地区可行，荒漠山区可行
3	GB/T 21448	未规定	每年一次	经济发达地区较难，荒漠山区较难
4	GB/T 19285	每年一次	未规定	经济发达地区可行，荒漠山区较难
5	SY/T 5919	每月一次，可酌情减少	未规定	经济发达地区可行，荒漠山区可行
6	Q/SY GD 0191	每月一次	必要时	经济发达地区可行，荒漠山区较难
7	管道企业实际情况	每月一次	专业技术人员负责不定期测量	经济发达地区可行，荒漠山区较难，另外需要专业技术人员测量，普通巡线人员难以完成

从表 9-8 中分析可见，就电位测量技术要求上说，GB/T 21448 要求的极化电位测量是技术要求最高的；而其他标准均可认为要求进行通电电位测量，技术要求较低，其中以 GB/T 21447 的技术要求最低，只要求一年测一次通电电位。

9.5.3　管地 ON 电位测量及效果评价

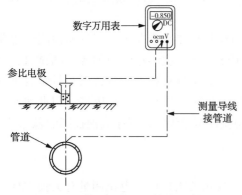

图 9-16　管地电位测量接线示意图

目前阴极保护系统的日常维护管理中，一般在各测试桩处管地电位（ON 电位）测量中采用直流数字式电压表，将电压表的负接线柱（COM）与硫酸铜电极连接，正接线柱（V）与测试桩引出的铜线连接，管地电位测量接线如图 9-16 所示。仪表指示的是管道相对于硫酸铜参比电极的电位值，正常情况下显示负值。

测得的管地通电电位是极化电位与 IR 降之和，在杂散电流干扰区还包括来自杂散电流和大地等电流源所产生的电流，以及通过电解质和防腐层时所产生的电压降。即没有消除土壤 IR 降，或者杂散电流干扰，这样就无法准确评价阴极保护效果和运行的状态。

管地 ON 电位测量的优点：

（1）对设备、人员及车辆的要求最少，巡线工稍加培训即可完成测量；

（2）所需测量时间最短。

管地 ON 电位测量的缺点：

（1）所测得的电位值含有除管道金属/电解质界面以外的所有电压降，无法测得真实的保护电位；

（2）万用表随机读数，忽略了杂散电流的影响。

9.5.4　管地 OFF 电位测量及效果评价

1. 实现管地 OFF 电位测量的技术思路

为了获得真正的阴极保护电位即消除土壤 IR 降，在实际测量过程中，需将恒电位仪输出的保护电流实现同步中断，瞬时断开保护电流即 $I=0$，以消除保护电流所引起的土壤电压降，采集管道瞬间断电电位即真正的保护电位，就可准确评价阴极保护效果和运行状态。

在现有恒电位仪外部（线路所有恒电位仪）只需再安装带 GPS 断流器模块，设置好匹配的中断周期、开时间、断时间，可实现 GPS 同步断流，在测试桩处采用智能数据记录器就可快速方便地采集管线的瞬间断电电位，即 OFF 电位，这样就可准确评价阴极保护效果和运行状态，提高阴极保护管理水平。

2. 管地 OFF 电位测量的实验效果评价

1）所使用实验设备及安装

GPS 断流器模块永久安装在恒电位仪上，模块开关旋钮应有三挡，分别为现场控制、关闭及远程控制。通过现场调试和设置，把合理的中断周期和工作时间固化在模块中，旋钮调至"远程控制"状态，在需要检测瞬间断电位（OFF 电位）数据时，远程开启 GPS 断流器模块，现场利用智能记录器或手持式 ON/OFF 电位检测设备开展检测。而平时不用时，远程关闭 GPS 断流器，恒电位仪保持正常工作状态。

在北京天然气管道公司陕京线安平站、石家庄站和盂县站所有恒电位仪上安装 GPS 断流器模块 CIM-50，然后分别调试每台恒电位仪，找到合理的中断周期，设置 CIM-50，将中断周期和工作时间固化，管线管理单位在测试瞬间断电位（OFF 电位）时，只需要通过通信系统发布命令，通知每个站点，将 CIM-50 的工作状态设置成"中断状态"（而平时不用时，CIM-50 的状态设置成"正常输出"模式即不中断状态），线路上用智能记录器可以测量瞬间断电位（OFF 电位）。

2）数据获取及分析

数据记录设备配备有 GPS 系统，可以与 GPS 断流器模块 CIM-50 实现同步，可以读取 ON 电位值和 OFF 电位值，如图 9-17 所示，可见本段管道 ON 电位值基本满足阴极保护准则要求，但 OFF 电位值并不满足要求，存在欠保护情况，管道有可能发生腐蚀。

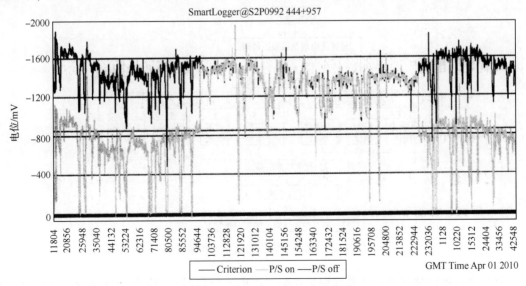

图 9-17　同一管段 ON 和 OFF 电位

9.5.5　总结

在日常阴极保护系统维护管理中，通常在测试桩处采集的管地电位含有土壤 *IR* 降，有些管段还会受到杂散电流干扰的影响，这样就无法准确评价阴极保护效果和运行状况，甚至还会得出错误的结果。

为了消除土壤 *IR* 降对真实极化电位的影响，在日常阴极保护管理中就需要更方便地测量瞬间断电电位(OFF 电位)，只要在线路恒电位仪上安装 GPS 断流器模块，在测试桩处采用记录器采集数据，可以分析管道上电流的活动规律；*IR* 通道可以记录恒电位仪的输出电流，分析恒电位仪输出是否稳定，这样就可准确测量与评价阴极保护效果和运行状态。如果技术上达到测试的基本条件，规定可以到达的测试位置每月测试一次 OFF 电位，以提高标准要求。

结合目前开展的远程测试阴极保护电位技术，远期实现自动测试 ON 电位值和 OFF 电位值是可行的，可以进一步提高阴极保护监控与测试水平，但这需要综合考虑技术和经济的可行性。可以进一步考虑修订规定所有测试位置每月测试一次 OFF 电位，大幅度提高标准要求。

9.6　高温外涂层评价

9.6.1　高温外涂层分析技术路线

针对复杂地区管道涂层服役工况温度波动、干湿交替等特点，综合分析和研究持久高温、盐水浸泡、高低温循环、周期浸润等方法，研究工况环境模拟方法和涂层失效加速评价方法(见图 9-18)。

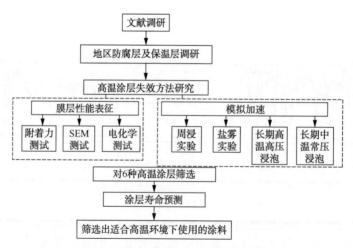

图 9-18　高温外涂层失效评价技术路线

首先进行滩涂地区防腐层及保温层调研，继而进行高温涂层失效方法研究，包括选择 6 种高温涂层，进行周浸实验、盐雾实验、附着力测试及扫面电镜(SEM)测试。开始老化实验，包括长期中温常压浸泡和长期高温高压浸泡。通过长期浸泡实验预测涂层寿命，最后筛选出适合高温环境下使用的涂层。

为了加速涂层老化和对涂层耐蚀性进行评价，进行了涂层的高温长期浸泡实验，浸泡温度分别为 80℃、100℃、120℃、140℃ 和 160℃，在自制的水浴加热箱中进行。80℃ 和 100℃ 的加热时间为 30 天；120~140℃ 加热时 8 天开一次高温高压加热釜，每次取出 3 片测试，测试涂层附着力，做扫面电镜（SEM）检测膜层破坏方式。100℃ 以内在自制的水浴加热箱内加热，120~160℃ 在自制的高温高压釜内加热完成。该釜设计温度为 200℃，承压为 2MPa，覆盖设计压力表装置，监控压力。热电偶和温控开关控制温度。另外盖上设计安全阀。该装置加热速度快，加热均匀，保温效果好。

9.6.2　性能检测

1. 涂层附着力

涂层的附着力决定了涂层的寿命和保护性，附着力差，涂层容易脱落，因此，高温老化实验后必须测试涂层在钢基体上的附着力，以确定其有效性。目前我国现行的漆膜附着力测定标准有以下几个：GB/T 1720—1979(1989)《漆膜附着力测定法》；GB/T 9286—1998《色漆和清漆 漆膜的划格试验》；GB/T 5210—2006《色漆和清漆 拉开法附着力试验》。

ASTM D3359《标准试验法 胶带法测量附着力》。

本实验的参照标准为 GB/T 5210—2006 及 ASTM D3359 中的方法 A，在涂层试片上划一个"×"形缺陷，要划透至钢板，夹角 30°，用薄刀片在交叉点将涂层铲起，记录涂层剥落的长度。

美国材料试验协会制定的 ASTM D3359，适用于干膜厚度高于 $125\mu m$ 的情况，对最高漆膜厚度没有作出限制，而相对应的划格法通常适用于 $250\mu m$ 以下的干膜厚度。

测试所用的工具比较简单，锋利的刀片，比如美工刀、解剖刀；25mm(1in) 的半透明压敏胶带、一头带橡皮擦的铅笔以及照明灯源，比如手电等。标准中定义了五种状态供参考，其中 5A~3A 为附着力可接受状态。

5A：没有脱落或脱皮；

4A：沿刀痕有脱皮或脱落的痕迹；

3A：刀痕两边都有缺口状脱落达 1.6mm；

2A：刀痕两边都有缺口状脱落达 3.2mm；

1A：胶带下×区域内大部分脱落；

0A：脱落面积超过了×区域。

拉开法是评价附着力的最佳测试方法，铝合金圆柱用胶黏剂粘在涂层表面，等胶黏剂完全固化后，用相拉开法测试仪器进行附着力的测试。

应用的标准有 GB/T 5210(等同采用 ISO 4624) 及 ASTM D4514。

拉开法测试仪器有机械式和液压/气压驱动两种类型。典型的测试仪器有 Elcometer 106 型。拉开法附着力测试时，使用的胶黏剂有两种，即环氧树脂胶黏剂和快干型氰基丙烯酸酯胶黏剂。环氧胶黏剂在室温下要 24h 后才能进行测试，而快干型氰基丙烯酸酯胶黏剂室温下 15min 后即能达到测试强度，建议在 2h 后进行测试。

　　切割刀具用来切割铝合金圆柱周边的涂层与胶黏剂，直至底材，这样可以避免周边涂层影响附着力的准确性。如果干膜厚度低于 $150\mu m$ 时，可以不进行切割处理。

　　为了便利起见，ISO 4624 中规定了一系列符号来描述漆膜破坏状态：

　　A＝底材的内聚力破坏；

　　A/B＝底材与第 1 道漆间的附着力破坏；

　　B＝第 1 道漆的内聚力破坏；

　　B/C＝第 1 道涂层与第 2 道涂层间的附着力破坏。

　　具体如图 9-19 所示。

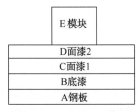

图 9-19　漆膜与测试模块
黏接膜层结构图

　　界面破坏：涂层与底材，复合涂层界面的破坏，以 A 表示。

　　内聚破坏：涂层自身破坏，以 B 表示。

　　胶黏剂自身破坏或被测涂层的面漆部分被拉破，则表明涂层与底材的附着力或涂层间的界面附着力无大小所得数值，以 C 表示。

　　胶结失败：胶黏剂与未涂层的试柱脱开，或与被测涂层的面漆完全脱开，以 D 表示；破坏形式为 A、B 或 C 时，其测量结果是符合附着力测试要求的。如果出现两种或两种以上的破坏形式，则应注明破坏面积的百分数，大于 70% 为有效。出现 D 时，应对胶黏剂的选用、工艺和质量进行检验或更换。出现 C 时，则表明胶黏剂的强度不能满足要求，可以更换强度更高的材料。

　　附着力的强度以 MPa 来表示，在常用的 Elcometer 106 上面显示的是 MPa。比如一个涂层系统的拉开应力为 20MPa，在圆柱上面和第一道涂层上有 30% 的涂层内聚力破坏，第一道涂层与第二道涂层的附着力破坏达到 70% 的圆柱面积，则可以表述为：20MPa，30%B，70%B/C。

　　对于旧涂层的维修，参考数值至少要达到 2MPa，才能认定为原涂层具有一定的附着力，可以保留。否则旧涂层予以去除。

　　新建结构防腐蚀涂层与混凝土表面的附着力一般规定不得到小于 5MPa。

　　破坏形式的规定如下：

　　拉开法是一种破坏性的涂层检验方法，为了不损坏涂层，在进行附着力拉开法试验时可以规定某一拉开强度为基本要求，只要达到这一强度就可停止试验的继续进行，以避免涂层上产生新的脆弱点，如果涂层被撕开，则说明不符合要求。这对于现场的涂层测试更为合理有利。

　　本实验涂层附着力测试首先将涂层样板表面打磨，用快干胶黏接测试试块，固化至少 2h，用切割刀具沿着试块黏接部位切割，将涂层和胶层切割直至金属基底。用附着力测试仪拉拔试块，测试附着力。

2. 干湿周浸实验

　　干湿周浸作为室内模拟加速实验方法之一，能够控制大气腐蚀的影响因素如温度、湿度、时间、腐蚀介质浓度等，实现对涂层耐蚀性的认识。干湿周浸试验按照 GB/T 19746—2005《金属和合金的腐蚀 盐溶液周浸试验》在干湿周浸试验箱中进行，实验介质为

0.02mol/L NaHSO$_3$溶液，溶液体积与试样表面积比为 20mol/cm^2。溶液温度为 25℃±2℃，箱内空气温度设定为 60℃±2℃。试验以 60min 为一个周期(10min 浸渍和 50min 干燥)，试验时间为 168h，观测涂层外观形貌。无应力试样在盐溶液中交替浸没后取出干燥。浸渍和干燥循环在给定的周期内按给定的频率重复，然后评测腐蚀的程度。对很多材料，这种方法提供了一种比连续浸渍更苛刻的腐蚀试验。采用自制周浸试验箱实验。

3. 电化学实验

电化学实验采用 CHI660D 电化学工作站在自制高温高压反应釜(见图 9-20)中进行电化学测试。电化学测试采用三电极体系，其中工作电极为涂层试样，辅助电极为 Pt 电极，参比电极为 Ag/AgCl 电极，腐蚀电化学测量前分别向高温高压釜中通入 N$_2$ 除氧，并在实验过程中对气体进行持续通放处理，以保证除氧完全。用环氧树脂对涂层试样进行封装，暴露面积为 1cm×1cm，涂层试样分别在 30℃和 80℃环境下浸泡 5 天，分别测试不同温度下电化学阻抗，电化学阻抗谱(EIS)的测量频率范围为 100kHz～5MHz，振幅为 5mV。

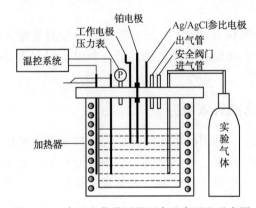

图 9-20　腐蚀电化学测量用高温高压釜示意图

1$^\#$涂层在 80℃和 20℃做了两种温度浸泡 2 天的电化学实验，分别检验该涂层在不同温度下漆膜的耐蚀性。2$^\#$～6$^\#$试样全部在 80℃热水中浸泡 2 天，测试 Nyquist 图和 Bode 图。通过这两个图分析涂层在高温下抗水渗透的能力和涂层隔绝介质的能力。

4. 盐雾试验

35℃盐雾实验，参照标准 GB/T 10125，材料切割成 100mm×100mm。试验溶液采用氯化钠(化学纯、分析纯)和蒸馏水或去离子水配置，其浓度为(5%±0.1%)(质量分数)，雾化后的收集液，除挡板挡回部分外，不得重复使用；雾化前的盐溶液 pH 值在 6.5～7.2(35℃±2℃)之间，该 pH 值范围要求是在 35℃±2℃测定的，而在 35℃雾化时，由于 CO$_2$ 在较高温度下会挥发、损失，汇集溶液的 pH 值将比原溶液高。因此，当盐溶液在室温下被调整 pH 时，有必要将其调整至 6.5 以下，这样在 35℃雾化后汇集的溶液的 pH 指将能满足 6.5～7.2 这一要求；实验室内温度(指箱体内的温度)为 35℃±2℃；饱和压力桶内温度为 47℃±1℃。

试件的被试表面不能受到盐雾的直接喷射；试件表面在试验箱中的放置角度是非常重要的。原则上，平板试样的被试表面朝上并与垂直方向成 20°±5°的角；对于表面不规则的试件，可采取多种放置状态，务必使每个主要表面能同时接受盐水的喷雾。

试件的排列，应使喷雾自由地全部落至全部试件表面上，不应妨碍喷雾自由下落；试件不可相互接触，也不可接触到金属性导体或有毛细现象作用的物质，以及其他支架外的物体；盐溶液禁止从一个试件上滴落到其他的试件表面；试件如果有识别的标记等黏贴物，应尽量置于试件的下方；对于一个新的检测或总试验试件超过 96h 的测试，可允许被测试样移位，在此情况下，移位的次数和频率由操作者来决定，但是需要在试验报告中注明；试样的支架应由惰性非金属材料制成，如玻璃、塑料或有涂层的木制品。悬挂试样的材料不应使用金属材料，而应使用人造纤维、棉纤维或其他惰性绝缘材料。

盐雾试验完成后，将被测试件从盐雾箱中取出，为了减少腐蚀产物脱落，试样在清洗前应先在室内空气中自然干燥 0.5~1h；然后用温度不超过 35℃ 的干净流动水将被测试样小心清洗，以去除试样表面残留的盐雾溶液，接着以距试样 30cm 处压强不超过 200kPa 的空气吹干。

试验后检查外观的缺陷情况，如点蚀、裂纹、气泡等分布和数量。

5. 柔韧性实验

测试漆膜柔韧性，参照标准 GB/T 1731，其目的是检测喷涂共建漆膜在标准条件下绕锥形轴弯曲时抗开裂或从金属底板上剥离的性能，并以不引起漆膜破坏的最小轴棒直径表示漆膜柔韧性。

9.6.3　管道涂层高温失效研究

在模拟管道服役工况下，利用已建立的涂层失效加速方法和模拟装置，针对备选涂层进行不同温度下一定时间的高温、干湿交替、盐水浸泡等加速老化实验，测试涂层在实验前后的关键性能的变化，获得涂层性能随温度的变化规律，在实验基础上，研究温度对涂层性能的影响机制。

1. 研究方法

涂层电化学阻抗谱分析曾是 20 世纪下半叶的电化学研究热点，其中尤以有机涂层为主。带有有机涂层的电极系统，随着在浸泡在溶液中的时间增长，水会逐步通过溶胀作用或者绕过涂层空隙的"迷宫"进入到金属表面。这一过程中，即使是非常细小的变化，反映在电化学阻抗谱上也是非常灵敏的。因此，电化学阻抗谱不失为研究涂层浸泡过程老化失效的有效研究方法。

涂层本身是具有物理意义的电学元件，既有电阻的作用，又具有电容的作用。因此，用等效电路的方法来研究涂层覆盖的金属电极的电化学阻抗谱比较合理。

2. 等效电路法

目前总结出的涂层电极体系的等效电路共有 6 种，分别对应于不同的浸泡阶段和状态：

式(1)对应于浸泡初期，一个时间常数的阻抗谱；

式(2)对应于两时间常数的阻抗谱，但对于表面局部无缺陷的涂层，电解质溶液均匀地向基底涂层扩散的情况；

式(3)对应于一个时间常数，且低频区显示 Warburg 特征的阻抗谱；

式(4)对应于两个时间常数的阻抗谱，但对于表面存在的缺陷，电解质溶液经微孔向涂层/基底界面渗透的情况；

式(5)对应于两个时间常数的阻抗谱，其低频区是 Warburg 特征的阻抗，那时涂层表面往往已经形成可见的宏观小孔；

式(6)对应于两个时间常数的阻抗谱，但是其 Warburg 阻抗特征出现在中间频率区，这种 Warburg 往往是由反应粒子在微孔中切向扩散引起的。

$$Z = R_s + \cfrac{1}{j\omega C_c + \cfrac{1}{R_p}} \tag{1}$$

$$Z = R_s + \cfrac{1}{j\omega C_c + \cfrac{1}{R_p}} + \cfrac{1}{j\omega C_{dl} + \cfrac{1}{R_t}} \tag{2}$$

$$Z = R_s + \cfrac{1}{j\omega C_c + \cfrac{1}{R_{po} + W_{po}}} \tag{3}$$

$$Z = R_s + \cfrac{1}{j\omega C_c + \cfrac{1}{R_{po} + \cfrac{1}{j\omega C_{dl} + \cfrac{1}{R_t}}}} \tag{4}$$

$$Z = R_s + \cfrac{1}{j\omega C_c + \cfrac{1}{R_{po} + \cfrac{1}{j\omega C_{dl} + \cfrac{1}{R_t + Z_{po}}}}} \tag{5}$$

$$Z = R_s + \cfrac{1}{j\omega C_c + \cfrac{1}{R_{po} + W_{po} + \cfrac{1}{j\omega C_{dl} + \cfrac{1}{R_1}}}} \tag{6}$$

式(1)~式(6)中：ω 为角频率；R_s 为溶液电阻；C_c 为有机涂层电容；R_{po} 为电解质渗入涂层而引起的微空电阻；C_{dl} 为界面起泡区的双电层电容；R_1 为界面电荷转移电阻；W_{po} 为微孔中扩散引起的 Warburg 阻抗。

9.6.4 管道涂层寿命预测研究

1. 涂层失效的原因

涂层失效的原因非常复杂，大致由以下原因导致：①涂装工艺；②结构设计；③涂料生产工艺；④涂层体系中的材料与特性(基底、界面、涂层)；⑤涂层体系中的暴露环境。

涂层系统本身的多因素复杂性决定了对于涂层失效的故障树分析比较困难，很多失效机制虽然有个学名，但是具体机理仍然是个黑箱。图 9-21 所示为一个典型的涂层失效故障分析树的示意图。

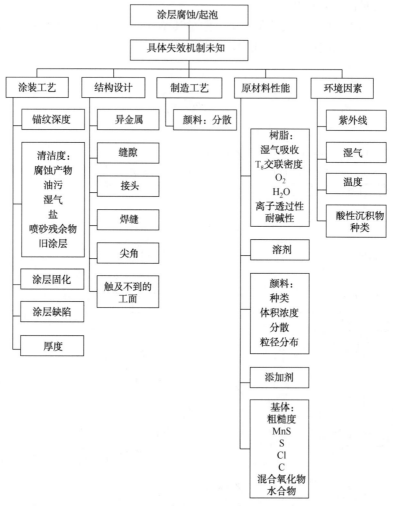

图9-21　一个典型的涂层腐蚀失效故障树(具体的失效机制不明)

有机涂层的寿命预测方法的雏形历史悠久。但是这些方法的有效性、重现性一直以来受到质疑。比如历史数据表明天气状况自有史以来从未出现过重复，现场的其他工况更别提了，几乎也是永远不会重复的。

涂层寿命预测的数据来源和相互关系如图9-22所示，其中实验室数据有助于找到失效的关键影响因素，但是缺点是不能完全模拟自然状态；户外暴露试验虽然足够"自然"，但是因为多因素同时作用，不能通过它来确定失效原因。实验室数据、户外暴露试验、基础物理性能测定这三者间的关系要想协同，关键是相关性。每一种来源的数据必须是目标明确的，独到且互补，具有统一参照性。这样的数据才能用来做失效机制模拟，找到关

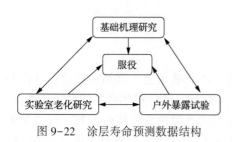

图9-22　涂层寿命预测数据结构

键失效影响因素，从而预测涂层寿命。

对于钢结构保护类涂料，最常见的失效机制是失去保护，具体即起泡、剥落等机械失效。特别地，对于含有氯离子的高温环境，高分子聚合物呈现的是突然失效，也就是没有孕育期的失效。

2. 涂层选择比较试验

选取 5~6 种商用涂料，根据现场环境条件，选取合适的温度、润湿时间、紫外线强度、盐度等环境影响因素数值，进行模拟实验。

试验可以得出的是：

（1）不同种类的涂料在高温、干湿交替、户外、有盐的条件下的主要失效形式；

（2）不同环境因素对涂层性能影响的相关性；

（3）要控制的关键性环境因素；

（4）失效前统计学平均服役时间；

（5）对于这一特定环境下哪一类涂料可能的寿命比较长。

9.7　储气库工艺管线腐蚀评价案例

2011~2013 年工艺设施检测技术在某储气库进行全面推广应用，使用超声导波检测技术、俄罗斯 MTM 技术、磁应力技术、相控阵技术、C 扫描技术等综合技术进行储气库站场的检测，完成了储气库群超高压（30MPa）管道的全方位检测，目的是检测站内管道外防腐层总体状况、外防腐层破损情况、管体腐蚀情况、确定管体修复点等。本次检测排除了储气库较严重的氧浓差腐蚀的隐患 514 处，黏弹体修复 235 处，涂刷高温漆修复 19 处；30 处出现管体严重腐蚀，其中补强 23 处、换管 7 处，确保了储气库站内超高压埋地管道安全运行，对于预防储气库站内管道失效、防止重特大事故发生发挥了重要作用。

9.7.1　腐蚀因素统计分析

选取典型防腐层破损以及腐蚀比较严重的 28 处管体，对其防腐层破损及管体腐蚀进行分析，结果如图 9-23~图 9-25 所示。

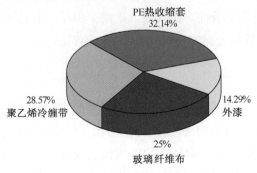

图 9-23　28 处管线各防腐层类型所占比例

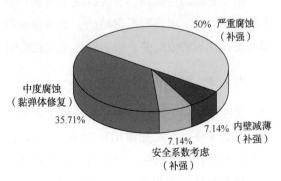

图 9-24　28 处管线各腐蚀状况所占比例

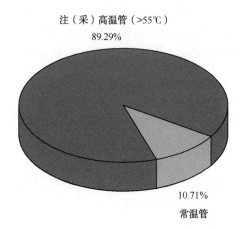

注（采）高温管（>55℃）
89.29%

10.71%
常温管

图 9-25　28 处管线各涉及运行温度所占比例

根据以上统计结果可知：

1）发生管体腐蚀的防腐层类型

发生腐蚀的防腐层类型主要是 PE 热收缩套、聚乙烯冷缠带、防腐漆，破损形式主要为老化剥离，这种防腐层缺陷难以检测识别，故而风险也较大。

另外，7 处玻璃纤维布入地管线需要补强的原因并不全是因为防腐层发生老化损伤和管体严重外壁腐蚀，其中有 4 处是因为内壁腐蚀减薄和管体弯曲变形为提高管体安全性而进行的补强，其余 3 处防腐层破损形式主要为由于机械损伤以及老化。

2）管体腐蚀程度分析

中度腐蚀的管体比例约为 36%，用黏弹体修复；严重腐蚀的管体比例为 50%，用碳纤维复合材料补强；内壁减薄和安全系数较低的管体为 14%，用碳纤维复合材料补强。

3）腐蚀管段的运行温度分析

由统计结果表明，管线发生腐蚀的管段约 89% 发生在高温的注采管线，因此高温管线的腐蚀风险极高。

由于管道温度较高，直接造成金属的腐蚀速度较快，同时，较高的温度也直接引起管道防腐层老化、剥离等严重缺陷，给管体腐蚀创造了条件。在管道入地端，由于与管体上部相比存在氧的浓度差，当防腐层出现破损时，管体金属容易构成氧浓差电池腐蚀。

9.7.2　腐蚀产物分析

腐蚀产物在金属材料和外界环境之间形成了一道屏蔽，从而对腐蚀速率产生一定的影响。金属或合金在实际使用环境中的腐蚀行为主要决定于腐蚀产物的结构、组成、厚度、溶解性和附着性等指标，因此对腐蚀产物进行分析，探讨腐蚀产物的物性组成对分析腐蚀过程和机理具有重要意义。对发生严重腐蚀的 3 条管线的腐蚀产物进行了采样分析，如表 9-9 所示。

表 9-9 取样腐蚀产物分析

样品编号	管线名称	
YP-1	B 井场注气埋地汇管	
YP-2	876 库 2-4 井注采平台入地采气管线	
YP-3	板中南机组去 C 井场注气管线	

　　腐蚀产物表面宏观、微观图片及能谱分析表明，腐蚀产物的主要组成为 Fe_3O_4，并且腐蚀产物含有一定的非晶态化合物。同时各腐蚀产物样品的表面 SED 形貌和 XRD 能谱分析结果类似，腐蚀产物为 Fe 的氧化物，同时含有晶态和非晶态 Fe 的氧化物。这三条管线的腐蚀产物具有典型的 Fe 在中碱性土壤中腐蚀产物的特征，可判断腐蚀电化学反应过程如下：在较为活泼的阳极位置 Fe 反应生成 Fe^{2+}，阴极位置发生吸氧反应生成 OH^-，Fe^{2+} 和 OH^- 反应生成 $Fe(OH)_2$，$Fe(OH)_2$ 不稳定，会氧化成 FeOOH，FeOOH 会与阳极溶解产生的 Fe^{2+} 反

应生成 Fe_3O_4，故在中碱性环境下 Fe 的腐蚀产物外层常为 Fe_3O_4，有时随着土壤中含水率的变化，Fe 的腐蚀产物也可能会是几种氧化物的混合，内层常为 FeOOH，外层为 Fe_2O_3 和 Fe_3O_4 的混合物。

样品 YP-1 和 YP-3 腐蚀产物截面的观察结果表明腐蚀产物呈分层结构，可能与周期性的水位上升和气候变化有关，库区处于盐碱湿地的埋设环境，每年不同季节的地下水位变化较大，根据前面分析的腐蚀反应电化学过程，可知随着含水率的变化，生成的 FeOOH 可能会脱水形成 Fe_2O_3，也可能与阳极溶解产生的 Fe^{2+} 反应或直接得电子反应生成 Fe_3O_4，故随着土壤中含水率的变化，Fe 的腐蚀产物会呈现分层结构，内层通常为 FeOOH，外层通常为 Fe_2O_3 和 Fe_3O_4 的混合物。

由样品 YP-3 截面表层和里层(靠近管体)的 SEM 图片及能谱分析表明，表层腐蚀产物含有较多的 Cl 元素，为腐蚀液沉积下来的盐碱成分元素，腐蚀产物(Fe 和 O 的氧化物)中含有较多的非晶态物质，结构也比较疏松；里层(靠近管体)腐蚀产物结构比较致密，结晶性也更完善，但是由截面放大 50 倍的照片可以看出，这层产物膜之间存在裂纹，对钢基体不具有一定的保护性，腐蚀溶液可以通过裂纹进入基体表面加速局部腐蚀。管体温度较高(注气管线)也进一步促进了管体的腐蚀，这种现象由去除腐蚀产物后管体发生较多的麻点腐蚀而得以体现。

9.7.3 腐蚀评价

1. 基本情况

根据某储气库井场管线腐蚀情况，通过检测发现了该库的腐蚀管线分别为 B 井场库 10 井弯头注采管线、A 井场库 11 井和库 12 井弯头注采管线下部，三条管线均为设计压力 42MPa，运行压力 28MPa，生产温度达 60℃，对管线剥离防腐层后，针对管线的实际情况，进行管道运行的安全性评价。此次监测分别使用导波、超声技术对管段进行检测，依据检测结果进行安全评价并给出进一步处理方案。

2. 现场检测情况

井场管线腐蚀情况及检测部位如图 9-26~图 9-28 所示，本次选择的管线是防腐层没有破损的管段，进行剥离后测试。

3. 检测数据

现场分别对井场腐蚀管线壁厚进行了检测，检测结果壁厚损失接近 50%。B 井场腐蚀管线实测最薄壁厚为 8.9mm，最薄处还存在腐蚀坑，估测 1~2mm；A 井场库 11 井和 12 井腐蚀管线最薄壁厚分别为 7.3mm 和 7.2mm。

4. 安全评价

依据 API 579 结构适用性评价，以及 Q/SY JS0134—2014《输气管道本体壁厚测试技术规程》，依次按最小剩余壁厚、危险截面尺寸和剩余强度因子进行评价，若前一层次给出明确结论则不需进行下一层次评价。其壁厚按未腐蚀区域测量值计，材质为 16Mn 钢。

1）B 井场评价基本参数

（1）管道最小屈服强度 $\sigma_s = 340MPa$；

（2）管道壁厚 $t = 13mm$；

图 9-26　B 井场库 10 井腐蚀管线(测试壁厚 8.9~7.9mm，原壁厚 13mm)

图 9-27　A 井场库 11 井注采腐蚀管线(测试壁厚 7.2mm，原壁厚 13mm)

图 9-28　A 井场库 12 井注采腐蚀管线(测试壁厚 7.2mm，原壁厚 13mm)

（3）管道直径 $D = 100\text{mm}$；

（4）设计压力 $P_s = 42\text{MPa}$；

（5）焊缝系数 $E_w = 0.85$；

（6）安全系数 $F_s = \dfrac{P_s D}{2\sigma_s t} = \dfrac{42 \times 100}{2 \times 340 \times 13} = 0.48$；

（7）运行压力 $P_y = 28\text{MPa}$。

其评价计算与分级过程如下：

（1）最小剩余壁厚 $T_{mm} = 8.9\text{mm}$，原始壁厚 $T = 13\text{mm}$，则

$$\gamma = \frac{T_{mm}}{T} = \frac{8.9}{13} = 0.68$$

（2）按最小剩余壁厚评价为不确定，需要进行第二步危险截面评价。

$$T_{min} = \frac{P_y D}{2F_s \sigma_s E_w} \quad \frac{28 \times 100}{2 \times 0.48 \times 340 \times 0.85} = 10.1$$

$$R_t = \frac{T_{mm}}{T_{min}} = \frac{8.9}{10.1} = 0.88$$

R_t 超过下限值，按 Q/SY JS0134—2014 中表 1 进行评价。由 Q/SY JS0134—2014 中的表 1 可知，相应轴向长度参数 $\lambda > 5$ 为超标，环向缺陷尺寸可不予考虑。计算 λ：

$$\lambda = \frac{1.285s}{\sqrt{D_i T_{min}}} = \frac{1.285 \times 200}{\sqrt{(100 - 2 \times 13) \times 10.1}} = 9.4 > 5$$

由表 1 知危险截面超标，结合表 2 得出如下评价等级：

评价等级为ⅣB，腐蚀严重，须尽快安排维修，方可确保安全。若降低操作压力影响生产严重，可进行换管。

2）A 井场评价基本参数

（1）管道最小屈服强度 $\sigma_s = 340\text{MPa}$；

（2）管道壁厚 $t = 13\text{mm}$；

（3）管道直径 $D = 100\text{mm}$；

（4）设计压力 $P_s = 42\text{MPa}$；

（5）焊缝系数 $E_w = 0.85$；

（6）安全系数 $F_s = \dfrac{P_s D}{2\sigma_s t} = \dfrac{42 \times 100}{2 \times 340 \times 13} = 0.48$；

（7）运行压力 $P_y = 28\text{MPa}$。

其评价计算与分级过程如下：

（1）最小剩余壁厚 $T_{mm} = 7.2\text{mm}$，原始壁厚 $T = 13\text{mm}$，则

$$\gamma = \frac{T_{mm}}{T} = \frac{7.2}{13} = 0.55$$

（2）按最小剩余壁厚评价为不确定，需要进行第二步危险截面评价。

$$T_{min} = \frac{P_y D}{2F_s \sigma_s E_w} \quad \frac{28 \times 100}{2 \times 0.48 \times 340 \times 0.85} = 10.1$$

$$R_t = \frac{T_{mm}}{T_{min}} = \frac{7.2}{10.1} = 0.71$$

R_t 超过下限值，按 Q/SY JS0134—2014 中表 1 进行评价。由表 1 可知，相应轴向长度

参数 λ>5 为超标，环向缺陷尺寸可不予考虑。计算 λ：

$$\lambda = \frac{1.285s}{\sqrt{D_i T_{\min}}} = \frac{1.285 \times 200}{\sqrt{(100 - 2 \times 13) \times 10.1}} = 9.4 > 5$$

由表 1 知危险截面超标，结合表 2 得出如下评价等级：

评价等级为ⅣB，腐蚀严重，须尽快安排维修，方可确保安全。若降低操作压力影响生产严重，可进行换管。

5. 评价结果与建议

根据评价结果，井场 3 处管道腐蚀严重，金属腐蚀达到 45.3%，此处压力运行较高，应立即进行换管后方可确保安全。为防止进一步腐蚀对管线产生的影响以及高压运行情况，建议采取如下措施：

（1）建议针对腐蚀管线及时进行换管处理，换管之前应采取临时补强处理，同时加强监测，并做好防腐处理，消除腐蚀因素，保证管子的强度完整性。

（2）对比 2012 年该储气库的历史埋地管线开挖检查数据发现，本次检查的 3 处腐蚀管线在 2012 年均属正常，无腐蚀情况，此处出现的异常情况，需要引起高度重视。建议对2012 年未进行检测的完好管线采取开挖检测措施，全面排查。同时针对防腐层完好的其他井场管线，也要进行一次全面排查，确保安全。

（3）由于防腐层未破损的管线也出现了腐蚀，因此建议对井场管线的阴极保护采取有效措施，并考虑全面区域阴极保护技术。

参 考 文 献

［1］姚伟．我国油气储运标准化现状与发展对策．油气储运，2012，31(6)：416-421.

［2］黄维和，郑红龙，吴忠良．管道完整性管理在中国应用10年回顾与展望．油气储运，2013，33(12)：1-5.

［3］董绍华．管道完整性管理技术与实践．北京：中国石化出版社，2015.

［4］董绍华，吕英民．管道氢致裂纹扩展的分形模型．中国腐蚀与防护学报，2001，21(2)：188-192.

［5］肖纪美．腐蚀总论-材料的腐蚀及控制方法．北京：化学工业出版社，1994.

［6］小若正伦(日)．金属的腐蚀破坏与防蚀技术．北京：化学工业出版社，1988.

［7］董绍华，吕英民．螺旋焊管Ⅰ/Ⅱ型裂纹R阻力曲线的确定．油气储运，2000，19(5).

［8］林雪梅．四川输气管线失效分析．焊管，1998，21(4)：16-20.

［9］张淑英(译)．输气管道破裂的原因及事故分析．国外油气储运，1995，13(6)：56-62.

［10］E. M. Moore, J. J. Warga. Factors Influencing the Hydrogen Cracking Sensitivity of Pipeline Steels. Materials Performance, 1976, 15 (1).

［11］乔利杰，等．应力腐蚀机理．北京：科学出版社，1993.

［12］董绍华，等．天然气PE管道的应用与研究进展．油气储运，2000，19(7)：1-4.

［13］X. L. Cheng, H. Y. Ma etc. Corrosion of Iron in Acid Solutions with Hydrogen Sulfide. Corrosion, 1997, 54 (5).

［14］Lofa Z A, Batrakov VV. Ngok Ba Kho. The influence of anions on the action of inhibitors of acid corrosion of i-ron and titanium. Zasch. Met. , 1965, 1(1).

［15］褚武扬，肖纪美，等．Advanced in Fracture research. Proceedings of the 5th International Conference on Fracture (ICF5), Cannes, France, 1981.

［16］黄长河，等．重轨钢氢脆的表现形式及规律．中国腐蚀与防护学报，1997，17(2)：129-134.

［17］丁洪志，刑修三，等．氢致脆化区开裂模型应用于计算门槛应力强度因子．北京理工大学学报，1995，159(2)：55-60.

［18］董绍华．管道完整性管理体系与实践．北京：石油工业出版社，2009.

［19］孟广哲，贾安东．焊接结构强度和断裂．北京：机械工业出版社，1986.

［20］董绍华，等．氢致裂纹扩展的分形研究进展．中国腐蚀与防护学报，2001，21(3)：188-192.

［21］沈成康．断裂力学．上海：同济大学出版社，1996.

［22］Kanninen M. F. An Estimated of the Limiting Speed of a Propagating Ductile Crack. J. Mech. Phy. Solids, 1968, 16 (3) .

［23］Kanninen . M. F, Popelar. C. H. Advanced Fracture Mechanics. 北京：北京航空学院出版社，1987.

［24］Kanninen M. F, Sampath. S. G and Popelar. C. H. Steady State Crack Propagation in Pressured Pipelines with-out Backfill, Journal of Pressure Vessel Technology, 1976. 1 .

［25］Duffy A. R. etal. Fracture Design Practices for Pressure Piping. New York, Academic Press, 1969.

［26］Rice, J. R. and Rosengreen, G. f. Plane Strain Deformation near a Crack in a Hardening Material. J. Mech. Phy. Solids, 1968 , 16(1).

［27］Hutchinson, J. W. Singular Behavior at the end of a Tensile Crack in a Hardening Material. J. Mech. Phy. Sol-ids, 1968, 16(1) .

［28］沈成康．断裂力学．上海：同济大学出版社，1996.

［29］董绍华，吕英民．螺旋焊管与直缝焊管裂纹断裂分析．油气储运，1999，18(12)：24-27.

［30］董绍华．管道裂纹的随机有限元可靠性研究．油气储运，1999，18(10)：21-25.

［31］董绍华．油气管道氢损伤失效行为研究进展．油气储运，2000，19（4）：1-5.

［32］严大凡，翁永基，董绍华．油气管道风险评价与完整性管理．北京：化学工业出版社，2005.

［33］董绍华．管道安全管理的最佳模式-管道完整性技术实践．中国国际管道（完整性管理）技术会议论文集．上海：2005.

［34］黄志潜．管道完整性与管理．管道腐蚀与评价高级研讨班论文集．沈阳：2003.

［35］姚伟．以管道安全为中心，完整性管理为手段，开创管道技术与管理新领域．中国石油管道技术与管理座谈会会议论文集．北京：2004.

［36］姚伟．陕京输气管道采用国际先进检测技术的重要性．油气储运，2002，23（10）：1-3.

［37］董绍华．管道完整性技术与管理实践．2005年中国管道安全国际会议论文集．北京：2005.

［38］董绍华．油气管道检测与评估新技术．石油天然气管道安全国际会议论文集．北京：2005.

［39］董绍华，刘立明．天然气管道完整性（安全）评价理论与软件包开发研究．全国油气储运会议论文集．北京：石油大学出版社，2002.

［40］ASME B31G　腐蚀管道剩余强度评价手册．

［41］ASME B31.8S　输气管道系统完整性管理．

［42］API 1160　液体管道完整性管理．

［43］Dong Shaohua , Lu Yingmin, Zhang Yue et al. Fractal Research on Cracks Propagation of Gas Pipeline X52 Steel Welding Line under Hydrogen Environment. Acta Metallurgica Sinica，2001，14（3）.

［44］Dong Shaohua, FeiFan, Gu zhiyu Lu Yingmin. A pipeline fracture model of hydrogen–induced cracking. Petroleum Science, 2006, 3（1）.

［45］董绍华，等．韧性硬化材料裂纹扩展的分形研究．机械工程学报，2002，38（1）：47-50.

［46］董绍华．管道完整性管理技术与实践．石油安全，2006，7（2）.

［47］董绍华，等．在HIC环境下管道断裂模式与承压能力评价．油气储运，2005，24（增刊）：75-79.

［48］董绍华，等．管道安全管理的最佳模式-陕京管道完整性管理与实践．油气储运，2005，24（增刊）：8-13.

［49］董绍华，费凡，等．超声导波技术及应用．油气储运，2005，24（增刊）：95-101.

［50］Genady P. Cherepanov. Fractal fracture mechanics –A review. Eng. Frac. Mech.，1995，51（6）.

［51］Masashi Kurose, Yukio Hirose, Toshihiko Sasaki. Fractal charactertics of stress corrosion cracking in SNCM 439 steel differents prior–austenite grain sizes. Eng. Frac. Mech.，1996，53（3）.

［52］董绍华．管道非稳态裂纹扩展速度研究．管道运输，2000，4（1）.

［53］董绍华．油气管线动态可靠性研究．管道运输，2000，5（2）.

［54］A. B. Mosolov. Mechanics of fractal cracks in brittle solids. Europhysics Letters, 1993, 24（8）.

［55］Bo Gong and Zu hanlai. Fractal characteristics of J–R resistence curves of Ti–6Al–4V alloys. Eng. Frac. Mech.，1993，44（6）.

［56］郑洪龙，吕英民，董绍华．腐蚀管道评定方法研究-对B31G公式的分形修正．机械强度，2004，26（5）.

［57］Bohumir Strnadel. Hydrogen assisted microcracking in pressure vessel steels. Int. Journal. Frac.，1998，89（1）.

［58］Scott X. Mao, M. Li. Mechanics and thermodynamics stress and hydrogen interaction in crack tip stress corrosion. Experiment and Theory, 1998, 46（6）.

［59］J. Toribio, V. Kharin. K–dominance conditions in hydrogen cracking：the role of the far field. Fatigue and Fracture of Engineering, 1997, 20（5）.

［60］J. Toribio, V. Kharin. Evaluation of hydrogen assisted cracking：the meaning and significent of the fracture mechanics approach. Nuclear Engineering and Design, 1998, 18(2).

[61] A. Toshimistu and YoKoborl. Numerical analysis on hydrogen diffusion and concentration in solid emission a-round the crack tip. Eng. Frct. Mech. , 1996, 55 (1).

[62] 董绍华. 天然气管道氢致开裂失效行为研究. 北京：中国石油大学, 2001.

[63] 董绍华, 等. 油气管道完整性管理体系. 油气储运, 2010, 29(9)：641-647.

[64] 董绍华, 韩忠晨, 曹兴. 物联网技术在管道完整性管理中的应用. 油气储运, 2012, 31(12)：906-908.

[65] 张余, 董绍华. 管道完整性管理的发展与腐蚀案例分析. 腐蚀与防护, 2012(1).

[66] 中国石油管道公司. 油气储运设施完整性数据管理技术. 北京：石油工业出版社, 2012.

[67] 中国石油管道公司. 油气管道完整性管理技术. 北京：石油工业出版社, 2010.

[68] 中国石油管道公司. 油气管道地质灾害风险管理技术. 北京：石油工业出版社, 2010.

[69] 中国石油管道公司. 油气管道安全预警与泄漏检测技术. 北京：石油工业出版社, 2010.

[70] 董绍华. 管道完整性评估理论与应用. 北京：石油工业出版社, 2014.

[71] ANSI/ASME B31.4 液化烃及其他液体管道运输系统.

[72] 董绍华, 等. 天然气管道黑色粉尘分析与腐蚀抑制技术. 油气储运, 2009, 28(增).

[73] 谷志宇, 董绍华, 等. 天然气管道泄漏后果影响区域的计算. 油气储运, 2013, 32(1)：85-87.

[74] ANSI/ASME B31.8 天然气运输和配送管道系统.

[75] NACE PR0502 管道外部腐蚀直接评价方法.

[76] 黄维和. 油气管道输送技术. 北京：石油工业出版社, 2012.

[77] 董绍华, 等. 输油气站场完整性管理与关键技术应用研究. 天然气工业, 2013, 33(12)：117-123.

[78] 姚伟. 管道完整性管理现阶段的几点思考. 油气储运, 2012, 31(12)：881-883.

[79] AEA RP401 管道临时/永久性维修指南.

[80] API 570 工艺管道检测规程.

[81] API Publication 2201 焊接和带压开孔设备的程序.

[82] API 1104 管道焊接与相关设备.

[83] PR-218-9307(AGA L51716) PRCI 管道维修手册.

[84] 王维斌. 长输管道大数据管理架构与应用. 油气储运. 2015, 34(3)：229-232.

[85] 曲志刚, 等. 基于支持向量机的油气管道安全监测信号识别方法. 天津大学学报, 2009, 42(5)：465-470.

[86] 林现喜, 李银喜, 等. 大数据环境下管道内检测数据管理. 油气储运, 2015, 34(4)：349-353.

[87] 李俊彦, 王敬奎, 等. 基于 GIS 的管道工程滑坡危险性区划研究. 长江科学院院报, 2014, 31(4)：114-118.

[88] 冯庆善. 基于大数据条件下的管道风险评估方法思考. 油气储运, 2014, 33(5)：457-460.

[89] Ohlson, J. Financial ratios and the probabilistic prediction of bankruptcy. Journal of Accounting Research, 1980, 18(1).

[90] 董绍华. 管道完整性评估理论与应用. 北京：石油工业出版社, 2014.

[91] 孙国相, 张东江, 孙国华, 等. 对湿陷性黄土地区长输管道工程地质灾害治理的探讨. 石油规划设计, 1996, (3)：22-24.

[92] 王为民, 张文伟. 黄土地区长输管道地质灾害分析及治理. 油气储运, 2001, 20(4)：28-31.

[93] 郭书太. 陕京输气管线沿线地质灾害及防护对策. 石油规划设计, 1997(2)：14-16.

[94] 赵应奎. 西气东输工程管道线路地质灾害及其防治对策. 天然气与石油, 2002, 20(1)：44-47.

[95] 龙驭球. 弹性地基梁的计算. 北京：高等教育出版社, 1989.

［96］王成华．土力学原理．天津：天津大学出版社，1998.

［97］邓道明，张庆元，金劲松．有/无固定墩跨越管道的内力和变形比较．油气储运，1999，18（6）：17-20.

［98］A. B. 阿英宾杰尔，等．干线管道强度及稳定性计算．北京，石油工业出版社，1988.

［99］唐明华．油气管道阴极保护．北京：石油工业出版社，1986.

［100］马洪儒．北京地下铁道的杂散电流腐蚀与防护．城市轨道交通，1990（1）：11-19.

［101］朱孝信．地铁的杂散电流腐蚀与防治．材料开发与应用，1997，12（5）：40-97.

［102］俞蓉蓉．地下金属管道的腐蚀与防护．北京：石油工业出版社，1998.

［103］程善胜，张力君，杨安辉．地铁直流杂散电流对埋地金属管道的腐蚀．煤气与热力，2003，23（7）：435-437.

［104］董绍华，等．管道腐蚀评估技术与其检测方法对比研究．无损检测，2016（3）：34-40.

［105］董绍华，杨毅，秦崧，等．基于 ERP 系统的压缩机组全过程运维管理．油气储运，2016，35（7）：709-712.

［106］周永涛，董绍华，等．基于完整性管理的应急决策支持系统．油气储运，2015，34（12）：1280-1283.

［107］董绍华，安宇．基于大数据的管道系统数据分析模型．油气储运．2015，34（10）：1027-1032.

［108］冯庆善，王婷，秦长毅，马小芳．油气管道管材及焊接技术．北京：石油工业出版社，2015.

［109］陈福来，帅健．SY/T 6477—2000 与 API RP 579—2000 含体积型缺陷管道评定方法对比．压力容器，2006，23（5）：10-12.

［110］帅健，等．国内外压力管道完整性检测评价标准法规比较手册．北京：中国标准出版社，2009.